第5版

微分積分學

金 永 國
朴 奇 陽
朴 圭 弘
朴 惠 淑
朴 允 範
共著

圖書出版 信 成

머 리 말

미분적분학은 자연과학은 물론 인문·사회과학 등 여러 학문의 다양한 분야에 걸쳐서 중요하게 활용되는 기초적인 수학의 한 분야이다. 이런 이유로 근래에는 각 분야의 사람들이 보다 수월하게 미분적분학의 지식을 습득하고 이를 자신들의 필요에 따라 편리하게 이용할 수 있도록 하기 위한 목적으로 저술된 다양한 미분적분학 관련 책들이 출간되고 있다. 그런데 미분적분학은 내용의 방대함과 함께 독자들의 다양성이라는 특성 때문에 어떤 책이 이상적일 것이냐 하는데 대한 견해는 학습자의 특성을 많이 고려해서 정해질 문제이다. 즉, 논리와 개념의 엄밀성을 중시하여 학습할 것을 필요로 하는 사람이 있는가 하면 응용 중심의 학습을 필요로 하는 사람도 있기 때문에 통일적인 기준을 설정하는 것이 무리라는 것이다. 이런 점을 감안하여 저자들은 다음과 같은 원칙에 입각하여 이 책을 저술하였다.

첫째, 기본 이론인 극한의 개념을 $\epsilon-\delta$방법으로 도입하고, 이를 바탕으로 교재에서 다루고 있는 각 분야의 내용이 전체적으로 유기적인 관련을 맺도록 내용을 전개하였다. 그리하여 학생들이 미분적분학의 각 내용을 독립적으로 학습하려는 경향에서 탈피하여, 전체 내용을 통일적으로 파악할 수 있도록 개념의 연계성을 충실히 하고, 핵심적 내용 중심으로 이론을 전개함으로써 다양한 내용을 통일적 관점에서 파악할 수 있도록 하였다.

둘째, 우리나라 고등학교 수학교과 교육과정과의 연계성을 감안하여 교재의 내용을 선택하고 배열함으로써 외국의 미분적분학교재를 사용할 때 흔히 나타날 수 있는 과다한 분량으로 인한 과중한 학습 부담을 줄이도록 하였다.

셋째, 여러 분야의 응용에 공통적으로 이용되는 내용을 위주로 이론적으로 충실하게 다룸으로써 학생 스스로 다양한 분야에 응용할 수 있는 능력을 기르도록 배려하였다. 이를 위하여 예제나 문제는 지나치게 난해한 것을 피하고 기본 개념이나 원리의 이해에 적합한 수준의 것만을 다루었다.

이 책은 주당 3시간씩 두 학기 강의에 적합하도록 구성하였으나, 강의하는 사람에 따라서 내용을 취사선택함으로써 학생들의 필요에 맞는 교재로 사용할 수 있을 것이다.

끝으로, 이 책이 출판되기까지 애써주신 여러 분들께 감사드리며, 앞으로 더욱 충실한 책이 될 수 있도록 계속 노력할 것을 약속드린다.

2009년 2월 저자 일동

◀◀ 목 차 ▶▶

제1장 실수와 함수

제2장 함수의 극한

제3장 도함수

제4장 도함수의 응용

제5장 정적분

제6장 정적분의 응용

제7장 초월함수

제8장 적분법

제9장 극 좌 표

제10장 벡 터

제11장 편 미 분

제12장 중적분(Multiple Integration)

제13장 급 수

제14장 미분방정식

제15장 행 렬

제 1 장 실수와 함수

1.1 집합

1.2 실수

1.3 수직선과 좌표

1.4 함수

1.5 함수의 예

제1장 실수와 함수

1.1 집합

집합 기호를 사용하면, 수학의 내용을 정확하면서도 보다 쉽고 간결하게 표현할 수 있다. 이 절에서는 앞으로 사용하게 될 집합 기호와 논리 기호에 대하여 간단히 설명하기로 한다.

어떤 일정한 범위 내에서 명확하게 구별이 가능한 어떤 대상들을 모아 놓은 것을 **집합**(set)이라 하고, 모여진 대상 하나 하나를 그 집합의 **원소**(element)라 한다. 집합은 $A, B, \cdots, X, Y, Z$ 등으로 나타내고, 집합을 구성하는 대상인 원소는 $a, b, \cdots, x, y, z$ 등으로 나타낸다.

대상 x가 집합 S의 원소일 때 이것을

$$x \in S \qquad \text{또는} \qquad S \ni x$$

로 나타내고, "x는 집합 S에 속한다." 또는 "집합 S는 x를 포함한다." 라고 말한다. 또, 대상 x가 집합 S의 원소가 아닐 때는

$$x \notin S \qquad \text{또는} \qquad S \not\ni x$$

로 나타낸다.

한 집합을 나타내는 방법은 다음의 두 가지가 있다. 우선, 집합을 이루고 있는 원소들을 순서에 관계없이 나열하고 괄호 { }로 묶어서 나타내는 **원소나열법**이 있고, 다른 하나는 어떤 성질 $p(x)$를 만족하는 모든 x로 이루어진 집합을

$$\{\, x \mid p(x) \,\}$$

와 같이 나타내는 **조건제시법**이 있다.

예제 1 $S = \{a, b, c\}$ 일 때, $a \in S$ 이고 $x \notin S$ 이다
또, $X = \{x \mid x^2 - 5x + 6 = 0\}$ 일 때는 $X = \{2, 3\}$ 이므로 $2 \in X$ 이고 $5 \notin X$ 이다.

두 집합 A, B 에 대하여 집합 A 의 모든 원소가 집합 B 의 원소일 때, 즉 $x \in A$ 이면 $x \in B$ 일 때 A 를 B 의 **부분집합**(subset)이라 하고

$$A \subset B \quad \text{또는} \quad B \supset A$$

로 나타낸다. 이것을 "A 는 B 에 포함된다." 또는 "B 는 A 를 포함한다." 라고 한다. A 가 B 의 부분집합이 아니면

$$A \not\subset B \quad \text{또는} \quad B \not\supset A$$

로 나타낸다. 두 집합 A 와 B 가 $A \subset B$ 이고 $B \subset A$ 인 관계가 동시에 성립할 때 A 와 B 는 같은 집합이라 하고 $A = B$ 로 나타낸다. 두 집합 A 와 B 가 $A \subset B$ 이지만 $A \neq B$ 일 때 A 를 B 의 **진부분집합**(proper subset)이라 하고 $A \subsetneq B$ 로 나타낸다.

책에 따라서는 부분집합을 나타낼 때 $\subset$ 대신 $\subseteq$ 을 쓰고, 진부분집합을 나타낼 때는 $\subsetneq$ 대신 $\subset$ 을 쓰기도 한다.
원소를 하나도 가지지 않는 집합을 **공집합**(empty set)이라 하고, $\varnothing$ 또는 $\{\ \}$ 로 나타낸다. 공집합은 모든 집합의 부분집합이다.

두 집합 A 와 B 가 있을 때,

$$A \cup B = \{x \mid x \in A \text{ 또는 } x \in B\}$$

를 A 와 B 의 **합집합**(union)이라 하고,

$$A \cap B = \{x \mid x \in A \text{ 그리고 } x \in B\} = \{x \mid x \in A,\ x \in B\}$$

를 A 와 B 의 **교집합**(intersection)이라 한다.

합집합과 교집합 사이의 관계는 다음과 같다.

정 리 1.1.1

임의의 집합 A, B, C에 대하여 다음이 성립한다.

$$A \cup (B \cap C) = (A \cup B) \cap (A \cup C)$$

$$A \cap (B \cup C) = (A \cap B) \cup (A \cap C)$$

두 집합 A와 B에 대하여 집합 A의 원소 a와 집합 B의 원소 b로 만든 **순서쌍**(ordered pair) (a, b) 전체의 집합을 $A \times B$로 나타내고, 이것을 집합 A와 B의 **곱집합**(product)이라 한다. 즉,

$$A \times B = \{(a, b) \mid a \in A, b \in B\}$$

이며, $A \times A$를 간단히 A^2으로 쓰기로 한다.

일반적으로, 집합 $A_1, A_2, \cdots, A_n$의 **곱집합** $A_1 \times A_2 \times \cdots \times A_n$은

$$\prod_{i=1}^{n} A_i = A_1 \times A_2 \times \cdots \times A_n$$

$$= \{(a_1, a_2, \cdots, a_n) \mid a_i \in A_i, i = 1, 2, \cdots, n\}$$

으로 정의된다. 예를 들어, **R**을 실수 집합이라 할 때,

$$R^2 = R \times R = (x, y) \mid x, y \in R$$

$$R^3 = R \times R \times R = (x, y, z) \mid x, y, z \in R$$

이 되고, 이것은 각각 좌표평면과 좌표공간을 뜻한다.

참과 거짓의 판별이 분명한 문장을 **명제**라고 하고, $p, q, r, \cdots$ 등으로 나타낸다. 두 명제 p, q에 대하여, 명제 "p이면 q이다."가 참이면

$$p \Rightarrow q$$

라고 나타내고, "p는 q를 **함의**(imply)한다."라고 한다. 이 때 p는 q가 되기 위한 **충분조건**, q는 p가 되기 위한 **필요조건**이라 한다.

두 명제 p, q에 대하여 $p \Rightarrow q$이고 $q \Rightarrow p$일 때,

$$p \Leftrightarrow q$$

로 나타내고, “ p 와 q 는 서로 **동치**(equivalence)”라 한다.

◈◈◈ 연습 문제 1.1 ◈◈◈

1. 다음 집합을 원소 나열법으로 나타내어라.
   (1) $\{x \mid x^2 + x - 6 = 0\}$
   (2) 0 보다 큰 3 의 배수의 집합
   (3) $\{x \mid x^2 + x - 6 = 0\}$
   (4) 자연수의 집합

2. 다음 집합을 조건제시법으로 나타내어라.
   (1) $\{2, 4, 8, 16, 32, \cdots\}$
   (2) 홀수 전체의 집합
   (3) $\{3, 5, 7, 11, 13, 17\}$
   (4) $\{1, 4, 9, 16, 25, \cdots\}$

3. 두 집합 $A = \{1, 2, 3\}$, $B = \{1, 3, 7\}$ 이 주어져 있을 때, 다음 집합을 구하여라.
   (1) $A \cup B$ (2) $A \cap B$ (3) $A \times B$ (4) $B \times A$

4. 다음 문장 중에서 명제를 골라라.
   (1) $x^2 - 2x + 1 = 0$ 을 만족하는 해는 $x = 3$ 이다.
   (2) 나는 책을 많이 가지고 있다.
   (3) 수학은 재미있다.

(4) 우리 과 재학생 중에서 키가 제일 큰 학생은 민수다.

5. 다음 명제의 참, 거짓을 구별하여라.

(1) $A \cap (B \cup C) = (A \cap B) \cup C$

(2) $A \cap (B \cap C) = (A \cap B) \cap C$

(3) $\left\{ x \,\middle|\, \frac{x^2 - 1}{x - 1} = 0 \right\} = \{ x \mid x + 1 = 0 \}$

(4) $x + 1 = 0$ 또는 $x - 1 = 0 \Rightarrow x = 1$

(5) $x > 5$ 이고, $x^2 + 2x \leq 15 \Rightarrow x = 7$

1.2 실수

이 절에서는 실수와 그 성질에 대하여 알아보자.

$$\mathbf{N} = \{1, 2, 3, \cdots, \mathrm{n}, \mathrm{n}+1, \cdots\}$$

을 **자연수**(natural number)의 집합이라 한다. 자연수의 집합은 덧셈에 대하여 닫혀 있다. 예를 들어, 자연수의 집합에서는 $15 + 23 = 38$ 과 같이 언제나 더하기를 할 수 있다. 그러나, 뺄셈에 대하여는 닫혀 있지 않다. 따라서 언제나 뺄셈이 가능하도록 자연수의 집합을 확장할 필요가 있다.

자연수 $1, 2, 3, \cdots$ 과 0 및 자연수에 마이너스 부호를 붙인 $-1, -2, -3, \cdots$ 들을 모아 놓은 집합

$$\mathbf{Z} = \{\cdots, -3, -2, -1, 0, 1, 2, \cdots\}$$

을 **정수**(integer)의 집합이라 한다. 정수의 집합은 덧셈, 뺄셈, 곱셈에 대하여 닫혀 있지만 나눗셈에 대하여는 닫혀 있지 않다. 그러므로 나눗셈에 대하여 닫혀 있게 하기 위하여 수의 범위를 더욱 확장할 필요가 있다.

기약분수로 나타낼 수 있는 수를 **유리수**(rational number)라 하고, 유리

수의 집합을

$$\mathbf{Q} = \left\{ \frac{n}{m} \;\middle|\; m, n \in \mathbf{Z},\ m \neq 0 \right\}$$

로 나타낸다. 모든 유리수는 다음과 같이 소수 전개로 나타낼 수 있다.

예제 1 $\frac{3}{4} = 0.75 = 0.74999\cdots \qquad \frac{1}{3} = 0.3333\cdots$

$$\frac{17}{7} = 2.428571428\cdots \qquad -\frac{1}{6} = -0.1666\cdots$$

위의 예제에서 알 수 있듯이 유리수의 소수 전개에는 유한인 경우와 무한인 경우가 있다. 유한인 경우를 **유한소수**라 하고, 무한인 경우를 **무한소수**라 한다. 무한소수 중에는 예를 들어,

$$\frac{17}{7} = 2.\overparen{428571}\overparen{428571}\overparen{428571}\cdots$$

과 같이 '428571'이 하나의 마디가 되어 계속 반복되는 것도 있다. 이렇게 반복되는 부분이 있는 소수를 **순환소수**라 한다.

한편 소수 전개에서 순환하지 않는 소수가 있다. 이런 소수를 **무리수**(irrational number)라 한다. 유리수와 무리수를 통틀어 **실수**(real number)라 하고, 실수의 집합은 **R** 로 나타낸다. 이것을 다시 쓰면 다음과 같다.

$$\text{실수} \begin{cases} \text{유리수} \cdots \text{ 순환하는 소수} \\ \\ \text{무리수} \cdots \text{ 순환하지 않는 소수} \end{cases}$$

지금까지 우리는 실수가 실제로 어떻게 구성되어 있는지를 간단히 살펴보았다. 실수를 다음과 같은 공리적인 방법으로 정의하기로 한다. 실수를 공리적으로 정의하기 전에 먼저 그 속에 포함된 몇 가지 개념을 살펴보자.

정의 1.2.1 체의 공리(axiom of field)

집합 **R** 에는 **덧셈**과 **곱셈**이 잘 정의되어 있다. 즉, 집합 **R** 에서 임

의의 원소 a, b에 대하여 두 수의 합 $a+b$과 곱 $a \cdot b$에 대응하는 수가 각각 집합 $\mathbf{R}$에 유일하게 존재한다. 또한, 임의의 $a, b, c \in \mathbf{R}$에 대하여 다음 조건을 만족한다.

(A1) $a + b = b + a$

(A2) $a + (b + c) = (a + b) + c$

(A3) 집합 $\mathbf{R}$ 속에 0이 존재하여 $a + 0 = 0 + a = a$이 성립한다. 이 0 (zero)을 **덧셈에 대한 항등원**(identity)이라 한다.

(A4) 임의의 원소 $a \in \mathbf{R}$에 대하여 적당한 $x \in \mathbf{R}$가 존재하여 $a + x = x + a = 0$을 만족한다. 이때 존재하는 x를 **덧셈에 대한 역원**(inverse)이라 하고 $-a$로 나타낸다.

(M1) $a \cdot b = b \cdot a$

(M2) $a \cdot (b \cdot c) = (a \cdot b) \cdot c$

(M3) 집합 $\mathbf{R}$ 속에 1이 존재하여 $a \cdot 1 = 1 \cdot a = a$이 성립한다. 이 1을 **곱셈에 대한 항등원**(identity) 또는 **단위원**이라 한다.

(M4) 0이 아닌 임의의 $a \in \mathbf{R}$에 대하여 적당한 $x \in \mathbf{R}$가 존재하여 $a \cdot x = x \cdot a = 1$을 만족한다. 이때 존재하는 x를 **곱셈에 대한 역원**(inverse)이라 하고 $\dfrac{1}{a}$ 또는 a^{-1}로 나타낸다.

(D) $a \cdot (b + c) = a \cdot b + a \cdot c$

주 1.2.2

(1) 편의상 곱셈 $a \cdot b$를 ab로 나타내기도 한다.

(2) 위의 (1) 에서 (A1), (A2), (M1), (M2) 는 덧셈과 곱셈에 대한 **교환법칙**과 **결합법칙**이 성립함을 뜻하며, (D) 는 덧셈과 곱셈에 대한 **배분법칙**이 성립함을 뜻한다.

(3) 집합 $\mathbf{R}$ 위에서 뺄셈과 나눗셈을 다음과 같이 정의한다.

$$a - b = a + (-b)$$

$$a \div b = ab^{-1} \text{ 단, } b \neq 0$$

우리가 흔히 사용하는 다음 식들은 위의 정의를 사용하여 증명할 수 있다.

정 리 1.2.3

$a, b, c \in \mathrm{R}$ 일 때 다음 성질이 성립한다.

(1) $-(-a) = a$

(2) $a \cdot 0 = 0 \cdot a = 0$

(3) $ab = 0 \Rightarrow a = 0$ 또는 $b = 0$

(4) $a + b = a + c \Rightarrow b = c$

(5) $ab = ac,\ a \neq 0 \Rightarrow b = c$

정의 1.2.4 순서공리(axiom of order)

집합 $\mathbf{R}$ 에는 다음 성질을 만족하는 순서 관계가 정의된다. 여기서 a, b, c 는 집합 $\mathbf{R}$ 속의 임의의 원소이다.

(1) 임의의 $a, b \in \mathbf{R}$ 에 대하여 다음 중 하나만 성립한다.

$$a > b,\ a = b,\ a < b$$

(2) $a > b, b > c \Rightarrow a > c$

(3) $a > b \Leftrightarrow a + c > b + c$

(4) $a > 0,\ b > 0 \Rightarrow ab > 0$

$a > 0$ 이거나 $a = 0$ 인 것을 $a \geq 0$ 으로 표기하며, 순서가 주어져 있는 집합 $\mathbf{R}$ 에서의 원소 $a \in \mathbf{R}$ 의 **절대값**(absolute value) $|a|$ 을 다음과 같이 정의한다.

$$|a| = \begin{cases} a & a \geq 0 \\ -a & a < 0 \end{cases}$$

이 정의로부터 다음이 성립하는 것을 증명할 수 있다.

정 리 1.2.5

> $a, b, x \in \mathrm{R}$ 일 때 다음 성질이 성립한다.
>
> $|a| \geq 0, \qquad |ab| = |a||b|$
>
> $|x| < a \iff -a < x < a$
>
> $|a+b| \leq |a| + |b|$

정의 1.2.6 순서가 주어져 있는 집합 $\mathbf{R}$ 의 부분집합 $S \subset \mathbf{R}$ 가 **위로 유계**(bounded above) [**아래로 유계**(bounded below)]라 하는 것은, 적당한 원소 u 가 $\mathbf{R}$ 에 존재하여 임의의 원소 $x \in S$ 에 대하여 $x \leq u$ $[x \geq u]$ 를 만족할 때이다. 이 때 존재하는 $u \in \mathbf{R}$ 를 집합 S 의 **상계**(upper bound)[**하계**(lower bound)]라 한다.

집합 $S \subset \mathbf{R}$ 가 **유계**(bounded)라 하는 것은 그 집합이 위로 유계인 동시에 아래로 유계가 성립할 때이다.

위로[아래로] 유계인 집합 $S \subset \mathbf{R}$ 에 대하여 다음 두 조건을 만족하는 $\mathbf{R}$ 의 원소 u_0 를 집합 S 의 **상한**(least upper bound)[**하한**(greatest lower bound)]이라 하며, $u_0 = \mathrm{lub}\,S$ $[u_0 = \mathrm{glb}\,S]$ 로 나타낸다.

(1) 모든 $x \in S$ 에 대하여 $x \leq u_0$ $[x \geq u_0]$ 가 성립한다.

(2) S 의 임의의 상계[하계] u 에 대하여 $u_0 \leq u$ $[u_0 \geq u]$ 가 성립한다.

위로 유계인 집합이 있을 때, 그 집합의 상계는 유일하지 않다. 집합 $S \subset \mathbf{R}$ 에 대하여 $u \in \mathbf{R}$ 가 하나의 상계라면, u 보다 더 큰 $\mathbf{R}$ 의 원소는 다시 S 의 상계가 될 수 있다. 마찬가지로 하나의 하계보다 더 작은 것은 다시 하계가 될 수 있다.

유계인 집합이 반드시 상한이나 하한을 갖는 것은 아니며, 혹시 존재하더라도 그 집합 안에 있을 필요는 없다.

예제 2 집합 $A = \{x \in \mathbf{R} \,|\, 2 < x \leq 5\}$ 는 유계이며, $\cdots, 1, 2,$

…등은 집합 A 의 하계이고, $5, 6, 7, \cdots$ 등은 집합 A 의 상계이다. 이 집합의 하한은 2 이고, 상한은 5 이다. 여기서, $2 \notin A$ 이지만 $5 \in A$ 이다 (그림 1.2.1 참조).

집합 $B = \{ x \in \mathbf{Q} \mid x^2 \le 5 \} \subset \mathbf{Q}$ 는 유계이며, $3, 4, \cdots$ 등이 상계가 된다. 그러나 이 집합은 $\mathbf{Q}$ 안에서는 상한을 갖지 못한다.

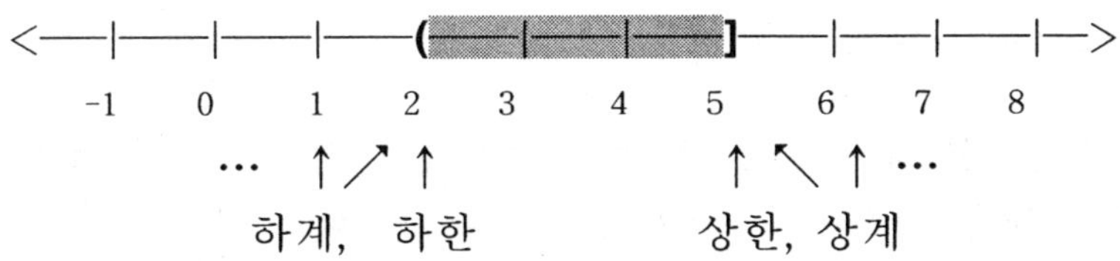

<그림 1.2.1>

정의 1.2.7 완비성(completeness)**공리**

위로 유계인 임의의 부분집합 $A(\neq \emptyset) \subset \mathbf{R}$ 는 항상 $\mathbf{R}$ 안에서 상한을 갖는다.

위의 공리는 다음과 동치이다.

아래로 유계인 임의의 부분집합 $A(\neq \emptyset) \subset \mathbf{R}$ 는 항상 $\mathbf{R}$ 안에서 하한을 갖는다.

정의 1.2.8 위에서 서술한 세 가지 공리(체의 공리, 순서 공리, 완비성 공리)들을 모두 만족하는 집합을 **실수**의 집합 $\mathbf{R}$ 이라 정의한다.

◈◈◈ 연습 문제 1.2 ◈◈◈

1. $\sqrt{8}$ 은 무리수임을 보여라.

2. 소수 전개에서 소수점 아래의 숫자가 유한 개인 수는 유리수임을 보여라.

3. a는 유리수, b는 무리수라 할 때, $a+b$는 무리수가 됨을 보여라.

4. 다음을 증명하여라.
   (1) 수직선 상의 두 점의 좌표가 유리수라면, 이 두 점의 중점의 좌표도 유리수임을 보여라.
   (2) 위의 (1)을 이용해서 유리수의 개수는 무수히 많음을 보여라.

5. 정리 1.2.3을 증명하여라.

6. 실수 집합 $\mathbf{R}$에서 다음 집합은 상한과 하한이 존재하는가? 만약 존재하면 그것을 구하여라. 또한 (1), (2), (3) 을 유리수의 집합 $\mathbf{Q}$ 내에서 생각하면 어떻게 되는가?
   (1) 자연수의 집합
   (2) $\{ x \in \mathbf{Q} \mid x^2 \leq 5 \}$
   (3) $\{ \frac{1}{n} \mid n = 1, 2, 3, \cdots \}$
   (4) $\{ x \in \mathbf{R} \mid x^2 < 4 \}$

1.3 수직선과 좌표

앞 절에서 우리는 자연수에서 시작해서 실수까지 만들어지는 과정을 살펴보았고, 실수의 공리적인 정의도 살펴보았다. 자연수에서 유리수까지는 덧셈과 곱셈이 잘 정의되고, 각각에 대하여 역원도 존재하도록 자연스럽게 확장되었다. 그러나 유리수에서 실수로 확장할 때는 상한과 하한의 개념을 도입하였다. 즉, 실수의 집합을

$$\begin{aligned}\mathbf{R} &= \{ \text{lub}\, S \mid S \subset \mathbf{Q},\ S\text{는 위로 유계} \} \\ &= \{ \text{glb}\, S \mid S \subset \mathbf{Q},\ S\text{는 아래로 유계} \}\end{aligned}$$

로 정의하였다.

한 직선이 주어져 있을 때, 기준이 되는 점 O을 실수의 0에 대응시킨 후에 단위 길이 1을 그 직선 위에서 기준점 O의 오른쪽에 오도록

설정해 주면, 모든 유리수는 주어진 직선 위의 어떤 점에 대응시킬 수 있음을 쉽게 알 수 있다. 사실은[여기서 쉽게 증명할 수는 없지만] 주어진 직선 위의 모든 점은 실수에 대응시킬 수 있으며, 임의의 실수는 그 직선 상의 단 하나의 점에 대응시킬 수 있다. 특히, $a < b$이면 a는 b의 왼쪽에 오게 된다. 이렇게 실수가 대응되어 있는 직선을 **수직선**이라 하고, 기준이 되는 점을 **원점**(origin)이라고 한다. 직선 상의 점 P에 실수 x가 대응되어 있다면 그 x를 점 P의 (1차원) **좌표**(coordinate)라 하고 이것을 $P(x)$로 나타낸다. 이 수직선에서는 두 점 $P(x), Q(y)$ 사이의 **거리**(distance)를 $d(P, Q) = |x - y| \in \mathbf{R}$로 정의한다.

수직선 상의 두 점 a, b가 있을 때, 두 점 사이에 있는 모든 점의 집합을 **구간**(interval)이라 한다. 구간은 다음의 네 종류가 있다.

$$(a, b) = \{x \in \mathbf{R} \mid a < x < b\} \quad [a, b] = \{x \in \mathbf{R} \mid a \le x \le b\}$$
$$[a, b) = \{x \in \mathbf{R} \mid a \le x < b\} \quad (a, b] = \{x \in \mathbf{R} \mid a < x \le b\}$$

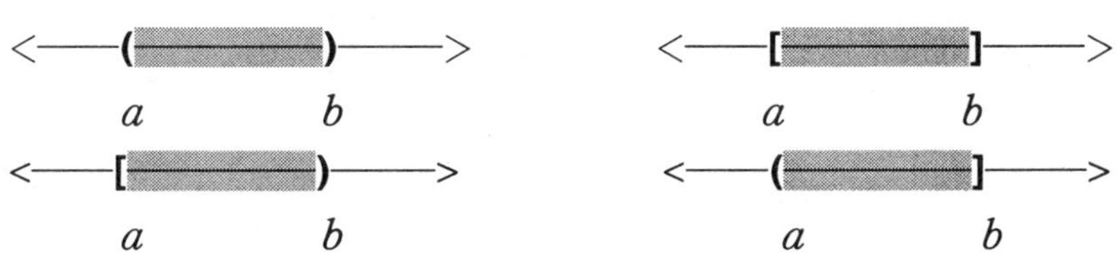

<그림 1.3.1>

이 중에서 (a, b)를 **개구간**(open interval)이라 하고, $[a, b]$를 **폐구간**(closed interval)이라 한다.

점 O에서 직교하는 두 수직선 $\overrightarrow{Ox}, \overrightarrow{Oy}$가 평면 상에 있다. 평면 상의

임의의 점 P에서 두 직선에 각각 수선을 내려서 $\overrightarrow{Ox}$, $\overrightarrow{Oy}$와 만나는 수선의 발의 (1차원) 좌표를 각각 x, y라 하자. 그러면 평면 상의 임의의 점 P에는 $(x, y) \in \mathbf{R} \times \mathbf{R}$라는 실수의 순서쌍이 대응되며, 역으로 임의의 순서쌍 $(x, y) \in \mathbf{R} \times \mathbf{R}$은 평면상의 유일한 점에 대응된다.

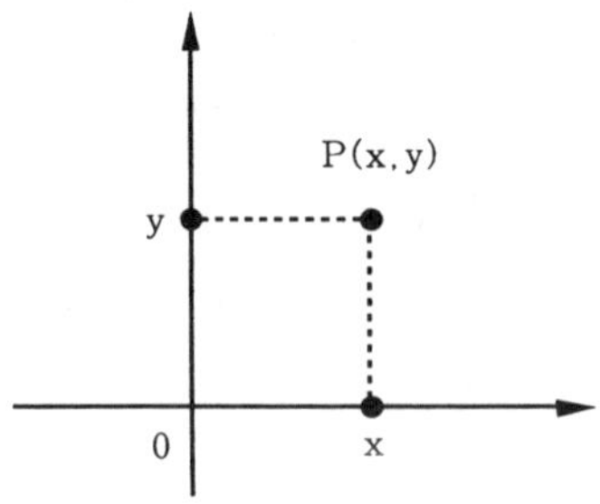

<그림 1.3.2>

이 때 x를 점 P의 x좌표, y를 점 P의 y좌표라 하고, 순서쌍 (x, y)를 점 P의 **좌표**(coordinate)라 하고, $P(x, y)$로 표시한다.

이렇게 평면 위의 각 점에 실수의 순서쌍이 대응되어 있을 때 이것을 **좌표평면**(coordinate plane)이라 하고, 두 직선 $\overrightarrow{Ox}$, $\overrightarrow{Oy}$를 각각 x**축**, y**축**이라 고 하며, 두 축의 교점을 **원점**(origin)이라고 한다.

이 좌표평면에서 두 점 $P(x_1, y_1), Q(x_2, y_2)$ 사이의 **거리**(distance)는 다음과 같이 정의된다.

$$d(P, Q) = \sqrt{(x_2 - x_1)^2 + (y_2 - y_1)^2}$$

◈◈◈ 연습 문제 1.3 ◈◈◈

1. 다음 집합을 구간 또는 구간의 합으로 표현하고, 수직선 상에 그림으로 나타내 보아라.

(1) $\{x \mid |x-1| \le 4\}$ (2) $\{x \mid |x+3| < 1\}$

(3) $\{x \mid |x-3| \le 4, |x-1| \ge 1\}$ (4) $\{x \mid |1-x^2| \ge 2\}$

(5) $\{x \mid |x| > 3, |x+3| \le 2\}$ (6) $\{x \mid x^2+4x+3 \ge 0\}$

(7) $\{x \mid 0 < x^2 + 4x \le 12\}$ (8) $\{x \mid x^2 < 6x\}$

(9) $\{x \mid 2x^2 - 8x + 4 \ge 0\}$

(10) $\{x \mid 3 < |x^2 + 2x| < 8\}$

2. 위의 (1) ~ (10) 중에서 개구간 또는 개구간의 합으로 표시되는 것은 어느 것인가?

3. 두 점 P, Q 사이의 거리를 구하여라.

(1) $P(1, -2),\ Q(4, 2)$ (2) $P(5, 3),\ Q(-7, 4)$

(3) $P(0, 0),\ Q(6, -8)$ (4) $P(3, 0),\ Q(4, -5)$

1.4 함 수

이 절에서는 함수의 개념을 알아보고 이에 관련된 몇 가지 개념을 살펴보자.

정의 1.4.1 두 집합 X, Y에서 X의 임의의 원소 x에 대하여 Y의 단 하나의 원소 y가 대응될 때, 이 대응 관계 f를 집합 X에서 집합 Y로의 **함수**(function) 또는 **사상**(map or mapping)이라 하고,

$$f : X \to Y$$

와 같이 나타낸다. 이 때 X를 f의 **정의역**(domain)이라 하고, Y를 f의 **공역**(codomain)이라 한다.

f에 의하여 $x \in X$에 대응되는 $y \in Y$를 $y = f(x)$로 나타내고 $f(x)$를 f에 의한 x의 **값**(value) 또는 f에 의한 x의 **상**(image)이라 한다. 또, f에 의한 상 전체의 집합

$$f(X) = \{f(x) \mid x \in X\}$$

를 f의 **치역**(range)이라 한다.

주 1.4.2 (1) 함수 혹은 사상은 보통 $f, g, h, \phi, \psi, F, G, \cdots$ 등으로 나타낸다.

(2) 이 책에서는 별다른 정의가 없는 한 X와 Y는 실수의 집합 $\mathbf{R}$, 또는 $\mathbf{R}$의 부분집합인 경우만 다루기로 한다.

(3) 주어진 함수의 정의역이 명시되어 있지 않는 경우에는 함수 값이 존재하는 모든 실수의 집합을 이 함수의 정의역이라 한다. 예를 들어, 함수 f가

$$f(x) = \sqrt{4 - x^2}$$

으로 주어져 있다면, 이 함수의 정의역은

$$\{ x \in \mathbf{R} \mid -2 \le x \le 2 \}$$

가 된다.

정의 1.4.3 집합 X에서 집합 Y로의 함수 f가 주어져 있을 때,

(1) 함수 f가 **일대일함수**(one-to-one function) 또는 **단사**(injection)라 함은 임의의 $x_1, x_2 \in X$에 대하여

$$x_1 \neq x_2 \Rightarrow f(x_1) \neq f(x_2)$$

가 성립할 때이다.

(2) 함수 f가 에서 **위로의 함수**(onto function) 또는 **전사**(surjection)라 함은

$$Y = f(X) = \{ f(x) \mid x \in X \}$$

를 만족할 때이다.

(3) 함수 f가 전사이고 동시에 단사가 될 때 이 함수를 **전단사**(bijection)라 한다.

(4) 함수 f에 대하여 다음과 같은 집합을 이 함수의 **그래프**(graph)라고 한다.

$$G(f) = \{ (x, f(x)) \mid x \in X \} \subset X \times Y$$

두 집합 X, Y가 주어져 있을 때, X에서 Y로의 함수는 무수히 많

이 있을 수 있다. 이제 이러한 함수들 전체의 집합

$$\Sigma = \{ f \mid f \text{는 } X \text{에서 } Y \text{로의 함수} \}$$

에 연산을 다음과 같이 정의 한다 : 임의의 두 함수 $f, g: X \to Y$에 대하여

$$f+g : X \to Y, \quad (f+g)(x) = f(x) + g(x)$$
$$f-g : X \to Y, \quad (f-g)(x) = f(x) - g(x)$$
$$f \cdot g : X \to Y, \quad (f \cdot g)(x) = f(x) \cdot g(x)$$
$$f/g : X_0 \to Y, \quad (f/g)(x) = f(x)/g(x)$$

와 같이 약속한다. 단, f/g의 경우는 $X_0 = \{ x \in X \mid g(x) \neq 0 \}$에 한하여 정의하기로 한다. 일반적으로 정의역이 틀린 두 함수 f, g 사이의 연산도 같은 식으로 정의될 수 있다. 단, 이때에는 두 함수가 모두 함수값을 가질 수 있도록 $f+g, f \cdot g$ 등의 정의역은 두 함수의 정의역의 공통부분으로 제한된다.

정의 1.4.4 함수 $f: X \to Y$와 $g: Y \to Z$가 주어져 있을 때, 두 함수의 **합성함수**(composite) $g \circ f$는

$$g \circ f : X \to Z, \quad (g \circ f)(x) = g(f(x))$$

로 정의한다.

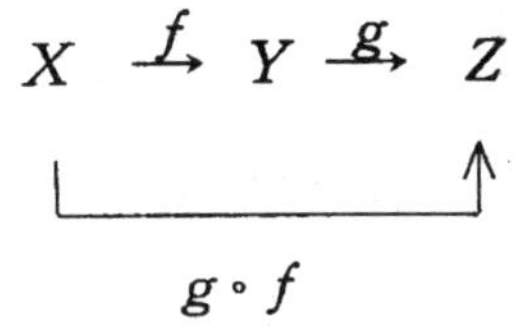

일반적으로 두 함수 $f: A \to B$와 $g: C \to D$(단, $B \cap C \neq \varnothing$)에 대하여도 합성 함수를 정의할 수 있는데, 이때에 합성 함수 $g \circ f$의 정의역은

$$\{ x \in A \mid f(x) \in B \cap C \}$$

가 된다.

◈◈◈ 연습 문제 1.4 ◈◈◈

1. 다음 함수의 정의역과 치역을 구하여라.

(1) $f(x) = x^2 + 2$ (2) $f(x) = 3\sqrt{x} - 7$

(3) $f(x) = \sqrt{1 - 2x}$ (4) $f(x) = \sqrt{x/(x^2 - 1)}$

(5) $f(x) = |x + 2|$ (6) $f(x) = x^2 - 6x + 5$

(7) $f(x) = \sqrt{x(x-4)}$ (8) $f(x) = \dfrac{1}{\sqrt{(2+x)(3-x)}}$

2. $f(x) = e^x + e^{-x}$일 때,

$$f(x+y) \cdot f(x-y) = f(2x) + f(2y)$$

임을 증명하여라.

3. $f(x) = x^2 + x - 1$ 일 때, 다음을 구하여라.

(1) $f(\frac{1}{x})$ (2) $f(\sqrt{x})$ (3) $f(x+1)$ (4) $f(y^2)$

4. $f(x) = \sqrt{x+1}$, $g(x) = x^2 - 4$ 일 때, $(f \circ g)(x)$ 와 $(g \circ f)(x)$ 의 값을 구하여라.

5. 위의 1 번의 (1) ~ (8) 중에서 단사인 함수는 어느 것인가?

1.5 함수의 예

이 절에서는 앞에서 정의한 함수 중에서 앞으로 자주 쓰이게 될 몇 가지 특수한 함수들에 대하여 다루어 보기로 한다. 여기서도 물론 함수의 정의역과 치역은 모두 실수의 집합 또는 실수 집합의 부분집합으로 한다.

(1) 함수 f의 치역이 단 하나의 원소 c로만 이루어져 있을 때, 즉,

정의역 상의 모든 x 에 대하여 $f(x) = c$ 를 만족할 때 이 함수를 **상수 함수**(constant function)라 한다.

(2) 정의역의 모든 x 를 자기 자신으로 보내는 함수, 즉, $f(x) = x$ 로 정의된 함수를 **항등함수**(identity function)라 한다.

(3) 다항식으로 정의된 함수

$$f(x) = a_0 x^n + a_1 x^{n-1} + \cdots + a_{n-1} x + a_n$$

$$(\text{단}, n \in \mathbf{N} \cup \{0\}, \mathrm{a}_0, \mathrm{a}_1, \cdots, \mathrm{a}_n \in \mathbf{R})$$

를 **다항함수**(polynomial function)라 한다. 특히 $a_0 \neq 0$ 이면 n 차 다항함수라고 하며, 상수함수는 0 차 다항함수가 된다.

(4) 두 개의 다항함수의 분수 형태로 표시된 함수

$$f(x) = \frac{a_0 x^n + a_1 x^{n-1} + \cdots + a_n}{b_0 x^m + b_1 x^{m-1} + \cdots + b_m}$$

$$(\text{단}, n, m \in \mathbf{N} \cup \{0\}, \mathrm{a}_0, \cdots, \mathrm{a}_n, \mathrm{b}_0, \cdots, \mathrm{b}_m \in \mathbf{R}, \mathrm{a}_0, \mathrm{b}_0 \neq 0)$$

을 **유리함수**(rational function)라 한다. 이 때에 이 유리함수의 정의역은 두 개의 다항함수의 정의역의 공통 부분 중에서 분모를 0 으로 만들지 않는 부분이다. 다항함수는 유리함수의 특수한 경우이다.

(5) $y = f(x)$ 로 정의된 함수 f 가 **대수적 함수**(algebraic function)라 함은, 적당한 다항식 $p_0(x), p_1(x), \cdots, p_n(x)$ 이 존재하여 다음 등식

$$p_0(x)\, y^n + p_1(x)\, y^{n-1} + \cdots + p_n(x) = 0$$

이 정의역 상의 모든 x 에 대하여 성립할 때이다. 유리함수는 대수적 함수가 된다.

(6) 대수적 함수가 아닌 함수를 **초월함수**(transcendental function)라 한다. 초월함수에는 삼각함수, 로그함수, 지수함수 등이 있다.

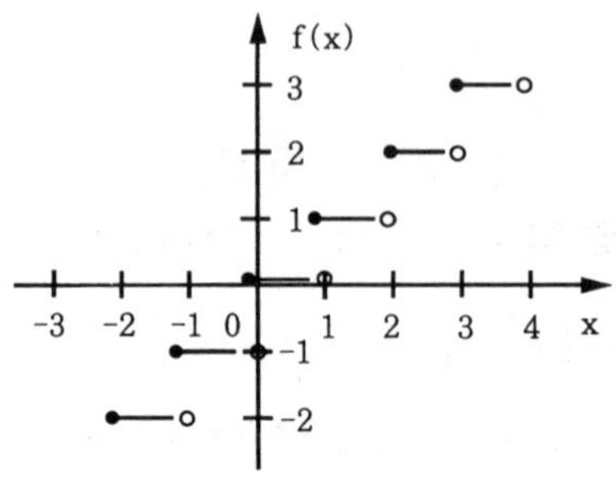

<그림 1.5.1>

(7) 실수 $x \in \mathbf{R}$ 에 대하여 x 를 넘지 않는 최대 정수를 기호 $[x]$ 로 나타낸다. 즉, $n \leq x < n+1 (n \in \mathbf{Z})$ 이면 $[x] = n$ 이 된다. 이 기호를 사용해서 $f(x) = [x]$ 로 정의된 함수를 **가우스함수**(Gaussian function) 라 한다(그림 1.5.1).

◈◈◈ 연습 문제 1.5 ◈◈◈

1. 다음 함수 중에서 다항함수, 유리함수, 대수적 함수, 초월함수는 어느 것인지 각각 찾아보아라.

(1) $f(x) = 6$ (2) $f(x) = 3x + \pi$

(3) $f(x) = \dfrac{x^2 - 3x + 1}{x + 9}$ (4) $f(x) = \dfrac{x + 9}{\sqrt{x^2 - 5}}$

(5) $f(x) = -4x^3 - 5x + 7$ (6) $f(x) = \sqrt{-x + 10}$

(7) $f(x) = e^x + e^{-x}$ (8) $f(x) = -x + e^2$

(9) $f(x) = \sqrt{\dfrac{2x}{x^2 + x + 3}}$ (10) $f(x) = \dfrac{1}{\sqrt{5x + 1}}$

2. 위의 함수들의 정의역을 각각 구하여라.

제 2 장 함수의 극한

2.1 극한의 정의

2.2 극한에 관한 정리

2.3 좌극한과 우극한 및 $x \to \infty$ 일 때의 극한

2.4 점근선

2.5 함수의 연속성

제2장 함수의 극한

2.1 극한의 정의

함수 f에 대한 직관적 의미의 극한값은 다음과 같다.

x가 a에 가까워질 때 함수값 $f(x)$가 L에 한없이 가까워지면 L을 $x=a$에서 f의 극한값이라고 한다.

그러나 이것은 수학적 의미에서 극한의 정의가 될 수 없다. 그 이유는 '한없이 가까워진다'라는 문장은 그 준거가 불분명해서 수학적 명제가 될 수 없기 때문이다. 그러나 이 문장이 뜻하는 바는

$$x \to a \text{이면 } |f(x) - L| < 0.1$$

$$x \to a \text{이면 } |f(x) - L| < 0.01$$

$$x \to a \text{이면 } |f(x) - L| < 0.009$$

....

$$x \to a \text{이면 } |f(x) - L| < 0.0\cdots07$$

등이 성립한다는 것이다. 즉,

$$\text{임의의 } \epsilon > 0\text{에 대해서, } x \to a \text{이면 } |f(x) - L| < \varepsilon$$

이 성립한다는 것이다. 이때 a와 x의 거리가 어떤 범위 이내에 있을 때 x가 부등식 $|f(x) - L| < \varepsilon$을 만족할 것인지는 물론 ε의 크기에 따라서 달라질 것이다. 이와 같은 생각은 다음과 같이 정의된다.

정의 2.1.1 $\mathbf{D}$가 실수의 집합 $\mathbf{R}$의 부분집합이고, $f : \mathbf{D} \to \mathbf{R}$는 함수이다. 또, a와 L이 모두 실수라고 하자. 그러면 '임의의 $\varepsilon > 0$에 대해 적당한 $\delta > 0$가 존재해서,

$$0 < |x - a| < \delta, \ x \in \mathbf{D} \text{ 이면 } |f(x) - L| < \varepsilon \qquad (2.1.1)$$

이 성립할 때, L 을 $x = a$ 에서 f 의 극한값(limit)'이라고 한다. 그리고 $x = a$ 에서 f 의 극한값이 L 임을 기호로

$$\lim_{x \to a} f(x) = L \text{, 또는, } x \to a \text{ 이면 } f(x) \to L$$

과 같이 나타낸다.

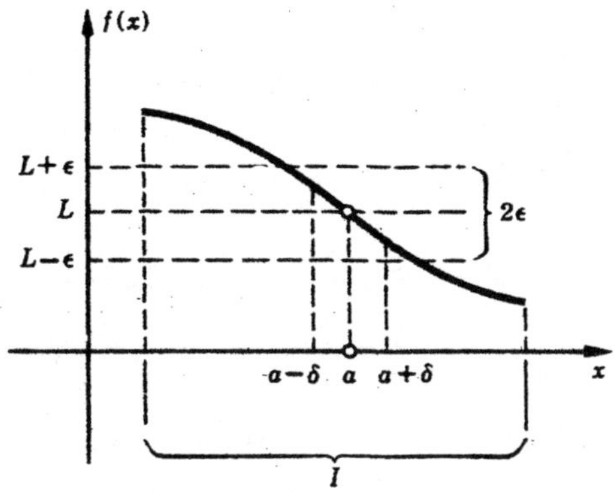

<그림 2.1.1>

주 2.1.2 (1) 극한의 정의 2.1.1 에서 δ 의 크기는 임의의 양수 ε 의 크기에 따라서 결정됨에 유의해야 한다. 또 식 (2.1.1)은 $x \neq a$ 인 경우만 생각한다. 즉 $x = a$ 일 때는 식 (2.1.1)의 성립여부를 따질 필요가 없다.

(2) 주어진 양의 실수 ε 에 대하여 δ_1 이

$$0 < |x - a| < \delta_1 \Rightarrow |f(x) - L| < \varepsilon$$

을 만족한다고 하자. 그러면 $\delta < \delta_1$ 인 δ 에 대하여

$$0 < |x - a| < \delta \Rightarrow |f(x) - L| < \varepsilon$$

이 성립한다. 이것은 주어진 실수 $\varepsilon > 0$ 에 대응해서 하나의 δ 가 정해지

면 이 δ를 더 작은 양수로 대치할 수 있음을 뜻한다. 또,

$$0 < |x-a| < \delta \Rightarrow |f(x)-L| < \varepsilon$$

이 성립할 때, $\varepsilon < \varepsilon_1$이면

$$0 < |x-a| < \delta \Rightarrow |f(x)-L| < \varepsilon_1$$

이 성립한다. 따라서 $\lim_{x\to a} f(x) = L$ 임을 증명하기 위하여 주어진 ε에 대응하는 δ를 구하는 대신 ε보다 작은 양수에 대응하는 δ를 구해도 무방하다.

예제 1 $f(x) = \dfrac{1}{x+1}$ 일 때 다음을 만족하는 δ를 구하여라.

$$|x-1| < \delta \text{ 이면 } \left|f(x) - \frac{1}{2}\right| < 0.01$$

풀이 $\varepsilon = 0.01$에 대응되는 δ를 찾는 문제이다. 즉, 1의 δ 근방 내에 있는 x는 부등식 $\left|f(x) - \frac{1}{2}\right| < 0.01$을 만족해야 한다. 그런데

$$\left|f(x) - \frac{1}{2}\right| < 0.01 \Leftrightarrow \frac{1}{2} - 0.01 < f(x) < \frac{1}{2} + 0.01$$

이므로

$$f(x_1) = \frac{1}{x_1+1} = \frac{51}{100}, \quad f(x_2) = \frac{1}{x_2+1} = \frac{49}{100}.$$

라 놓고 x_1, x_2를 구하면 $x_1 = \frac{49}{51}$, $x_2 = \frac{51}{49}$ 이다.

한편 x가 증가할 때 $f(x)$는 감소하므로, $\frac{49}{51} < x < \frac{51}{49}$ 인 모든 x에 대하여

$$\left|f(x) - \frac{1}{2}\right| < 0.01$$

을 만족한다. 그러므로

$\delta = \min\{1 - x_1 = \frac{2}{51},\ x_2 - 1 = \frac{2}{49}\} = \frac{2}{51}$ 이면,

$$|x-1| < \delta \Rightarrow \frac{49}{51} < x < \frac{51}{49} \Rightarrow \left|f(x) - \frac{1}{2}\right| < 0.01.$$

예제 2 위의 예제 1에서 '$|x-1|<\delta$ 이면 $|f(x)-\frac{1}{2}|<0.1$'이 성립하는 δ를 구여라.

풀이 위에서와 같은 방법으로 계산하면

$$|f(x)-\frac{1}{2}|<0.1 \Leftrightarrow \frac{1}{2}-0.1<f(x)<\frac{1}{2}+0.1$$

이다. 이제

$$f(x_1)=\frac{1}{x_1+1}=\frac{6}{10}, \quad f(x_2)=\frac{1}{x_2+1}=\frac{4}{10}$$

로 놓고 x_1, x_2를 구하면 $x_1=\frac{4}{6}$, $x_2=\frac{6}{4}$이다. 그런데 $f(x)$는 감소함수이므로 $\frac{4}{6}<x<\frac{6}{4}$ 인 모든 x에 대하여 $|f(x)-\frac{1}{2}|<0.1$이 성립한다. 그런데 $\min\{1-x_1, x_2-1\}=\frac{1}{3}$ 이므로 $0<\delta<\frac{1}{3}$ 인 δ를 택하면,

$$|x-1|<\delta \Rightarrow |x-1|<\frac{1}{3} \Rightarrow |f(x)-\frac{1}{2}|<0.1$$

이 성립한다.

위의 두 예제는 δ의 크기가 ε에 따라서 결정됨을 보여주고 있다.

예제 3 $\lim_{x\to 4}(3x-2)=10$ 임을 증명하여라.

증명 임의의 양수 ε에 대하여

$$0<|x-4|<\delta \Rightarrow |(3x-2)-10|<\varepsilon$$

을 만족하는 δ가 존재함을 밝히면 된다. 즉 이런 δ를 구하면 된다. 그런데,

$$|(3x-2)-10|<\varepsilon \Leftrightarrow |3x-12|<\varepsilon \Leftrightarrow |x-4|<\frac{\varepsilon}{3}$$

이므로 $|x-4|<\frac{\varepsilon}{3}$ 이면 $|(3x-2)-10|<\varepsilon$이 성립한다. 즉, $\delta=\frac{\varepsilon}{3}$ 으로 놓으면,

$$0<|x-4|<\delta \Rightarrow |(3x-2)-10|<\varepsilon$$

이 성립한다.

예제 4　$f(x) = \begin{cases} 4x-3 & , x \neq 2 \\ 1 & , x = 2 \end{cases}$ 이면 $\lim_{x \to 2} f(x) = 5$ 임을 증명하여라.

증명　양수 ε 이 주어졌다고 하고 이 ε 에 대해서

$$0 < |x-2| < \delta \Rightarrow |f(x) - 5| < \varepsilon$$

을 만족하는 δ 를 구하면 된다. 그런데 $0 < |x-2| < \delta$ 이면, $x \neq 2$ 이므로, 이런 x 에 대해서는 $f(x) = 4x-3$ 이다. 따라서

$$0 < |x-2| < \delta \Rightarrow |(4x-3) - 5| < \varepsilon$$

을 만족하는 δ 를 구하면 된다. 한편,

$$|(4x-3) - 5| < \varepsilon \Leftrightarrow |4x-8| < \varepsilon \Leftrightarrow |x-2| < \frac{\varepsilon}{4}$$

이므로 $0 < |x-2| < \frac{\varepsilon}{4}$ 이면 $|(3x-2) - 10| < \varepsilon$ 이다.

즉, $\delta = \frac{\varepsilon}{4}$ 이면, $0 < |x-2| < \delta \Rightarrow |f(x) - 5| < \varepsilon$ 이다. 따라서, $\lim_{x \to 2} f(x) = 5$ 이다.

주 2.1.3　(1) 위의 예제에서 $x = 2$이면 $|f(2) - 5| = 4 > 1$ 이므로 $\varepsilon = 1$로 놓으면, δ 에 관계없이

$$|x-2| < \delta \Rightarrow |f(x) - 5| < \varepsilon$$

이 성립하지 않음에 유의해야 한다.

(2) 함수 $f : \mathbf{D} \to \mathbf{R}$ 가 모든 $x \in \mathbf{D}$ 에 대하여

$$|f(x) - L| \leq M|x-c|$$

를 만족하는 $M > 0$ 이 존재하면 $\lim_{x \to c} f(x) = L$ 이다. 그 이유는 주어진

ε에 대하여 $\delta = \dfrac{\varepsilon}{M}$ 으로 놓으면,

$$0 < |x-c| < \delta,\ x \in \mathbf{D} \Rightarrow |f(x) - L| \le M|x-c| < M\frac{\varepsilon}{M} = \varepsilon$$

이기 때문이다.

예제 5 $\lim_{x\to 2}(x^2-1) = 3$ 을 증명하여라.

증명 양수 ε이 주어졌다고 하면

$$|(x^2-1)-3| < \varepsilon \Leftrightarrow |x-2||x+2| < \varepsilon$$

이다. 우리의 관심은 2와 가까운 x에 있으므로 $|x-2|<1$ 인 x에 주목하면,

$$|x-2| < 1 \Leftrightarrow 1 < x < 3 \Leftrightarrow 3 < x+2 < 5$$

이 되므로

$$|(x^2-1)-3| = |x-2||x+2| < 5|x-2|$$

이다. 여기서 1 과 $\dfrac{\varepsilon}{5}$ 중 작은 수를 δ로 하면

$$0 < |x-2| < \delta \Rightarrow |(x^2-1)-3| < \varepsilon$$

이 성립한다.

$x=a$에서 함수 $f:\mathbf{D}\to\mathbf{R}$의 극한값이 L이 아님을 증명하려면 극한의 정의를 부정하면 된다. 즉 어떤 $\varepsilon>0$은 모든 δ에 대하여 $0<|x-a|<\delta$ 이지만 $|f(x)-L|\ge\varepsilon$을 만족하는 x가 존재함을 보이면 되는 것이다.

예제 6 $\lim_{x\to 0}\dfrac{1}{x}$ 이 존재하지 않음을 증명하여라.

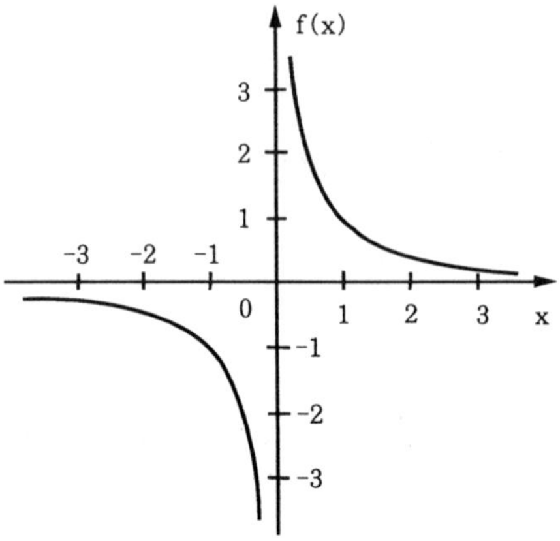

<그림 2.1.2>

증명 결론을 부정하여 $\lim_{x \to 0} \frac{1}{x} = L$ 이라고 하자. 이것이 모순임을 보이려면 어떤 양수 ε에 대해서는 임의의 δ에 대하여 $0 < |x| < \delta$ 이지만 $|\frac{1}{x} - L| \geq \varepsilon$ 인 x가 존재함을 보이면 된다. 그런데

$$|\frac{1}{x} - L| < \varepsilon \Leftrightarrow L - \varepsilon < \frac{1}{x} < 0 \text{ 또는 } 0 < \frac{1}{x} < L + \varepsilon \qquad (2.1.2)$$

이므로 다음 두 경우로 나누어 생각해볼 수 있다.

(i) $L \geq 0$ 인 경우; 식 $0 < \frac{1}{x} < L + \varepsilon$ 즉, $\frac{1}{L+\varepsilon} < x$을 만족하는 x는 (2.1.2)를 만족한다. 그러나 $0 < x < \frac{1}{L+\varepsilon}$ 이면 $\frac{1}{x} - L > \varepsilon$이 되어 (2.1.2)는 성립하지 않는다. 한편, 임의의 $\delta > 0$에 대하여 $0 < x < \delta$인 동시에 $0 < x < \frac{1}{L+\varepsilon}$ 인 x가 늘 존재한다. 그러나 이런 x는 $\frac{1}{x} - L > \varepsilon$이 된다. 따라서 이 양수 L은 $x = 0$에서 $\frac{1}{x}$의 극한값이 아니다.

(ii) $L < 0$ 인 경우; 식 $L - \varepsilon < \frac{1}{x} < 0$ 즉, $0 > \frac{1}{L - \varepsilon} > x$인 x는 (2.1.2)를 만족한다.

그러나 $\frac{1}{L - \varepsilon} < x < 0$인 x는 $\frac{1}{x} - L < -\varepsilon$이므로 (2.1.2)는 성립하지 않는다. 한편, 임의의 $\delta > 0$에 대하여 $-\delta < x < 0$인 동시에 $\frac{1}{L-\varepsilon} < x < 0$인 x가 늘 존재하는데 이런 x는 $\frac{1}{x} - L < -\varepsilon$이

어서 이 음수 L 은 $x=0$ 에서 $\frac{1}{x}$ 의 극한값이 아니다.

따라서 (i), (ii)로부터 $\lim_{x \to 0} \frac{1}{x}$ 은 존재하지 않는다.

◈◈◈ 연습문제 2.1 ◈◈◈

1. 함수 f 가 $f(x) = 5 - 4x$ 일 때, 다음에 주어진 양의 ε에 대하여 $0 < |x-3| < \delta \Rightarrow |f(x) - (-7)| < \varepsilon$ 인 δ를 구하여라.

   (1) $\varepsilon = 0.2$　　(2) $\varepsilon = 0.001$　　(3) 임의의 ε

2. 다음에 주어진 함수의 그래프를 그리고 주어진 ε과 a, L 에 대하여 $0 < |x-a| < \delta \Rightarrow |f(x) - L| < \varepsilon$ 을 만족하는 δ를 구하여라.

   (1) $f(x) = 2x+3$, $a=1$, $L=5$, $\varepsilon = 0.001$

   (2) $f(x) = 1-2x$, $a=-1$, $L=3$, $\varepsilon = 0.01$

   (3) $f(x) = \frac{x^2-9}{x+3}$, $a=-3$, $L=-6$, $\varepsilon = 0.005$

   (4) $f(x) = \sqrt{x}$, $a=1$, $L=1$, $\varepsilon = 0.01$

   (5) $f(x) = \sqrt[3]{x}$, $a=1$, $L=1$, $\varepsilon = 0.01$

   (6) $f(x) = \frac{1}{x}$, $a=2$, $L=\frac{1}{2}$, $\varepsilon = 0.002$

   (7) $f(x) = \frac{x-1}{x+1}$, $a=0$, $L=-1$, $\varepsilon = 0.01$

(8) $f(x) = \dfrac{\sqrt{2x} - 2}{x - 2}$, $a = 2$, $L = \dfrac{1}{2}$, $\varepsilon = 0.01$

(9) $f(x) = x^2$, $a = 1$, $L = 1$, $\varepsilon = 0.01$

3. 다음 등식을 증명하여라.

(1) $\lim_{x \to -1} (2x + 1) = -1$

(2) $\lim_{x \to 2} \sqrt{x} = \sqrt{2}$

(3) $\lim_{x \to 2} \dfrac{1}{x + 1} = \dfrac{1}{3}$

(4) $\lim_{x \to 2} \dfrac{x^2 - 4}{x - 2} = 4$

(5) $\lim_{x \to 1} 2x^2 = 2$

(6) $\lim_{x \to -2} (x^2 + x - 4) = -2$

2.2 극한에 관한 정리

앞 절에서는 극한의 의미를 알아보았다. 여기서는 함수의 극한의 기본 성질과 극한값을 구하는 방법에 대하여 알아보자.

정 리 2.2.1(극한값의 유일성)

f: $\mathbf{D} \to \mathbf{R}$ 가 함수일 때, $x = a$ 에서 f 의 극한값을 L, M이라면 $L = M$ 이다.

증명 귀류법을 이용하자. 이를 위해 $L \neq M$ 이라 하고 $\varepsilon = \dfrac{1}{2}|M - L|$로 놓으면,

$$0 < |x - a| < \delta_1 \Rightarrow |f(x) - L| < \varepsilon$$

$$0 < |x - a| < \delta_2 \Rightarrow |f(x) - M| < \varepsilon$$

을 만족하는 δ_1, δ_2 가 존재한다. 여기서 $\delta = \min\{\delta_1, \delta_2\}$ 라하고 $0 < |x_0 - a| < \delta$ 인 x_0 를 잡으면

$$|M-L| \le |M-f(x_0)| + |f(x_0)-L| < \varepsilon + \varepsilon = 2\varepsilon$$

이 되어 $\varepsilon = \frac{1}{2}|M-L|$ 이라는 데 모순이다. ■

정 리 2.2.2

$\lim_{x \to a} f(x) = L > 0$ (또는 < 0)이면, 적당한 $\delta > 0$ 가 존재하여 다음이 성립한다.

$$x \in (a-\delta,\ a+\delta),\ x \ne a \Rightarrow f(x) > 0 \ (\text{또는} < 0)$$

증명 L > 0 인 경우를 증명해 보자. $x = a$ 에서 f 의 극한값이 존재하므로 극한의 정의에서 $\varepsilon = \frac{L}{2} > 0$ 로 놓으면 적당한 $\delta > 0$ 가 존재하여 다음이 성립한다.

$$\begin{aligned} 0 < |x-a| < \delta \ &\Rightarrow |f(x) - L| < \frac{L}{2} \\ &\Leftrightarrow -\frac{L}{2} < f(x) - L < \frac{L}{2} \\ &\Leftrightarrow \frac{L}{2} < f(x) < \frac{3L}{2} \end{aligned}$$

따라서 $x \in (a-\delta,\ a+\delta),\ x \ne a \Rightarrow f(x) > 0$ 이다. ■

정 리 2.2.3(상수함수의 극한)

함수 f 가 $f(x) = c$ 인 상수함수이면 임의의 실수 a 에 대하여 $\lim_{x \to a} f(x) = c$ 이다.

증명 임의의 양수 ε 에 대하여 $|f(x)-c| = |c-c| = 0 < \varepsilon$ 이므로 양의 실수 δ 의 크기에 관계없이 명제

$$0 < |x-a| < \delta \Rightarrow |f(x) - c| < \varepsilon$$

은 참이다. 따라서 $\lim_{x \to a} f(x) = c$ 이다. ■

정 리 2.2.4(항등함수의 극한)

f 가 항등함수 $f(x) = x$ 이면 임의의 실수 a 에 대하여 $\lim_{x \to a} f(x) = a$ 가 성립한다.

증명 임의의 양의 실수 ε 에 대하여 $|f(x) - a| < \varepsilon \Leftrightarrow |x - a| < \varepsilon$ 이므로 $\delta = \varepsilon$ 으로 놓으면,

$$0 < |x - a| < \delta \Rightarrow |f(x) - a| < \varepsilon.$$

이다. 따라서 $\lim_{x \to a} f(x) = a$ 이다. ■

정 리 2.2.5

n 이 자연수이고 $a \geq 0$ 이면

$$\lim_{x \to a} \sqrt[n]{x} = \sqrt[n]{a}$$

증명 $f(x) = \sqrt[n]{x}$ 는 $x \geq 0$ 일 때만 정의되므로 $x > 0$ 인 경우만 증명하면 된다. 이를 위해 양의 실수 ε 이 주어졌다고 하자.

(i) $a = 0$ 인 경우: 주어진 $\varepsilon > 0$ 에 대하여

$$|\sqrt[n]{x} - 0| < \varepsilon \Leftrightarrow x < \varepsilon^n$$

이므로 $\delta = \varepsilon^n$ 으로 놓으면,

$$0 < x < \delta \Rightarrow |\sqrt[n]{x} - 0| < \varepsilon .$$

따라서 $\lim_{x \to 0} \sqrt[n]{x} = 0$.

(ii) $a > 0$ 인 경우:

$$(x - a) = (x^{\frac{1}{n}} - a^{\frac{1}{n}})(x^{\frac{n-1}{n}} + a^{\frac{1}{n}} x^{\frac{n-2}{n}} + \cdots + a^{\frac{n-1}{n}})$$

이므로 주어진 ε 에 대하여,

$$|\sqrt[n]{x} - \sqrt[n]{a}| < \varepsilon$$

$$\Leftrightarrow \frac{|x-a|}{x^{\frac{n-1}{n}} + a^{\frac{1}{n}}x^{\frac{n-2}{n}} + \cdots + a^{\frac{n-1}{n}}} < \varepsilon$$

$$\Leftrightarrow |x-a| < \varepsilon \cdot (x^{\frac{n-1}{n}} + a^{\frac{1}{n}}x^{\frac{n-2}{n}} \cdots + a^{\frac{n-1}{n}}).$$

따라서 $\delta = \varepsilon a^{\frac{n-1}{n}}$ 라 놓으면,

$$|x-a| < \delta \Rightarrow |x-a| < \varepsilon \cdot (x^{\frac{n-1}{n}} + a^{\frac{1}{n}}x^{\frac{n-2}{n}} + \cdots + a^{\frac{n-1}{n}}).$$

$$\therefore \quad 0 < |x-a| < \delta \Rightarrow |\sqrt[n]{x} - \sqrt[n]{a}| < \varepsilon . \blacksquare$$

어떤 수가 주어진 함수의 극한인지 아닌지를 판단하기 위해서 $\varepsilon - \delta$ 를 이용하는 것은 그 과정이 다소 번잡스러울 수 있다. 그러나 극한의 성질을 이용하면 훨씬 간편하게 함수의 극한값을 구할 수 있다.

정 리 2.2.6

f, g가 함수이고 $x = a$에서 이들의 극한값이 존재한다고 하자. 그러면 다음 식이 성립한다.

(1) $\lim_{x \to a} [f(x) + g(x)] = \lim_{x \to a} f(x) + \lim_{x \to a} g(x)$

(2) $\lim_{x \to a} [f(x) \cdot g(x)] = \lim_{x \to a} f(x) \cdot \lim_{x \to a} g(x)$

(3) $\lim_{x \to a} [f(x) - g(x)] = \lim_{x \to a} f(x) - \lim_{x \to a} g(x)$

(4) $\lim_{x \to a} \dfrac{f(x)}{g(x)} = \dfrac{\lim_{x \to a} f(x)}{\lim_{x \to a} g(x)}$ $(\lim_{x \to a} g(x) \neq 0)$

(5) $\lim_{x \to a} \sqrt[n]{f(x)} = \sqrt[n]{\lim_{x \to a} f(x)}$ (n 은 자연수, 특히 n 이 짝수일때는 $f(x) \geq 0$ 이고 $\lim_{x \to a} f(x) \geq 0$인 경우에만 성립함)

증명 $\lim_{x \to a} f(x) = L$, $\lim_{x \to a} g(x) = M$이라 하고 $\varepsilon > 0$ 이 주어졌다고 하자.

(1) $x = a$ 에서 두 함수 f, g 의 극한값이 존재하므로 $\frac{\varepsilon}{2}$ 에 대하여 δ_1, δ_2가 각각 존재해서

$$0 < |x - a| < \delta_1 \Rightarrow |f(x) - L| < \frac{\varepsilon}{2}$$

이고

$$0 < |x - a| < \delta_2 \Rightarrow |g(x) - M| < \frac{\varepsilon}{2}$$

이다. 이제 $\delta = \min\{\delta_1, \delta_2\}$ 로 놓으면

$$0 < |x - a| < \delta \Rightarrow |f(x) - L| < \frac{\varepsilon}{2} \text{ 이고 } |g(x) - M| < \frac{\varepsilon}{2}$$

이다. 따라서 $0 < |x - a| < \delta$ 이면

$$\begin{aligned} |[f(x) + g(x)] - (L + M)| &= |(f(x) - L) + (g(x) - M)| \\ &\le |f(x) - L| + |g(x) - M)| \\ &< \frac{\varepsilon}{2} + \frac{\varepsilon}{2} = \varepsilon \end{aligned}$$

이 성립하고, 따라서 $\lim_{x \to a} [f(x) + g(x)] = L + M$ 이다.

(2) 주어진 ε 에 대해서

$$0 < |x - a| < \delta \Rightarrow |f(x)g(x) - LM| < \varepsilon$$

을 만족하는 δ 를 구하자. 그런데

$$\begin{aligned} &|f(x)g(x) - LM| \\ &= |f(x)g(x) - Lg(x) + Lg(x) - LM| \\ &= |g(x)[f(x) - L] + L[g(x) - M]| \\ &\le |g(x)||f(x) - L| + |L||g(x) - M|. \end{aligned} \tag{2.2.1}$$

한편, $x = a$ 에서 함수 g 의 극한값이 존재하므로 적당한 δ_1 을 잡으면

$$0 < |x-a| < \delta_1 \Rightarrow |g(x)-M| < 1$$

이다. 또,

$$|g(x)| = |[g(x)-M]+M| \leq |g(x)-M| + |M|$$

이므로

$$0 < |x-a| < \delta_1 \Rightarrow |g(x)| \leq 1+|M|. \tag{2.2.2}$$

그리고 $x=a$에서 함수 f, g의 극한값이 존재하므로 $L \neq 0$이면, 다음을 만족하는 δ_2, δ_3가 존재한다.

$$0 < |x-a| < \delta_2 \Rightarrow |f(x)-L| < \frac{\varepsilon}{2(1+|M|)} \tag{2.2.3}$$

$$0 < |x-a| < \delta_3 \Rightarrow |g(x)-M| < \frac{\varepsilon}{2|L|}. \tag{2.2.4}$$

여기서 $\delta = \min\{\delta_1, \delta_2, \delta_3\}$로 놓으면 $0 < |x-a| < \delta$인 x는 (2.2.2)~(2.2.4) 를 모두 만족한다. 이제 (2.2.2.)~(2.2.4)를 (2.2.1)에 대입하면,

$$0 < |x-a| < \delta \Rightarrow |f(x)g(x)-LM| < \varepsilon \tag{2.2.5}$$

이 되어 (2)가 증명되었다.

또, $L=0$인 경우에는 (2.2.1)과 (2.2.2)에서 $|f(x)g(x)| \leq (1+M)|f(x)|$ 이므로 (2.2.3)에 의해서 $\delta' = \min\{\delta_1, \delta_2\}$인 δ'에 대해서 (2.2.5)가 성립한다.

(3) $f(x)-g(x) = f(x)+(-1)g(x)$이므로 위의 (1),(2)로부터 분명하다.

(4)를 증명하기 위하여는 $\lim_{x \to a} \frac{1}{g(x)} = \frac{1}{M}$을 증명하고 위의 (2)를 이용하면 된다. 먼저 $M>0$인 경우에 대하여 증명해 보자. 정리 2.2.2에 의하여 적당한 δ_1이 존재해서

$$0 < |x-a| < \delta_1 \Rightarrow \frac{M}{2} < g(x) < \frac{3M}{2}$$

이 성립한다. 따라서

$$0 < |x-a| < \delta_1 \Rightarrow \left| \frac{1}{g(x)} - \frac{1}{M} \right|$$

$$= \frac{|g(x)-M|}{M|g(x)|} < \frac{2|g(x)-M|}{M^2} \qquad (2.2.5)$$

이다. 또, $x=a$ 에서 함수 g 의 극한값이 존재하므로, 주어진 ε 에 대하여 적당한 δ_2 가 존재해서

$$0 < |x-a| < \delta_2 \Rightarrow |g(x)-M| < \frac{M^2\varepsilon}{2} \qquad (2.2.6)$$

을 만족한다. 이제 $\delta = \min\{\delta_1, \delta_2\}$ 로 놓으면, (2.2.5)와 (2.2.6)으로 부터

$$0 < |x-a| < \delta \Rightarrow \left| \frac{1}{g(x)} - \frac{1}{M} \right| < \varepsilon$$

을 만족하므로 $\lim_{x \to a} \frac{1}{g(x)} = \frac{1}{M}$.

$M < 0$ 인 경우에도 같은 방법으로 $\lim_{x \to a} \frac{1}{g(x)} = \frac{1}{M}$ 을 증명할 수 있다. 따라서, $M \neq 0$ 이면 $\lim_{x \to a} \frac{1}{g(x)} = \frac{1}{M}$ 이다. 이 사실과 (2)를 이용해서 (4) 를 증명하면,

$$\lim_{x \to a} \frac{f(x)}{g(x)} = \lim_{x \to a} [f(x) \cdot \frac{1}{g(x)}]$$

$$= \lim_{x \to a} f(x) \cdot \lim_{x \to a} \frac{1}{g(x)} = \frac{L}{M} \text{ 이다.}$$

(5)의 증명은 연속함수부분에서 다루는 것이 간단할 것이기 때문에 2.5절의 예제 6 으로 미루고 이곳에서는 사용법만 다루도록 한다. ■

예제 1 $\lim_{x \to a} f(x) = L$ 이면 $\lim_{x \to a} [f(x) - L] = 0$ 임을 증명하여라.

증명 실수 L 을 상수함수로 보면 $\lim_{x \to a} L = L$ 이므로 정리 2.2.6의 (3)에 의하여

$$\lim_{x \to a}[f(x) - L] = \lim_{x \to a} f(x) - \lim_{x \to a} L = L - L = 0 .$$

정리 2.2.6은 셋 이상의 유한개의 함수에 대해서도 적용된다.

따름정리 2.2.7

(1) $f(x) \geq g(x)$ 이고 $\lim_{x \to a} f(x)$ 와 $\lim_{x \to a} g(x)$ 가 존재하면,

$$\lim_{x \to a} f(x) \geq \lim_{x \to a} g(x) .$$

(2) $\lim_{x \to a} f_i(x) = L_i, \; i = 1, 2, \cdots n$ 일 때

(a) $h(x) = \sum_{i=1}^{n} f_i(x)$이면, $\lim_{x \to a} h(x) = \sum_{i=1}^{n} L_i$

(b) $h(x) = f_1(x) \cdot f_2(x) \cdots f_n(x)$이면,

$$\lim_{x \to a} h(x) = L_1 \cdot L_2 \cdot \cdots \cdot L_n$$

예제 2 $\lim_{x \to -3} x^3 = -27$ 임을 보여라.

풀이 $\lim_{x \to -3} x = -3$ 이므로 따름정리 2.2.7 의 (2)로부터

$$\lim_{x \to -3} x^3 = \lim_{x \to -3} (x \cdot x \cdot x) = (\lim_{x \to -3} x)^3 = (-3)^3 = -27 .$$

예제 3 $\lim_{x \to 3}(-x^4 + \frac{1}{3}x^3 + \sqrt{3}x)$ 를 구하여라.

풀이 다항식 $-x^4 + \frac{1}{3}x^3 + \sqrt{3}x$ 의 각항은 $x = 3$ 에서 극한값을 가지므로

$$\lim_{x \to 3}(-x^4 + \frac{1}{3}x^3 + \sqrt{3}x)$$

$$= \lim_{x \to 3}(-x^4) + \lim_{x \to 3} \frac{1}{3}x^3 + \lim_{x \to 3} \sqrt{3}x$$

$$= -3^4 + \frac{1}{3} \cdot 3^3 + \sqrt{3} \cdot 3$$
$$= -72 + 3\sqrt{3}.$$

예제 4 $\lim_{x \to -1} \frac{\sqrt{-3x^2+4}}{x+3}$ 를 구하여라.

풀이 준식의 분자 분모는 $x = -1$에서 극한값을 갖고, 분모의 극한값이 0 이 아니므로

$$\lim_{x \to -1} \frac{\sqrt{-3x^2+4}}{x+3} = \frac{\lim_{x \to -1} \sqrt{-3x^2+4}}{\lim_{x \to -1} (x+3)} = \frac{\sqrt{-3(-1)^2+4}}{(-1)+3}$$
$$= \frac{1}{2}.$$

예제 5 $\lim_{x \to 4} \frac{x^2-16}{\sqrt{x}-2}$ 을 구하여라.

풀이 $x = 4$ 에서 분모의 극한값이 0 이므로 $x = 4$ 를 분자 분모에 대입하는 방법으로는 극한을 구할 수 없다. 그런데 여기서 x 는 4 가 아니므로 약분하여 계산하면

$$\lim_{x \to 4} \frac{x^2-16}{\sqrt{x}-2} = \lim_{x \to 4} (x+4)(\sqrt{x}+2) = 32.$$

예제 6 $a > 0$ 일 때 $\lim_{x \to a} \frac{(\sqrt{x}-\sqrt{a})}{x-a}$ 를 구하여라.

풀이 분모의 극한값은 0 이지만 약분이 가능하므로 준식은

$$\lim_{x \to a} \frac{(\sqrt{x}-\sqrt{a})}{x-a} = \lim_{x \to a} \frac{(\sqrt{x}-\sqrt{a})}{(\sqrt{x}-\sqrt{a})(\sqrt{x}+\sqrt{a})} = \frac{1}{2\sqrt{a}}.$$

정 리 2.2.8

세 함수 $f,\ g,\ h : \mathbf{D} \to \mathbf{R}$가 모든 $x \in \mathbf{D}$ 에서 $f(x) \le h(x) \le g(x)$ 이고 $\lim_{x \to a} f(x) = \lim_{x \to a} g(x) = L$ 이면 $\lim_{x \to a} h(x) = L$ 이다.

증명 $\lim_{x \to a} h(x) \ne L$ 라고 하자. 그러면 적당한 $\epsilon > 0$ 에 대해서는 모든 $\delta > 0$마다 $0 < |x_\delta - a| < \delta$이고 $|h(x_\delta) - L| \ge \varepsilon$을 만족하는 x_δ가 존재한다. 그러면 가정에 의해서 $|f(x_\delta) - L| \ge \epsilon$ 또는 $|g(x_\delta) - L| \ge \epsilon$이다. 즉, $\lim_{x \to a} f(x) \ne L$ 이거나 $\lim_{x \to a} g(x) \ne L$ 이다. 이것은 가정에 모순이므로 $\lim_{x \to a} h(x) = L$ 이다.

예제 7 $\lim_{x \to 0} (x \sin \frac{1}{x})$을 구하여라.

풀이 다음 그림 2.2.1과 같이 임의의 x 에 대해서

$$-|x| \le x \cdot \sin \frac{1}{x} \le |x|$$

인데 $\lim_{x \to 0} |x| = 0$ 이므로 위의 정리에 의해서 $\lim_{x \to 0} (x \cdot \sin \frac{1}{x}) = 0$.

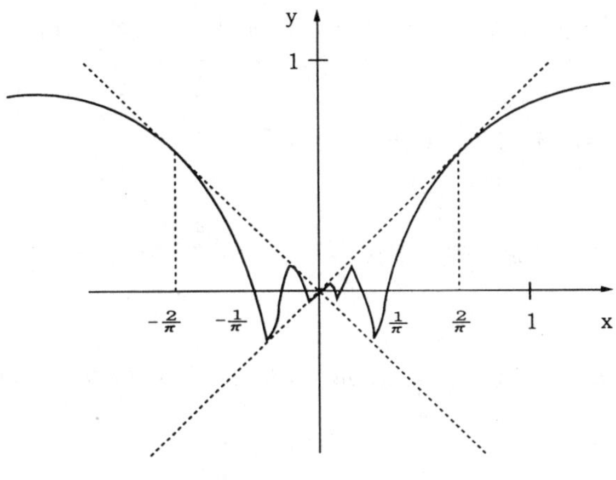

<그림 2.2.1>

◈◈◈ 연습문제 2.2 ◈◈◈

1. 다음 극한값을 구하여라.

(1) $\lim_{x \to -1} (x^2 - 4x + 6)$ (2) $\lim_{x \to -2} (2x - 3)(2 - 5x - x^2)$

(3) $\lim_{x \to -2} (2x^2 - 6x + 5)^2$ (4) $\lim_{x \to 3} \sqrt[3]{2x^2 + 8x + 8}$

(5) $\lim_{y \to 4} \frac{3(3y-2)}{2y(y^2+4)}$ (6) $\lim_{t \to 2} \frac{\sqrt{t^2+3t-5}}{2t^2+5t}$

(7) $\lim_{x \to 1} \frac{x^2+x-2}{x-1}$ (8) $\lim_{h \to 0} \frac{\frac{2}{x+h} - \frac{2}{x}}{h}$

(9) $\lim_{x \to -1} \frac{x+1}{\sqrt[3]{x}+1}$ (10) $\lim_{x \to 0} (x \sin \frac{1}{x-1})$

(11) $\lim_{x \to 0} [x \sin(\frac{1}{x^2 - 2x + 5})]$

(12) $\lim_{x \to 0} (x^3 \cos \frac{1}{x})$

2. 정리 2.2.2에서 $L < 0$ 인 경우에 대해서 증명하여라.

3. $M < 0$ 일 때 정리 2.2.6 (4)를 증명하여라.

4. $p(>0)$, q가 정수일 때 $\lim_{x \to c} x^{\frac{q}{p}} = c^{\frac{q}{p}}$ 임을 증명하여라.

5. $x = a$에서 $f(x)$의 극한값이 존재하면 a의 적당한 구간에서 f는 유계임을 증명하여라.

2.3 좌극한 과 우극한 및 $x \to \infty$ 일 때의 극한

$\lim_{x \to a} f(x) = L$은 x가 a보다 큰 쪽으로부터 a에 가까워지든, 혹은 작은 쪽으로부터 a에 가까워지든 관계없이, $f(x)$가 L에 한없이 가까워진다는 것을 의미한다. 그 이유는

$$0 < |x - a| < \delta \Leftrightarrow (a - \delta < x < a \quad \text{또는} \quad a < x < a + \delta)$$

이므로, 극한의 정의 2.1.1은

$$a - \delta < x < a \Rightarrow |f(x) - L| < \varepsilon \text{ , } a < x < a + \delta \Rightarrow |f(x) - L| < \varepsilon$$

와 동치이기 때문이다.

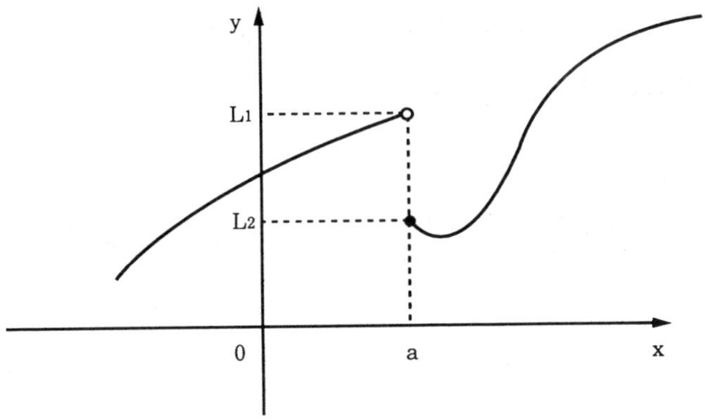

<그림 2.3.1>

그러나 그림 2.3.1과 같이, 어떤 함수는 x가 a의 어느 쪽에서 a에 접근하느냐에 따라서 $f(x)$가 접근하는 값이 달라지는 경우도 있다. 이 그래프에서 볼 때 x가 a보다 작은 쪽에서부터 a에 접근하면 $f(x)$는 L_1에 한없이 가까워지고, x가 a보다 큰 쪽에서부터 a에 접근하면 $f(x)$는 L_2에 한없이 가까워진다.

정의 2.3.1(좌극한, 우극한) f가 실수의 부분집합 $\mathbf{D}$에 정의된 함수

이고 또, a, L이 모두 실수라 하자. 이때 $x=a$ 에서 f의 **좌극한** (left-hand limit) (**우극한**(right-hand limit))이 L 이라는 것은 임의의 ε 에 대해서 적당한 δ 가 존재해서 다음이 성립한다는 뜻이다.

$$a-\delta < x < a,\ x\in \mathbf{D} \Rightarrow |f(x)-L| < \varepsilon$$

$$(\ a < x < a+\delta,\ x\in \mathbf{D} \Rightarrow |f(x)-L| < \varepsilon\ )$$

$x=a$ 에서 f의 좌극한 (우극한)이 L 임을 기호로

$$\lim_{x\to a^-} f(x) = L \quad \text{또는} \quad x\to a^- \Rightarrow |f(x)-L| < \varepsilon$$

$$(\ \lim_{x\to a^+} f(x) = L \quad \text{또는} \quad x\to a^+ \Rightarrow |f(x)-L| < \varepsilon\ )$$

과 같이 나타낸다.

극한의 경우와 같이 $x=a$ 에서 좌(우)극한값을 구할 때 $x=a$ 에서 f가 반드시 정의되어야 할 필요는 없다.

예제 1 $f(x)=\begin{cases}1-x, & x\geq 1\\ -x, & x<1\end{cases}$ 일 때 $\lim_{x\to 1^-} f(x)$, $\lim_{x\to 1^+} f(x)$, $\lim_{x\to 1} f(x)$를 구하라.

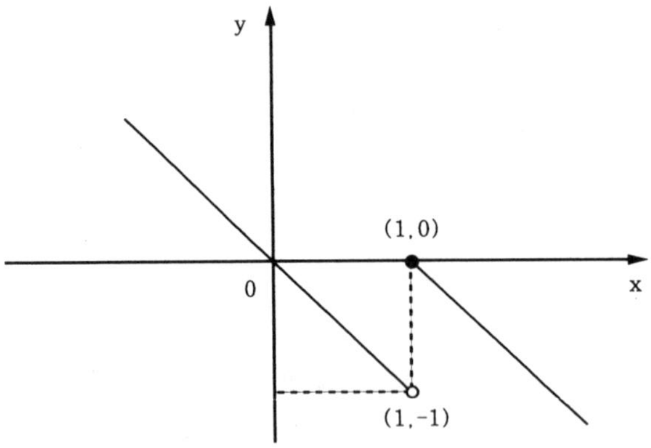

<그림 2.3.2>

풀이 $x<1$ 이면 $f(x)=-x$ 이므로

$$\lim_{x\to1^-} f(x) = \lim_{x\to1^-}(-x) = -1$$

이고, $x \geq 1$ 이면 $f(x) = 1 - x$ 이므로

$$\lim_{x\to1^+} f(x) = \lim_{x\to1^+}(1-x) = 0$$

이다. 그런데 $\lim_{x\to1} f(x)$가 존재하려면 x가 1에 접근하는 방법에 관계없이 $f(x)$가 유한이고 확정인 수에 가까워져야 하는데, $x = 1$에서 좌극한과 우극한이 서로 다르므로 $\lim_{x\to1} f(x)$는 존재하지 않는다.

예제 1 처럼 좌극한과 우극한이 일치하지 않는 경우에는 극한값이 존재하지 않는다. 또 $f(x) = \sqrt{x-3}$ 은 $x = 3$에서 좌극한은 존재하지 않고 우극한만 존재한다. 그러나 a를 포함하는 어떤 개구간이 f의 정의역에 포함될 수 있는 경우에는 $x = a$에서 f의 좌극한과 우극한 사이에는 다음 정리가 성립한다.

정 리 2.3.2

f가 a를 포함하는 개구간에서 정의되어 있으면 (a에서는 정의되지 않아도 무방하다),

$$\lim_{x\to a} f(x) = L \iff \lim_{x\to a^+} f(x) = \lim_{x\to a^-} f(x) = L$$

정리 2.2.1과 정리 2.2.6에서 설명한 극한의 유일성, 사칙연산에 관한 성질은 좌극한과 우극한의 경우에도 똑같이 적용된다.

예제 2 $f(x) = \begin{cases} 2x + x^2 & , x > 0 \\ 2 & , x = 0 \\ [x] & , x < 0 \end{cases}$ 일 때 $\lim_{x\to0^+} f(x)$, $\lim_{x\to0^-} f(x)$, $\lim_{x\to0} f(x)$를 구하여라.

풀이 $x > 0$ 이면 $f(x) = 2x + x^2$ 이다. 이 함수의 정의역은 실수 전체

의 집합이므로 정리 2.3.2에 의하여

$$\lim_{x \to 0^+} f(x) = \lim_{x \to 0} (2x + x^2) = 0$$

이다. 그리고 $x < 0$ 이면 $f(x) = [x]$ 인데 이것은 $-1 < x < 0$ 인 범위에서만 생각해도 무방하다. 그런데 이 때는 $f(x) = -1$ 이므로 정리 2.3.2에 의하여

$$\lim_{x \to 0^-} f(x) = \lim_{x \to 0} (-1) = -1$$

이다. 따라서 $x = 0$에서는 좌극한과 우극한이 서로 다르므로 $\lim_{x \to 0} f(x)$ 는 존재하지 않는다.

$x \to \infty$ 일 때의 극한

$f(x) = \dfrac{1}{x}$ 은 x가 한없이 커지면 0 에 접근하고, x가 0에 가까워지면 $|f(x)|$는 한없이 커진다. 이제부터 이러한 경우의 극한값에 대하여 알아보자.

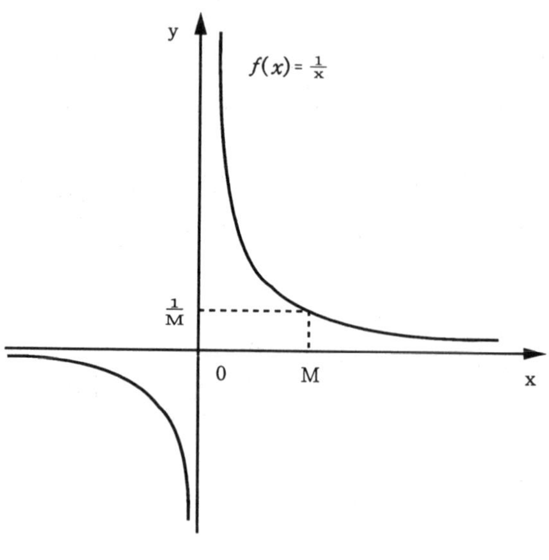

<그림 2.3.3>

정의 2.3.3 함수 $f: \mathbf{D} \to \mathbf{R}$ 의 정의역 $\mathbf{D}$ 가 위로(아래로) 유계가 아니라고 하자. 임의의 ε 에 대하여 적당한 실수 M이 존재해서

$$x > M \quad (x < M), \; x \in \mathbf{D} \;\Rightarrow\; |f(x) - L| < \varepsilon$$

이 성립하면 L 을 $x \to \infty$ ($x \to -\infty$)일 때 f 의 **극한값**이라고 한다. 이를 기호로,

$$\lim_{x \to \infty} f(x) = L \;\; [\lim_{x \to -\infty} f(x) = L]$$

과 같이 나타낸다.

정의 2.3.3에서 정의한 극한에 대해서도 앞 절의 정리 2.2.1과 정리2.2.6가 성립한다.

다음은 함수값이 무한대로 발산하는 것에 대한 정의인데, 함수값이 무한대로 발산하거나 또는 둘 이상의 수로 진동하는 경우에는 극한값이 존재하지 않는 것으로 한다. 왜냐하면 극한값이 **존재한다**고 하는 것은 극한값이 실수이고 유일하다는 것을 의미하기 때문이다.

정의 2.3.4 함수 $f: \mathbf{D} \to \mathbf{R}$ 가 임의의 양수 M 에 대해서 적당한 δ 가 존재해서

$$0 < |x - a| < \delta, \; x \in \mathbf{D} \;\Rightarrow\; f(x) > M$$

을 만족하면, x 가 a 에 가까워 질 때 $f(x)$ 는 **무한대로 발산한다**고 하고 기호로

$$\lim_{x \to a} f(x) = \infty$$

와 같이 나타낸다. 같은 방법으로

$$\lim_{x \to a} f(x) = -\infty,$$

$$\lim_{x \to a^+} f(x) = \infty \;\; [-\infty], \qquad \lim_{x \to a^-} f(x) = \infty \;\; [-\infty]$$

$$\lim_{x \to \infty} f(x) = \infty \;\; [-\infty], \qquad \lim_{x \to -\infty} f(x) = \infty \;\; [-\infty]$$

을 정의할 수 있다.

예제 3 $\lim_{x\to\infty}\frac{1}{x}=0$ 이고 $\lim_{x\to 0^+}\frac{1}{x}=\infty$ 임을 증명하여라.

증명 먼저 $\lim_{x\to\infty}\frac{1}{x}=0$ 임을 증명하자. 이를 위하여 $\varepsilon>0$이 주어졌을 때

$$x>M\Rightarrow\left|\frac{1}{x}-0\right|<\varepsilon$$

을 만족하는 M을 구하면 된다. 그런데

$$\left|\frac{1}{x}-0\right|<\varepsilon\ \Leftrightarrow\ \frac{1}{|x|}<\varepsilon\ \Leftrightarrow\ \frac{1}{\varepsilon}<|x|$$

이므로 $M=\frac{1}{\varepsilon}$ 이라 놓으면

$$x>M\Rightarrow\left|\frac{1}{x}-0\right|<\varepsilon.$$

따라서,

$$\lim_{x\to\infty}\frac{1}{x}=0.$$

다음으로 $\lim_{x\to 0^+}\frac{1}{x}=\infty$ 임을 보이자. 이것은 임의의 양수 M이 주어졌을 때

$$0<x<\delta\ \Rightarrow\ \frac{1}{x}>M$$

을 만족하는 δ를 구하면 된다. 그런데

$$\frac{1}{x}>M\ \Leftrightarrow\ \frac{1}{M}>x$$

이므로 $\delta=\frac{1}{M}$ 으로 놓으면,

$$0<x<\delta\Rightarrow\frac{1}{x}>M.$$

주 2.3.5 (1) 예제 3과 정리 2.2.6 (2)로부터 n이 임의의 자연수이면

$\lim_{x\to\infty} \frac{1}{x^n} = 0$ 이다. 또 정리 2.2.6 (5)로부터 $\lim_{x\to\infty} \sqrt[n]{\frac{1}{x}} = 0$ 이므로 임의의 양의 유리수 $\frac{q}{p}$ 에 대하여 다음이 성립한다.

$$\lim_{x\to\infty} \frac{1}{x^{\frac{q}{p}}} = \lim_{x\to\infty} \left(\sqrt[p]{\frac{1}{x}} \right)^q = 0$$

(2) $x \to \infty$ 일 때 주어진 유리식의 분자, 분모가 모두 무한대로 발산하는 경우에는 분모의 최고차 항으로 분자, 분모를 나누어 위의 (1)을 이용한다.

예제 4 $\lim_{x\to\infty} \frac{\sqrt{x^2-1}}{2x+1}$ 을 구하여라.

풀이 $x \to \infty$ 일 때 주어진 식의 분자, 분모가 모두 무한대로 발산하므로 정리 2.2.6 (4)를 적용할 수 없다. 따라서 주어진 식의 분모, 분자를 x 로 나누어 계산하면,

$$\lim_{x\to\infty} \frac{\sqrt{x^2-1}}{2x+1} = \lim_{x\to\infty} \frac{\sqrt{1-\frac{1}{x^2}}}{2+\frac{1}{x}} = \frac{1}{2}.$$

예제 5 $\lim_{x\to1^+} \frac{\sqrt{x^2-1}}{x-1}$ 을 구하여라.

풀이 $\lim_{x\to1^+} (x-1) = 0$ 이므로 정리 2.2.6 (4)를 적용할 수 없다. $x > 1$ 이면,

$$\frac{\sqrt{x^2-1}}{x-1} = \frac{\sqrt{x-1}\sqrt{x+1}}{\sqrt{x-1}\sqrt{x-1}} = \frac{\sqrt{x+1}}{\sqrt{x-1}}$$

이므로

$$\lim_{x \to 1^+} \frac{\sqrt{x^2-1}}{x-1} = \lim_{x \to 1^+} \frac{\sqrt{x+1}}{\sqrt{x-1}} = \infty.$$

◈◈◈ 연습문제 2.3 ◈◈◈

1. 다음의 극한을 계산하여라.

(1) $\lim_{x \to 2^+} \frac{x^3+3}{x-2}$ (2) $\lim_{x \to 2^-} \frac{x^3+3}{x-2}$

(3) $\lim_{x \to 0^+} \frac{x}{|x|}$ (4) $\lim_{x \to 0^-} \frac{x}{|x|}$

(5) $\lim_{u \to -\infty} \frac{u^2+3}{2u^3+1}$ (6) $\lim_{x \to -\infty} \frac{x^3-2x+1}{2x^2+2x+3}$

(7) $\lim_{x \to 0^+} \frac{x^3-3x^2+x}{x^3-2x^2}$ (8) $\lim_{x \to 2^+} \frac{x^2-2x+3}{x^2-4}$

(9) $\lim_{x \to \infty} (x^4-5x^3+3x-2)$

(10) $\lim_{x \to \infty} (4-5x+2x^2-5x^3)$

2. 다음의 정의를 써라.

(1) $\lim_{x \to a^+} f(x) = \infty \quad [-\infty]$ (2) $\lim_{x \to a^-} f(x) = \infty \quad [-\infty]$

(3) $\lim_{x \to \infty} f(x) = \infty \quad [-\infty]$ (4) $\lim_{x \to -\infty} f(x) = \infty \quad [-\infty]$

3. $\lim_{x \to a^+} f(x) = \infty$, $\lim_{x \to a^+} g(x) = \infty$ 일 때 다음 물음에 답하여라.

(1) $\lim_{x \to a^+} [f(x) + g(x)] = \infty$임을 증명하여라.

(2) $\lim_{x \to a^+} [f(x) - g(x)] = \lim_{x \to a^+} f(x) - \lim_{x \to a^+} g(x)$가 성립하지 않는 예를 들어라.

(3) $\lim_{x \to a^+} f(x) \lim_{x \to a^+} g(x) = \infty$ 임을 증명하여라.

4. 다음을 만족하는 예를 들어라.

(1) $\lim_{x \to a^+} f(x) = \infty$ 이고 $\lim_{x \to a^-} f(x) = -\infty$ 이다.

(2) $\lim_{x \to a} |f(x)| = L$ 이지만 $f(x)$ 는 $x = a$에서 극한값을 갖지 않는다.

(3) $\lim_{x \to a} |f(x)| = \infty$ 이지만 $\lim_{x \to a} f(x)$ 는 존재하지 않고 또, ∞ 도 $-\infty$ 도 아니다.

2.4 점근선

곡선 C의 그래프가 어떤 직선과 만나지는 않으면서 계속 접근하기만 할 때, 그 직선을 곡선 C의 **점근선**이라 한다. 따라서 함수 $y=f(x)$의 그래프의 점근선은 독립변수 x가 어떤 수에 접근하거나 양 또는 음의 무한대로 발산할 때 함수값의 변화 상태에 의하여 결정되므로 극한을 이용하여 구할 수 있다. 점근선은 수직점근선, 수평점근선, 기타로 나누어진다.

정의 2.4.1 다음 중 하나가 성립할 때 직선 $x=a$를 곡선 $y=f(x)$의 **수직점근선**(vertical asymptote)이라 한다.

(1) $\lim_{x \to a} f(x) = \infty \ (-\infty)$ (2) $\lim_{x \to a^+} f(x) = \infty \ (-\infty)$

(3) $\lim_{x \to a^-} f(x) = \infty \ (-\infty)$

정의 2.4.2 다음중 하나가 성립할 때 직선 $y=b$를 곡선 $y=f(x)$의 **수평점근선**(horizontal asymptote)이라 한다.

(1) $\lim_{x \to +\infty} f(x) = b$ (2) $\lim_{x \to -\infty} f(x) = b$

예제 1 곡선 $xy^2 - y^2 - x = 0$의 수직점근선과 수평점근선을 구하여라.

풀이 주어진 방정식을 $y=f(x)$ 꼴로 나타내면

$$y = \pm\sqrt{\frac{x}{x-1}}$$

이다. 그런데

$$\lim_{x \to 1^+} y = \lim_{x \to 1^+} \pm\sqrt{\frac{x}{x-1}} = \pm\infty$$

이므로 $x=1$은 주어진 곡선의 수직점근선이다. 한편,

$$\lim_{x \to \infty} y = \lim_{x \to \infty} \pm\sqrt{\frac{x}{x-1}} = \pm 1$$

이므로 직선 $y = \pm 1$ 은 주어진 곡선의 수평점근선이다.

정의 2.4.3 다음중 하나가 성립할 때, 직선 $y = ax + b$ 를 $y = f(x)$ 의 **점근선**이라 한다.

(1) $\lim_{x \to \infty} [f(x) - (ax + b)] = 0$ (2) $\lim_{x \to -\infty} [f(x) - (ax + b)] = 0$

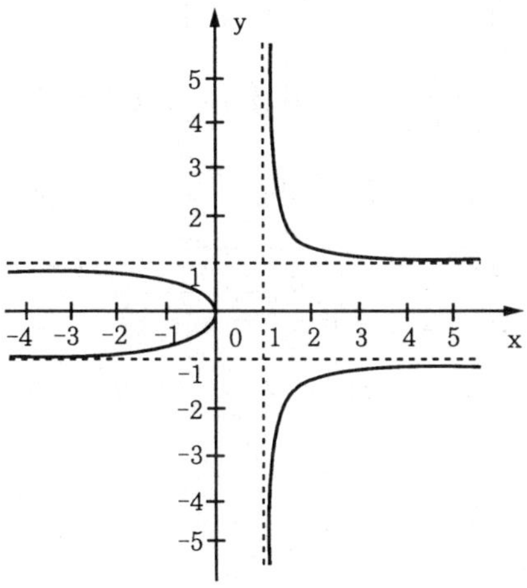

<그림 2.4.1>

예제 2 곡선 $2x^4 - x^3 y + 3x^3 - 2x + y - 4 = 0$ 의 점근선을 구하여라.

풀이 주어진 방정식에서 y 를 x 의 식으로 나타내면,

$$y = \frac{2x^4 + 3x^3 - 2x - 4}{x^3 - 1} = 2x + 3 - \frac{1}{x^3 - 1}$$

이다. 이 식에서 $x \to 1$ 이면 $y \to \pm\infty$ 이므로, 직선 $x = 1$ 은 수직점근선

이다. 한편,

$$\lim_{x\to\infty}\left[\left(2x+3-\frac{1}{x^3-1}\right)-(2x+3)\right]=\lim_{x\to\infty}\left(-\frac{1}{x^3-1}\right)=0$$

이므로 직선 $y=2x+3$ 은 주어진 곡선의 점근선이다.

예제 3 곡선 $y^2=\dfrac{x}{x^3+1}$ 의 점근선을 구하여라.

풀이 준식에서 y 를 구하면

$$y=\pm\sqrt{\frac{x}{x^3+1}}=\pm\sqrt{\frac{x}{(x+1)(x^2-x+1)}}$$

이다. 임의의 x 에 대하여 $x^2-x+1>0$ 이므로 이 식의 정의역은

$$\{x \mid x\neq -1\ ,\ \frac{x}{x+1}\geq 0\}=\{x \mid x\geq 0 \text{ 또는 } x<-1\}$$

이다. 따라서 $x=-1$ 의 좌극한은

$$\lim_{x\to -1^-}\pm\sqrt{\frac{x}{(x+1)(x^2-x+1)}}=\pm\infty$$

이므로 직선 $x=-1$ 은 이 곡선의 수직점근선이다. 또 $x\to\infty$ 일 때 극한을 구하면

$$\lim_{x\to\infty}\pm\sqrt{\frac{x}{(x+1)(x^2-x+1)}}=0$$

이므로 $y=0$ 은 수평점근선이다.

◈◈◈ 연습문제 2.4 ◈◈◈

1. 다음 곡선의 개형을 그리고 점근선을 구하여라.

(1) $f(x) = \dfrac{2x+1}{x^2 - x - 2}$　　(2) $f(x) = \dfrac{2}{x} + \dfrac{1}{x^2}$

(3) $x^2y^2(x-1) = 1$　　(4) $y^2 = x(x-1)^2$

(5) $xy^2 - 2y^2 - 9x = 0$　　(6) $x^3 + x^2y - 4y + 6 = 0$

(7) $x^2y - y^3 = 1$　　(8) $x^2y^3 - y = 1$

(9) $(1+y)x^2 = y^2(1-y)$

(10) $x^2y^2 + 2x^2y + 2x^2 + 4y - 7 = 0$

2.5 함수의 연속성

직관적 의미로 함수 $f: \mathbf{D} \to \mathrm{R}$ 가 연속이라는 것은 이 함수의 그래프가 끊어지지 않고 연결되어 있다는 것이다. 그런데 직관적으로는 명백해 보이는 이 연속의 개념이 수학적으로 엄밀하게 정의된 것은 극한의 개념이 확립된 후에 가능하게 되었다.

연속은 먼저 한 점에서의 연속을 정의하고, 이를 이용하여 정의역에서의 연속을 정의한다.

정의 2.5.1 함수 $f: \mathbf{D} \to \mathbf{R}$ 가 $\lim_{x \to a} f(x) = f(a)$ 일 때 f는 $x = a\ (\in \mathbf{D})$에서 **연속**(continuous)이라고 한다. 즉,

(1) $x = a$ 에서 f가 정의되고 (즉, 함수값 $f(a)$ 가 존재하고)

(2) $\lim_{x \to a} f(x)$ 가 존재하고

(3) $\lim_{x \to a} f(x) = f(a)$

일 때, f는 $x = a\ (\in \mathbf{D})$에서 연속이라 한다.

연속이 아닌 점을 **불연속점**이라 한다. 또 f의 정의역의 모든 점에서 연속일 때 f는 **연속**이라고 한다.

연속의 정의와 극한의 정의 사이에는 중요한 차이점이 있음에 유의해야 한다. 그것은 극한값은 주어진 함수의 정의역에 속하지 않는 점에서도 정의되지만 연속성은 정의역에 속하는 점에서만 정의된다는 사실이다. 연속의 정의를 ε, δ 를 써서 나타내면 다음과 같다.

임의의 ε 에 대해서 적당한 δ 가 존재해서,

$$|x - a| < \delta\ ,\ x \in \mathbf{D} \ \Rightarrow\ |f(x) - f(a)| < \varepsilon$$

일 때 f는 $x = a$ 에서 연속이라 한다.

주 2.5.2 (1) 정의에 의해서 $x = a$ 에서 f가 연속이면 $\lim_{x \to a} f(x)$ 가 존재한다. 그러나 이의 역은 성립하지 않는다.

(2) 함수 f가 폐구간 $[a, b]$에서 연속이라는 것은 $[a, b]$의 내점은 물론 끝점 a, b에서도 연속이란 뜻이다. 그러므로 $x = a$ 에서도 f의 극한값이 존재하는 데 이것은 우극한값이다. 또, b 에서의 극한값은 좌극한값이다. 그러나 함수의 정의역이 개구간 (a, b)이면 $a, b \not\in (a, b)$이기 때문에 a, b에서는 연속성을 생각할 수 없다.

예제 1 함수 $f(x) = \begin{cases} x^2 + 1 & , \ x \neq 0 \\ 3 & , \ x = 0 \end{cases}$ 은 연속이 아님을 증명하여라.

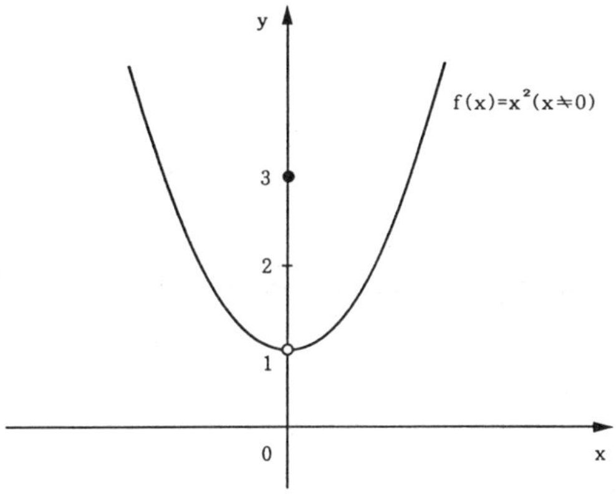

<그림 2.5.1>

증명 f가 연속이 아님을 보이기 위하여 정의역에 속하는 어떤 점에서 불연속임을 보이면 된다. 그런데 $x = 0$ 에서는

$$\lim_{x \to 0} f(x) = \lim_{x \to 0} (x^2 + 1) = 1 \neq 3 = f(0)$$

이므로 불연속이다. 따라서 $f(x)$는 연속이 아니다.

예제 2 $f(x) = \begin{cases} \dfrac{x^2 - 4}{x - 2} & , \ x \neq 2 \\ 2 & , \ x = 2 \end{cases}$ 는 $x = 2$ 에서 연속인가?

풀이 먼저 함수의 그래프를 그려보면 다음과 같다. 그런데

$$\lim_{x\to 2} f(x) = \lim_{x\to 2}(x+2) = 4 \neq 2 = f(2)$$

이므로 이 함수는 $x = 2$ 에서 불연속이다.

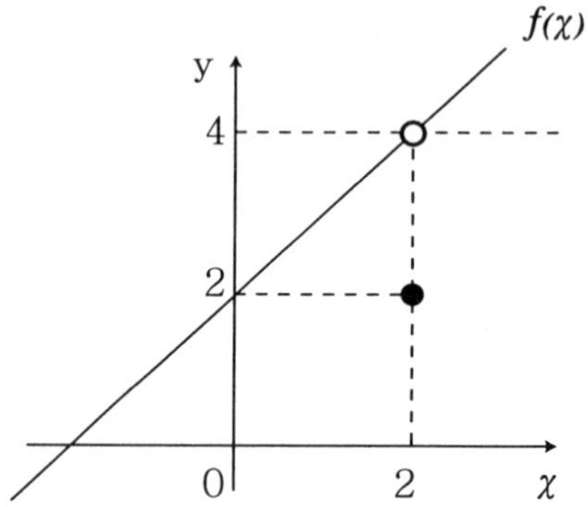

<그림 2.5.2>

주어진 함수가 연속인지 여부를 일일이 정의에 의해서 판단한다는 것은 매우 번거로운 일이다. 그러나 다음 정리와 같은 연속함수의 성질을 이용하면 쉽게 판단할 수 있다.

정 리 2.5.3

(1) 상수함수는 연속함수이다.

(2) 항등함수는 연속함수이다.

(3) 두 함수 $f, g: \mathbf{D} \to \mathbf{R}$ 가 연속이면 $f+g$, fg, $\dfrac{f}{g}$ (모든 $x \in \mathbf{D}$에 대하여 $g(x) \neq 0$)는 $\mathbf{D}$ 에서 연속이다.

증명 (1) $f: \mathbf{D} \to \mathbf{R}$ 를 $f(x) = k$ (상수)인 상수함수라면, 정리 2.2.3 으로부터 모든 $a \in \mathbf{D}$ 에 대하여

$$\lim_{x \to a} f(x) = k = f(a)$$

이다. 따라서 f는 $\mathbf{D}$ 에서 연속이다.

(2) 함수 $f: \mathbf{D} \to \mathbf{R}$ 가 항등함수이면, 정리 2.2.4로 부터 임의의 $a \in \mathbf{D}$ 에 대하여

$$\lim_{x \to a} f(x) = a = f(a)$$

이므로 f 는 $\mathbf{D}$ 에서 연속이다.

(3) 정리 2.2.6 과 연속의 정의에 의하여 분명하다. ■

따름정리 2.5.4

> $f_0, f_1, \cdots f_n: \mathbf{D} \to \mathbf{R}$ 이 연속이면, 다음은 연속이다.
>
> (1) $f_0 + f_1 + \cdots + f_n$
>
> (2) $f_0 \cdot f_1 \cdot \cdots \cdot f_n$

증명 정리 2.5.3 (3)과 수학적 귀납법에 의하여 분명하다. ■

예제 3 $f(x) = a_0 + a_1 x + a_2 x^2 + \cdots + a_n x^n$ (n은 자연수)는 연속함수임을 보여라.

증명 우선 a_0는 상수함수로 볼 수 있으므로 연속이다. 또, 나머지 항들은 상수함수와 항등함수의 곱이므로 연속함수이다. 따라서 주어진 함수는 따름정리 2.5.4의 (1)에 의하여 연속이다.

예제 4 $f(x) = \dfrac{x^3 + x^2 - 3x + 2}{x^2 + ax + b}$ 가 $x = 1, 2$ 에서 불연속일 때 a, b 를 구하여라.

풀이 주어진 유리함수의 분모, 분자는 모두 연속이므로 $f(x)$ 가 불연속이 되는 점은 분모를 0으로 하는 점이다. 그런데 $x = 1, 2$ 일 때 분모 $x^2 + ax + b$ 의 값이 0이 되어야 하므로 $a = -3$, $b = 2$ 이다.

다음 정리는 함수의 극한이 연속함수에 의하여 그대로 보존된다는 성질을 말해 주는 매우 유용한 정리이다.

정 리 2.5.5

$\lim_{x \to a} f(x) = b$ 이고 함수 g 가 b 에서 연속이면

$$\lim_{x \to a} g(f(x)) = g(\lim_{x \to a} f(x)) = g(b)$$

증명 $x = a$ 에서 합성함수 $g \circ f$ 의 극한이 $g(b)$ 임을 보이자. $\epsilon > 0$ 이 주어졌다고 하자. 그러면

$$0 < |x - a| < \delta \Rightarrow |(g \circ f)(x) - g(b)| < \varepsilon$$

인 δ 를 정하면 된다. $y = f(x)$ 로 놓으면, g 가 b 에서 연속이므로 적당한 δ_1 이 존재해서

$$|y - b| < \delta_1 \Rightarrow |g(y) - g(b)| < \varepsilon.$$

즉,

$$|f(x) - b| < \delta_1 \Rightarrow |g(y) - g(b)| < \varepsilon \tag{2.5.1}$$

을 만족한다. 한편 $\lim_{x \to a} f(x) = b$ 이므로 (2.5.1)의 δ_1 에 대하여 적당한 δ_2 가 존재하여,

$$0 < |x - a| < \delta_2 \Rightarrow |f(x) - b| < \delta_1 \tag{2.5.2}$$

을 만족한다. 따라서 $\delta = \delta_2$ 로 놓으면 (2.5.1), (2.5.2)에 의하여

$$0 < |x - a| < \delta \Rightarrow |(g(f(x)) - g(b)| < \epsilon$$

이 성립한다. 따라서,

$$\lim_{x \to a} g(f(x)) = \lim_{x \to a} (g \circ f)(x) = g(b) = g(\lim_{x \to a} f(x))$$

이 성립한다. ■

예제 5 $h(x) = \sqrt{x^2+1}$ 은 연속함수임을 보여라.

풀이 우선 정리 2.2.5 에 의하여 $a > 0$ 이면

$$\lim_{x \to a} \sqrt{x} = \sqrt{a}$$

임을 알 수 있다. 즉 $f(x) = \sqrt{x}$ $(x > 0)$ 는 연속함수이다. 따라서 위의 정리 2.5.5를 이용하면 모든 실수 a 에 대하여

$$\lim_{x \to a} h(x) = \lim_{x \to a} \sqrt{x^2+1} = \sqrt{\lim_{x \to a} (x^2+1)} = \sqrt{a^2+1} = h(a)$$

이다. 따라서 $h(x) = \sqrt{x^2+1}$ 은 연속함수이다.

2.2 절의 정리 2.2.6 (5)의 증명을 뒤로 미루었는데, 이것은 정리 2.5.5 로부터 쉽게 증명된다.

예제 6 정리 2.2.6 (5)를 증명하여라.

증명 정리 2.2.5와 연속의 정의에 의하여, $h(x) = \sqrt[n]{x}$ 라면 h 는 연속함수이다. 따라서 $\lim_{x \to a} f(x)$ 가 존재하면 정리 2.5.5에 의하여 임의의 자연수 n 에 대하여

$$\lim_{x \to a} \sqrt[n]{f(x)} = \lim_{x \to a} h(f(x)) = h(\lim_{x \to a} f(x)) = \sqrt[n]{\lim_{x \to a} f(x)}$$

이 성립한다. (n 이 짝수이면 $\lim_{x \to a} f(x) \geq 0$으로 생각한다.)

따름정리 2.5.6

두 함수 f, g 가 연속이면, 합성함수 $g \circ f$도 연속이다.

증명 연속함수는 정의역의 각 점에서 극한이 존재하므로 f, g는 정리 2.5.5의 가정을 만족한다. 따라서 정의역의 임의의 a에서 $g(f(a))$는 존재하고, 또,

$$\lim_{x \to a} g(f(x)) = g(\lim_{x \to a} f(x)) = g(f(\lim_{x \to a} x)) = g(f(a))$$

이므로 $g \circ f$는 연속이다. ■

◈◈◈ 연습문제 2.5 ◈◈◈

1. 다음 함수의 불연속점을 구하여라.

(1) $f(x) = x^4 - 3x^2 + x - 7$ (2) $f(x) = \dfrac{x^3 - 2x + 1}{x(x^2 + 1)}$

(3) $f(x) = \dfrac{x^2 - 9}{x + 3}$ (4) $f(x) = \dfrac{1}{x^2 - 3} \cdot \dfrac{x}{|x|}$

(5) $f(x) = (3x + 1)\left(\dfrac{x}{|x|}\right)^2$ (6) $f(x) = \dfrac{x - 1}{|x - 1|} + \dfrac{x - 2}{|x - 3|}$

(7) $f(x) = \dfrac{x - 1}{\sqrt{x - 1}}$ (8) $f(x) = \dfrac{x^2 - 1}{\sqrt[3]{x - 1}}$

2. 함수 f가 주어진 $x = a$에서 연속이 되도록 $f(a)$ 값을 정하여라.

(1) $f(x) = \dfrac{x^2 + 2x - 15}{x + 5}$ 일 때 $a = -5$

(2) $f(x) = \dfrac{x^2 - 2x - 3}{x - 3}$ 일 때 $a = 3$

3. $f, g : \mathbf{D} \to \mathbf{R}$ 가 연속이면 $f - g$ 도 연속임을 증명하여라.

4. 홀수차수의 방정식은 적어도 하나의 실근을 가짐을 증명하여라.

제 3 장 도 함 수

3.1 미분계수

3.2 미분가능과 연속성

3.3 도함수

3.4 미분법, 연쇄법칙, 음함수 미분법, 고차도함수

3.5 미분과 미분몫 및 근사값

제3장 도함수

3.1 미분계수

변화하는 두 양 x, y 사이에 $y=f(x)$ 인 함수관계가 있으면 y는 x가 변하는데 따라서 변한다. 그러므로 x가 a에서 $a+h$로 h만큼 변하면 y는 $f(a)$에서 $f(a+h)$로 변화한다. 이때 독립변수의 변화량에 따른 종속변수의 변화량의 비의 값

$$\frac{f(a+h)-f(a)}{h} \tag{3.1.1}$$

을 x가 a에서 $a+h$로 변할 때 함수 f의 **평균변화율**이라 한다.

평균변화율은 함수 $y=f(x)$가 무엇이냐에 따라서 각각 그 의미가 달라진다. 예를 들어 x가 시간을, y가 거리를 나타낸다면 식 (3.1.1)은 a시부터 시작해서 h시간 동안에 변화한 속도의 평균변화량를 의미하고, x가 생산량, y가 비용을 나타낸다면 식 (3.1.1)은 생산량이 a에서 h만큼 늘어난 경우 비용의 평균변화량을 의미하는 것이다.

식 (3.1.1) 에서 h는 x의 변화량인데 이것을 **x의 증분**이라 하며 Δx로 나타내고, 또 $f(a+h)-f(a)$는 **y의 증분**이라 하며 Δy로 나타낸다.

즉, (3.1.1)은 $\frac{\Delta y}{\Delta x}$인 것이다. 그리고 x, y의 증분 Δx, Δy는 반드시 양수를 의미하지는 않는다. 즉 음으로 증가해도 증분이라 한다.

정의 3.1.1 함수 $y=f(x)$에서 x가 a로 부터 $a+h$까지 변할 때 평균변화율의 극한값

$$\lim_{\Delta x \to 0} \frac{\Delta y}{\Delta x} = \lim_{h \to 0} \frac{f(a+h)-f(a)}{h} \tag{3.1.2}$$

이 존재하면 그 값을 $x=a$ 에서 f 의 **미분계수**(differential coefficient) 또는 **순간변화율**이라 하고 $f'(a)$ 로 나타낸다. 그리고 $f'(a)$ 가 존재할 때, 즉, 극한값 (3.1.2)가 존재할 때, f 는 $x=a$ 에서 **미분가능**(differentiable)하다고 한다. 또, f 가 그의 정의역내의 모든 점에서 미분가능 할 때, f 를 **미분가능함수**라 하고, 어떤 구간내의 모든 점에서 미분가능하면 그 구간에서 미분가능하다고 한다.

주 3.1.2 식 (3.1.1)에서 $a+h$ 를 x 라 놓으면,

$$h \to 0 \;\Leftrightarrow\; x \to a$$

이므로 $f'(a)$ 을 구하고자 할 때, 극한 $\lim_{h \to 0} \frac{f(a+h)-f(a)}{h}$ 을 구하는 대신 $\lim_{x \to a} \frac{f(x)-f(a)}{x-a}$ 의 값을 구해도 좋다. 미분계수를 간단히 **미계수**라고 줄여서 말하기도 한다.

예제 1 $\lim_{h \to 0} \frac{f(a+h)-f(a)}{h} = L$ 일 때, $\lim_{h \to 0} \frac{f(a-h)-f(a)}{h}$ 를 구하라.

풀이 $h \to 0$ 일 때의 극한값이므로

$$\lim_{h \to 0} \frac{f(a+h)-f(a)}{h} = \lim_{h \to 0} \frac{f(a-h)-f(a)}{h}$$

와 같이 생각하기 쉬우나, 사실은 다음과 같다.

$$\lim_{h \to 0} \frac{f(a-h)-f(a)}{h} = \lim_{-h \to 0} \frac{f\,[a+(-h)]-f(a)}{-(-h)} = -L\ .$$

예제 2 $f(x)=\sqrt{x}$ 일 때 $f'(3)$ 을 구하여라.

풀이 식 (3.1.2) 에 $a=3$ 을 대입하면,

$$\lim_{\Delta x \to 0} \frac{\Delta f}{\Delta x} = \lim_{h \to 0} \frac{f(3+h)-f(3)}{h}$$

$$= \lim_{h \to 0} \frac{\sqrt{3+h}-\sqrt{3}}{h}$$

$$= \lim_{h \to 0} \frac{1}{\sqrt{3+h}+\sqrt{3}}$$

$$= \frac{1}{2\sqrt{3}}$$

이다. 따라서 $f'(3) = \dfrac{1}{2\sqrt{3}}$ 이다.

예제 3 어떤 물체를 初速度 96m/sec의 속도로 위로 던질 때 t초 후의 높이 $f(t)$는

$$f(t) = 96t - 16t^2$$

로 정해진다고 한다. 던지고 나서 2초 후의 순간속도를 구하여라.

풀이. 던지고 나서 2초 경과한 후 h초 동안의 평균변화율을 구하면

$$\frac{f(2+h)-f(2)}{h} = 32-16h$$

이다. 그런데 2초 후의 순간속도는 $h \to 0$ 일 때 이 식의 극한값 이므로

$$f'(2) = \lim_{h \to 0} \frac{f(2+h)-f(2)}{h}$$

$$= \lim_{h \to 0} (32 - 16h)$$

$$= 32$$

이다. 따라서 2초 후의 순간속도는 32m/sec 이다.

예제 4 $f(x) = |x^2 - 1|$ 일 때 $x = 1$ 에서 미분가능성을 조사하여라.

풀이 주어진 함수가 $x = 1$ 에서 미분가능한지를 알아보려면 극한값

$$\lim_{h \to 0} \frac{f(1+h)-f(1)}{h}$$

의 존재 여부를 조사해야 한다. 그런데

$$\lim_{h\to 0}\frac{f(1+h)-f(1)}{h} = \lim_{h\to 0}\frac{|(1+h)^2-1|}{h}$$
$$= \lim_{h\to 0}\frac{|h^2+2h|}{h}$$
$$= \lim_{h\to 0}\frac{|h||h+2|}{h}$$

이므로

$$\lim_{h\to 0^+}\frac{f(1+h)-f(1)}{h} = \lim_{h\to 0^+}|h+2| = 2,$$
$$\lim_{h\to 0^-}\frac{f(1+h)-f(1)}{h} = -\lim_{h\to 0^-}|h+2| = -2.$$

따라서 $f'(1)$ 은 존재하지 않는다. 즉, 함수 f는 $x=1$ 에서 미분불가능하다.

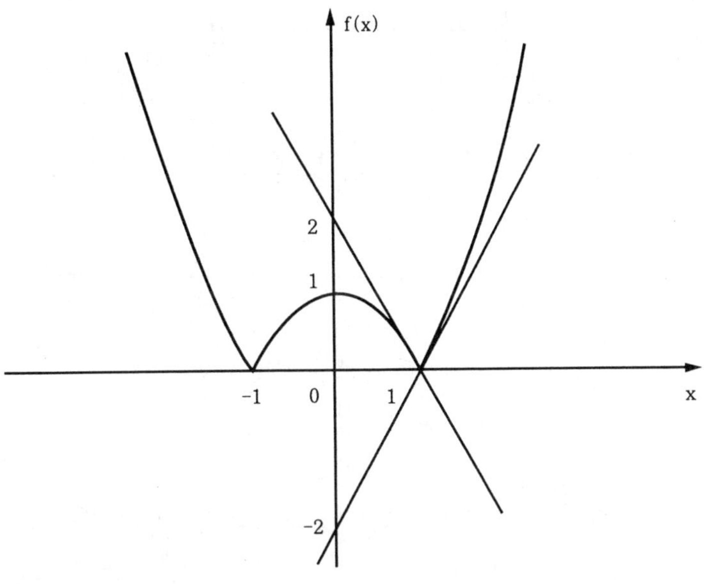

<그림 3.1.1>

주 3.1.3(미분계수의 기하학적 의미) 식 (3.1.1)을 $y=f(x)$ 의 그래프를 이용하여 나타내면 그림 3.1.2와 같다. 우선 평균변화율 $\frac{f(a+h)-f(a)}{h}$ 은 두 점 P(a, $f(a)$)) 와 Q($a+h$, $f(a+h)$) 를 잇는 직선의 기울기 이다.

그런데 점 P(a, $f(a)$))를 고정하고 $h \to 0$ 이면 점 Q는 $y = f(x)$ 의 그래프를 따라서 P에 접근하므로 직선 PQ 는 점 P에서 그은 접선 PT(만약 존재한다면)에 접근하게 된다. 즉, 극한값 $\lim_{h \to 0} \frac{f(a+h)-f(a)}{h}$ (존재한다면)는 곡선상의 점 $P\,(a, f(a))$ 에서 그은 접선 PT의 기울기이다. 그러므로 점 (a, $f(a)$)에서 접선이 존재한다면 이 접선은 기울기가 $f'(a)$ 이고 이 점을 지나는 직선이므로 그의 방정식은

$$y - f(a) = f'(a)(x - a)$$

이다. 만약 이 극한값이 존재하지 않으면 이 점에서는 접선을 그을 수 없다는 뜻이다.

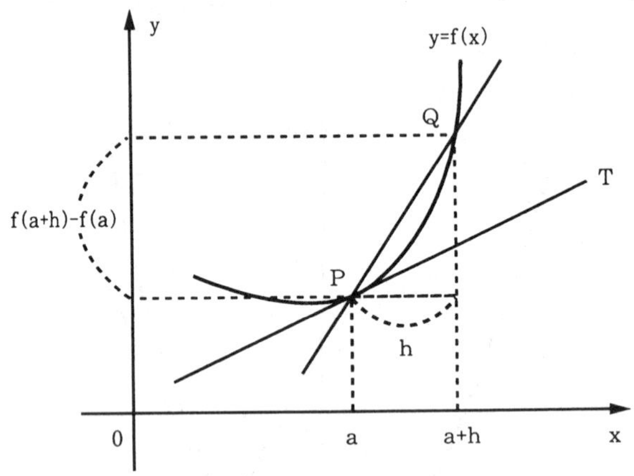

<그림 3.1.2>

예제 5 $f(x) = \frac{1}{\sqrt{x}}$ 의 그래프를 그리고 점 (1,1)에서 그은 접선의 방정식을 구하여라.

풀이 주 3.1.2를 써서 구해보자. 우선 기울기를 구하면,

$$f'(1) = \lim_{x \to 1} \frac{\frac{1}{\sqrt{x}} - 1}{x - 1}$$

$$= \lim_{x\to 1}\frac{1-\sqrt{x}}{(x-1)\sqrt{x}} = \lim_{x\to 1}\frac{-1}{(1+\sqrt{x})\sqrt{x}} = -\frac{1}{2}$$

이므로 구하는 접선의 방정식은 주 3.1.3으로 부터 $y-1=-\frac{1}{2}(x-1)$, 즉, $y=-\frac{1}{2}x+\frac{3}{2}$ 이다.

함수 $f(x)=\sqrt{x}$ 는 $x\ge 0$ 일 때 정의되지만 $x=0$ 에서 미분계수는 존재하지 않는다. 왜냐하면 $f'(0)$ 가 존재하기 위해서는

$$\lim_{h\to 0}\frac{f(0+h)-f(0)}{h} = \lim_{h\to 0}\frac{\sqrt{h}}{h}$$

가 존재해야 하는데 실제로는 우극한만 존재하기 때문이다. 그래서 미분계수의 정의에서 나타난 식 (3.1.2) 대신 이의 좌극한 및 우극한을 각각 구해볼 필요가 생긴다.

정의 3.1.4(좌미분계수, 우미분계수) $y=f(x)$ 가 함수이고 a가 f의 정의역의 한 원소라 하자. 만약 $\lim_{h\to 0^+}\frac{f(a+h)-f(a)}{h}$ 이 존재하면 이 값을 $x=a$ 에서 f의 **우미분계수**라 하고 이것을 기호 $f_+'(a)$ 로 나타낸다. 또 $\lim_{h\to 0^-}\frac{f(a+h)-f(a)}{h}$ 이 존재하면 이 값을 $x=a$ 에서 f의 **좌미분계수**라 하고 이것을 기호 $f_-'(a)$ 로 나타낸다.

$x=a$ 에서 좌미분계수와 우미분계수를 구하기 위해 주 3.1.2 를 사용해도 좋다. 즉 좌미분계수와 우미분계수를 구하기 위하여 각각 극한값 $\lim_{x\to a^-}\frac{f(x)-f(a)}{x-a}$ 와 $\lim_{x\to a^+}\frac{f(x)-f(a)}{x-a}$ 를 구해도 무방하다.

또, 미분가능의 정의로 부터 "함수 f가 $x=a$ 에서 미분가능하다"는 것은 "$x=a$ 에서 f의 좌미분계수와 우미분계수가 일치한다"는 것과 동치임을 알 수 있다.

정 리 3.1.5

$x=a$ 에서 함수 f가 미분가능하기 위한 필요충분조건은 $f_-'(a)$ 와 $f_+'(a)$ 가 모두 존재하고, 또 $f_-'(a)=f_+'(a)$ 인 것이다.

예제 6 $f(x) = \sqrt{2(1-\cos 2x)}$ 일 때, $x=0$ 에서의 좌미분계수와 우미분계수를 구하고, $x=0$ 에서 f의 미분가능성을 조사하여라.

풀이 $1-\cos 2x = 2\sin^2 x$ 이므로 $f(x) = 2|\sin x|$ 이다. 따라서

$$f(x) = \begin{cases} 2\sin x\ , & \sin x \geq 0 \\ -2\sin x\ , & \sin x < 0 \end{cases}$$

이므로 $x=0$ 에서 우미분계수는

$$f_+'(0) = \lim_{h \to 0^+} \frac{2\sin h - 0}{h} = 2,$$

좌미분계수는

$$f_-'(0) = \lim_{h \to 0^-} \frac{-2\sin h - 0}{h} = -2$$

이다. 즉 $f_+'(0) \neq f_-'(0)$ 이므로 f는 $x=0$ 에서 미분불가능하다.

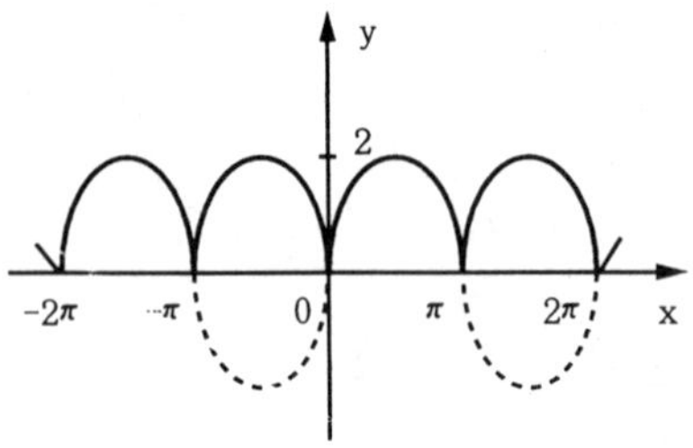

<그림 3.1.3>

◈◈◈ 연습문제 3.1 ◈◈◈

1. 다음 함수의 지정된 점에서의 미분계수를 정의에 의하여 구하여라. 또 그 점에서 그은 접선의 방정식을 구하여라.

(1) $f(x) = -2x^2 + 3, \quad x = 3.$

(2) $f(x) = x^2 - 2x, \ x = 1.$

(3) $f(x) = \dfrac{1}{4x-3}, \ x = 1.$

(4) $f(x) = \dfrac{x+4}{x+2}, \ x = 0.$

(5) $f(x) = \sqrt{2x}, \ x = 2.$

(6) $f(x) = \sqrt{3-x}, \ x = 1.$

2. 다음 함수에 대하여 $x = 0$ 에서의 미분가능성을 조사하여라.

(1) $f(x) = x|x|$

(2) $f(x) = \begin{cases} x\sin\dfrac{1}{x}, & x \neq 0 \\ 0, & x = 0 \end{cases}$

(3) $f(x) = \begin{cases} x^2\sin\dfrac{1}{x}, & x \neq 0 \\ 0, & x = 0 \end{cases}$

(4) $f(x) = \begin{cases} x^2 + 1, & x \geq 0 \\ -(x^2+1), & x < 0 \end{cases}$

3. $f(x) = \begin{cases} x^2, & x \geq 2 \\ 4, & x < 2 \end{cases}$ 일 때 $x = 2$ 에서의 f 의 좌, 우미분계수를 구하여라.

4. 실수 전체의 집합을 정의역으로 하는 함수 f가 조건

(1) $f(a+b)=f(a)f(b)$

(2) $f(0)=1$

(3) $f'(0)$ 가 존재한다.

를 만족하면 f는 미분가능하고 $f'(x)=f'(0)f(x)$ 가 됨을 증명하여라.

5. 함수 f가 $|f(x)| \le |x|^n$ $(n>1)$을 만족하면 f는 $x=0$ 에서 미분가능함을 증명하여라.

6. 어떤 물체가 직선위를 시간 t에 의하여 결정되는 거리 함수

$$s=t^2-4t-3$$

을 따라서 움직인다. $t=5$ 일 때의 속도와 정지상태가 되는 시각을 구하여라.

3.2 미분가능성과 연속성

주어진 함수가 정의역의 어떤 점에서 미분가능한지 또는 연속인지를 아는 것은 매우 중요하다. 그런데 함수의 미분가능성과 연속성 사이에는 다음과 같은 관계가 성립한다.

정 리 3.2.1

함수 f가 $x=x_0$ 에서 미분가능하면, 그 점에서 f는 연속이다.

증명 함수 f가 $x=x_0$ 에서 연속임을 보이려면

$$\lim_{x \to x_0} f(x) = f(x_0) \quad 즉, \quad \lim_{x \to x_0} [f(x) - f(x_0)] = 0$$

임을 보이면 된다. 그런데

$$f(x) - f(x_0) = \frac{f(x) - f(x_0)}{x - x_0}(x - x_0)$$

이고 f 가 $x = x_0$ 에서 미분가능하므로

$$\begin{aligned}\lim_{x \to x_0} [f(x) - f(x_0)] &= \lim_{x \to x_0} \left[\frac{f(x) - f(x_0)}{x - x_0}(x - x_0)\right] \\ &= \lim_{x \to x_0} \frac{f(x) - f(x_0)}{x - x_0} \lim_{x \to x_0} (x - x_0) \\ &= f'(x_0) \cdot 0 = 0. \quad ■\end{aligned}$$

이 정리의 역은 성립하지 않는다. 즉, 함수 f가 어떤 점에서 연속일지라도 그 점에서 미분가능하지 않을 수 있다.

예제 1 $f(x) = |x|$ 는 $x = 0$ 에서 연속이지만 이 점에서 미분불가능함을 증명하여라.

풀이 $\lim_{x \to 0^+} |x| = 0 = f(0)$ 이고 $\lim_{x \to 0^-} |x| = 0 = f(0)$ 이므로 f는 $x = 0$ 에서 연속이다. 그러나

$$f_+'(0) = \lim_{x \to 0^+} \frac{|x| - 0}{x - 0} = \lim_{x \to 0^+} \frac{x}{x} = 1$$

$$f_-'(0) = \lim_{x \to 0^-} \frac{|x| - 0}{x - 0} = \lim_{x \to 0^-} \frac{-x}{x} = -1$$

이므로 $x = 0$ 에서 f의 좌미분계수와 우미분계수가 일치하지 않는다. 따라서 $f'(0)$ 이 존재하지 않는다. 즉, 미분불가능하다.

정리 3.2.1의 대우를 이용하여 주어진 함수가 미분불가능한 점을 찾을 수 있다.

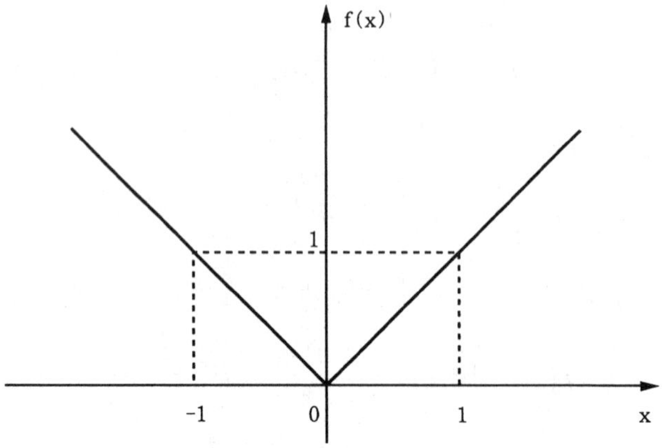

<그림 3.2.1>

따름정리 3.2.2

함수 f가 어떤 점 $x=x_0$ 에서 연속이 아니면 f는 그 점에서 미분불가능하다.

◈◈◈ 연습문제 3.2 ◈◈◈

1. 다음 함수에 대하여 $x=0$ 에서 연속성 및 미분가능성을 조사하여라.

(1) $f(x)=\begin{cases} x^2 & , x \geq 0 \\ x & , x < 0 \end{cases}$　　(2) $f(x)=\begin{cases} x^2+1 & , x \geq 0 \\ x^2-1 & , x < 0 \end{cases}$

(3) $f(x)=\begin{cases} x^2 & , x \neq 0 \\ 1 & , x = 0 \end{cases}$

2. $f(x)=\begin{cases} \left| \dfrac{x^2-1}{x+1} \right| & , x \neq -1 \\ -2 & , x = -1 \end{cases}$ 일 때 $x=1$ 과 $x=-1$ 에서 미분가능성과 연속성을 조사하여라.

3.3 도함수

평균변화율의 극한값

$$\lim_{h \to 0} \frac{f(a+h)-f(a)}{h}$$

은 함수 f가 무엇을 나타내느냐에 따라서 $x=a$ 에서의 접선의 기울기, 순간속도, 순간변화율 등 다양한 의미를 부여할 수 있는 매우 유용한 식이다. 함수 $y=f(x)$ 가 주어졌을 때 특정한 값 $x=a$ 에서 이 극한을 계산하는 대신, 임의의 x 에서의 극한값을 미리 구한 후 x 에 특정한 값을 대입하여 극한값을 구하는 것이 편리하다.

정의 3.3.1 주어진 함수 $y=f(x)$ 의 정의역의 각점 x 와 이 점에서의 미분계수 $f'(x)$ 를 대응시키는 함수를 f 의 **도함수**라 하고 y', f', $\frac{dy}{dx}$, $\frac{df}{dx}$, D_f, $D_x y$ 등으로 나타낸다. 즉, 극한값

$$f'(x) = \lim_{h \to 0} \frac{f(x+h)-f(x)}{h} \tag{3.3.1}$$

는 x 에서의 함수 f 의 미분계수를 나타낸다. 함수 f 의 도함수는 극한 (3.3.1)이 존재할 때만 정의되며, 도함수 $f'(x)$ 를 구하는 것을 "**f를 x에 관하여 미분한다**" 또는 간단히 **미분한다**(differentiate)고 한다.

주 3.3.2 위의 정의에서 $\frac{dy}{dx}$, $\frac{df}{dx}$는 dy, df를 dx 로 나눈다는 뜻이 아니고 함수 f를 x에 관하여 미분하여 얻은 도함수를 나타내는 기호임에 유의해야 한다. 그러므로 이 기호는 도함수를 표시하는 동시에 그 도함수의 변수가 무엇이지도 나타내 주는 장점이 있다. 그리고 $\frac{dy}{dx}$, $\frac{df}{dx}$ 를 각각 $\frac{d}{dx}(y)$, $\frac{d}{dx}(f)$ 와 같이 쓰기도 한다.

예제 1 $\frac{d}{dx}(3x+t^2)$ 을 계산하여라.

풀이 이 문제는 함수 $3x+t^2$ 을 x 만을 변수로 보고 미분하라는 것이므로 구하는 답은

$$\frac{d}{dx}(3x+t^2) = \lim_{h\to 0}\frac{[3(x+h)+t^2]-(3x+t^2)}{h} = 3.$$

예제 2 $f(x) = \frac{1}{x}\ (x>0)$ 의 도함수 f' 을 구하여라. 또 이것을 이용하여 $f'(2)$ 및 $f'(x^2)$ 을 구하여라.

풀이 정의로부터 $x>0$ 일 때,

$$\begin{aligned} f'(x) &= \lim_{h\to 0}\frac{f(x+h)-f(x)}{h} \\ &= \lim_{h\to 0}\frac{1}{h}\left(\frac{1}{x+h}-\frac{1}{x}\right) = \lim_{h\to 0}\frac{-1}{x(x+h)} = -\frac{1}{x^2}. \end{aligned}$$

따라서 $f'(2) = \frac{-1}{4}$ 이고 $f'(x^2) = \frac{-1}{x^4}\ (x\neq 0)$ 이다.

예제 3 $f(x) = \begin{cases} 2x & , x\geq 1 \\ 3x^2-4x+3 & , x<1 \end{cases}$ 일 때 f' 을 구하여라.

풀이 $x>1$ 이면 충분히 작은 $h>0$ 에 대하여 $x+h>1$ 이므로

$$\begin{aligned} f'(x) &= \lim_{h\to 0}\frac{f(x+h)-f(x)}{h} \\ &= \lim_{h\to 0}\frac{2(x+h)-2x}{h} \\ &= 2 \end{aligned}$$

이고, $x<1$ 이면 충분히 작은 $h>0$ 는 $x+h<1$ 을 만족하므로

$$f'(x) = \lim_{h \to 0} \frac{f(x+h)-f(x)}{h}$$
$$= \lim_{h \to 0} \frac{[3(x+h)^2-4(x+h)+3]-(3x^2-4x+3)}{h}$$
$$= \lim_{h \to 0} (6x+3h-4) = 6x-4$$

이다. 한편 $x=1$ 에서 f의 미분가능성을 살펴보면

$$f_+'(1) = \lim_{h\to 0^+} \frac{f(1+h)-f(1)}{h}$$
$$= \lim_{h\to 0} \frac{2(1+h)-2}{h} = 2$$

이고,

$$f_-'(1) = \lim_{h\to 0^-} \frac{f(1+h)-f(1)}{h}$$
$$= \lim_{h \to 0} \frac{3(1+h)^2-4(1+h)+3-2}{h}$$
$$= \lim_{h \to 0} (2+3h) = 2$$

이므로 $f'(1)=2$ 이다. $x>1$ 이면 $f'(x)=2$ 이므로

$$f'(x) = \begin{cases} 2 & : x \geq 1 \\ 6x-4 & : x \leq 1 \end{cases}.$$

◈◈◈ 연습문제 3.3 ◈◈◈

1. 다음 함수의 도함수를 정의에 의하여 구하여라.

(1) $f(x) = c$ (c는 상수) (2) $f(x) = -3x$

(3) $f(x) = 2x^2$ (4) $f(x) = \frac{1}{x^2}$

(5) $f(x) = \sqrt{x}$ ($x > 0$) (6) $f(x) = \frac{1}{\sqrt{x}}$ ($x > 0$)

(7) $f(x) = \begin{cases} x^2, & x \geq 0 \\ 0, & x < 0 \end{cases}$

2. 함수 $f(x)$의 도함수가 존재하면 $\lim_{h \to 0} \frac{f(x+h) - f(x-h)}{2h} = f'(x)$ 임을 증명하여라.

3.4 미분법, 연쇄법칙, 음함수 미분법, 고차도함수

앞 절에서는 도함수의 정의를 이용하여 도함수를 구하였는데 주어진 함수의 도함수를 구하기 위하여 일일이 정의를 이용한다는 것은 매우 번거로운 일이다. 이 절에서는 미분가능한 함수들의 합, 차, 곱, 몫 및 합성함수의 미분법에 대해서 알아보고자 한다.

정 리 3.4.1

c가 상수이고 두 함수 $f(x)$ 와 $g(x)$ 가 미분가능하면 다음이 성립한다.

(1) $\frac{dc}{dx} = 0$

(2) $\frac{d(cf)}{dx} = c\frac{df}{dx}$

(3) $\frac{d(f+g)}{dx} = \frac{df}{dx} + \frac{dg}{dx}$

(4) $\frac{d(fg)}{dx} = f(\frac{dg}{dx}) + g(\frac{df}{dx})$

(5) $\frac{d}{dx}(\frac{f}{g}) = \frac{g\frac{df}{dx} - f\frac{dg}{dx}}{g^2}$ $(g(x) \neq 0)$

정 리 3.4.2

함수 $f(x) = x^n$ $(x > 0,\ n$ 은 유리수)의 도함수는

$$f'(x) = nx^{n-1}.$$

증명 우선 $n = \dfrac{p}{q}$ (p, q는 자연수)인 경우에 대하여 증명하자. 임의의 양의 실수 x를 고정하면,

$$\frac{(x+h)^{\frac{p}{q}} - x^{\frac{p}{q}}}{h} = \frac{[(x+h)^{\frac{1}{q}}]^{p} - (x^{\frac{1}{q}})^{p}}{[(x+h)^{\frac{1}{q}}]^{q} - (x^{\frac{1}{q}})^{q}}$$

$$= \frac{[(x+h)^{\frac{1}{q}} - x^{\frac{1}{q}}][(x+h)^{\frac{p-1}{q}} + (x+h)^{\frac{p-2}{q}}x^{\frac{1}{q}} \cdots + x^{\frac{p-1}{q}}]}{[(x+h)^{\frac{1}{q}} - x^{\frac{1}{q}}][(x+h)^{\frac{q-1}{q}} + (x+h)^{\frac{q-2}{q}}x^{\frac{1}{q}} \cdots + x^{\frac{q-1}{q}}]}.$$

그런데 $\lim\limits_{h\to 0}(x+h)^{\frac{1}{q}} = x^{\frac{1}{q}}$ 이고 $\lim\limits_{h\to 0}(x+h)^{\frac{1}{p}} = x^{\frac{1}{p}}$ 이므로

$$f'(x) = \lim_{h\to 0}\frac{f(x+h) - f(x)}{h} = \lim_{h\to 0}\frac{(x+h)^{\frac{p}{q}} - x^{\frac{p}{q}}}{h}$$

$$= \frac{px^{\frac{p-1}{q}}}{qx^{\frac{q-1}{q}}} = \frac{p}{q}x^{\frac{p}{q}-1} = nx^{n-1}.$$

따라서 임의의 $x\,(> 0)$와 양의 유리수 n에 대하여 $f'(x) = nx^{n-1}$ 이 성립한다.

한편, n이 음의 유리수인 경우에는 $m = -n$ 으로 놓으면

$$f(x) = x^n = x^{-m} = \frac{1}{x^m} \quad (m > 0)$$

이다. 그런데 m은 양의 유리수이므로 정리 3.4.1(5)와 위의 결과로부터,

$$f'(x) = -\frac{(x^m)'}{(x^m)^2} = -m\frac{x^{m-1}}{x^{2m}} = -mx^{-m-1} = nx^{n-1}. \quad ■$$

예제 1 $f(x) = \dfrac{2x+1}{\sqrt{x^3}}$ $(x > 0)$ 의 도함수를 구하여라.

풀이 정리 3.4.1 의 (4), (5) 어느 것을 써도 좋다.

(1) 정리 3.4.1(4)를 이용한 풀이:

$f(x) = (2x+1)x^{\frac{-3}{2}}$ 로 놓으면

$$\begin{aligned} f'(x) &= (2x+1)'x^{-\frac{3}{2}} + (2x+1)(x^{-\frac{3}{2}})' \\ &= 2x^{-\frac{3}{2}} + (2x+1)(-\frac{3}{2})x^{(-\frac{3}{2}-1)} \\ &= \frac{2}{x\sqrt{x}} - \frac{3}{2}(2x+1)\frac{1}{x^2\sqrt{x}} \\ &= -\frac{2x+3}{2x^2\sqrt{x}}. \end{aligned}$$

(2) 정리 3.4.1(5)를 이용한 풀이:

$$\begin{aligned} f'(x) &= \frac{(2x+1)'\sqrt{x^3} - (2x+1)(x^{\frac{3}{2}})'}{(\sqrt{x^3})^2} \\ &= \frac{2\sqrt{x^3} - \frac{3}{2}(2x+1)\sqrt{x}}{x^3} \\ &= -\frac{2x+3}{2x^2\sqrt{x}}. \end{aligned}$$

함수 $f(x) = (x^2-1)^3$ 의 도함수를 구할 때 우변을 전개한 후 항별로 미분하여 구할 수도 있지만 이 경우 우변을 전개하는 것이 매우 번거롭다. 그러나 연쇄법칙을 이용한 합성함수의 미분법을 이용하면 이러한 번거로움을 피할 수 있다.

정 리 3.4.3(합성함수 미분법)

함수 $y = f(u)$ 가 u에 관해서 미분가능하고 또 함수 $u = g(x)$ 가 x에 관하여 미분가능할 때, 합성함수 $y = f(g(x))$ 가 정의되면 이 함수는 x에 관해서 미분가능하고 그 도함수는

$$\frac{dy}{dx} = \frac{dy}{du} \cdot \frac{du}{dx}$$

이다. 즉, $y' = f'(u)g'(x)$ 이다.

증명 $g(x+h) = g(x) + k$라면 $\lim_{h\to 0} \frac{k}{h} = \frac{du}{dx}$ 이다. 또, g는 미분가능해서 연속이므로 $h\to 0$ 이면 $k\to 0$ 이 되어

$$\lim_{h\to 0} \frac{f(u+k) - f(u)}{k} = \lim_{k\to 0} \frac{f(u+k) - f(u)}{k} = \frac{dy}{du}$$

이다. 따라서,

$$\begin{aligned}\frac{dy}{dx} &= \lim_{h\to 0} \frac{f(g(x+h)) - f(g(x))}{h} \\ &= \lim_{h\to 0} \frac{[f(u+k)) - f(u)]/k}{h} \cdot k \\ &= \lim_{h\to 0} \frac{f(u+k)) - f(u)}{k} \cdot \lim_{h\to 0} \frac{k}{h} \\ &= \frac{dy}{du} \cdot \frac{du}{dx}\end{aligned}$$

예제 2 $f(x) = (x^2 - 1)^3$ 의 도함수를 구하여라.

풀이 $u = x^2 - 1$, $y = u^3$ 으로 놓으면 $\frac{dy}{du} = 3u^2$, $\frac{du}{dx} = 2x$ 이므로

$$f'(x) = \frac{dy}{dx} = \frac{d}{dx}(u^3) = 3u^2 \cdot 2x = 6x(x^2 - 1)^2.$$

예제 3 $f(x) = \sqrt{x^2 + 1} - \frac{1}{x+1}$ 의 도함수를 구하여라.

풀이 $u = x^2 + 1$ 로 놓으면 합성함수의 미분법에 의하여

$$f'(x) = \frac{d}{dx}(\sqrt{x^2+1}) - \frac{d}{dx}\left(\frac{1}{x+1}\right)$$
$$= \frac{d}{dx}(u^{\frac{1}{2}}) - \frac{d}{dx}\left(\frac{1}{x+1}\right)$$
$$= \frac{1}{2}(u^{-\frac{1}{2}}) \cdot \frac{du}{dx} + \frac{1}{(x+1)^2}$$
$$= \frac{1}{2}\,\frac{1}{\sqrt{x^2+1}} \cdot 2x + \frac{1}{(x+1)^2}$$
$$= \frac{x}{\sqrt{x^2+1}} + \frac{1}{(x+1)^2}.$$

두 변수 x, y 를 포함하는 방정식

$$F(x, y) = 0$$

중에는 x 가 적당한 구간에 속하면 y 가 x 의 함수로 정의될 때가 있다. 예를 들어, $F(x, y) = 2x - y + 3 = 0$ 는 실수전체의 집합을 정의역으로 하는 함수 $y = 2x + 3$ 을 정의해 주고 $F(x, y) = x^2 + y^2 - 4 = 0$ 은 [-2, 2] 를 정의역으로 하는 함수

$$y = \sqrt{4 - x^2} \quad \text{또는} \quad y = -\sqrt{4 - x^2}$$

을 정의해 준다. 이와 같이 $F(x, y) = 0$ 에서 구한 $y = f(x)$가 x 의 적당한 구간에서 함수가 될 때, y 를 x 의 **음함수**(陰函數, implicit function)라고 한다.

y 가 x 의 음함수일 때 도함수 y' 를 구하기 위해서는 $F(x, y) = 0$ 을 $y = f(x)$ 꼴로 바꿔서 구할 수 있으나 이것은 계산이 번거로운 경우가 많다. 그래서 $F(x, y) = 0$ 을 $y = f(x)$ 꼴로 바꾸지 않고, y 를 x 에 관하여 미분가능한 함수로 보고 $F(x, y) = 0$ 의 양변을 합성함수의 미분법을 써서 x 로 미분하여 y 의 도함수를 구할 수 있다. 이러한 미분법을 **음함수의 미분법**이라 한다.

예제 4 $y^5 + 3y^2 - 2x^2 = 1$ 일 때 $\frac{dy}{dx}$ 를 구하여라.

풀이 y를 x의 함수로 보고 합성함수의 미분법을 쓰면

$$\frac{d}{dx}(y^5 + 3y^2 - 2x^2) = \frac{d}{dx}(1)$$

$$\frac{d}{dx}(y^5) + \frac{d}{dx}(3y^2) + \frac{d}{dx}(-2x^2) = 0$$

$$5y^4\frac{dy}{dx} + 3\cdot 2y\frac{dy}{dx} - 4x = 0$$

따라서,

$$\frac{dy}{dx} = \frac{4x}{5y^4 + 6y}.$$

예제 5 $x^2 - y^2 = 16$ 일 때 $(x, y) = (5, 3)$ 에서 $\frac{dy}{dx}$ 의 값은?

풀이 y를 x의 함수로 보고 양변을 x로 미분하면

$$\frac{d}{dx}(x^2 - y^2) = \frac{d}{dx}(16).$$

$$2x - 2y\frac{dy}{dx} = 0$$

이므로 $\frac{dy}{dx} = \frac{x}{y}$ 이다. 따라서 구하는 답은 $\frac{5}{3}$ 이다.

함수 f가 미분가능하면 이것의 도함수 f'도 함수이다. 만약 f'이 미분가능하다면 f'의 도함수가 존재하는 데 이를 f''로 나타내고 이를 f의 **2계도함수**(second derivative)라 한다. 다시 f의 2계도함수 f''가 미분가능하면 f''의 도함수를 f'''과 같이 나타내고 이를 f의 **3계도함수**(third derivative)라 한다. 이런 방법으로 함수 f가 n번 미분가능하면 f의 n번째 도함수를 f의 n **계도함수**(n-th derivative)라하고 $f^{(n)}$와 같이 나타낸다. 2계 이상의 도함수를 **고계도함수**(higher derivative)라 한다. 함수 $y = f(x)$가 있을 때 이의 고계도함수 f'', f''', $\cdots$, $f^{(n)}$를

$$\frac{d^2f}{dx^2}, \quad \frac{d^3f}{dx^3}, \quad \cdots, \quad \frac{d^nf}{dx^n}$$

$$\frac{d^2y}{dx^2}, \quad \frac{d^3y}{dx^3}, \quad \cdots, \quad \frac{d^ny}{dx^n}$$

$$D_x^2 f,\ D_x^3 f,\ \cdots,\ D_x^n f$$

$$D_x^2 y,\ D_x^3 y,\ \cdots,\ D_x^n y$$

등과 같이 나타내기도 한다. 이들 식에서 지수는 미분한 횟수를 나타내는 것으로서, 예를 들어, $\frac{d^2f}{dx^2}$ 에서 2 는

$$\frac{d^2f}{dx^2} = \frac{d}{dx}\left(\frac{df}{dx}\right) = \frac{d}{dx}(f') = (f')' = f''$$

와 같은 의미로 쓰인 것이다.

예제 6 $f(x) = x^3 - 2x^2 + 5x - 1$ 의 모든 고계도함수를 구하여라.

풀이

$$f'(x) = 3x^2 - 4x + 5$$
$$f''(x) = 6x - 4$$
$$f'''(x) = 6$$
$$f^{(4)}(x) = f^{(5)}(x) = \cdots = 0.$$

예제 7 다음 함수의 2계도함수는 존재하지 않음을 보여라.

$$f(x) = \begin{cases} x^2 &, \quad x \geq 0 \\ 0 &, \quad x < 0 \end{cases}$$

풀이 $x > 0$ 일 때 $f'(x) = 2x$ 이고 $x < 0$ 일 때 $f'(x) = 0$ 임은 분명하다. 그러므로 $x = 0$ 인 경우를 알아보기 위하여 이 점에서 좌극한과 우극한을 구해보면,

$$f_+'(0) = \lim_{h \to 0+} \frac{f(0+h) - f(0)}{h} = \lim_{h \to o+} \frac{h^2}{h} = 0$$

$$f_-'(0) = \lim_{h \to 0-} \frac{f(0+h) - f(0)}{h} = \lim_{h \to o-} \frac{0}{h} = 0$$

이다. 따라서 $f'(0) = 0$ 이므로 $f'(x) = \begin{cases} 2x &, x \geq 0 \\ 0 &, x < 0 \end{cases}$ 이다. 이로부터 다시 $f''(x)$를 구하면, $x > 0$ 일 때 $f''(x) = 2$ 이고 $x < 0$ 일 때 $f''(x) = 0$ 이다. 그런데 $f''(0)$를 구해보면,
]

$$f_+''(0) = \lim_{h \to 0^+} \frac{f'(0+h) - f'(0)}{h} = \lim_{h \to 0^+} \frac{2h}{h} = 2$$

$$f_-''(0) = \lim_{h \to 0^-} \frac{f'(0+h) - f'(0)}{h} = \lim_{h \to 0^-} \frac{0}{h} = 0$$

이므로 좌극한과 우극한이 일치하지 않는다. 즉, $f''(0)$이 존재하지 않는다. 그러므로 $f''(x)$가 존재하지 않는다.

예제 8 방정식 $x^2 + y^3 = k$ (k는 상수)에서 y''를 구하여라.

풀이 양변을 x에 관해서 미분하면

$$2x + 3y^2y' = 0 \tag{3.4.1}$$

이 식을 다시 x에 관해서 미분하면

$$2 + 6y(y')^2 + 3y^2y'' = 0.$$

이 식에서 y''를 구하면

$$y'' = -\frac{2 + 6y(y')^2}{3y^2}$$

인데 (3.4.1) 에서 y'를 구하여 이 식에 대입하면,

$$y'' = -\frac{2 + 6y\left(\frac{-2x}{3y^2}\right)^2}{3y^2}$$

$$= -\frac{6y^3+8x^2}{9y^5} = -\frac{6y^3+8(k-y^3)}{9y^5}.$$

◆◆◆ 연습문제 3.4 ◆◆◆

1. 다음 함수들의 도함수를 구하여라.

(1) x^3+2x^2-x+4

(2) $3x^3+3x^2-5x-2$

(3) $(3x^2-5)(2x+3)$

(4) $(x^3+1)(x^2-2x+1)$

(5) $(4x+3)^2$

(6) $(x^2-2x)^2$

(7) $\dfrac{2x+1}{x^2+1}$

(8) $\dfrac{1}{1+x^4}$

(9) $\dfrac{(2x-1)}{\sqrt{x-1}}$

(10) $\dfrac{x^2+1}{\sqrt{(2x-1)^3}}$

(11) $\dfrac{x+7}{(x^2+3)^{\frac{1}{3}}}$

(12) $\dfrac{x^2-2x+3}{\sqrt{(x^2-1)^3}}$

2. 다음 함수 f에 대하여 $\dfrac{df}{dx}$ 와 $\dfrac{d^2f}{dx^2}$ 을 구하여라.

(1) $f(x) = \dfrac{3}{x} - 2x$

(2) $f(x) = \dfrac{1}{4x} - \dfrac{3}{x} + \dfrac{2}{5x}$

(3) $f(x) = 3\sqrt{x} - 2x^2$

(4) $f(x) = \sqrt{5x} - \sqrt{7x}$

(5) $f(x) = \begin{cases} x\sin\dfrac{1}{x}, & x \neq 0 \\ 0 & , x = 0 \end{cases}$

(6) $f(x) = \begin{cases} x^2\sin\dfrac{1}{x}, & x \neq 0 \\ 0 & , x = 0 \end{cases}$

3. 음함수 미분법을 써서 $D_x y$를 구하여라. 그리고 주어진 점 (x, y)에서 미분계수를 구하여라. 또 y''를 구하여라.

(1) $x^2 + xy = 2$, (2, -1) (2) $x^2 - y^2 = 4$, (2, 0)

(3) $xy = 10$, (5, 2) (4) $xy^2 = 9$, (1, 3)

(5) $y^2 - xy - x^2 = 1$, (1, -1)

(6) $(x - y)\sqrt{3x + 2y} = 8$, (4, 2)

4. $f,\ g,\ h$ 가 모두 미분가능하면 $(fgh)' = f'gh + fg'h + fgh'$임을 증명하여라.

5. n이 자연수이고 $f(x) = x^n$ 이면 $f'(x) = nx^{n-1}$ 임을 수학적 귀납법으로 증명하여라.

6. $f(t) = t^2,\ g(s) = 2s - 1$ 일 때 두 합성함수 $h(x) = g(f(x))$와 $k(x) = f(g(x))$ 의 도함수를 구하여라.

3.5 미분과 미분몫 및 근사값

함수 $y=f(x)$ 에서 x가 Δx만큼 변하면 y의 값은

$$f(x+\Delta x)-f(x)$$

만큼 변한다. 이 값을 Δy로 나타내면 Δy 값은 x와 Δx의 크기에 따라서 결정된다. 이때 Δx, Δy를 각각 x, y의 **증분**(increment)이라 한다. 한편,

$$\frac{\Delta y}{\Delta x}=\frac{f(x+\Delta x)-f(x)}{\Delta x}$$

는 x가 Δx만큼 증가했을 때의 평균변화율 이므로 f가 x에서 미분가능하면 이의 극한값이 존재하고 다음의 관계가 성립한다.

$$\lim_{\Delta x\to 0}\frac{\Delta y}{\Delta x}=f'(x)$$

정의 3.5.1 함수 $y=f(x)$ 가 점 x에서 미분가능할 때

(1) 독립변수 x의 증분을 x의 **미분**(微分;differential)이라 하고 dx와 같이 나타낸다. 즉, $dx=\Delta x$.

(2) 점 x에서의 함수 f의 미분(또는 종속변수 y의 미분)을 $f'(x)dx$로 정의하고 df(또는 dy)로 나타낸다. 즉,

$$df=dy=f'(x)\,dx\cdot.$$

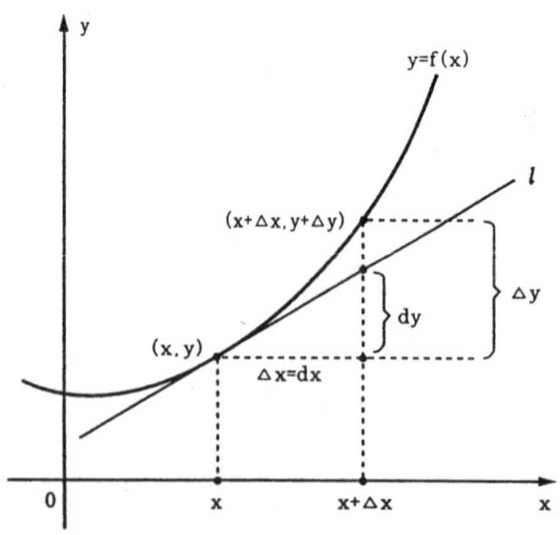

<그림 3.5.1>

변수 x, y의 미분을 위와 같이 정의하면 지금까지 도함수의 기호로 사용한 $\frac{dy}{dx}$ 를 " dy를 dx로 나눈 것"으로 생각할 수 있다. 즉 dy와 dx를 실수로 생각해서 연산을 시행할 수 있는 것이다. 이런 뜻에서 미분계수 $f'(x)$를 f의 x에서의 **미분몫**(differential quotient)이라고도 한다.

그림 3.5.1에서 곡선 $y = f(x)$위에 있는 두 점 $P(x, y)$와 $Q(x + \Delta x, y + \Delta y)$를 잡고 P에서의 접선을 l이라고 하면 y의 미분 dy는 x의 증분 Δx에 대응하는 l의 증분이고, y의 증분 Δy는 x의 증분 Δx에 대응하는 곡선 $y = f(x)$ 의 증분이다.

예제 1 $y = f(x) = x^2 + 3x - 1$ 이고 x가 1 에서 1.02 로 변했을 때 Δx, dx, Δy, dy를 각각 구하여라.

풀이 $\Delta x = dx = 0.02$

$$\Delta y = f(1 + 0.02) - f(1)$$
$$= (1.02^2 + 3\times 1.02 - 1) - 3 = 0.1004$$

한편, $f'(x) = 2x + 3$ 이므로 $dy = f'(1)\,dx = 5\times 0.02 = 0.1$.

함수의 미분은 앞 절에서 배운 도함수를 구하는 공식을 이용해서 쉽게 구할 수 있다.

정 리 3.5.2

(1) u, v 가 미분가능한 함수이면 다음이 성립한다.

(i) $dc=0$, $d(cu)=c\,du$ (c 는 상수)

(ii) $d(u+v)=du+dv$

(iii) $d(uv)=u\,dv+v\,du$

(iv) $d\left(\dfrac{u}{v}\right)=\dfrac{v\,du-u\,dv}{v^2}$ $(v\neq 0)$

(v) $d(u^n)=nu^{n-1}du$ (n 은 유리수)

(2) 두 함수 $y=f(u)$, $u=g(x)$ 가 모두 각각의 변수에 관해서 미분가능하면, 합성함수 $y=f(g(x))$ 의 미분 dy 는 다음과 같다.

$$dy=f'(g(x))g'(x)dx=f'(u)g'(x)dx$$

증명 다른 것은 모두 미분의 정의를 이용하면 가능하기 때문에 (1) 의 (iii)만 증명해 보기로 하자. u, v 를 각각 미분가능한 x 의 함수라고 하면 두 함수의 곱의 도함수를 구하는 방법에 의하여

$$\frac{d(uv)}{dx}=u\frac{dv}{dx}+v\frac{du}{dx}$$

이다. 이 식의 양변에 dx 를 곱하면 (iii) 의 결과를 얻는다. ■

예제 2 $y=\dfrac{x^2}{\sqrt{x-1}}$ 일 때 dy 를 구하여라.

풀이

$$dy=\frac{\sqrt{x-1}\,d(x^2)-x^2d(\sqrt{x-1})}{(\sqrt{x-1})^2}$$

$$=\frac{2x\,dx\sqrt{x-1}-x^2\dfrac{1}{2\sqrt{x-1}}dx}{x-1}$$

$$=\frac{x(3x-4)}{2(x-1)\sqrt{x-1}}dx.$$

예제 3 $x^2 + 2xy - 3y^2 = 0$ 에서 미분을 이용해서 $\dfrac{dy}{dx}$ 를 구하여라.

풀이 음함수 미분법을 이용하여 $\dfrac{dy}{dx}$ 를 구할 수 있으나, 여기서는 미분을 이용해서 구해보자. 준 식에서 양변의 미분을 구하면

$$2x\,dx + (2y\,dx + 2x\,dy) - 6y\,dy = 0$$

이다. 따라서

$$(x+y)\,dx + (x-3y)\,dy = 0, \quad \text{즉,} \quad \frac{dy}{dx} = -\frac{x+y}{x-3y}.$$

앞의 그림 3.5.1과 예제 1에서 알 수 있는 바와 같이 함수 $y = f(x)$ 가 $x = a$ 에서 미분가능하고 x 가 a 에서 $a + \Delta x$ 로 변했을 때, Δy 와 dy 는 서로 다르지만 $|\Delta x|$ 를 충분히 작게 해 주면 이 차이는 얼마든지 줄일 수 있다. 즉, dy 는 Δy 의 좋은 근사값이 될 수 있다.
왜냐하면,

$$\lim_{\Delta x \to 0} \{\Delta y - dy\} = \lim_{\Delta x \to 0} \{[f(a+\Delta x) - f(a)] - f'(a)\,dx\}$$

인데 f 가 $x = a$ 에서 연속이므로 이 식의 우변은 극한값이 존재하고,

$$\lim_{\Delta x \to 0}[f(a+\Delta x) - f(a)] - \lim_{\Delta x \to 0} f'(a)\Delta x = 0$$

이다. 따라서 $\lim_{\Delta x \to 0} \Delta y = dy$ 이다.

예제 4 $\sqrt{102}$ 의 근사값을 구하여라.

풀이 $y = \sqrt{x}$, $x = 100$, $dx = 2$ 라면

$$dy = \frac{1}{2\sqrt{x}}\,dx = \frac{1}{2\sqrt{100}}\,2 = 0.1.$$

따라서,

$$\sqrt{102} \fallingdotseq \sqrt{100} + 0.1 = 10.1.$$

예제 5 한 밑변의 길이가 a 이고 높이가 $2a$ 인 정사각뿔이 있다. 밑변의 길이가 5 cm인데, 측정과정에서 $0.02\,cm$의 오차가 생길 수 있다고 한다. 체적을 구할 때 생길 수 있는 오차의 근사값을 구하여라.

풀이 체적을 V라 놓으면 $V = \dfrac{2}{3}a^3$이므로 $dV = 2a^2da$이다. 그런데 $a = 5$, $da = \pm 0.02$ 이므로

$$dV = 2\times 5^2 \times (\pm 0.02) = \pm 1$$

이다. 즉 오차의 근사값은 $1\,cm^3$ 이다.

◈◈◈ 연습문제 3.5 ◈◈◈

1. 다음 함수에서 x가 $x = a$에서 $x = a + \Delta x$로 변할 때 Δf와 df를 구하여라($x = a$와 $x = a + \Delta x$는 정의구역에 속하는 것으로 보고 계산할 것.).

(1) $f(x) = x^2 - 2x$ (2) $f(x) = x^3 + 1$

(3) $f(x) = \sqrt{x}$ (4) $f(x) = \dfrac{1}{x+1}$

2. 다음 함수의 미분 dy를 구하여라.

(1) $y = (x^2 + 3x)^3$ (2) $y = \sqrt{(4x-3)^3}$

(3) $y = (x+1)(x^3 - 1)$ (4) $y = (x^2 - 3)\sqrt{x^2 + x + 1}$

(5) $y = \dfrac{x+1}{x^2+2}$ (6) $y = \dfrac{x^{\frac{1}{3}} + 1}{x^2 - 1}$

3. 다음 함수의 $\frac{dy}{dx}$ 와 $\frac{d^2y}{dx^2}$ 을 구하여라.

(1) $xy - y^2 = 1$ (2) $x^2 + xy - y^2 = 3$

(3) $x - y = \sqrt{x^2 - y + 1}$ (4) $\sqrt{xy} = \frac{y+1}{x-1}$

4. 미분을 사용하여 다음의 근사값을 구하여라.

(1) 0.999^{10} (2) $\frac{1}{10.05^5}$

(3) $\sqrt[4]{258}$ (4) $(8.01)^{\frac{4}{3}} + (8.01)^2 + \frac{1}{\sqrt[3]{8.01}}$

5. 다음 근사값을 미분을 이용하여 구하여라.

(1) $f(x) = \frac{x^3 + 4x}{2x - 1}$ 일 때 $f(1.98)$ 의 근사값.

(2) $f(x) = x^3 - \frac{1}{x^2}$ 일 때 $f(2.01)$ 의 근사값.

6. $f(x) = x^4 - 3x^2$ 이면 $f(2) = 4$ 이다. $f(x) = 3.98$ 을 만족하는 x 의 근사값을 구하여라.

7. $f(x) = \frac{x^3}{x^2 - 6}$ 이면 $f(3) = 9$ 이다. $f(x) = 9.02$ 를 만족하는 x 의 근사값을 구하여라.

8. 구의 반지름을 재었더니 $2m$ 였다. 측정에 1%의 오차가 있었다면 체적의 오차의 근사값을 구하여라.

9. 밑면의 반지름이 r, 높이가 $3r$인 원기둥이 있다. r의 측정값이 $4\,cm$인데 오차는 $0.5mm$라고 한다. 체적의 오차의 근사값은 얼마인가?

제 4 장 도함수의 응용

4.1 평균값 정리

4.2 함수의 증가 감소 및 극값

4.3 곡선의 오목성 및 변곡점

4.4 극대, 극소와 응용

제4장 도함수의 응용

4.1 평균값 정리

평균값 정리(mean value theorem)와 Rolle의 정리는 미적분학의 응용에 있어서 가장 기본을 이루는 중요한 정리이다. 이들 정리를 이해하기 위하여 먼저 폐구간에 정의된 연속함수에 대한 몇 가지 성질을 알아야 한다.

정 리 4.1.1

함수 f가 폐구간 $[a, b]$에서 연속이면, f는 $[a, b]$에서 최대값과 최소값을 갖는다. 즉, 모든 $x \in [a, b]$에 대하여,

$$f(x_1) \leq f(x) \leq f(x_2)$$

를 만족하는 x_1, x_2 가 $[a, b]$에 존재한다.

정 리 4.1.2 (중간값 정리)

함수 f가 폐구간 [a, b]에서 연속이면, $f(a)$ 와 $f(b)$ 사이의 임의의 실수 k에 대하여

$$f(c) = k$$

를 만족하는 실수 c가 a와 b사이에 존재한다.

위의 두 정리에서 함수의 정의역이 폐구간임에 유의해야 한다. 정의역이 폐구간이 아니면 정리가 성립하지 않을 수도 있다.

정 리 4.1.3 (롤(Rolle)의 정리)

함수 f가 폐구간 $[a, b]$에서 연속이고 개구간 (a, b)에서 미분가능하며 $f(a) = f(b) = 0$ 이면, $f'(c) = 0$을 만족하는 c가 a와 b 사이에 존재한다.

증명 f가 상수함수인 경우는 분명하다. f가 상수함수가 아닌 경우에는 $f(x_0) > 0$ 또는 $f(x_0) < 0$ 인 $x_0 \in [a, b]$ 가 존재한다. $f(x_0) < 0$ 인 경우의 증명은 $f(x_0) > 0$ 인 경우의 증명과 같은 방법으로 될 수 있으므로 $f(x_0) > 0$ 인 경우만 증명해 보자.

함수 f는 폐구간 $[a, b]$에서 연속이므로 $[a, b]$에서 최대값을 갖는다. 최대값을 k라고 하면 정리 4.1.1에 의하여 $f(c) = k$인 $c \in [a, b]$가 존재한다. 이제 이 c에 대하여 $f'(c) = 0$임을 보이자. 가정에 의하여 $f(c) \geq f(x_0) > 0$ 이므로 $a < c < b$이고, 절대값이 충분히 작은 h를 잡으면 $a < c+h < b$가 성립한다. $f(c)$ 가 최대값이므로 $h > 0$ 일 때는

$$\frac{f(c+h) - f(c)}{h} \leq 0,$$

$h < 0$ 일 때는

$$\frac{f(c+h) - f(c)}{h} \geq 0$$

이다. 따라서

$$f_+'(c) = \lim_{h \to 0^+} \frac{f(c+h) - f(c)}{h} \leq 0$$

$$f_-'(c) = \lim_{h \to 0^-} \frac{f(c+h) - f(c)}{h} \geq 0$$

이다. 그런데 f는 $x = c$에서 미분가능하므로 $f'(c) = 0$이다. ■

Rolle의 정리의 가정에서 조건 $f(a) = f(b) = 0$ 을 제외하면 다음 평균값 정리를 얻는다.

정 리 **정리 4.1.4 (평균값 정리)**

함수 f가 폐구간 $[a, b]$에서 연속이고 개구간 (a, b)에서 미분가능하면,

$$\frac{f(b)-f(a)}{b-a}=f'(c)$$

를 만족하는 c가 a와 b 사이에 존재한다.

증명 $\frac{f(b)-f(a)}{b-a}=k$라 놓고 $F(x)=f(x)-f(a)-k(x-a)$ 라 하면 $F(x)$는 Rolle의 정리의 조건을 모두 만족하므로 $F'(c)=0$이 되는 c가 a와 b 사이에 존재한다. 그런데 $F'(x)=f'(x)-k$이므로 이 c는 $f'(c)-k=0$, 즉,

$$\frac{f(b)-f(a)}{b-a}=f'(c)$$

를 만족한다. ■

평균값 정리의 기하학적 의미는, 함수 f가 폐구간 $[a, b]$에서 연속이고 개구간 (a, b)에서 미분가능하면, 곡선 위의 두 점 $A(a, f(a))$, $B(b, f(b))$를 잇는 직선의 기울기와 같은 접선의 기울기를 갖는 점이 A, B사이에 존재한다는 뜻이다.

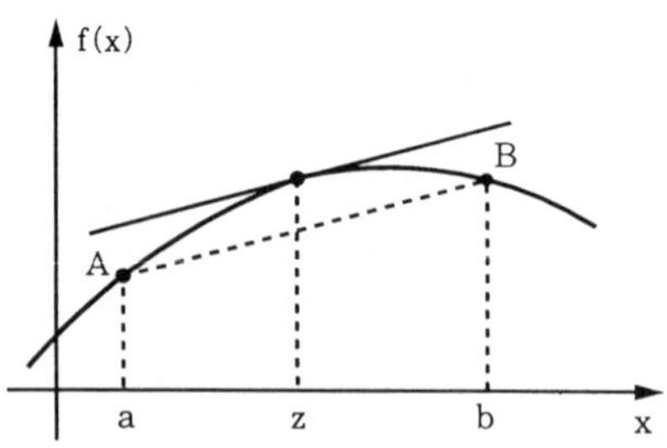

<그림 4.1.1>

예제 1 함수 $f(x) = x^3 - 2x^2 + 3x - 2$ 와 구간 $[0, 2]$에 대하여 평균값 정리를 만족하는 점을 모두 구하여라.

풀이 $f'(x) = 3x^2 - 4x + 3$, $f(2) = 4$, $f(0) = -2$ 이므로

$$3c^2 - 4c + 3 = \frac{4 - (-2)}{2}$$

가 성립하는 c를 구하면 $c = 0$ 또는 $c = \frac{4}{3}$이다. 이 중 평균값 정리를 만족하는 점은, $c = \frac{4}{3}$ $(0 \notin (0, 2))$뿐이다.

따름정리 4.1.5

함수 f 가 개구간 (a, b) 에서 미분가능하고, (a, b) 내의 모든 점 x 에서 $f'(x) = 0$ 이면 f는 개구간 (a, b)에서 상수함수이다.

증명 f가 개구간 (a, b)에서 상수함수임을 보이기 위해서는 임의의 $x_1, x_2 \in (a, b)$에 대해서 $f(x_1) = f(x_2)$ 임을 보이면 된다. (a, b)에서 임의로 두 점 x_1, x_2 $(x_1 < x_2)$을 택하면, 평균값 정리에 의하여

$$\frac{f(x_2) - f(x_1)}{x_2 - x_1} = f'(c)$$

를 만족하는 점 $c \in (x_1, x_2)$가 존재한다. 그런데 $f'(c) = 0$ 이므로 $f(x_1) = f(x_2)$ 이고, 따라서 f는 (a, b) 에서 상수함수이다. ■

◈◈◈ 연습문제 4.1 ◈◈◈

1. 다음 함수와 주어진 구간에 대하여 평균값 정리를 만족하는 점을 구하여라.

(1) $x^2 - 2x - 3$, [-1, 3]   (2) $x^3 - 6x^2 + 10x$, [1, 4]

(3) $\dfrac{x-1}{x+1}$, [0, 3]   (4) $\dfrac{2x+3}{3x-2}$, [1, 4]

(5) $\sqrt{25 - x^2}$, [-3, 4]   (6) $\sqrt{x^2 + 81}$, [12, 40]

2. 다음 함수는 주어진 구간에 대하여 평균값 정리가 성립하지 않는다. 그래프를 그리고 그 이유를 설명하여라.

(1) $\dfrac{2x+3}{3x+2}$, [-1, 0]   (2) $x + \dfrac{1}{x}$, [-1, 1]

(3) $2x^{\frac{2}{3}}$, [-1, 1]

3. 임의의 두 실수 a, b에 대하여 $|\sin b - \sin a| \le |b - a|$ 임을 증명 하여라.

4. $f(x) = \sqrt{2x+3}$ 이면 $f(c) = 4$ 인 $c \in (3,\ 8)$ 가 존재함을 밝히고 c를 구하여라.

5. $f(x) = x^2 - 3x - 4$ 이면 $f(c) = 2$ 인 $c \in (-1,\ 5)$ 가 존재함을 밝히고 c를 구하여라.

4.2 함수의 증가, 감소 및 극값

함수의 그래프의 개형을 그릴 때 1계 또는 2계 도함수를 이용하면 증가 구간 또는 감소 구간이나, 극대점, 극소점, 임계점, 곡선의 오목 볼록 등을 알아낼 수 있다.

정의 4.2.1 함수 f가 구간 I에 정의되어 있을 때, I내의 임의의 두 점 $x_1 < x_2$에 대하여

(1) $f(x_1) < f(x_2)$ 이면 f는 구간 I에서 **증가**(increasing)**한다** 또는 **증가함수**라 하고,

(2) $f(x_1) > f(x_2)$ 이면 f는 구간 I에서 **감소**(decreasing)**한다** 또는 **감소함수**라 한다.

다음 정리는 함수의 증가, 감소를 판정하는데 아주 편리하게 쓰인다.

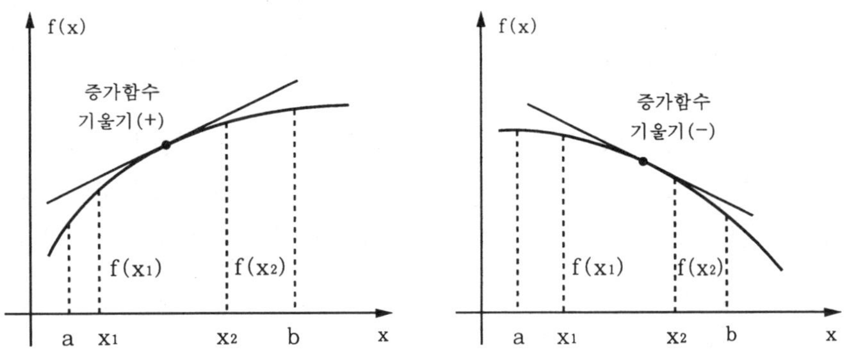

<그림 4.2.1>

정 리 4.2.2

함수 f가 개구간 (a, b)에서 미분가능하고, (a, b) 내의 모든 x에서

(1) $f'(x) > 0$ 이면 $f(x)$는 구간 (a, b)에서 증가하고,

(2) $f'(x) < 0$ 이면 $f(x)$는 구간 (a, b)에서 감소한다.

증명 (1) 구간 (a, b)에서 임으로 두 점 $x_1 < x_2$를 잡으면 평균값 정리에 의하여

$$\frac{f(x_2) - f(x_1)}{x_2 - x_1} = f'(c)$$

를 만족하는 c 가 x_1과 x_2 사이에 존재한다. 그런데 $x_2 - x_1 > 0$ 이고 $f'(c) > 0$ 이므로 $f(x_2) - f(x_1) > 0$, 즉, $f(x_2) > f(x_1)$ 이다. 따라서 f는 증가한다.

(2) 도 같은 방법으로 증명된다. ■

정의 4.2.3 f가 함수일 때, 충분히 작은 $\delta > 0$ 에 대하여 f가 개구간 $(c - \delta, c + \delta)$에서 정의되고

(1) $0 < |x - c| < \delta \Rightarrow f(c) < f(x)$ 이 성립하면 f는 $x = c$ 에서 **극소값**(relative minimum value) $f(c)$ 를 갖는다고 하고,

(2) $0 < |x - c| < \delta \Rightarrow f(c) > f(x)$ 이 성립하면 f는 $x = c$ 에서 **극대값**(relative maximum value) $f(c)$ 를 갖는다고 한다.

극대값과 극소값을 **극값**(extreme value)이라 한다. 위의 그림 4.2.2에서 C, E, H 에서는 극대값이 존재하고 B, D, G 에서는 극소값이 존재한다. 한편 양 끝점 A, M에서는 극값이 정의되지 않음에 유의해야 한다.

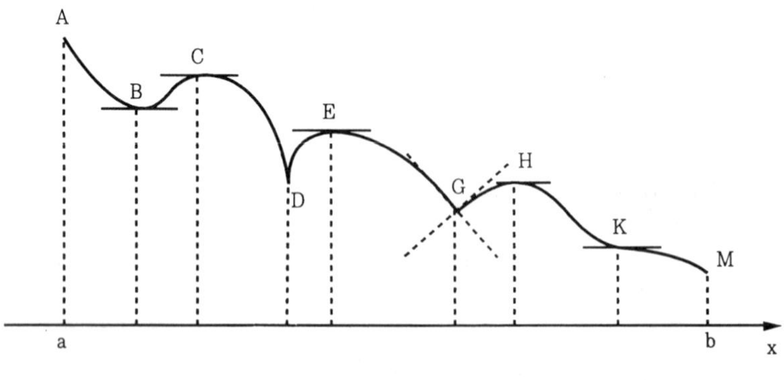

<그림 4.2.2>

주 4.2.4 (1) 함수의 극값은 정의역의 내점(interior point)에서만 정의됨에 유의해야 한다. 따라서 함수의 정의역이 폐구간인 경우 구간의 끝점에서는 극값이 정의되지 않는다.

(2) 함수의 최대값, 최소값과 극값 사이에는 관련성이 전혀 없을 수도 있다. 그림 4.2.2 에서 A는 최대값이지만 극대값은 아니고, M는 최소값이지만 극소값은 아니다. 또 극값을 갖는 점에서의 미분가능성도 보장되지 않는다.

정 리 4.2.5

함수 f가 개구간 (a, b)에서 연속이고, 점 $c \in (a, b)$에서 극값을 가지면, $f'(c) = 0$ 이거나 $f'(c)$가 존재하지 않는다.

증명 f가 $x = c$에서 극값을 갖고 $f'(c)$가 존재한다면, $f'(c) = 0$임을 밝히면 된다. 먼저 f가 $x = c$에서 극대값을 갖는다고 하자. 그러면 정의에 의하여 적당한 $\delta > 0$가 존재해서 $0 < |x - c| < \delta$ 인 모든 x에 대하여 $f(x) - f(c) < 0$ 이 성립한다. 한편 $f'(c)$ 가 존재한다고 했으므로 $f_+'(c)$ 와 $f_-'(c)$ 가 존재하는데, 이들의 부호를 살펴보면,

$$f_+'(c) = \lim_{x \to c^+} \frac{f(x) - f(c)}{x - c} \leq 0,$$

$$f_-'(c) = \lim_{x \to c^-} \frac{f(x) - f(c)}{x - c} \geq 0$$

이므로 $f'(c) = 0$ 이다.

f가 $x = c$에서 극소값을 갖는 경우에도 같은 방법으로 증명된다. ■

함수 f의 정의역 내에 있고 $f'(c) = 0$ 이거나 $f'(c)$가 존재하지 않는 점 c를 f의 **임계값**(critical value)이라 한다.

정리 4.2.5 의 역은 성립하지 않는다. 즉, c가 f의 임계값이더라도 f

는 c에서 극값을 갖지 않을 수도 있다.

예제 1 $f(x) = \dfrac{x^{\frac{2}{3}}}{x+1}$ 의 임계값을 구하여라.

풀이 $f'(x) = \dfrac{\frac{2}{3}x^{-\frac{1}{3}}(x+1) - x^{\frac{2}{3}}}{(x+1)^2} = \dfrac{2-x}{3x^{\frac{1}{3}}(x+1)^2}$

이므로 $f'(2) = 0$이고 $f'(0)$의 값은 존재하지 않는다. 따라서 임계값은 $x = 0,\ 2$이다. 여기서 $x = -1$은 f의 정의역에 있지 않음에 유의해야 한다.

다음은 1계 도함수에 의한 **극값 판정법**(first derivative test) 이다.

정 리 4.2.6 (1계 도함수에 의한 극값 판정법)

함수 f가 개구간 (a, b) 에서 연속이고, 임계값 $c \in (a, b)$를 갖는다. 함수 f가 (a, c) 와 (c, b) 에서 미분가능하고, x가 증가하면서 c를 통과할 때,

(1) $f'(x)$ 의 부호가 + 에서 − 로 변하면 $f(c)$ 는 f의 극대값이다.

(2) $f'(x)$ 의 부호가 − 에서 + 로 변하면 $f(c)$ 는 f의 극소값이다.

(3) $f'(x)$ 의 부호가 변하지 않으면 $f(c)$ 는 f의 극값이 아니다.

증명 (1) $f(x)$ 가 (a, c)에서 증가하므로 임의의 $x \in (a, c)$에 대하여 $f(x) < f(c)$ 이고, 또 (c, b)에서 $f(x)$가 감소하므로 임의의 $x \in (c, b)$에 대하여 $f(x) < f(c)$ 이다. 이제 $\delta = \min\{c-a, b-c\}$ 라면,

$$0 < |x-c| < \delta \Rightarrow f(c) > f(x)$$

가 성립하므로, $f(c)$ 는 극대값이다.

(2)도 같은 방법으로 증명된다.

(3)의 경우에는 f가 구간 (a, c) 와 (c, b) 에서 모두 증가하거나 모두 감소하고 또 c 에서 연속이므로 f는 (a, b) 에서 증가하거나 감소한다. 따라서 f는 $x = c$ 에서 극값을 갖지 않는다. ■

예제 2 $f(x) = \frac{1}{4}x^4 - x^3 + 2$ 의 극값을 구하여라.

풀이 $f'(x) = x^3 - 3x^2 = x^2(x-3)$

이므로 f의 임계값은 0과 3이다. 이 두 임계값을 전후해서 $f'(x)$ 의 부호를 살펴보면,

		0		3	
f′(x)	−		−		+

이므로 $f(0)$ 는 극값이 아니고, $f(3) = -\frac{19}{4}$ 는 극소값이다.

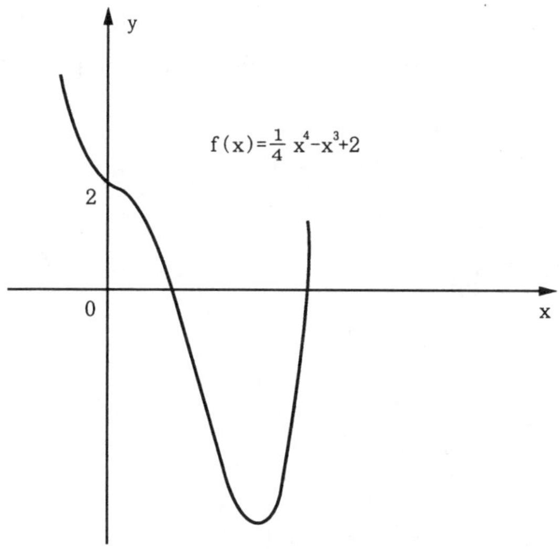

<그림 4..2.3>

예제 3 $f(x) = \sqrt[3]{x^2}(x^2 - 4)$ 의 극값을 구하여라.

풀이 주어진 함수는 $x = 0$ 에서 미분 불가능하고 $x \neq 0$일 때는

$$f'(x) = \frac{8(x+1)(x-1)}{3\sqrt[3]{x}}.$$

그런데 $x = 0$ 과 $x = \pm1$ 의 좌우에서 $f'(x)$ 의 부호는 다음과 같다.

x		-1		0		1	
f′(x)	−	0	+		−	0	+
f(x)	↘	-3	↗	0	↘	-3	↗

따라서, f의 극대값은 0 이고($x = 0$ 일 때), 극소값은 -3 ($x = \pm1$ 일 때)이다. ■

◈◈◈ 연습문제 4.2 ◈◈◈

1. 다음 함수에서 임계값, 증가 구간, 감소 구간, 극값을 구하고 그래프의 개형을 그려라.

(1) $f(x) = x^3 + \frac{3}{2}x^2 - 6x + 1$ (2) $f(x) = x^5 - 15x^3$

(3) $f(x) = \frac{4x}{x^2+1}$ (4) $f(x) = \frac{2x-3}{(x+1)^2}$

(5) $f(x) = x^{\frac{1}{3}} + 3x^{-\frac{1}{3}}$ (6) $f(x) = (3x - x^2)^{\frac{1}{3}}$

(7) $f(x) = \sqrt{x}\,(x+2)^2$

(8) $f(x) = (x+1)^{\frac{1}{2}}(2x-1)^{\frac{3}{2}}$

(9) $f(x) = \begin{cases} |1 - x^2| & , \ x \geq -1 \\ 0 & , \ x < -1 \end{cases}$

2. 함수 $y = f(x)$ 에 대하여 다음 명제가 참이면 T, 거짓이면 F를 써라.

(1) $f'(c) \neq 0$ 이면, f는 c에서 극값을 갖지 않는다. ( )

(2) $f(c)$가 극값이면 $f'(c) = 0$이다. ( )

(3) f는 정의역의 끝점에서도 극값을 가질 수 있다. ( )

(4) f가 c를 포함하는 어떤 개구간 (a, b)에 속하는 모든 x에서 $f'(x) = 0$ 이면, $f(c)$는 f의 극소값이다. ( )

(5) f가 c에서 불연속이라도 $f(c)$ 는 극값이 될 수 있다. ( )

3. $f'(c) = 0$ 이지만 $f(c)$는 극값이 아닌 함수의 예를 들어라.

4. 정리 4.2.6 (2)를 증명하여라.

4.3 곡선의 오목성 및 변곡점

곡선 위의 한 점을 고정시켜 놓고 볼 때, 그 점의 주위에서 곡선이 위로 오목한지 또는 아래로 오목한지를 판단해야 할 경우가 있다.

정의 4.3.1 함수 f가 c에서 미분가능하고, $c \in (a, b) \subset D$인 적당한 개구간 (a, b)가 존재해서, 임의의 $x(\neq c) \in (a, b)$에 대하여

(1) $f(x) > f(c) + (x - c)f'(c)$ 이면, f의 그래프는 점 $P(c, f(c))$에서 '**위로 오목**(concave upward)하다'고 하고

(2) $f(x) < f(c) + (x-c)f'(c)$ 이면, f의 그래프는 점 $P(c, f(c))$에서 '**아래로 오목**(concave downward)하다'고 한다.

(3) 또, x가 (a, c) 또는 (c, b) 중 어디에 속하느냐에 따라 부등식 $f(x) > f(c) + (x-c)f'(c)$ 또는 $f(x) < f(c) + (x-c)f'(c)$ 가 교대로 성립하면 점 $(c, f(c))$ 를 **변곡점**(inflection point)이라 한다.

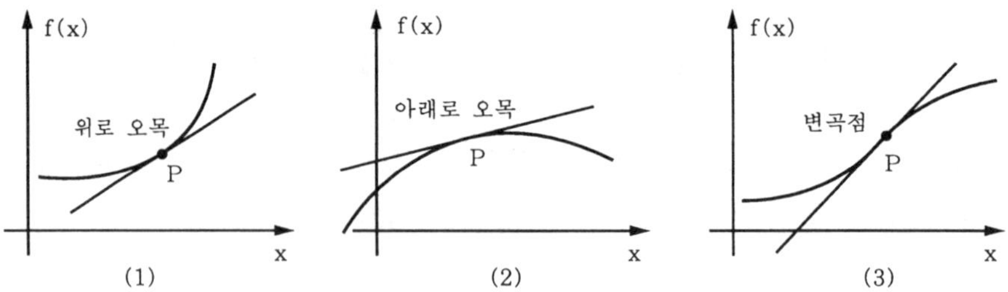

<그림 4.3.1>

f의 그래프가 점 $(c, f(c))$ 에서 위로[아래로] 오목하다는 것은, 구간 (a, b)에서 f의 그래프가 점 $(c, f(c))$에서 그은 접선의 위쪽[아래쪽]에 있음을 뜻한다. 또, 점 $(c, f(c))$ 가 변곡점이라는 것은 이 점을 기준으로 좌, 우에서 곡선의 오목성이 변함을 뜻한다. 예를 들어 함수 $f(x) = x^2$의 그래프는 점 $(0, 0)$ 에서 위로 오목하다. 그 이유는, 모든 $x \neq 0$ 에 대하여 $x^2 > 0 + (x-0) \cdot 0$ 이 성립하기 때문이다.

정 리 4.3.2

함수 f가 c를 포함하는 어떤 개구간 (a, b)에서 미분가능하고, $f''(c)$ 가 존재할 때,

(1) $f''(c) > 0$ 이면 f의 그래프는 $(c, f(c))$ 에서 위로 오목하고,

(2) $f''(c) < 0$ 이면 f의 그래프는 $(c, f(c))$ 에서 아래로 오목하다.

(3) 또, 구간 (a, b) 에서 $f''(x)$ 가 존재하고 $(c, f(c))$ 가 변곡점이면 $f''(c) = 0$ 이다.

증명 (1) $f''(c) = \lim_{x \to c} \dfrac{f'(x) - f'(c)}{x - c} > 0$

이므로 적당한 $\delta > 0$ 가 존재해서 $0 < |x - c| < \delta$ 인 모든 x에 대하여

$$\frac{f'(x) - f'(c)}{x - c} > 0 \qquad (4.3.1)$$

이다. 이제 $0 < |x - c| < \delta$ 인 x에 대하여 새로운 함수 $\phi(x)$ 를

$$\phi(x) = f(x) - f(c) - (x - c)f'(c)$$

와 같이 정의하면, $\phi(x)$ 는 c와 x를 끝점으로 하는 폐구간에서 평균값 정리의 가정을 만족하므로,

$$\frac{\phi(x) - \phi(c)}{x - c} = \phi'(d)$$

를 만족하는 d가 c와 x사이에 존재한다. 즉 c 와 x 사이의 어떤 d에 대하여

$$\phi(x) = (x - c)(f'(d) - f'(c)) \qquad (4.3.2)$$

이다. 그런데 식 (4.3.1) 로부터 $0 < |x - c| < \delta$ 인 모든 x에 대하여 $f'(x) - f'(c)$ 와 $x - c$는 같은 부호이므로 $f'(d) - f'(c)$와 $d - c$는 같은 부호이다. 또 d는 c와 x사이에 있으므로 $x - c$와 $d - c$는 같은 부호이다. 따라서 $x - c$와 $f'(d) - f'(c)$는 같은 부호이다. 이 사실을 식 (4.3.2)에 적용하면, $0 < |x - c| < \delta$ 인 모든 x에 대해 $\phi(x) > 0$ 임을 알 수 있다. 따라서 정의 4.3.1 (1) 에 의하여 f의 그래프는 점 $(c, f(c))$ 에서 위로 오목하다.

(2) 의 증명은 (1)과 같은 방법으로 할 수 있다.

(3) 점 $(c, f(c))$ 의 좌, 우에서 오목성이 반대이다. 먼저 $x \in (a, c)$이면 $f''(x) > 0$ 이고 $x \in (c, b)$이면 $f''(x) < 0$ 라 하고 증명하자.

이것은 함수 $f'(x)$가 (a, c)에서 증가하고 (c, b)에서 감소함을 의미하므로

$$f_+''(c) = \lim_{x \to c^+} \frac{f'(x) - f'(c)}{x - c} \leq 0,$$

$$f_-''(c) = \lim_{x \to c^-} \frac{f'(x) - f'(c)}{x - c} \geq 0$$

이다. 그런데 $f''(c)$가 존재하므로 $f''(c) = 0$ 이다.

$x \in (a, c)$ 이면 $f''(x) < 0$ 이고, $x \in (c, b)$ 이면 $f''(x) > 0$ 인 경우에도 같은 방법으로 증명된다. ■

예제 1 함수 $f(x) = x^4 - 6x^3 + 12x^2 - 8x + 1$ 의 위로 오목한 구간과 아래로 오목한 구간을 구하여라. 또 변곡점을 구하여라.

풀이

$$f'(x) = 4x^3 - 18x^2 + 24x - 8$$

$$f''(x) = 12x^2 - 36x + 24 = 12(x-1)(x-2)$$

이므로 $x < 1$ 또는 $x > 2$ 일 때 $f''(x) > 0$ 이고, $1 < x < 2$일 때 $f''(x) < 0$ 이다. 따라서 f의 그래프는 $x < 1$ 또는 $x > 2$ 일 때 위로 오목하고, $1 < x < 2$ 일 때 아래로 오목하다. 그리고 $f''(1) = f''(2) = 0$ 이므로 변곡점은 (1, 0) 과 (2, 1)이다.

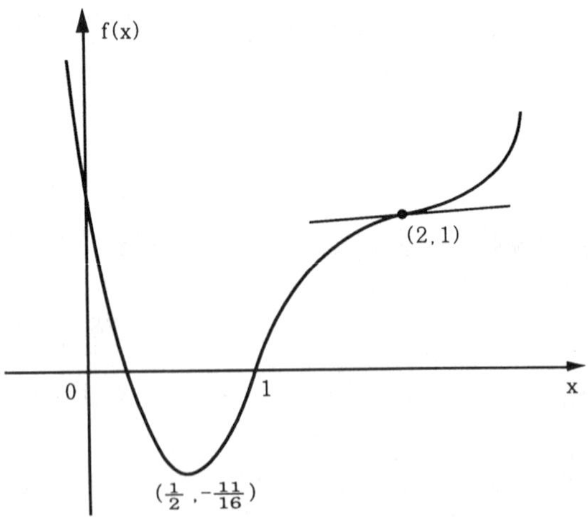

<그림 4.3.2>

이계 도함수값의 부호에 의해서도 그래프의 오목성을 판별할 수 있는데 이 오목성에 의하여 함수의 극값이 판별되므로, 이계 도함수의 부호를 이용하여 함수의 극값을 판별할 수 있다.

정 리 4.3.3 (이계 도함수를 이용한 극값 판정법)

함수 f가 점 c를 포함하는 어떤 개구간 (a, b)에서 f'와 f''를 가지며 $f'(c)=0$ 일 때

(1) $f''(c)<0$ 이면, $f(c)$ 는 f의 극대값이고

(2) $f''(c)>0$ 이면, $f(c)$ 는 f의 극소값이다.

증명 (1) $f''(c)>0$ 이므로, 적당한 $\delta>0$가 존재해서 f의 그래프는 구간 $(c-\delta,\ c+\delta)$에서 위로 오목하다. 그러므로 $0<|x-c|<\delta$ 인 모든 x에 대하여 $f(x)>f(c)+(x-c)f'(c)$가 성립한다. 그런데 $f'(c)=0$ 이므로 이런 x에 대하여 $f(x)>f(c)$ 이다. 즉, $f(c)$는 f의 극대값이다.

같은 방법으로 (2) 도 증명된다. ■

예제 2 함수 $f(x)=x^3-3x^2+4$의 극값을 구하여라.

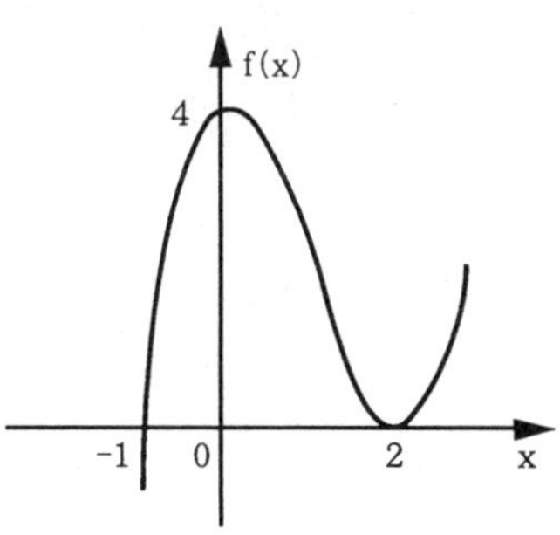

<그림 4.3.3>

풀이 $f'(x) = 3x^2 - 6x = 3x(x-2)$ 이므로 임계값은 $x = 0,\ 2$ 이다. 그런데 $f''(x) = 6x - 6$ 이므로 $f''(0) = -6 < 0$, $f''(2) = 6 > 0$. 따라서, $f(0) = 4$ 는 극대값이고, $f(2) = 0$ 는 극소값이다.

◈◈◈ 연습문제 4.3 ◈◈◈

1. 다음 함수에서 위, 아래로 오목한 구간, 변곡점, 극값을 구하여라. 또 이들을 이용하여 그래프의 개형을 그려라.

(1) $f(x) = x^2 - 4x + 6$ (2) $f(x) = (x-3)^3$

(3) $f(x) = x^{\frac{5}{3}} - 5x^{\frac{2}{3}}$ (4) $f(x) = x^{\frac{2}{3}} + 3x^{\frac{1}{3}} + 2$

(5) $f(x) = \dfrac{x}{\sqrt{2x+1}}$ (6) $f(x) = x\sqrt{25 - x^2}$

(7) $f(x) = x^2 + \dfrac{8}{x}$ (8) $f(x) = \dfrac{x+2}{x^2 + 2x + 9}$

(9) $f(x) = (a_1 - x)^2 + (a_2 - x)^2 + \cdots + (a_n - x)^2$

2. 함수 $f(x) = x^3 + ax^2 + bx + c$ 의 임계값은 2인데 $f(2) = -3$ 이 극값이 아닐 때 a, b, c 의 값을 구하여라.

3. 함수 $f(x) = x^3 + ax^2 + bx + c$ 의 임계값이 존재하고 $a^2 > 3b$ 이면 f 의 극대값과 극소값 모두가 존재함을 증명하여라.

4. 정리 4.3.2 (2) 를 증명하여라.

5. 정리 4.3.3 (2) 를 증명하여라.

6. 함수 f의 그래프가 점 $(c,\ f(c))$ 에서 위로 오목하고, $f''(c)$ 가 존재하며 0이 아니면, $f''(c)>0$ 임을 증명하여라.

4.4 극대 · 극소와 응용

우리의 주변에는 극대 극소와 관련된 다양한 문제들이 많이 있다. 예를 들면, 사업가는 이윤을 극대화하기 위하여 노력하고, 생산자는 비용은 최소화하고 이윤은 극대화하려고 노력할 것이다. 이러한 문제의 해결을 위하여 도함수를 응용한 극대, 극소의 개념을 이용하면 편리할 때가 많다. 이러한 종류의 응용 문제를 풀기 위하여 다음 몇 단계의 과정을 밟는 것이 많은 도움이 된다.

1. 최대 또는 최소값을 구하고자 하는 양을 y로 표시하고, y가 어떤 변수에 의하여 값이 달라지는가를 보아 그 변수의 함수로 나타낸다.
2. 1 에서 얻은 함수가 $y=f(x)$ 라 할 때 f의 모든 임계값을 구하고, 극치 판정법에 의하여 극대, 극소를 구한다.
3. f의 정의역의 양 끝점에서의 함수값과 2에서 얻은 극치를 비교하여 최대, 최소를 결정한다.

예제 1 A, B 두척의 배가 있는데 A는 시속 20마일의 속도로 남쪽으로 항해 중이고, B는 시속 10마일의 속도로 동쪽으로 항해 중이다. 오전 10시에 A가 B의 북쪽 100마일 지점에 있었다면, 이 두 배가 가장 가까이 있게 되는 시각과 그때의 두 배 사이의 거리를 구하여라.

풀이 오전 10시를 기준으로 이들의 위치를 x, y좌표축에 나타내고, t 시간후 두 배 사이의 거리를 $f(t)$ 라 하면

$$f(t) = \sqrt{(10t)^2 + (100 - 20t)^2}, \quad t > 0$$

여기서 $g(t) = f(t)^2$으로 놓으면

$$\begin{aligned} g'(t) &= 200t + 2(100 - 20t)(-20) \\ &= 1000t - 4000 . \end{aligned}$$

따라서 $t = 4$ 일 때 $g'(t) = 0$, $g''(t) > 0$ 이므로 $g(4)$는 g의 극소값이다. $g(t)$의 극소값이 $f(t)$의 극소값이 되므로 $f(4) = 20\sqrt{5}$ 는 f 의 극소값이다. 즉, 두 배는 오후 2시에 가장 가까이 있고, 이때 이들 사이의 거리는 $20\sqrt{5}$ 마일이다.

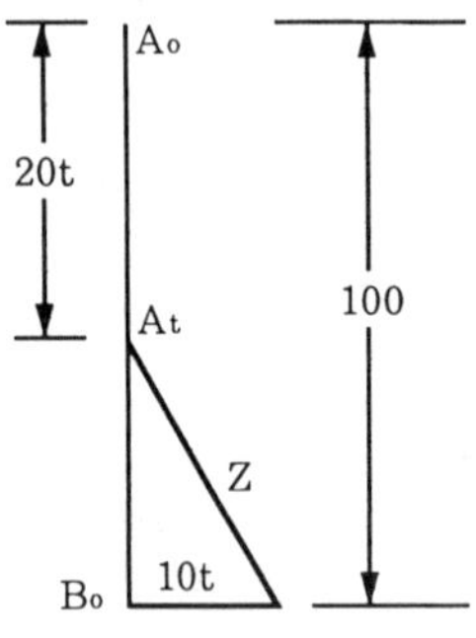

<그림 4.4.1>

예제 2 밑면의 반지름이 r이고 높이가 h인 직원뿔에 내접하는 최대 부피의 원기둥의 밑면의 반지름과 높이를 구하여라.

풀이 구하는 원기둥의 밑면의 반지름과 높이를 각각 x, y라고 하면 원기둥의 부피 V는

$$V = \pi x^2 y \quad (0 \le x \le r, \quad 0 \le y \le h) \tag{4.4.1}$$

으로 나타내어진다. 그런데 닮은삼각형의 성질에 의하여

$$\frac{y}{r - x} = \frac{h}{r}$$

이므로 $y = \frac{h}{r}(r - x)$ 이다. 이것을 (4.4.1) 에 대입하면

$$V = \frac{\pi h}{r} x^2(r-x) \quad , \ 0 \le x \le r$$

이다. V 의 도함수를 구하면,

$$V'(x) = 2\pi hx - \frac{3\pi h}{r} x^2$$

이므로 $x = 0,\ \frac{2}{3}r$ 일 때 $V'(x) = 0$ 이다. 이 점에서 극값을 구하면,

$$V(0) = 0, \qquad V(\frac{2}{3}r) = \frac{4}{27}\pi r^2 h$$

이고 V의 정의역의 양 끝점에서의 함수값은 0 이므로 $x = \frac{2}{3}r$ 일 때 내접하는 원기둥의 부피가 최대이다. 따라서 구하는 밑면의 반지름의 길이와 높이는 각각 $\frac{2}{3}r$, $\frac{h}{3}$ 이다.

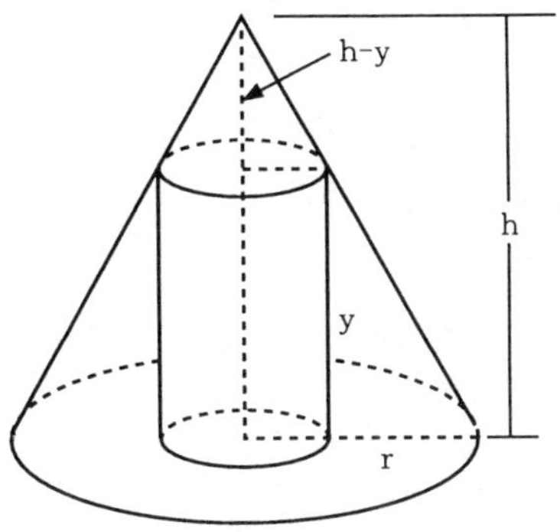

<그림 4.4.2>

예제 3 한 개에 400원인 제품 x 개를 시장에서 팔기 위해서 소요되는 비용은 $C(x) = 0.02x^2 + 160x + 400,000$ 으로 정해진다. 최대의 이윤을 얻기 위해서는 몇 개를 팔아야 할까?

풀이 x 개의 제품을 팔아서 얻어지는 이윤을 $P(x)$라 놓으면

$$\begin{aligned} P(x) &= 400x - (0.02x^2 + 160x + 400,000) \\ &= -0.02x^2 + 240x - 400,000 \end{aligned}$$

$$P'(x) = -0.04x + 240 = 0.$$

따라서 $x = 6,000$ 일 때 P는 극값을 갖는다. 그런데 모든 x 에 대하

여 $P''(x) = -0.04 < 0$ 이므로 $x = 6,000$ 일 때 극대값을 갖는다. 그러므로 6,000 개를 팔아야 최대 이윤을 얻는다.

◈◈◈ 연습문제 4.4 ◈◈◈

1. 둘레의 길이가 24㎝인 직사각형으로 최대 넓이를 갖는 사각형의 가로와 세로의 길이를 구하여라.

2. 들이가 100 cm^3 인 뚜껑이 없는 직육면체의 상자를 만들려고 한다. 재료를 최소로 하려면 어떤 크기의 상자를 만들어야 할까?

3. 주어진 이등변삼각형의 꼭지각의 이등분선 위에 한 점을 잡아 그 점에서 각 변까지의 거리가 최소가 되도록 할 때 그 점의 위치를 구하라.

4. 반지름이 r 인 구에 내접하는 최대 부피의 직원뿔의 치수를 구하라.

5. 반지름이 r 인 구에 내접하는 최대 부피의 원기둥의 치수를 구하라.

6. 곡선 $y = x^2$ 위의 두 점 A(0, 0) 와 B(2, 4)가 있다. 곡선 위의 점과 현 AB 와의 거리의 최대값을 구하여라.

7. 타원 $\dfrac{x^2}{a^2} + \dfrac{y^2}{b^2} = 1$ 의 접선과 두 좌표축이 이루는 삼각형의 최대 넓이를 구하여라.

8. 도로에 가로등을 설치하려고 한다. 전구로부터 거리가 s 만큼 떨어진 점 P에서의 밝기는 s^2 에 반비례하고, P에서 전구를 올려다 본 각을 Θ 라고 할 때, 점 P에서의 밝기는 $\sin\Theta$ 에 비례한다. 폭이 10 m 인 도로 건너편의 인도를 가장 밝게 하기 위한 전등의 높이를 구하여라.

제 5 장 정적분

제5장 정적분

5.1 정적분

함수 f가 폐구간 $[a, b]$에서 정의되어 있다고 하자. a, b사이에 $n-1$개의 점 $x_1, x_2, \cdots, x_{n-1}$을

$$a = x_0 < x_1 < x_2 < \cdots < x_{n-1} < x_n = b$$

가 되도록 잡으면 구간 $[a, b]$는 n개의 소구간

$$[x_0, x_1], [x_1, x_2], [x_2, x_3], \cdots , [x_{n-1}, x_n]$$

으로 나뉘어 진다. 이때 a, b와 이들 사이의 $n-1$개의 점들의 집합

$$P = \{x_0, x_1, x_2, \cdots, x_{n-1}, x_n\}$$

를 $[a, b]$의 **분할**(分割 ; partition)이라 하고, 이들 점에 의하여 생긴 n개의 소구간 $[x_0, x_1], [x_1, x_2], [x_2, x_3], \cdots , [x_{n-1}, x_n]$를 분할 P의 소구간이라 한다. 또, 소구간 $[x_{i-1}, x_i]$, $i = 1, 2, \cdots, n$의 길이를 기호 Δx_i로 나타낸다. 즉,

$$\Delta x_i = x_i - x_{i-1}.$$

분할 P의 각 소구간의 길이 $\Delta x_1, \Delta x_2, \cdots, \Delta x_n$ 중 가장 큰 값을 P의 **Norm**이라 하고 $|P|$와 같이 나타낸다.

[a,b]의 분할

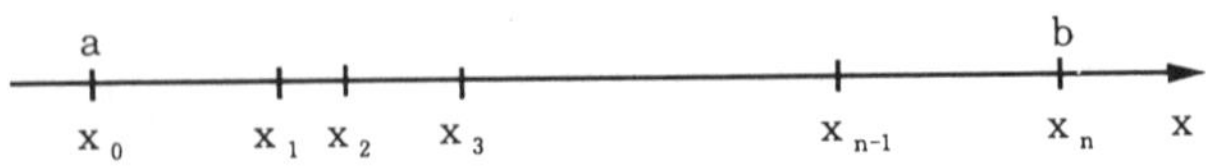

<그림 5.1.1>

$[a, b]$를 n 등분하면 각 소구간의 길이는 모두 $\dfrac{b-a}{n}$ 이다. 이와 같이 각 소구간의 길이가 모두 같게 분할하는 것을 **정칙분할**(regular partition)이라고 한다.

각 소구간 $[x_{i-1}, x_i]$에서 한점 ξ_i를 택하여 계산한 값

$$\sum_{i=1}^{n} f(\xi_i)\,\Delta x_i \tag{5.1.1}$$

을 분할 P에 대한 f의 **리만합**(Riemann sum)이라 한다. Riemann 합은 밑변의 길이가 Δx_i 이고 높이가 $f(\xi_i)$ 인 직사각형의 면적의 합으로 볼 수 있다. 그리고 함수 $f : [a, b] \to \mathbf{R}$ 가 있을 때, 이의 Riemann 합은 분할을 만드는 방법과 각 소구간에서 ξ_i 를 택하는 방법에 따라서 달라진다. 그러나 $[a, b]$ 를 정칙분할하고 ξ_i 를 각 소구간의 끝점으로 택하면 비교적 간단하게 Riemann 합을 계산할 수 있다. 다만 이러한 방법은 적분을 정의하는 여러 방법 중의 한가지로서 이를 적용할 수 있는 함수가 지나치게 제한적이라는 단점이 있다. 그래서 이 책에서는 이런 방법보다는 위에서 정의한 Riemann 합을 이용하여 적분을 정의하기로 한다.

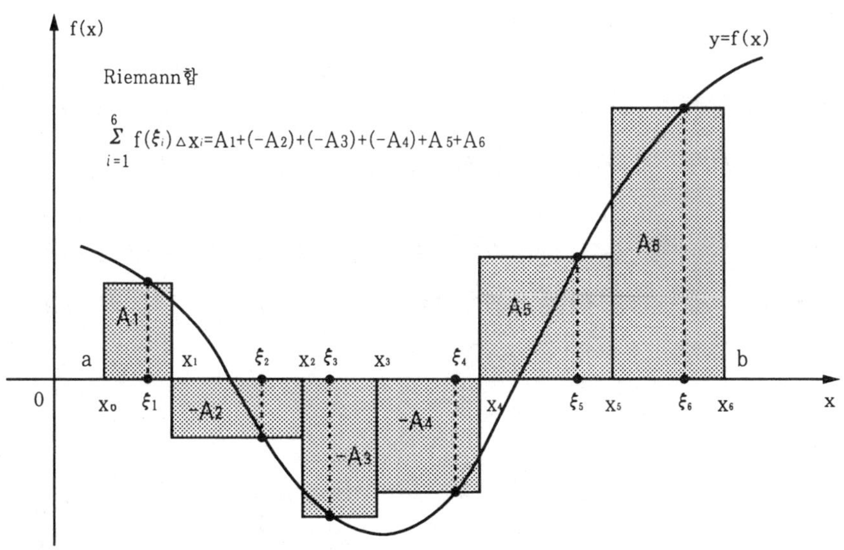

<그림 5.1.2>

정의 5.1.1 함수 f가 폐구간 $[a, b]$에 정의되어 있을 때, 앞에서 정의한 Riemann 합에 대하여 극한값

$$\lim_{|P|\to 0} \sum_{i=1}^{n} f(\xi_i)\Delta x_i \tag{5.1.2}$$

가 존재하면, 그 값을 $x=a$에서 $x=b$까지 f의 **정적분**(definite integral) 또는 **리만적분**(Riemann integral)이라 하고 기호로

$$\int_a^b f(x)\,dx$$

와 같이 나타낸다. 또 극한값 (5.1.2)가 존재할 때 f는 $[a, b]$에서 **리만적분가능하다** 또는, 간단히 **적분가능하다**고 말한다.

정적분 $\int_a^b f(x)\,dx$에서 $f(x)$를 피적분함수라 하고 a를 **적분아랫끝**, b를 **적분윗끝**이라 한다.

함수 $f:[a, b]\to \mathbf{R}$가 적분가능하다는 것은 $[a, b]$의 분할 P의 norm $|P|$가 0에 수렴하면 각 소구간 $[x_{i-1}, x_i]$에서 점 ξ_i를 어떻게 택하든 관계없이 Riemann 합이 일정한 값에 수렴함을 의미한다. 이것을 $\varepsilon-\delta$를 이용해서 정의하면,

임의의 $\varepsilon>0$에 대하여 적당한 $\delta>0$가 존재해서 $|P|<\delta$인
모든 분할 P에 대하여 $\left|\sum_{i=1}^{n} f(\xi_i)\Delta x_i - L\right| < \varepsilon$

인 L이 존재할 때, $f:[a, b]\to \mathbf{R}$는 **적분가능하다**고 한다. Riemann 합이 수렴하지 않을 때 **적분가능하지 않다**고 하고 간단히 **적분불가능하다**고도 한다.

주 5.1.2 정적분이 정의되기 위해서는 Riemann 합의 극한이 존재해야 하는데 이 극한을 구하기 위해서 소구간의 개수 n이 무한대로 증가할

때 $\sum_{i=1}^{n} f(\xi_i)\Delta x_i$의 극한을 구하는 것이 아니라, 분할 P의 norm 이 0에 가까워 질 때의 극한 즉, $\lim_{|P|\to 0} \sum_{i=1}^{n} f(\xi_i)\Delta x_i$ 을 구했음에 유의해야 한다. 그 이유는 $|P|\to 0$ 이면 주어진 구간 $[a,\ b]$가 세분되어 곡선을 경계선으로 하는 영역을 직사각형들의 합으로 취급하는데서 생기는 오차를 줄일 수 있으나, n 만을 무한대로 증가시키면 즉, 소구간의 개수만을 증가시키면 구간이 세분화되지 않을 수 있기 때문이다.

예제 1 함수 $f(x) = x(x-1)^2$의 정의구역이 구간 $[0,\ 2]$ 이고 또, 이 구간의 분할이

$$P = \{0,\ \frac{1}{2},\ \frac{3}{4},\ \frac{5}{4},\ \frac{3}{2},\ 2\}$$

로 주어져 있다. 각 소구간에서 한 점을 $\frac{1}{4}$, $\frac{5}{8}$, 1, $\frac{11}{8}$, $\frac{7}{4}$ 과 같이 택했을 때 Riemann 합을 구하여라.

풀이 각 소구간의 길이 Δx_i는 $\frac{1}{2}$, $\frac{1}{4}$, $\frac{1}{2}$, $\frac{1}{4}$, $\frac{1}{2}$ 이고 ξ_i 는 $\frac{1}{4}$, $\frac{5}{8}$, 1, $\frac{11}{8}$, $\frac{7}{8}$ 이므로 Riemann 합은 $\sum_{i=1}^{5} f(\xi_i)\Delta x_i$

$$= \frac{1}{2} f(\frac{1}{4}) + \frac{1}{4} f(\frac{5}{8}) + \frac{1}{2} f(1) + \frac{1}{4} f(\frac{11}{8}) + \frac{1}{2} f(\frac{7}{8})$$

$$= \frac{1}{2}\,\frac{1}{4}\,(\frac{3}{4})^2 + \frac{1}{4}\,\frac{5}{8}\,(\frac{-3}{5})^2 + \frac{1}{4}\,\frac{11}{8}\,(\frac{3}{8})^2 + \frac{1}{2}\,\frac{7}{8}\,(\frac{-1}{8})^2$$

$$= \frac{151}{1024}.$$

예제 2

$$\lim_{n\to\infty} \frac{1}{n}\left(1 + \sqrt{1+\frac{1}{n}} + \sqrt{1+\frac{2}{n}} + \cdots + \sqrt{1+\frac{n-1}{n}}\right)$$

을 정적분으로 나타내어라.

풀이
$$\frac{1}{n}\left(1+\sqrt{1+\frac{1}{n}}+\sqrt{1+\frac{2}{n}}+\cdots+\sqrt{1+\frac{n-1}{n}}\right)$$
$$=\frac{1}{n}\sum_{k=1}^{n}\sqrt{1+\frac{k-1}{n}}$$
$$=\sum_{k=1}^{n}\sqrt{1+\frac{k-1}{n}}\cdot\frac{1}{n}.$$

이것은 식 (5.1.1) 에서
$$\Delta x_k=\frac{1}{n},\quad f(x)=\sqrt{1+x},\quad a=0,\ b=1$$
인 경우이므로
$$\lim_{n\to\infty}\frac{1}{n}\left(1+\sqrt{1+\frac{1}{n}}+\sqrt{1+\frac{2}{n}}+\cdots+\sqrt{1+\frac{n-1}{n}}\right)$$
$$=\int_0^1\sqrt{1+x}\,dx.$$

예제 3 함수 $f:[a,\ b]\to\mathbf{R}$ 가 $f(x)=\begin{cases}1 & ,\ x\text{ 는 유리수}\\ 0 & ,\ x\text{ 는 무리수}\end{cases}$ 이면, f는 적분가능하지 않음을 증명하여라.

증명 구간 $[a,\ b]$ 의 분할을 어떻게 잡든지 관계없이 임의의 소구간 $[x_{i-1},\ x_i]$ 는 항상 유리수와 무리수를 동시에 포함하고 있으므로 ξ_i 를 유리수로 택하면
$$\sum_{i=1}^{n}f(\xi_i)\Delta x_i=\sum_{i=1}^{n}\Delta x_i=b-a$$
이고, ξ_i 를 무리수로 택하면
$$\sum_{i=1}^{n}f(\xi_i)\Delta x_i=0$$
이다. 따라서 ξ_i 를 선택하는 방법에 따라서 Riemann 합의 극한이 0 또

는 $b-a$ 이므로 $\lim_{|P|\to 0} \sum_{i=1}^{n} f(\xi_i)\Delta x_i$ 은 존재하지 않는다. 즉, f는 적분가능하지 않다.

예제 4 함수 $f: [a, b] \to R$가 $f(x) = k$ (k는 상수)이면 f는 적분가능하고 그 정적분은 $k(b-a)$임을 증명하여라.

증명 $[a, b]$의 분할 P와 ξ_i을 택하는 방법에 관계없이

$$\sum_{i=1}^{n} f(\xi_i)\Delta x_i = k \sum_{i=1}^{n} \Delta x_i = k(b-a)$$

이므로

$$\lim_{|P|\to 0} \sum_{i=1}^{n} f(\xi_i)\Delta x_i = k(b-a)$$

이다. 따라서 f는 적분가능하고 $\int_a^b f(x)\,dx = k(b-a)$ 이다.

정의 5.1.3 함수 $f: [a, b] \to \mathbf{R}$가 적분가능하면 다음과 같이 정의한다.

(1) $\int_a^b f(x)\,dx = -\int_b^a f(x)\,dx$

(2) $\int_a^a f(x)\,dx = 0$

정적분에 관한 문제는 어떤 함수가 적분가능한가 하는 것과 적분가능하다면 그 정적분을 어떻게 계산하는가 하는 것이다.

다음 정리는 어떤 함수가 적분가능한가에 대한 부분적인 해답인데 증명은 이 책의 정도를 벗어나므로 생략한다.

정 리 5.1.4

함수 f가 폐구간 $[a, b]$에서 연속이면 f는 적분가능하다.

이 장에서는 편의상 폐구간에서 정의된 함수는 모두 유계인 것으로 하기로 했는데 사실 유계가 아닌 함수는 적분가능하지 않다. 즉, 적분가능한 함수는 모두 유계임이 밝혀져 있다.

정 리 5.1.5

폐구간 $[a, b]$에 정의된 함수 f가 적분가능하면 f는 유계이다. 즉, 모든 $x \in [a, b]$에 대하여 $|f(x)| \le M$을 만족하는 실수 M이 존재한다.

함수 f가 폐구간 $[a, b]$에서 연속이고 또, 이 구간에서 $f(x) \ge 0$ 이면 위 정리에 의해서 정적분 $\int_a^b f(x)\,dx$은 반드시 존재하는데 이것을 곡선 $y = f(x)$, $x = a$, $x = b$ 및 x축으로 둘러싸인 영역의 **면적**이라고 정의한다. 면적을 이와 같이 정의하면 폐구간에서 정의된 곡선과 x축 $x = a$ 및 $x = b$로 둘러싸인 영역의 면적을 구할 수 있다. 면적을 구하는 방법은 정적분의 응용 부분에서 다루겠다.

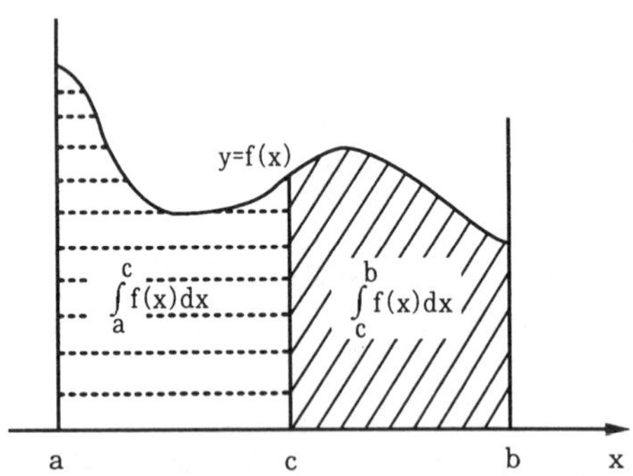

<그림 5.1.3>

◈◈◈ 연습문제 5.1 ◈◈◈

1. 다음 함수의 주어진 분할 P와 소구간의 점 ξ_i에 대하여 Riemann 합을 구하여라.

(1) $f(x) = x^2 + 3x, \quad x \in [-2, 3]$

$P = \{-2, \ -1, \ \frac{1}{2}, \ \frac{3}{2}, \ 3\}$

$\{\xi_i\} = \{-1, \ \frac{-1}{2}, \ 1, \ 2\}$

(2) $f(x) = x^2 + 3x, \quad x \in [-2, 3]$

$P = \{-2, \ -1, \ \frac{1}{2}, \ \frac{3}{2}, \ 3\}$

$\{\xi_i\} = \{$각 소구간의 중점 $\}$

2. 다음 정적분을 정칙분할을 이용하여 극한표시로 나타내어라.

(1) $\int_0^3 (2x + 3)\,dx$ (2) $\int_{-\frac{\pi}{2}}^{\frac{\pi}{2}} (1 + \cos x)\,dx$

(3) $\int_0^1 \frac{x}{x+1}\,dx$ (4) $\int_0^2 \sqrt{x^2+1}\,dx$

3. 다음 정적분을 정칙분할을 이용하여 구하여라.

(1) $\int_0^3 x^2 dx$ (2) $\int_1^3 (x^2 + 2x + 1)\,dx$

(3) $\int_1^3 x^3\,dx$

4.. P, P'이 구간 $[a, b]$의 분할일 때 P가 P'의 진부분집합이면 P'를 P의 **세분할**(細分割;refinement)이라고 한다. P'이 P의 세분할이면 $|P'| \leq |P|$ 임을 증명하여라.

5. 함수 f가 구간 $[a, b]$에서 적분가능하고 P, P'가 $[a, b]$의 두 분할이다. P와 P'에 대응하는 f의 Riemann 합을 각각 R_P, $R_{P'}$으로 나타낼 때, P'이 P의 세분할이면 $\lim_{|P| \to 0} |R_P - R_{P'}| = 0$ 임을 증명하여라.

5.2 정적분의 성질

앞 절에서는 정적분의 개념을 소개했는데 이곳에서는 정적분의 계산과 관련된 성질을 다루겠다.

정 리 5.2.1

두 함수 f, g 가 폐구간 $[a, b]$에서 적분가능하면

(1) $\displaystyle\int_a^b [f(x) + g(x)]\, dx = \int_a^b f(x)\, dx + \int_a^b g(x)\, dx$

(2) $\displaystyle\int_a^b kf(x)\, dx = k\int_a^b f(x)\, dx$ (k 는 상수).

증명 (1) $\displaystyle\int_a^b f(x)\, dx = M$, $\displaystyle\int_a^b g(x)\, dx = N$이라 하자. 이것은 극한으로 나타낸 식 (5.1.2)를 의미하므로 임의의 $\varepsilon > 0$에 대하여 적당한 $\delta_1 > 0$ 과 $\delta_2 > 0$가 존재해서 $[a, b]$의 분할 P가 $|P| < \delta_1$이면

$$\left| \sum_{i=1}^{n} f(\xi_i)\Delta x_i - M \right| < \frac{\varepsilon}{2}$$

이고, 또 $|P| < \delta_2$ 이면

$$\left| \sum_{i=1}^{n} g(\xi_i)\Delta x_i - N \right| < \frac{\varepsilon}{2}$$

이 성립한다. 따라서 $\delta = \min\{\delta_1,\ \delta_2\}$ 로 놓으면, $|P| < \delta$ 인 모든 P 에 대하여

$$\left| \sum_{i=1}^{n} f(\xi_i)\Delta x_i - M \right| < \frac{\varepsilon}{2},\quad \left| \sum_{i=1}^{n} g(\xi_i)\Delta x_i - N \right| < \frac{\varepsilon}{2}$$

이 성립한다. 그러므로 $|P| < \delta$ 이면,

$$\begin{aligned} &\left| \sum_{i=1}^{n} [f(\xi_i) + g(\xi_i)]\Delta x_i - (M+N) \right| \\ &\le \left| \sum_{i=1}^{n} f(\xi_i)\Delta x_i - M \right| + \left| \sum_{i=1}^{n} g(\xi_i)\Delta x_i - N \right| \\ &< \frac{\varepsilon}{2} + \frac{\varepsilon}{2} = \varepsilon . \end{aligned}$$

이것은

$$\lim_{|P|\to 0} \sum_{i=1}^{n} [f(\xi_i) + g(\xi_i)]\Delta x_i = M + N$$

을 의미하므로

$$\int_a^b [f(x) + g(x)]\, dx = \int_a^b f(x)\, dx + \int_a^b g(x)\, dx .$$

(2) 의 증명은 $\sum_{i=1}^{n} kf(\xi_i)\Delta x_i = k\sum_{i=1}^{n} f(\xi_i)\Delta x_i$ 이므로 분명하다. ■

정 리 5.2.2

두 함수 f와 g가 폐구간 $[a,\ b]$에서 적분가능할 때, 이 구간 에서

(1) $f(x) \ge 0$ 이면, $\int_a^b f(x)\, dx \ge 0$

(2) $f(x) \le g(x)$ 이면, $\int_a^b f(x)\, dx \le \int_a^b g(x)\, dx$

증명 (1) $[a,\ b]$의 임의의 분할 P에 대하여 항상 $\Delta x_i > 0$ 이고, 또, 가정에서 $f(\xi_i) \ge 0$ 이므로 $\sum_{i=1}^{n} f(\xi_i)\Delta x_i \ge 0$ ≥ 0 이다. 따라서

$$\int_a^b f(x)\, dx = \lim_{|P| \to 0} \sum_{i=1}^{n} f(\xi_i)\Delta x_i \ge 0.$$

(2) 는 $h(x) = g(x) - f(x)$ 로 놓으면 $[a,\ b]$에서 $h(x) \ge 0$ 이므로 (1) 과 정리 5.2.1에 의하여 분명하다. ■

다음은 정적분에서 적분구간의 변화에 대한 정리이다. 유의해야 할 사항은 세 점 a, b, c 의 순서에 상관없이 정리가 성립한다는 사실이다.

정 리 5.2.3

함수 f가 세 점 $a,\ b,\ c$를 포함하는 구간에서 적분가능하면 $a,\ b,\ c$의 순서에 관계없이 다음 등식이 성립한다.

$$\int_a^b f(x)\, dx + \int_b^c f(x)\, dx = \int_a^c f(x)\, dx$$

증명 우선 a < b < c 인 경우에 대하여 증명 해보자. 각 구간에서 f의 정적분을 $\int_a^b f(x)\, dx = L$, $\int_b^c f(x)\, dx = M$, $\int_a^c f(x)\, dx = N$로 놓고 $P = \{x_0,\ x_1,\ x_2,\ \cdots,\ x_{n-1},\ x_n\}$을 $[a,\ c]$의 분할이라고 하자. 그러면 어떤 $1 \le k < n$에 대하여 $b \in (x_{k-1},\ x_k]$이다. P의 각 소구간에서 ξ_i를 택하고 f의 Riemann 합

$$\sum_{i=1}^{n} f(\xi_i)\Delta x_i$$

를 계산하면

$$S_1 = \sum_{i=1}^{k-1} f(\xi_i)\Delta x_i + f(b)\,(b - x_{k-1})$$

은 $[a,\ b]$에서 f의 Riemann 합이고,

$$S_2 = f(b)(x_k - b) + \sum_{i=k+1}^{n} f(\xi_i)\Delta x_i$$

는 $[b, c]$에서 f의 Riemann 합이다. 그러면

$$\begin{aligned}
&\left| \sum_{i=1}^{n} f(\xi_i)\Delta x_i - (L+M) \right| \\
&= |[S_1 - L] + [S_2 - M] - f(b)(b - x_{k-1}) \\
&\qquad - f(b)(x_k - b) + f(\xi_k)\Delta x_k| \\
&\le |S_1 - L| + |S_2 - M| + 2|f(b)|\Delta x_k + |f(\xi_k)|\Delta x_k
\end{aligned}$$

이다. f가 각 구간에서 적분 가능하므로 임의의 $\varepsilon > 0$에 대하여 적당한 $\delta > 0$를 잡으면, $|P| < \delta$ 인 $[a, b]$의 임의의 분할 P에 대하여

$$|S_1 - L| < \frac{\varepsilon}{5}, \quad |S_2 - M| < \frac{\varepsilon}{5}$$

되게 할 수 있다. 또 정리 5.1.5로부터 f는 유계이므로 모든 $x \in [a, c]$에 대하여 $|f(x)| \le T$를 만족하는 실수 T가 존재한다.

따라서,

$$2|f(b)|\Delta x_k + |f(\xi_k)|\Delta x_k \le 3T\delta$$

이다. 여기서 δ는 충분히 작은 양수로서 $\delta < \frac{\varepsilon}{5T}$이라 해도 무방하다.

그러므로

$$\left| \sum_{i=1}^{n} f(\xi_i)\Delta x_i - (L+M) \right| < \frac{\varepsilon}{5} + \frac{\varepsilon}{5} + 3T \cdot \frac{\varepsilon}{5T} = \varepsilon$$

따라서,

$$\int_a^b f(x)\,dx + \int_b^c f(x)\,dx = \int_a^c f(x)\,dx.$$

a, b, c의 대소관계가 $a < b < c$가 아닐 경우에는 이 결과와 정의 5.1.3 (1)을 이용해서 증명할 수 있다. ■

정 리 5.2.4 (적분에 관한 평균값정리)

함수 f가 폐구간 $[a, b]$에서 연속이면,

$$\int_a^b f(x)\,dx = f(c)(b-a)$$

가 성립하는 점 c가 a와 b 사이에 존재한다.

증명 f가 폐구간 $[a, b]$에서 연속이므로 최대값과 최소값을 갖는다. 그들을 각각 M, m이라고 하면 $f(x_M) = M$, $f(x_m) = m$을 만족하는 x_M, x_m이 $[a, b]$에 존재하고 정리 5.2.2 (2)에 의하여

$$\int_a^b m\,dx \le \int_a^b f(x)\,dx \le \int_a^b M\,dx$$

이다. 그런데 이 식은

$$m(b-a) \le \int_a^b f(x)\,dx \le M(b-a)$$

이므로, 양변을 $b-a$로 나누면

$$f(x_m) = m \le \frac{1}{b-a}\int_a^b f(x)\,dx \le M = f(x_M)$$

을 얻는다. 따라서 중간값 정리에 의하여

$$f(c) = \frac{1}{b-a}\int_a^b f(x)\,dx$$

를 만족하는 $c \in [a, b]$가 존재한다. ■

그림 5.2.1에서 보는 바와 같이 이 정리는 f가 $[a, b]$에서 연속이고 $f(x) \ge 0$ 이면, 곡선 $y = f(x)$와 직선 $x = a$, $x = b$ 및 x축으로 둘러싸인 영역의 면적을 나타내는 정적분 $\int_a^b f(x)\,dx$와 가로가 $b-a$이고 세로가 $f(c)$인 직사각형 ABCD의 면적이 같도록 하는 점 $c \in (a, b)$가 존재함을 보여주고 있다.

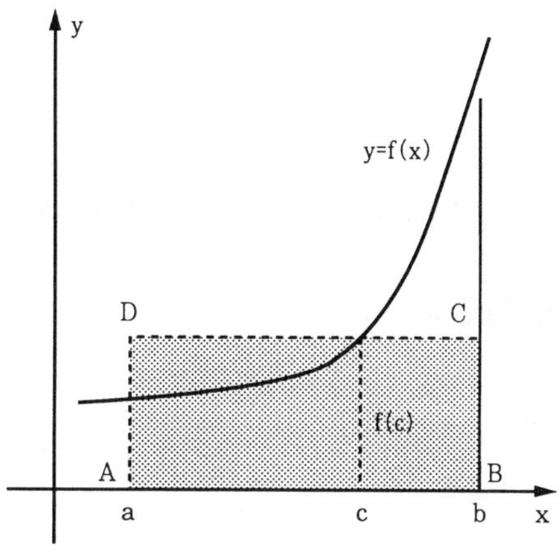

<그림 5.2.1>

◈◈◈ 연습문제 5.2 ◈◈◈

1. 두 함수 f, g가 $[a, b]$에서 적분가능하고 p, q가 상수일 때 $\int_a^b [pf(x) - qg(x)]dx = p\int_a^b f(x)\,dx - q\int_a^b g(x)\,dx$ 임을 보여라.

2. 정리 5.2.2 (2) 의 증명 과정을 써라.

3. a, b, c의 대소 관계가 $a < b < c$가 아닌 경우에 대하여 정리 5.2.3 이 성립함을 증명하여라.

4. 함수 f가 폐구간 $[a, b]$에서 적분가능하면

$$\left| \int_a^b f(x)\, dx \right| \leq \int_a^b |f(x)|\, dx$$

임을 증명하여라.

5. 함수 f가 구간 $[a, b]$에서 연속이고 $f(x) \geq 1$이면

$$\int_a^b f(x)\, dx \geq b - a$$

임을 증명하여라.

5.3 정적분의 계산

정적분을 구하기 위해서 일일이 Riemann 합의 극한을 구한다는 것은 여간 번거로운 일이 아니다. 이곳에서는 역도함수를 이용해서 정적분을 구하는 방법을 소개하겠다.

정의 5.3.1 함수 $f(x)$가 있을 때 $D_xF = f$인 함수 F를 f의 **역도함수**(antiderivative)라 하고 $D_x^{-1}f$ 또는 $\int f(x)\, dx$로 나타낸다.

예를 들어 $f(x) = 3x^2$이면 $D_x x^3 = 3x^2$이므로 $F(x) = x^3$은 f의 역도함수이고 $D_x(x^3 + 2) = 3x^2$이므로 함수 $x^3 + 2$도 f의 역도함수이다. 이 예에서 짐작할 수 있는 바와 같이 주어진 함수의 역도함수들 사이에는 상수의 차이가 있을 수 있다.

정리 5.3.2

함수 $F, G : (a, b) \to \mathbf{R}$가 미분가능하고 $F'(x) = G'(x)$이면

$$G(x) = F(x) + C$$

를 만족하는 상수 C가 존재한다.

증명 새로운 함수 H를 $H(x) = G(x) - F(x)$로 정의하면 H는 $(a,\ b)$에서 미분가능하고

$$H'(x) = G'(x) - F'(x) = 0$$

이므로 따름정리 4.1.5에 의하여 H는 상수함수, 즉 $H(x) = C$ 이다. 따라서 $G(x) = F(x) + C$ 이다. ■

다음 정리의 증명은 미분공식에 의해서 자명하다.

정 리 5.3.3

(1) 함수 u가 미분가능한 x의 함수이면

$$D_x^{-1}[u^n \cdot D_x u] = \frac{u^{n+1}}{n+1} + C,\ (n \neq -1)$$

(2) 두 함수 $f,\ g$ 의 역도함수가 존재하면

$$D_x^{-1}[f(x) + g(x)] = D_x^{-1}f(x) + D_x^{-1}g(x)$$

$$D_x^{-1}[kf(x)] = kD_x^{-1}f(x) \quad (k\text{ 는 상수})$$

예제 1 $D_x^{-1}[2x \cdot \sqrt[3]{x^2+1}\,]$를 구하여라.

풀이 $u(x) = x^2 + 1$로 놓으면 $2x = D_x u$ 이므로 준 식은

$$D_x^{-1}[u^{\frac{1}{3}} \cdot D_x u] = \frac{3}{4}u^{\frac{4}{3}} + C$$

$$= \frac{3}{4}(x^2 + 1)^{\frac{4}{3}} + C.$$

예제 2 $D_x^{-1}\left[\dfrac{x^2}{\sqrt{x^3+8}}\right]$를 구하여라.

풀이 $u(x) = x^3 + 8$ 로 놓으면 $x^2 = \frac{1}{3} D_x u$ 이므로 준 식은

$$D_x^{-1}[\frac{1}{3} u^{-\frac{1}{2}} \cdot D_x u] = \frac{1}{3} \cdot 2 \cdot u^{\frac{1}{2}} + C$$

$$= \frac{2\sqrt{x^3 + 8}}{3} + C.$$

다음 미적분학의 제1 기본정리는 적분위 끝이 변수인 정적분은 피적분 함수의 역도함수임을 말하고 있다. 즉, 이 정리는 이전까지 전혀 별개로 취급되었던 도함수와 정적분의 개념을 하나로 연결하는 중요한 정리이다.

정 리 5.3.4 (미적분학의 제1 기본정리)

f가 폐구간 $[a, b]$에 정의된 연속함수라고 하자. 그러면 새로이 $F(x) = \int_a^x f(t)\,dt$로 정의된 함수 $F : [a, b] \to \boldsymbol{R}$는 (a, b)에서 미분가능하고

$$F'(x) = D_x \int_a^x f(t)\,dt = f(x).$$

즉, F는 f의 한 역도함수이다.

증명 임의의 $x_1 \in (a, b)$에서 F가 미분가능함을 보이자. 이를 위해 $x_1 + h \in (a, b)$ 되도록 양수 $h(\neq 0)$를 택하면

$$\frac{F(x_1 + h) - f(x_1)}{h} = \frac{\int_a^{x_1 + h} f(t)\,dt - \int_a^{x_1} f(t)\,dt}{h}$$

$$= \frac{1}{h} \int_{x_1}^{x_1 + h} f(t)\,dt$$

이다. 그리고 적분에 관한 평균값정리에 의해서

$$\frac{1}{h} \int_{x_1}^{x_1 + h} f(t)\,dt = f(\xi)$$

인 ξ 가 x_1 과 x_1+h 사이에 존재한다. 한편 f는 x_1에서 연속이고 $h\to 0$ 이면 $\xi\to x_1$ 이므로 $\lim_{h\to 0} f(\xi) = f(x_1)$ 이다. 따라서

$$F'(x_1) = \lim_{h\to 0}\frac{F(x_1+h)-f(x_1)}{h} = \lim_{h\to 0} f(\xi) = f(x_1)$$

이다. 따라서 F는 미분가능하고 $F'(x) = f(x)$ 이다. ■

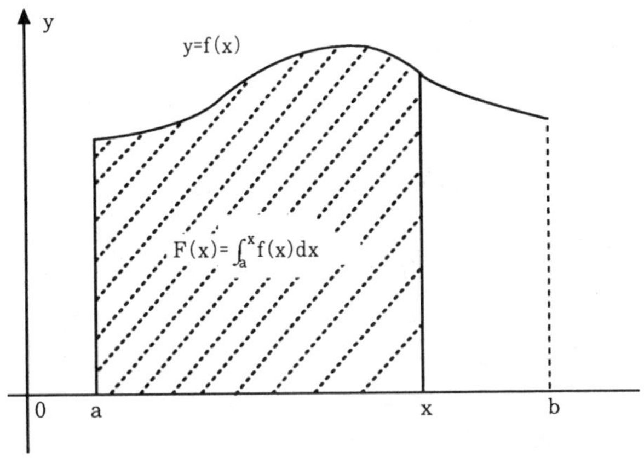

<그림 5.3.1>

예제 3 $D_x\int_{-1}^{x^3}(t^2+4)\,dt$를 구하여라.

풀이 $u = x^3,\ F(u) = \int_{-1}^{u}(t^2+4)\,dt$라면 준 식은

$$D_xF(u) = F'(u)\cdot D_xu$$

인데 $F'(u) = u^2+4$ 이므로

$$D_x\int_{-1}^{x^3}(t^2+4)\,dt = 3x^2\cdot[(x^3)^2+4] = 3x^2(x^6+4).$$

다음 미분적분학의 제2 기본정리는 역도함수를 이용해서 정적분을 구할 수 있음을 보여주는 정리로써 고대부터 연구된 구분구적법의 문제를 획기

적으로 해결한 정리이다.

정 리 5.3.5 (미적분학의 제2 기본정리)

함수 f가 $[a,\ b]$에서 연속이고 F가 f의 역도함수중의 하나이면

$$\int_a^b f(x)\,dx = F(b) - F(a)\ .$$

증명 정리 5.3.4 에 의해서 $\int_a^x f(t)\,dt$ 도 f의 역도함수이므로 적당한 상수 C가 존재해서

$$F(x) = \int_a^x f(t)\,dt + C$$

이다. 그런데 $\int_a^a f(t)\,dt = 0$ 이므로 $F(a) = C$ 이어서

$$\int_a^x f(t)\,dt = F(x) - C = F(x) - F(a)$$

이다. 이 식의 x에 b를 대입하면

$$\int_a^b f(x)\,dx = F(b) - F(a)\ .\ \blacksquare$$

f의 역도함수가 F이면 정적분 $\int_a^b f(x)\,dx$를 계산할 때

$$\int_a^b f(x)\,dx = [\,F(x)\,]_a^b = F(b) - F(a)$$

와 같이 계산하면 편리하다.

예제 4 $\int_{-1}^2 (x^2 - 3x + 5)\,dx$를 구하여라.

풀이 주어진 구간에서 피적분함수의 역도함수가 존재하고

$$D_x^{-1}(x^2 - 3x + 5) = \frac{1}{3}x^3 - \frac{3}{2}x^2 + 5x + C$$

이므로

$$\int_{-1}^{2}(x^2-3x+5)\,dx$$

$$=[\frac{1}{3}x^3-\frac{3}{2}x^2+5x+c]_{-1}^{2}$$

$$=(\frac{2^3}{3}-\frac{3\cdot 2^2}{2}+5\cdot 2)-\left(\frac{(-3)^3}{3}-\frac{3(-1)^2}{2}+5(-1)\right)$$

$$=\frac{27}{2}.$$

예제 5 $\int_0^2 \frac{dx}{(3x+2)^2}$ 를 구하여라.

풀이 피적분함수는 주어진 구간에서 역도함수를 갖는다. 그리고

$$D_x^{-1}\frac{1}{(3x+2)^2}=-\frac{1}{3(3x+2)}+C$$

이므로

$$\int_0^2\frac{dx}{(3x+2)^2}=[-\frac{1}{3(3x+2)}]_0^2=-\frac{1}{24}+\frac{1}{6}=\frac{1}{8}.$$

예제 6 $\int_{-4}^{1}|2x+5|\,dx$ 를 구하여라.

풀이 피적분함수는 연속이므로 적분가능 하지만 적분구간 [-4, 1]에서 역도함수를 갖지 않는다. 그래서 $|2x+5|=0$ 을 양 또는 음으로 하는 구간으로 나누어 준 식을 나타내고(정리 5.2.3) 계산하면

$$\int_{-4}^{1}|2x+5|\,dx=\int_{-4}^{-\frac{5}{2}}|2x+5|\,dx+\int_{-\frac{5}{2}}^{1}|2x+5|\,dx$$

$$= -\int_{-4}^{-\frac{5}{2}} (2x+5)\,dx + \int_{-\frac{5}{2}}^{1} (2x+5)\,dx$$

$$= -[x^2 + 5x + C_1]_{-4}^{-\frac{5}{2}} + [x^2 + 5x + C_2]_{-\frac{5}{2}}^{1}$$

$$= \frac{29}{2} \quad (C_1,\ C_2 \text{ 는 상수})$$

◈◈◈ 연습문제 5.3 ◈◈◈

1. 다음 정적분을 구하여라.

(1) $\int_1^9 x(2\sqrt{x}+3)\,dx$ (2) $\int_1^8 \frac{\sqrt[3]{x}-2}{x^2}\,dx$

(3) $\int_{-1}^1 (3x^{\frac{1}{3}}+1)^2 dx$ (4) $\int_{-1}^1 (x^{\frac{1}{3}} - x^{\frac{-1}{3}})^2 dx$

(5) $\int_0^2 |3s-2|\,ds$ (6) $\int_{-2}^2 (|x|+|x+1|)\,dx$

(7) $\int_0^7 \frac{dx}{\sqrt[3]{x+1}}$ (8) $\int_0^{\frac{3}{2}} (x-1)^7 dx$

(9) $\int_0^1 3t\sqrt[3]{(t^2+1)^4}\,dt$ (10) $\int_0^1 \frac{5y^2}{(y^3+1)^3}\,dy$

2. 다음에 주어진 함수 F 의 도함수를 (i) 미적분학의 제1 기본정리를 이용해서 구하고, (ii) 정적분을 구하여 $F(x)$ 를 구한 다음 이것을 미분하여 구하여라. 그리고 이 둘을 비교하여 보아라.

(1) $F(x) = \int_{-3}^{x} (t^2 - 9)\,dt$ (2) $F(x) = \int_{2}^{x} \frac{1}{t^{\frac{3}{2}} + 1}\,dt$

(3) $F(x) = \int_{x}^{5} |\sqrt{t} - 1|\,dt$ (4) $F(x) = \int_{0}^{x^2} (t^2 + 9)\,dt$

(5) $F(x) = \int_{|x|}^{-1} (t^2 - 2t + 1)\,dt$ (6) $F(x) = \int_{x}^{x^2} \frac{t^2}{\sqrt{t^3 + 8}}\,dt$

3. 다음에서 적분에 관한 평균값정리(정리 5.2.4)를 만족시키는 C 의 값을 구하여라.

(1) $\int_{1}^{2} x^3\,dx$ (2) $\int_{0}^{4} (x^2 + x - 6)\,dx$

(3) $\int_{0}^{2} \frac{1}{(3x + 2)^2}\,dx$ (4) $\int_{1}^{4} \sqrt{y^2 + 8y}\,dy$

제 6 장 정적분의 응용

제6장 정적분의 응용

6.1 평면도형의 넓이

평면도형의 넓이를 정적분을 이용하여 구하여 보자.

정 리 6.1.1 (평면도형의 넓이)

함수 $y=f(x)$가 폐구간 $a \le x \le b$에서 연속이고 $f(x) \ge 0$일 때 곡선 $y=f(x)$와 x축 및 두 직선 $x=a$, $x=b$로 둘러싸인 영역의 넓이 A는 다음과 같다.

$$A = \int_a^b f(x)dx$$

증명 폐구간 $a \le x \le b$의 분할을 $P=\{x_0, x_1, \cdots, x_n\}$라하고 소구간과 분할의 크기를 각각 $\Delta x_i = |x_i - x_{i-1}|$, $|P| = \max\{\Delta x_i\}$라 하자. 함수 $y=f(x)$는 연속이므로 소구간 $[x_{i-1}, x_i]$에서 최대값 M_i와 최소값 m_i를 갖는다 ($M_i = f(\xi_i)$, $m_i = f(\zeta_i)$, $\xi_i, \zeta_i \in [x_{i-1}, x_i]$). 그러면 임의의 $x \in [x_{i-1}, x_i]$에 대하여 $m_i \le f(x) \le M_i$이므로

$$\sum_{i=1}^n f(\zeta_i)\Delta x_i = \sum_{i=1}^n m_i \Delta x_i \le A \le \sum_{i=1}^n f(\xi_i)\Delta x_i = \sum_{i=1}^n M_i \Delta x_i.$$

그런데 함수 f는 적분가능하므로

$$\lim_{|P|\to 0} \sum_{i=1}^n f(\xi_i)\Delta x_i = \lim_{|P|\to 0} \sum_{i=1}^n f(\zeta_i)\Delta x_i = \int_a^b f(x)\,dx.$$

따라서, 구하는 영역의 넓이 A는

$$A = \int_a^b f(x)dx$$

이다. ■

이제, $f(x) \geq g(x)$고 폐구간 $a \leq x \leq b$에서 적분가능한 두 함수 $y=f(x)$, $y=g(x)$와 두 직선 $x=a$, $x=b$로 둘러싸인 도형의 넓이 A를 구하여 보자. 적당한 실수 c를 선택하여 폐구간 $a \leq x \leq b$에서 $f(x)+c \geq 0$, $g(x)+c \geq 0$를 만족하게 할 수 있다. 여기서 두 함수 $y=f(x)+c$, $y=g(x)+c$와 두 직선 $x=a$, $x=b$로 둘러싸인 도형의 넓이도 A이다. 또한 그 넓이 A는 $y=f(x)+c$와 x축, $x=a$, $x=b$로 둘러싸인 도형의 넓이에서 $y=g(x)+c$와 x축, $x=a$, $x=b$로 둘러싸인 도형의 넓이를 제외한 값이므로

$$A = \int_a^b \{f(x)+c\}dx - \int_a^b \{g(x)+c\}dx$$

$$= \int_a^b \{f(x)-g(x)\}dx$$

정 리 6.1.2(두곡선 사이의 넓이)

(두 곡선 사이의 넓이)

두 함수 $y=f(x)$와 $y=g(x)$가 폐구간 $a \leq x \leq b$에서 적분가능하고 $f(x) \geq g(x)$일 때 곡선 $y=f(x)$와 $y=g(x)$ 및 두 직선 $x=a$, $x=b$로 둘러싸인 영역의 넓이 A는 다음과 같다.

$$A = \int_a^b [f(x) - g(x)]dx$$

예제 1 곡선 $\sqrt{x}+\sqrt{y}=\sqrt{a}$와 x축 및 y축으로 둘러싸인 도형의 넓이를 구하여라.

풀이 $y=(\sqrt{a}-\sqrt{x})^2$이고 $0 \leq x \leq a$이므로 구하는 넓이 A는

$$A=\int_0^a(\sqrt{a}-\sqrt{x}\,)^2dx=\int_0^a(a-2\sqrt{a}\,\sqrt{x}+x)dx$$

$$=\left[ax-\frac{4}{3}\sqrt{a}\,x^{\frac{3}{2}}+\frac{1}{2}x^2\right]_0^a$$

$$=\frac{1}{6}a^2$$

예제 2 두 곡선 $y=x^2$과 $y=x^3-2x$로 둘러싸인 도형의 넓이를 구하여라.

풀이 두 곡선의 교점의 x좌표는 $x^2=x^3-2x$로부터 $x=-1$, $x=0$, $x=2$이다. $-1\leq x\leq 0$일 때는 $x^3-2x\geq x^2$이고 $0\leq x\leq 2$일 때는 $x^2\geq x^3-2x$이므로 구하는 넓이 A

$$A=\int_{-1}^2|x^3-2x-x^2|\,dx$$

$$=\int_{-1}^0(x^3-2x-x^2)dx+\int_0^2\{x^2-(x^3-2x)\}dx$$

$$=\left[\frac{1}{4}x^4-x^2-\frac{1}{3}x^3\right]_{-1}^0+\left[\frac{1}{3}x^3-\frac{1}{4}x^4+x^2\right]_0^2$$

$$=\frac{5}{12}+\frac{8}{3}=\frac{37}{12}$$

위의 예제에서는 변수 x에 대한 적분을 설명하였으나 변수 y에 대한 적분이 편리한 경우도 있다.

예제 3 곡선 $y^2=x$와 직선 $y=2$, $x=0$으로 둘러싸인 도형의 넓이를 구하여라.

풀이 구하는 넓이를 A라 하면 A는 다음 두 가지 방법으로 구할 수 있다.

변수 x에 대하여 적분하면

$$A=8-\int_0^4 y\,dx=8-\int_0^4 \sqrt{x}\,dx=\frac{8}{3}$$

변수 y에 대하여 적분하면 다음과 같다.

$$A=\int_0^2 x\,dy=\int_0^2 y^2\,dy=\frac{8}{3}$$

◈◈◈ 연습문제 6.1 ◈◈◈

1. 두 곡선 $y=x^2-4x$와 $y=-x^2$으로 둘러싸인 도형의 넓이를 구하여라.

2. 두 곡선 $y=3x-x^2$과 $y=-1$로 둘러싸인 도형의 넓이를 변수 x와 y에 대한 적분을 이용하여 구하여라.

3. 곡선 $y=x^2$과 직선 $y=4$로 둘러싸인 도형의 넓이를 직선 $y=c$가 이등분할 때 c를 구하여라.

6.2 입체의 부피

임의의 입체의 부피를 구할 때는 먼저 어떤 방향을 x축으로 정하고, 적당히 원점을 정한다. x축에 수직한 평면으로 자른 단면의 넓이가 $A(x)$일 때 $x=a$와 $x=b$사이의 입체의 부피 V를 구하자. 폐구간 $a \leq x \leq b$의 분할을 $P=\{x_0, x_1, \cdots, x_n\}$ 라하고 소구간과 분할의 크기를 각각 $\Delta x_i = |x_i - x_{i-1}|$와 $|P| = \max\{\Delta x_i\}$라 하자. 각각의 소구간에서 표본점 $\overline{x_i} \in [x_{[i-1}, x_i]$를 택하여 이 점을 포함하는 소구간 $[x_{i-1}, x_i]$에서 x축에 수직인 입체의 부피 V_i를 생각한다. 부피 V_i의 근사값으로 밑면의 넓이가 $A(x_i)$이고 높이가 Δx_i인 입체의 부피 $A(x_i)\Delta x_i$를 택한다.

$$V_i \approx A(x)\Delta x_i .$$

그러면 입체의 부피 V의 근사값으로, 자른 입체의 부피 V_i의 근사값을 더하여 $\sum_{i=1}^{n} A(x_i)\Delta x_i$를 얻는다.

$$V \approx \sum_{i=1}^{n} A(x_i)\Delta x_i$$

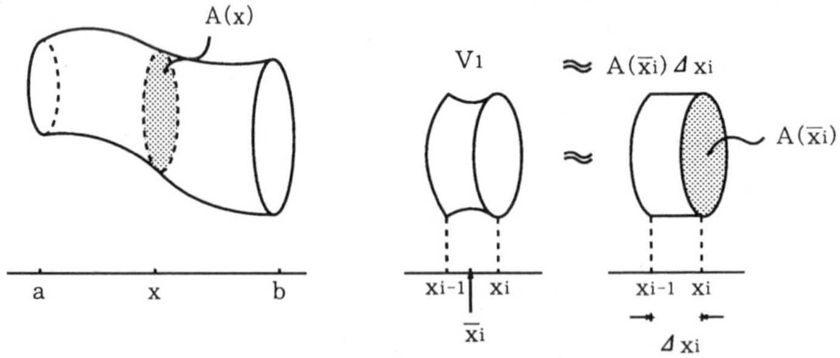

<그림 6.2.1>

분할의 크기 $|P|$를 아주 작게 하여 0으로 접근시키면 입체의 부피 V와 그 근사값의 차이는 점점 줄어든다. 단면적 $A(x)$가 적분가능한 함

수이면 다음 식을 얻는다.

$$V = \lim_{|P| \to 0} \sum_{i=1}^{n} A(x_i) \Delta x_i = \int_a^b A(x)\, dx$$

정 리 6.2.1(입체의 부피)

(입체의 부피) 폐구간 $a \le x \le b$에서 단면적이 $A(x)$인 입체의 부피 V는 다음과 같다.

$$V = \int_a^b A(x)\, dx$$

예제 1 밑넓이 A 높이가 h인 각뿔의 부피 V를 구하여라.

풀이 각뿔의 꼭지점 O를 원점, O에서 밑면에 내린 수선을 x축으로 하자. x좌표가 ξ인 점에서 x축에 수직인 평면으로 각뿔을 자를 때 그 단면적을 $A(\xi)$라 하자. 닮은 도형의 넓이의 비는 닮음비의 제곱의 비와 같으므로

$$A(\xi) : A = \xi^2 : h^2$$
$$A(\xi) = \frac{A}{h^2}\xi^2$$

따라서 각뿔의 부피 V는 다음과 같다.

$$V = \int_0^h A(x)\, dx = \int_0^h \frac{A}{h^2} x^2 dx = \frac{1}{3} Ah$$

예제 2 $\frac{x^2}{a^2} + \frac{y^2}{b^2} + \frac{z^2}{c^2} \le 1$ $(a>0,\ b>0,\ c>0)$로 정의되는 입체의 부피를 구하여라.

풀이 $\frac{x^2}{a^2}+\frac{y^2}{b^2}+\frac{z^2}{c^2}=1$에서 $z=\zeta$라 놓으면 $\frac{x^2}{a^2}+\frac{y^2}{b^2}=1-\frac{\zeta^2}{c^2}$ 이므로 평면 $z=\zeta$에 의해 잘린 면의 경계는 다음과 같은 타원이 된다.

$$\frac{x^2}{a^2\left(1-\frac{\zeta^2}{c^2}\right)}+\frac{y^2}{b^2\left(1-\frac{\zeta^2}{c^2}\right)}=1$$

따라서 그 넓이를 $A(\zeta)$라 하면,

$$A(\zeta)=\pi a\sqrt{1-\frac{\zeta^2}{c^2}}\cdot b\sqrt{1-\frac{\zeta^2}{c^2}}=\pi ab\left(1-\frac{\zeta^2}{c^2}\right)$$

따라서 구하는 부피 V는

$$V=\int_{-c}^{c}\pi ab\left(1-\frac{z^2}{c^2}\right)dz=\frac{4}{3}\pi abc$$

가 된다.

여기서 $a=b=c=r$이라 하면 위의 입체는 반지름이 r인 구가 되고 그 부피를 $V=\frac{4}{3}\pi r^3$이 된다.

곡선 $y=f(x)$와 두 직선 $x=a$, $x=b$ $(a<b)$ 및 x축으로 둘러싸인 도형을 x축을 회전축으로 하여 생기는 회전체의 부피 V를 구하여 보자. 회전체를 x축에 수직인 평면으로 잘랐을 때 단면은 반지름이 y인 원이 되므로 그 원의 넓이를 $A(x)$라 하면

$$A(x)=\pi y^2=\pi\{f(x)\}^2$$

이 된다. 따라서 회전체의 부피 V는 다음과 같다.

$$V=\int_a^b A(x)dx=\pi\int_a^b\{f(x)\}^2dx$$

정 리 6.2.2 (회전체의 부피)

함수 f가 폐구간 $a \leq x \leq b$에서 연속이면 곡선 $y=f(x)$, x축 및 두 직선 $x=a$, $x=b$로 둘러싸인 영역을 x축을 회전축으로 하여 회전시킬 때 생기는 회전체의 부피 V는 다음과 같다.

$$V=\pi\int_a^b y^2 dx=\pi\int_a^b \{f(x)\}^2 dx$$

마찬가지로 곡선 $x=g(y)$와 두 직선 $y=c$, $y=d$ $(c<d)$ 및 y축으로 둘러싸인 도형을 y축을 회전축으로 하여 생기는 회전체의 부피 V는

$$V=\pi\int_c^d x^2 dy=\pi\int_c^d \{g(y)\}^2 dy$$

이다. 이 때의 적분은 변수 y에 대한 적분이다.

예제 3 포물선 $y=1-x^2$과 x축으로 둘러싸인 도형이 있다. 이 도형을 x축과 y축을 회전축으로 하여 생기는 회전체의 부피를 각각 V_x와 V_y라 할 때, 이들을 구하여라.

풀이 포물선과 x축과의 교점의 x좌표는 $x=-1$과 $x=1$이므로

$$V_x=\pi\int_{-1}^1 y^2 dx=\pi\int_{-1}^1 (1-x^2)^2 dx=\frac{16}{15}\pi$$

이다. 또, 포물선과 y축과의 교점의 y좌표는 $y=1$이고 $x^2=1-y$이므로

$$V_y=\pi\int_0^1 x^2 dy=\pi\int_0^1 (1-y)\,dy=\frac{1}{2}\pi$$

이다.

정 리 6.2.3 (원주각의 부피)

함수 f가 폐구간 $a \le x \le b$에서 연속이고 곡선 $y = f(x)$, x축 및 두 직선 $x = a$, $x = b$로 둘러싸인 영역이 제 1 사분면에 있을 때 이 영역을 y축을 회전축으로 하여 회전시킬 때 생기는 원주각의 부피 V는 다음과 같다.

$$V = 2\pi \int_a^b x f(x)\, dx$$

증명 폐구간 $a \le x \le b$의 분할을 $P = \{x_0, x_1, \cdots, x_n\}$ 라하고 소구간과 분할의 크기를 각각 $\Delta x_i = |x_i - x_{i-1}|$ 와 $|P| = \max\{\Delta x_i\}$ 라 하자. 각각의 소구간을 밑변으로 하고 높이 $f(\overline{x_i})$, $\overline{x_i} = \dfrac{x_{i-1} + x_i}{2}$ 인 직사각형을 y축을 회전축으로 하여 회전할 때 생기는 입체의 부피를 ΔV_i라 하면 ΔV_i는 다음과 같다(그림 참조).

$$\begin{aligned} \Delta V_i &= \pi x_i^2 f(\overline{x_i}) - \pi x_{i-1}^2 f(\overline{x_i}) \\ &= \pi (x_i^2 - x_{i-1}^2) f(\overline{x_i}) \\ &= \pi (x_i + x_{i-1})(x_i - x_{i-1}) f(\overline{x_i}) \end{aligned}$$

여기서, $x_i - x_{i-1} = \Delta x_i$이고 $x_{i-1} + x_i = 2\overline{x_i}$ 이므로

$$\Delta V_i = 2\pi \overline{x_i} f(\overline{x_i}) \Delta x_i$$

따라서 구하는 부피 V는

$$V = \lim_{|P| \to 0} 2\pi \sum_{i=1}^{n} \overline{x_i} f(\overline{x_i}) \Delta x_i = 2\pi \int_a^b x f(x)\, dx$$

이다. ■

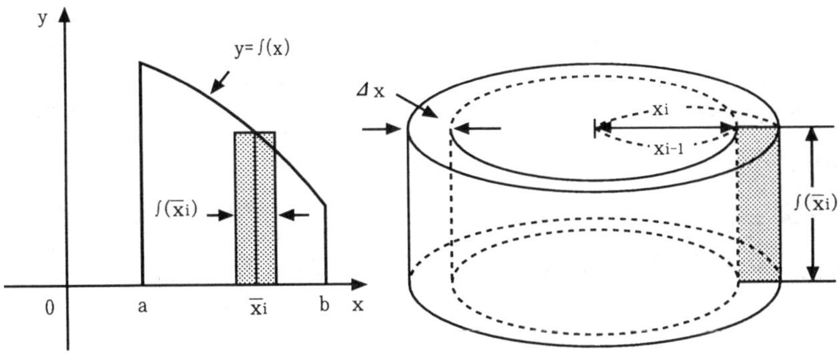

<그림 6.2.2>

예제 4 제 1 사분면에서 두 곡선 $y=x^2$, $y=2-x^2$사이의 영역을 y축을 회전축으로 하여 회전시킬 때 생기는 회전체의 부피를 구하여라.

풀이 구하는 부피 V는

$$V = 2\pi \int_0^1 x(2-x^2-x^2)\,dx$$
$$= \pi$$

◈◈◈ 연습문제 6.2 ◈◈◈

1. 곡선 $y=\sin x$, $(0 \le x \le \pi)$ 위의 점 P로부터 x축에 수선 PQ를 내리고, PQ를 지름으로 하는 원을 xy평면에 수직하게 만든다. 점 P가 원점에서부터 점 $(\pi, 0)$까지 움직일 때 이와 같은 원이 만드는 입체의 부피를 구하여라.

2. 타원 $\dfrac{x^2}{a^2}+\dfrac{y^2}{b^2}=1$을 x축을 회전축으로 하여 생기는 회전체의 부피를 구하여라. 또, y축을 회전축으로 하여 생기는 회전체의 부피를 구하여라.
3. $y=x^3$, $y=-1$ 및 $x=1$로 둘러싸인 도형을 직선 $y=2$를 회전축으로 하여 생기는 회전체의 부피를 구하여라.

4. 반지름이 b인 구의 중심을 지나는 직선을 축으로 하는 반지름이 a인 둥근 구멍을 뚫었을 때 남는 입체의 부피를 구하여라 $(a < b)$.

6.3 평면곡선의 길이

이 절에서는 폐구간 $a \le x \le b$에서 연속인 곡선 $y=f(x)$의 길이를 정의하고 정적분을 이용하여 곡선의 길이를 구한다.

폐구간 $a \le x \le b$의 분할을 $P=\{x_0, x_1, \cdots, x_n\}$라하고 소구간과 분할의 크기를 각각 $\Delta x_i = |x_i - x_{i-1}|$와 $|P| = \max\{\Delta x_i\}$라 하자. 곡선 $y=f(x)$ 위의 $n+1$개의 점 $(x_0, f(x_0))$, $(x_1, f(x_1)), \cdots$, $(x_n, f(x_n))$을 각각 Q_0, Q_1, $\cdots$, Q_n이라 하고, $|P| \to 0$일 때 합 $\sum_{i=1}^{n} \overline{Q_{i-1}Q_i}$의 극한값

$$\lim_{|P|\to 0} \sum_{i=1}^{n} \overline{Q_{i-1}Q_i} = L$$

이 존재하면 곡선 $y=f(x)$는 **길이를 갖는다**고 말하고 극한값 L을 $x=a$에서 $x=b$까지의 곡선 $y=f(x)$의 **길이**라 한다.

함수 $y=f(x)$는 구간 $a \le x \le b$에서 미분가능하고 도함수 f'가 연속일 때, 이 함수에 의해서 그려지는 곡선의 길이 L을 구하여 보자. 곡선 $y=f(x)$위의 두 점 Q_{i-1} $(x_{i-1}, f(x_{i-1}))$과 Q_i $(x_i, f(x_i))$ 사이의 길이는 다음과 같다.

$$\overline{Q_{i-1}Q_i} = \sqrt{(x_i - x_{i-1})^2 + (f(x_i) - f(x_{i-1}))^2}$$

평균값 정리에 의하여 적당한 수 c_i $(x_i < c_i < x_{i+1})$에 대하여

$$f(x_i) - f(x_{i-1}) = (x_i - x_{i-1})f'(c_i) = \Delta x_i f'(c_i)$$

이므로

$$\begin{aligned}\overline{Q_{i-1}Q_i} &= \sqrt{(\Delta x_i)^2 + (\Delta x_i)^2 f'(c_i)^2} \\ &= \sqrt{1 + f'(c_i)^2}\,\Delta x_i\end{aligned}$$

$g(x) = \sqrt{1 + f'(x)^2}$ 라 하면 $g(x)$는 연속이고 선분의 길이의 합 L_P는 다음과 같다.

$$L_P = \sum_{i=1}^{n} g(c_i)\Delta x_i$$

함수 $g(x)$는 연속이므로 $|P| \to 0$일 때의 L_P의 극한값

$$\lim_{|P|\to 0} L_P = \lim_{|P|\to 0} \sum_{i=1}^{n} g(c_i)\Delta x_i$$

은 반드시 존재하고 그 값은 정적분

$$\lim_{|P|\to 0} \sum_{i=1}^{n} g(c_i)\Delta x_i = \int_a^b g(x)\,dx$$

와 같다. 따라서, 다음 정리를 얻는다.

정 리 6.3.1

함수 f가 폐구간 $a \le x \le b$에서 미분가능하고 도함수 f'가 연속이면 $x=a$에서 $x=b$까지의 곡선 $y=f(x)$의 길이 L은 다음과 같다.

$$L = \int_a^b \sqrt{1 + f'(x)^2}\,dx = \int_a^b \sqrt{1 + \left(\frac{dy}{dx}\right)^2}\,dx$$

마찬가지 방법으로 곡선 $x=g(y)$, $(c\le y\le d)$의 길이도 구할 수 있다.

정 리 6.3.2

함수 g가 폐구간 $c\le y\le d$에서 미분가능하고 도함수 g'가 연속이면 $y=c$에서 $y=d$까지의 곡선 $x=g(y)$의 길이 L은 다음과 같다.

$$L=\int_c^d\sqrt{1+g'(y)^2}\,dy=\int_c^d\sqrt{1+\left(\frac{dx}{dy}\right)^2}\,dy$$

예제 1 곡선 $y=\frac{2}{3}(x-1)^{\frac{3}{2}}$의 $x=1$에서 $x=4$까지의 길이를 구하라.

풀이 $y'=(x-1)^{\frac{1}{2}}$이므로 구하고자 하는 곡선의 길이 L은

$$L=\int_1^4\sqrt{1+(y')^2}\,dx=\int_1^4\sqrt{x}\,dx=\frac{14}{3}$$

◈◈◈ 연습문제 6.3 ◈◈◈

1. 곡선 $3y=2(x^2+1)^{\frac{3}{2}}$의 $x=0$에서 $x=3$까지의 길이를 구하여라.

2. 곡선 $y^2=x^3$에서 $(1,1)$에서 $(4,8)$까지의 길이를 구하여라.

제 7 장 초월함수

7.1 역함수

7.2 로그함수

7.3 지수함수

7.4 역삼각함수

7.5 쌍곡선함수와 역쌍곡선함수

7.6 부정형의 극한과 l'Hôπtal의 법칙

제7장 초월함수

7.1 역함수

함수 $f: X \to Y$를 전단사함수라 하자. 그러면 Y의 임의의 한 값 y_0에 대하여 $f(x_0) = y_0$가 되는 $x_0 \in X$가 오직 하나만 존재한다. 이 때 y_0에 x_0를 대응시키는 함수 f^{-1}를 다음과 같이 정의할 수 있다.

$$x = f^{-1}(y) \Leftrightarrow y = f(x)$$

이 함수 f^{-1}를 f의 **역함수**(inverse function)라 한다. 이 때 f^{-1}의 정의역은 f의 치역이고, f^{-1}의 치역은 f의 정의역이다. 따라서, f의 정의역에 속하는 임의의 x에 대하여

$$f^{-1}(f(x)) = x$$

가 되고 f^{-1}의 정의역의 임의의 y에 대하여

$$f(f^{-1}(y)) = y$$

가 된다.

예제 1 함수 $y = f(x) = x^2$에서 $f(x) = 4$가되는 x는 2와 -2이다. 따라서 함수 f의 역함수는 존재하지 않는다. 그러나

$$f(x) = x^2, \quad x \ge 0$$

으로 정의된 함수 f의 역함수는 존재하고,

$$f^{-1}(y) = \sqrt{y}, \quad y \ge 0$$

로 표시된다.

<주> $x = f^{-1}(y) \Leftrightarrow y = f(x)$가 의미하듯이 $x = f^{-1}(y)$와 $y = f(x)$가

나타내는 x, y사이의 관계식 및 그래프는 동일한 모양이다. 그러나 $x=f^{-1}(y)$의 독립변수는 y축에 속하므로 그것을 x축에 속하도록 하려면 x와 y의 위치를 바꾸어 $y=f^{-1}(x)$와 같이 나타내면 된다. 그러므로 $y=f^{-1}(x)$의 그래프는 $y=f(x)$의 그래프를 $y=x$에 대칭시킨 모양이다.

다음 정리는 역함수의 존재여부를 판정하는 기준이 된다.

정 리 7.1.1

함수 $f: X \rightarrow Y$가 단조함수이면 역함수가 존재한다. 또, 이의 역도 성립한다.

증명 f가 단조증가함수라고 가정하자. f의 치역에 속하는 임의의 y_0에 대하여 $f(x_0)=y_0$인 x_0가 f의 정의역에 존재한다. 또, f의 정의역에 속하는 임의의 x_1에 대해 $x_0 \neq x_1$이면 $x_0 > x_1$이거나 $x_0 < x_1$이다. 두 경우 모두 f는 단조증가함수이므로 $f(x_0) \neq f(x_1)$이다. 따라서, y_0가 주어졌을 때 $f(x_0)=y_0$가 되는 x_0는 오직 하나 존재한다. 그러므로 함수 f는 역함수를 갖는다.

역으로 f의 역함수 f^{-1}가 존재한다고 하자. 그리고 $x_0 < x_1$인 $x_0, x_1, \in X$가 $f(x_0) < f(x_1)$(또는 $f(x_0) > f(x_1)$) 일 때 $f(x_1) \geq f(x_2)$(또는 $f(x_1) \leq f(x_2)$)을 만족하는 $x_2 \in X$가 존재한다고 하자. 그러면 f가 연속이므로 f^{-1}가 존재할 수 없다. 따라서 f는 단조함수이다. ■

일반적으로 함수 f가 역함수를 가지기 위한 필요충분조건은 함수 f가 전단사함수인 것이다.

정 리 7.1.2

함수 f가 구간 $a \leq x \leq b$에서 $f(a)=\alpha$, $f(b)=\beta$인 단조증가함수라 하자. 그러면 역함수 f^{-1}는 구간 $\alpha \leq x \leq \beta$에서 단조증가함수이다.

증명 정리 7.1.1에 의하여 f는 단조증가함수이므로 역함수 f^{-1}를 갖는다. 따라서, 구간 $[\alpha, \beta]$의 임의의 두 점 y_0, y_1 $(y_0 < y_1)$에 대하여 $y_0 = f(x_0)$, $y_1 = f(x_1)$를 만족하는 x_0, x_1가 각각 구간 $[a, b]$에 단 하나씩 존재한다. 역함수의 정의에 의하여

$$f^{-1}(y_0) = f^{-1}(f(x_0)) = x_0,\ f^{-1}(y_1) = f^{-1}(f(x_1)) = x_1$$

이다. 만일 $x_0 = x_1$이면 f가 함수이므로 $y_0 = f(x_0) = f(x_1) = y_1$가 되어 $y_0 < y_1$이라는 가정에 모순이다. 또, $x_0 > x_1$이면 f가 단조증가함수이므로 $y_0 = f(x_0) > f(x_1) = y_1$이 되어서 가정에 모순이다. 따라서, $x_0 < x_1$가 되어 역함수 f^{-1}는 단조증가함수이다. ■

위의 두 정리에서 단조증가를 단조감소로 바꾸어도 성립한다. 다음의 정리는 역함수의 연속성에 대하여 말하여 준다.

정 리 7.1.3

> 함수 $f:[a, b] \to [\alpha, \beta]$가 연속함수이고 역함수 f^{-1}가 존재하면 역함수 f^{-1}도 구간 $[\alpha, \beta]$에서 연속함수이다.

증명 함수 f가 역함수를 가지므로 함수 f는 단조증가 또는 단조감소이다. 함수 f를 단조증가함수라 가정하자. 그러면, 정리 7.1.2에 의하여 역함수 f^{-1}는 구간 $[\alpha, \beta]$에서 단조증가함수이다. 구간 $[\alpha, \beta]$의 임의의 점 γ에서 역함수 f^{-1}가 연속임을 보이자. $f^{-1}(\gamma) = c$라 하면 역함수 f^{-1}는 단조증가이므로 $a < c < b$이다. $a \le c - \varepsilon$, $c + \varepsilon \le b$인 임의의 양수 ε에 대하여 f는 단조증가이므로

$$f(a) \le f(c-\varepsilon) < f(c) < f(c+\varepsilon) \le f(b).$$

$f(c-\varepsilon) = y_1$, $f(c+\varepsilon) = y_2$라 하면

$$f(a) \le y_1 < \gamma < y_2 \le f(b).$$

이제 $\delta=\min\{\gamma-y_1, y_2-\gamma\}$로 놓으면, $|y-\gamma|<\delta$를 만족하는 모든 y에 대하여

$$y_1 \leq \gamma-\delta< y < \gamma+\delta \leq y_2 .$$

그런데, f^{-1}는 구간 $[\alpha, \beta]$에서 단조증가이므로

$$f^{-1}(y_1) < f^{-1}(y) < f^{-1}(y_2)$$

$$c-\varepsilon < f^{-1}(y) < c+\varepsilon .$$

따라서, $|y-\gamma|<\delta$이면 $|f^{-1}(y)-c|<\varepsilon$, 즉, $\lim_{y\to\gamma} f^{-1}(y)=f^{-1}(\gamma)$이므로 f^{-1}는 $y=\gamma$에서 연속이다. 마찬가지 방법에 의하여 단조감소의 경우도 증명할 수 있다. ■

다음의 정리는 역함수의 미분가능성에 대하여 말하여 준다.

정 리 7.1.4

함수 f가 구간 $a<x<b$에서 미분가능하고 단조증가(단조감소)하면 f의 역함수 $x=f^{-1}(y)$가 존재하고 미분가능하며

$$(f^{-1})'(y)=\frac{1}{f'(x)}=\frac{1}{f'(f^{-1}(y))}, \text{ 즉 } \frac{dx}{dy}=\frac{1}{\frac{dy}{dx}}$$

이다.

증명 정리 7.1.1에 의하여 f는 단조증가(단조감소)하므로 단조증가(단조감소)하는 역함수 f^{-1}를 가지고 정리 7.1.3에 의하여 f^{-1}는 연속이다. 또, f는 단조증가(단조감소)하므로 구간 (a, b)의 모든 x에 대하여 $f'(x)\neq 0$이다.

이제 단조증가의 경우, 역함수 f^{-1}가 미분가능함을 증명하자. 다음의

극한이 존재함을 증명하면 된다.

$$\lim_{k\to 0}\frac{f^{-1}(y+k)-f^{-1}(y)}{k}$$

$f^{-1}(y)=x$ 로 놓으면 $y+k$ 가 구간 $[f(a), f(b)]$ 에 속하는 임의의 $k\neq 0$ 에 대하여 f 가 역함수를 가지므로 $f(x+h)=y+k$ 인 $h\neq 0$ 가 유일하게 존재한다. 또, f 와 f^{-1} 가 연속이므로 다음이 성립한다.

$$h\to 0 \Leftrightarrow k\to 0$$

따라서 $k=f(x+h)-f(x)$ 이므로

$$\frac{f^{-1}(y+k)-f^{-1}(y)}{k}=\frac{1}{\dfrac{f(x+h)-f(x)}{h}}$$

이다. 따라서

$$\lim_{k\to 0}\frac{f^{-1}(y+k)-f^{-1}(y)}{k}=\frac{1}{\displaystyle\lim_{h\to 0}\frac{f(x+h)-f(x)}{h}}=\frac{1}{f'(x)}$$

따라서 f^{-1}의 도함수 $(f^{-1})'$ 가 존재하고

$$(f^{-1})'(y)=\frac{1}{f'(x)}=\frac{1}{f'(f^{-1}(y))}\ ,\ \text{즉}\ \frac{dx}{dy}=\frac{1}{\dfrac{dy}{dx}}$$

이다. ■

예제 2　함수 $f(x)=(x-2)\sqrt{x+1}\ (x>0)$ 일 때 $(f^{-1})'(y)$를 구하고 $y=18$ 에서의 값을 구하여라.

풀이　$f'(x)=\dfrac{3x}{2\sqrt{x+1}}$ 이므로 $(f^{-1})'(y)=\dfrac{1}{f'(x)}=\dfrac{2\sqrt{x+1}}{3x}$ 이다. 또 $y=18$ 일 때 $x=8$ 이므로 $(f^{-1})'(18)=\dfrac{1}{f'(8)}=\dfrac{1}{4}$ 이다.

◈◈◈ 연습문제 7.1 ◈◈◈

1. 다음 함수들에 대하여 역함수가 존재하는지를 판정하고, 또 역함수가 정의되는 범위를 구하여라.

(1) $f(x) = x + \dfrac{1}{x}$; $0 < x \leq 1$ (2) $f(x) = \dfrac{x+2}{x-2}$; $0 \leq x < 2$

2. 다음에서 $(f^{-1})'(c)$를 구하여라.

(1) $f(x) = x + \sin x$; $c = 0$ (2) $f(x) = 3x - \dfrac{1}{x^3}$; $c = -2$

7.2 로그함수

함수 $y = \dfrac{1}{x}$ $(x > 0)$의 정적분으로 자연로그함수 $\ln x$를 정의한다.

정의 7.2.1 구간 $(0, \infty)$에서 정의된 x의 함수

$$\int_1^x \frac{1}{t}\, dt$$

를 **자연로그함수**(natural logarithm function)라 하고 $\ln x$로 나타낸다.

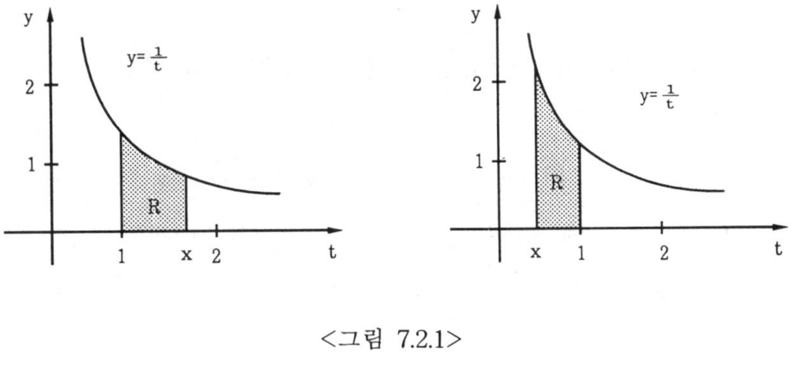

<그림 7.2.1>

자연로그함수는 $x>0$에 대하여 미분가능하며 그 도함수는

$$\frac{d}{dx}(\ln x)=\frac{d}{dx}\int_1^x \frac{1}{t}\,dt=\frac{1}{x}$$

이다. 그런데 $x>0$인 모든 x에 대하여 $\frac{1}{x}>0$이므로 자연로그함수는 단조증가함수이다. 다음 정리는 자연로그함수에 관한 몇 가지 특수한 성질을 말해주고 있다.

정 리 7.2.1

변수 x와 상수 a가 모두 양이고 n이 유리수이면 자연로그함수는 다음과 같은 성질을 갖는다.

1) $\ln 1=0$

2) $\ln(ax)=\ln a+\ln x$

3) $\ln\left(\frac{x}{a}\right)=\ln x-\ln a$

4) $\ln(x^n)=n\ln x$

증명 1) 정의 7.2.1에서

$$\ln 1=\int_1^1 \frac{1}{t}\,dt=0$$

2) 모든 $x>0$에 대하여 정의된 함수 $f(x)=\ln(ax)$의 도함수는

$$\frac{df}{dx}=\frac{1}{ax}\cdot a=\frac{1}{x}$$

이다. 즉, $f(x)=\ln(ax)$와 $\ln x$는 같은 도함수를 갖는다. 따라서, 적당한 상수 C가 존재해서

$$f(x)=\ln(ax)=\ln x+C$$

이다. 위 식은 모든 x에 대해 성립하므로 $x=1$을 대입하면 $C=\ln a$를 얻는다. 따라서 $\ln(ax)=\ln a+\ln x$이다.

3) 2)에서 $x=\frac{1}{a}$ 로 놓으면

$$\ln a+\ln\left(\frac{1}{a}\right)=\ln\left(a\cdot\frac{1}{a}\right)=\ln 1=0$$

이 된다. 따라서 $\ln\left(\frac{1}{a}\right)=-\ln a$를 얻고 또 2)에서 a를 $\frac{1}{a}$ 로 놓으면 다음 구하는 식을 얻는다.

$$\ln\left(\frac{1}{a}\cdot x\right)=\ln\left(\frac{1}{a}\right)+\ln x=\ln x-\ln a$$

4) $\frac{d}{dx}(\ln x^n)=\frac{1}{x^n}\cdot nx^{n-1}=\frac{n}{x}$ 이고 $\frac{d}{dx}(n\ln x)=\frac{n}{x}$ 이므로 두 함수 $\ln(x^n)$과 $n\ln x$는 같은 도함수를 갖는다. 따라서 적당한 상수 C가 존재하여

$$\ln(x^n)=n\ln x+C$$

가 되고 $x=1$로 놓으면 $C=0$이므로 $\ln(x^n)=n\ln x$이다. ■

정의에 의하여 $\ln x$는

$$y=\ln x=\int_1^x\frac{1}{t}\,dt,\quad x>0$$

이므로 $0<x<1$이면 $y<0$, $x>1$이면 $y>0$이다. 또 함수 $y=\ln x$의 도함수는 항상 양수이므로 자연로그함수는 단조증가하고, 2계 도함수는 항상 음수이므로 자연로그함수의 그래프는 구간 $(0,\infty)$의 모든 점에서 아래로 오목하다.

$$\frac{d}{dx}\ln x=\frac{1}{x}>0,\quad \frac{d^2}{dx^2}\ln x=-\frac{1}{x^2}<0$$

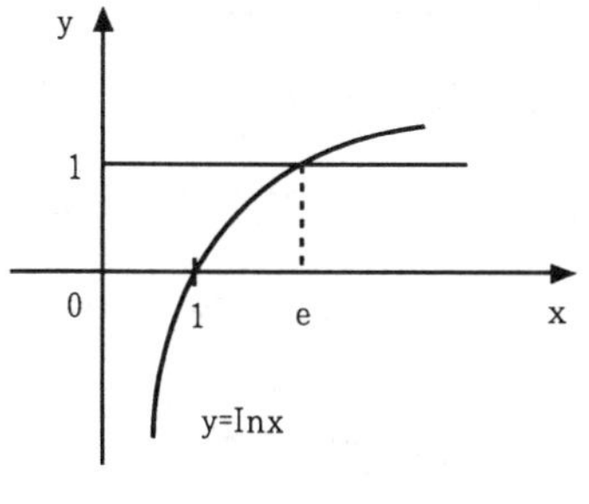

<그림 7.2.2>

예제 3 $\lim_{h \to 0} \frac{1}{h} \ln(1+h) = 1$ 임을 증명하여라.

풀이 $\ln 1 = 0$ 이므로

$$\begin{aligned} \lim_{h \to 0} \frac{1}{h} \ln(1+h) &= \lim_{h \to 0} \frac{\ln(1+h) - \ln 1}{h} \\ &= \frac{d}{dx}(\ln x)\Big|_{x=1} = \frac{1}{x}\Big|_{x=1} \\ &= 1 \end{aligned}$$

자연로그함수를 이용하여 일반적인 로그함수 $\log_a x$를 정의한다.

정의 7.2.2 a가 1이 아닌 양의 상수 일 때 구간 $(0, \infty)$에서 정의된 x의 함수

$$y = \log_a x = \frac{\ln x}{\ln a}$$

를 a를 밑으로 하는 **로그함수**라 한다.

로그함수의 도함수는

$$\frac{d}{dx}(\log_a x) = \frac{1}{\ln a} \cdot \frac{1}{x} = \frac{1}{x \ln a}$$

이다.

로그함수의 정의와 그 도함수로부터 로그함수도 자연로그함수와 같은 성질을 갖는다는 것을 알 수 있다. 다음 정리의 증명은 연습문제로 남긴다.

정 리 7.2.2

변수 x와 상수 b가 모두 양이고 n이 유리수이면 로그함수는 다음과 같은 성질을 갖는다. 단 a는 $a>0$, $a \neq 1$ 인 상수이다.

1) $\log_a 1 = 0$

2) $\log_a(bx) = \log_a b + \log_a x$

3) $\log_a\left(\frac{x}{b}\right) = \log_a x - \log_a b$

4) $\log_a(x^n) = n \log_a x$

주어진 함수 $y=f(x)$의 도함수를 구할 때 그대로 미분하는 것보다 먼저 함수의 양변에 자연로그를 취한 다음 미분하는 것이 편리할 때가 많다. 이러한 미분법을 **로그미분법**이라 한다.

예제 4 함수 $y=x^3\sqrt{\dfrac{x-1}{x+1}}$의 도함수를 구하여라.

풀이 주어진 함수를 다시 표현하면

$$y=x^3\sqrt{\frac{x-1}{x+1}}=x^3(x-1)^{\frac{1}{2}}(x+1)^{-\frac{1}{2}}$$

이다. 위 식의 양변에 자연로그 ln를 취하면 자연로그의 성질에 의하여

$$\ln y=\ln\left\{x^3(x-1)^{\frac{1}{2}}(x+1)^{-\frac{1}{2}}\right\}=3\ln x+\frac{1}{2}\ln(x-1)-\frac{1}{2}\ln(x+1)$$

이 되고 양변을 x에 대해 미분하면

$$\frac{1}{y}\cdot y'=\frac{3}{x}+\frac{1}{2(x-1)}-\frac{1}{2(x+1)}$$

이다. 따라서 구하는 도함수 y'는 다음과 같다.

$$\begin{aligned} y' &= y\cdot\left(\frac{3}{x}+\frac{1}{2(x-1)}-\frac{1}{2(x+1)}\right) \\ &= x^3\sqrt{\frac{x-1}{x+1}}\left(\frac{3}{x}+\frac{1}{2(x-1)}-\frac{1}{2(x+1)}\right) \end{aligned}$$

◈◈◈ 연습문제 7.2 ◈◈◈

1. 정리 7.2.2를 증명하여라.

2. 모든 $x>1$ 에 대하여 $\ln x < x$임을 증명하여라.

3. 다음 함수를 로그미분법을 이용하여 미분하여라.

(1) $y=\dfrac{x-3}{(x-2)(x-4)}$ (2) $y=\dfrac{(x+1)^4(x-5)^3}{(x-3)^8}$

(3) $y=\sqrt{\dfrac{x^2+1}{x+1}}$ (4) $y=\dfrac{x\sqrt{x+1}}{\sqrt[3]{x-1}}$

7.3 지수함수

자연로그함수는 단조증가하므로 역함수를 갖는다.

정의 7.3.1 자연로그함수의 역함수를 **자연지수함수**(natural exponential function)라 하고 exp 로 나타낸다. 즉,

$$y=\exp(x) \Leftrightarrow \ln y = x$$

자연지수함수의 정의역은 자연로그함수의 치역과 같으므로 실수 전체의 집합이고, 그 치역은 자연로그함수의 정의역과 같으므로 양의 실수 전체의 집합이다. 또한 서로의 역함수관계로부터 다음 식이 성립한다.

$$\exp(\ln x)=x, \quad \ln(\exp(x))=x$$

자연지수함수의 그래프는 자연로그함수의 그래프를 직선 $y=x$에 대하여 대칭이 되도록 그려서 얻을 수 있다.

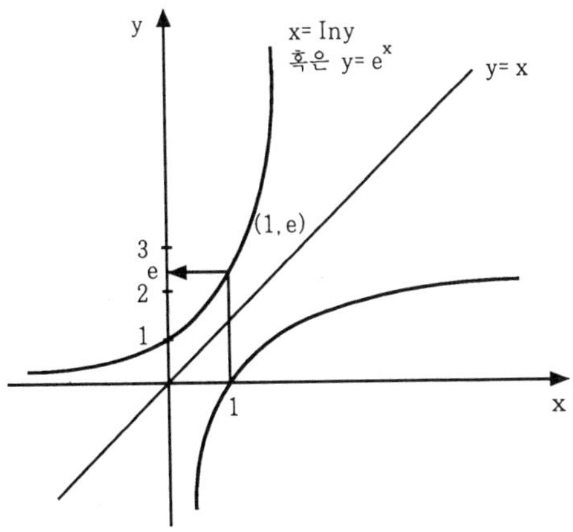

<그림 7.3.1>

$y = \ln x$의 성질로부터 다음이 성립함을 쉽게 알 수 있다.

$$\exp(0) = 1$$

$$\exp(a+b) = \exp(a) \cdot \exp(b)$$

실수 $\exp(1)$을 e로 나타낸다. 즉 e는 $\ln e = \int_1^e \frac{1}{t}\,dt = 1$을 만족시키는 실수이다. 이제부터 함수 $\exp(x)$를 e^x로 표시한다.

정 리 7.3.1

> 함수 e^x는 미분가능하고 $\frac{d}{dx} e^x = e^x$이다.

증명 $y = e^x$라 하면 $x = \ln y$이다. 역함수의 미분으로부터

$$\frac{dy}{dx} = \frac{1}{\frac{dx}{dy}} = \frac{1}{\frac{1}{y}} = e^x$$

이 된다. ■

양수 a에 대하여 다음과 같이 일반적인 지수함수를 정의한다.

정의 7.3.2 a가 1이 아닌 양의 상수일 때 실수 전체의 집합에서 다음과 같이 정의된 함수 f를 a를 밑으로 하는 **지수함수**라 한다.

$$f(x)=a^x=e^{x\ln a}$$

ln 및 exp 의 성질을 쓰면 모든 x, y에 대하여 $a^{x+y}=a^x \cdot a^y$이 성립하며, $a^0=1$이라는 것이 쉽게 밝혀진다. 또, 지수함수의 정의와 합성함수의 미분으로부터

$$\frac{d}{dx}a^x=\frac{d}{dx}e^{x\ln a}=e^{x\ln a}\cdot \ln a=a^x\ln a$$

정 리 7.3.3(지수함수의 성질)

x와 y가 실수이고 $a>0$, $b>0$이면

(1) $a^{x+y}=a^x a^y$ (2) $a^{x-y}=\dfrac{a^x}{a^y}$

(3) $(a^x)^y=a^{xy}$ (4) $(ab)^x=a^x b^x$

예제 1 $\lim_{h\to 0}(1+h)^{\frac{1}{h}}=e$임을 증명하여라.

풀이 7.2절의 예제 3에서 $\lim_{h\to 0}\frac{1}{h}\ln(1+h)=1$이고 지수함수의 정의와 연속성으로부터

$$\begin{aligned}\lim_{h\to 0}(1+h)^{\frac{1}{h}} &= \lim_{h\to 0}\exp\left(\frac{1}{h}\ln(1+h)\right)\\ &= \exp\left(\lim_{h\to 0}\frac{1}{h}\ln(1+h)\right)\\ &= \exp(1)=e\end{aligned}$$

◈◈◈ 연습문제 7.3 ◈◈◈

1. $\ln 2$ 의 값을 이용하여 $2 < e < 4$ 임을 증명하여라.

2. 곡선 $y = e^{-x}$의 접선이 직선 $2x - y = 8$ 과 수직이 될 때 그 접선의 방정식을 구하여라.

3. $y = x^x\ (x > 0)$의 도함수를 구하여라.

4. f 와 g가 양의 실수값을 가지는 미분가능한 함수일 때 $h(x) = f(x)^{g(x)}$의 도함수를 구하여라.

7.4 역삼각함수

$y = \sin x$는 실수 전체 집합에서 단사함수가 아니다. 예를 들어 서로 다른 x의 값 $n\pi + (-1)^n \frac{\pi}{6}$ (n : 정수)에 대응하는 y의 값은 모두 $\frac{1}{2}$ 이다. 그러나 $y = \sin x$의 정의역을 $-\frac{\pi}{2} \le x \le \frac{\pi}{2}$ 로 제한하면 이 함수는 단조증가하는 전단사함수가 되어 역함수를 갖는다. 이 역함수를

$$y = \arcsin x,\ -1 \le x \le 1 \quad 또는 \quad y = \sin^{-1} x,\ -1 \le x \le 1$$

로 쓰고, 이것을 **arcsine 함수**라 한다.

예제 1 $\arcsin \frac{1}{2}$ 와 $\arcsin(-1)$ 의 값을 구하여라.

풀이 정의에 의하여 $\sin\theta_1 = \frac{1}{2}$ 와 $\sin\theta_2 = -1$ 이 되는 θ_1과 θ_2의 값을 구간 $-\frac{\pi}{2} \le x \le \frac{\pi}{2}$ 에서 구하면 $\theta_1 = \frac{\pi}{6}$, $\theta_2 = -\frac{\pi}{2}$ 이므로

$\arcsin\frac{1}{2} = \frac{\pi}{6}$, $\arcsin(-1) = -\frac{\pi}{2}$ 이다.

sin 함수와 마찬가지로 다른 삼각함수의 정의역을 다음과 같이 축소하면 역함수가 존재한다.

$$y = \cos x,\ 0 \le x \le \pi$$

$$y = \tan x,\ -\frac{\pi}{2} < x < \frac{\pi}{2}$$

$$y = \cot x,\ 0 < x < \pi$$

$$y = \sec x,\ 0 \le x < \frac{\pi}{2},\ \frac{\pi}{2} < x \le \pi$$

$$y = \operatorname{cosec} x,\ 0 < x \le \frac{\pi}{2},\ \ -\frac{\pi}{2} < x \le 0$$

각 함수의 역함수와 그 정의역은 다음과 같다.

$y = \cos^{-1} x$, 또는 $y = \arccos x$ $-1 \le x \le 1$

$y = \tan^{-1} x$, 또는 $y = \arctan x$ $-\infty < x < \infty$

$y = \cot^{-1} x$, $-\infty < x < \infty$

$y = \sec^{-1} x$, $x \le -1$, $x \ge 1$

$y = \operatorname{cosec}^{-1} x$, $x \le -1$, $x \ge 1$

예제 2 $\cos^{-1}\left(-\frac{1}{2}\right) = \frac{2}{3}\pi$, $\tan^{-1}(-1) = -\frac{\pi}{4}$,

$\sec^{-1}(-2) = -\frac{2}{3}\pi$

예제 3 $\tan^{-1}\left(\frac{1}{2}\right) + \tan^{-1}\left(-\frac{1}{3}\right)$을 간단히 하여라.

풀이 삼각함수의 덧셈정리를 이용하면 다음과 같이 간단히 할 수 있다.

$$\begin{aligned}\tan^{-1}\left(\frac{1}{2}\right)+\tan^{-1}\left(-\frac{1}{3}\right) &= \tan^{-1}\left(\frac{1}{2}\right)-\tan^{-1}\left(\frac{1}{3}\right)\\ &= \tan^{-1}\left(\frac{\frac{1}{2}-\frac{1}{3}}{1+\frac{1}{2}\cdot\frac{1}{3}}\right)\\ &= \tan^{-1}\left(\frac{1}{7}\right)\end{aligned}$$

정 리 7.4.1

다음 각 역삼각함수는 각각의 정의역에서 다음과 같은 도함수를 갖는다.

1) $\frac{d}{dx}\sin^{-1}x=\frac{1}{\sqrt{1-x^2}}$ 2) $\frac{d}{dx}\cos^{-1}x=\frac{-1}{\sqrt{1-x^2}}$

3) $\frac{d}{dx}\tan^{-1}x=\frac{1}{1+x^2}$ 4) $\frac{d}{dx}\cot^{-1}x=\frac{-1}{1+x^2}$

5) $\frac{d}{dx}sec^{-1}x=\frac{1}{|x|\sqrt{x^2-1}}$, $|x|>1$

6) $\frac{d}{dx}cosec^{-1}x=\frac{-1}{|x|\sqrt{x^2-1}}$, $|x|>1$

증명 1) $y=\sin^{-1}x$는 $x=\sin y, |y|\le\frac{\pi}{2}$와 같고 $\sin y$는 이 범위에서 단조증가하고 미분가능하므로 역함수의 미분법에 의하여

$$\frac{dy}{dx}=\frac{1}{\frac{dx}{dy}}=\frac{1}{\cos y}$$

이고 $-\frac{\pi}{2}\le y\le\frac{\pi}{2}$에서 $\cos y\ge 0$이므로

$$\cos y=\sqrt{1-\sin^2 y}=\sqrt{1-x^2}$$

이다. 따라서

$$\frac{dy}{dx}=\frac{1}{\sqrt{1-x^2}}$$

2) $y=\cos^{-1}x$는 $x=\cos y$, $0\leq y\leq\pi$ 와 같다. 따라서

$$\frac{dy}{dx}=\frac{1}{\frac{dx}{dy}}=-\frac{1}{\sin y}$$

이고 $0\leq y\leq\pi$ 일 때 $\sin y\geq 0$ 이므로 $\sin y=\sqrt{1-x^2}$ 이다. 그러므로

$$\frac{dy}{dx}=-\frac{1}{\sqrt{1-x^2}}$$

3) $y=\tan^{-1}x$는 $x=\tan y$, $|y|<\frac{\pi}{2}$ 와 같다. 따라서

$$\frac{dy}{dx}=\frac{1}{\frac{dx}{dy}}=\frac{1}{\sec^2 y}=\frac{1}{1+\tan^2 y}=\frac{1}{1+x^2}$$

4), 5), 6)도 같은 방법으로 증명할 수 있다. ■

예제 4 $x=\frac{1}{2\sqrt{3}}$ 에서 곡선 $y=\tan^{-1}2x$ 의 접선의 방정식을 구하여라.

풀이 $\frac{dy}{dx}=\frac{1}{1+(2x)^2}\cdot 2=\frac{2}{1+4x^2}$ 에 $x=\frac{1}{2\sqrt{3}}$ 을 대입하면 접선의 기울기는 $\frac{3}{2}$ 이다. 그리고 $x=\frac{1}{2\sqrt{3}}$ 일 때 $y=\frac{\pi}{6}$ 이므로 구하고자 하는 접선은 기울기가 $\frac{3}{2}$ 이고 점$\left(\frac{1}{2\sqrt{3}},\frac{\pi}{6}\right)$를 지난다. 따라서 구하는 접선의 방정식은 $y-\frac{\pi}{6}=\frac{3}{2}\left(x-\frac{1}{2\sqrt{3}}\right)$ 이다.

◆◆◆ 연습문제 7.4 ◆◆◆

1. 다음 역삼각함수에 대한 등식을 증명하여라.

(1) $\sin^{-1}(-x) = -\sin^{-1}x$ (2) $\cos^{-1}(-x) = \pi - \cos^{-1}x$

(3) $\tan^{-1}(-x) = -\tan^{-1}x$ (4) $\sin^{-1}x + \cos^{-1}x = \dfrac{\pi}{2}$

(5) $\tan^{-1}x + \cot^{-1}x = \dfrac{\pi}{2}$ (6) $\sec^{-1}x + \mathrm{cosec}^{-1}x = \dfrac{\pi}{2}$

2. 다음 함수의 도함수를 구하여라.

(1) $y = \tan^{-1}\dfrac{2x}{1-x^2}$

(2) $y = \sqrt{a^2 - x^2} - a\cos^{-1}\dfrac{x}{a}$, $0 < x < a$

7.5 쌍곡선함수와 역쌍곡선함수

삼각함수와 비슷한 성질을 가지고 있으며 e^x와 e^{-x}에 의하여 정의되는 함수를 알아본다. 이 함수를 **쌍곡선함수**(hyperbolic function)라 하며 다음과 같이 정의된다.

$$\sinh x = \frac{e^x - e^{-x}}{2}, \qquad \cosh x = \frac{e^x + e^{-x}}{2}$$

$$\tanh x = \frac{e^x - e^{-x}}{e^x + e^{-x}} = \frac{\sinh x}{\cosh x}, \quad \mathrm{sech}\, x = \frac{1}{\cosh x}$$

$$\coth x = \frac{1}{\tanh x}, \qquad \operatorname{cosech} x = \frac{1}{\sinh x}$$

삼각함수에서와 같이 쌍곡선함수를 포함하는 다음 등식이 정의로부터 유도된다.

$$\cosh^2 x - \sinh^2 x = 1$$

$$1 - \tanh^2 x = \operatorname{sech}^2 x$$

$$\coth^2 x - 1 = \operatorname{cosech}^2 x$$

$$\sinh(x+y) = \sinh x \cosh y + \cosh x \sinh y$$

$$\cosh(x+y) = \cosh x \cosh y + \sinh x \sinh y$$

쌍곡선함수의 정의에서 다음과 같이 도함수를 구할 수 있다.

$$\frac{d}{dx} \sinh x = \cosh x$$

$$\frac{d}{dx} \cosh x = \sinh x$$

$$\frac{d}{dx} \tanh x = \operatorname{sech}^2 x$$

$$\frac{d}{dx} \coth x = -\operatorname{cosech}^2 x$$

$$\frac{d}{dx} \operatorname{sech} x = -\operatorname{sech} x \tanh x$$

$$\frac{d}{dx} \operatorname{cosech} x = -\operatorname{cosech} x \coth x$$

삼각함수에서처럼 쌍곡선함수의 역함수를 생각할 수 있다. 이를 **역쌍곡선함수**(inverse hyperbolic function)라 한다. 쌍곡선함수가 지수함수에 의해 정의되므로 역쌍곡선함수는 로그함수에 의해 정의된다.

$$\sinh^{-1} x = \ln(x + \sqrt{x^2+1}), \quad -\infty < x < \infty$$

$$\cosh^{-1}x = \ln(x+\sqrt{x^2-1}), \quad x \ge 1$$

$$\tanh^{-1}x = \frac{1}{2}\ln\left(\frac{1+x}{1-x}\right), \quad -1 < x < 1$$

$$\coth^{-1}x = \frac{1}{2}\ln\left(\frac{x+1}{x-1}\right), \quad |x| > 1$$

$$\operatorname{sech}^{-1}x = \ln\left(\frac{1}{x}+\sqrt{\frac{1}{x^2}-1}\right), \quad 0 < x \le 1$$

$$\operatorname{cosech}^{-1}x = \ln\left(\frac{1}{x}+\sqrt{\frac{1}{x^2}+1}\right), \quad x \ne 0$$

역함수의 미분법을 이용하여 역쌍곡선함수의 도함수를 다음과 같이 구할 수 있다.

$$\frac{d}{dx}\sinh^{-1}x = \frac{1}{\sqrt{x^2+1}}, \quad -\infty < x < \infty$$

$$\frac{d}{dx}\cosh^{-1}x = \frac{1}{\sqrt{x^2-1}}, \quad x > 1$$

$$\frac{d}{dx}\tanh^{-1}x = \frac{1}{1-x^2}, \quad -1 < x < 1$$

$$\frac{d}{dx}\coth^{-1}x = \frac{1}{1-x^2}, \quad |x| > 1$$

$$\frac{d}{dx}\operatorname{sech}^{-1}x = \frac{-1}{x\sqrt{1-x^2}}, \quad 0 < x < 1$$

$$\frac{d}{dx}\operatorname{cosech}^{-1}x = \frac{-1}{|x|\sqrt{1+x^2}}, \quad x \ne 0$$

◆◆◆ 연습문제 7.5 ◆◆◆

1. 다음 함수의 도함수를 구하여라.

(1) $y = \cosh e^x - e^{\cosh x}$ (2) $y = \ln(\mathrm{cosech}\, x) - \ln(\mathrm{sech}\, x)$

(3) $y = \tanh^{-1}(\cos x)$ (4) $y = \sinh^{-1} x^2$

2. 다음 극한값을 구하여라.

(1) $\lim_{h \to 0} \frac{\sinh^{-1} h}{h}$ (2) $\lim_{x \to 3} \frac{\cosh^{-1} x - \cosh^{-1} 3}{x - 3}$

7.6 부정형의 극한과 l'Hôpital의 법칙

제4장에서는 하나의 함수 $f: [a, b] \to \boldsymbol{R}$에 대한 평균값정리를 다루었는데, 이것을 다음과 같이 두 함수의 경우로 확장할 수 있다. 이것을 Cauchy의 **확장된 평균값정리**라고 한다.

정 리 7.6.1

두 함수 f, g가 모두 $[a, b]$에서 연속이고 (a, b)에서 미분가능한 동시에 $g'(x) \neq 0$이면, 다음을 만족하는 $c \in (a, b)$가 존재한다.

$$\frac{f(b) - f(a)}{g(b) - g(a)} = \frac{f'(c)}{g'(c)}.$$

증명 새로운 함수 H를 다음과 같이 정의하자.

$$H(x) = [f(b) - f(a)]g(x) - [g(b) - g(a)]f(x).$$

그러면 H는 정리 4.1.3 Rolle의 정리의 모든 가정을 만족한다. 그러므로 $H'(c) = 0$를 만족하는 $c \in (a, b)$가 존재한다. ■

이 정리에서 $g(x) = x$인 경우가 평균값정리이다. 확장된 평균값정리는 다음에서 다룰 l'Hôpital의 정리에 활용된다.

$f(x) = x^2 - x - 2$, $g(x) = x - 2$이면, $\lim_{x \to 2} f(x) = \lim_{x \to 2} g(x) = 0$이다. 그러나 $\lim_{x \to 2} \frac{f(x)}{g(x)} = \frac{0}{0}$ 가 아니고 $\lim_{x \to 2} \frac{f(x)}{g(x)} = 3$ 이다.

정의 7.6.2 두 함수 f, g가 $\lim_{x \to a} f(x) = g(x) = 0$일 때, $\frac{f(x)}{g(x)}$ 을 $x = a$**에서** $\frac{0}{0}$ **꼴의 부정형**이라한다. 또, $\lim_{x \to a} f(x) = g(x) = \pm\infty$일 때, $\frac{f(x)}{g(x)}$ 을 $x = a$**서** $\frac{\pm\infty}{\infty}$ **꼴의 부정형**이라한다.

사실 위와 같은 부정형인 경우 정리 2.2.6의 (4)를 적용해서 그의 극한값을 구하는 것이 쉽지 않은 경우가 많다. 예를 들어 $\frac{\sin x}{x}$는 $x = 0$에서 $\frac{0}{0}$ 꼴의 부정형이지만 $\lim_{x \to 0} \frac{\sin x}{x}$ 의 값은 $\frac{0}{0}$가 아니라 1이다. 프랑스의 수학자인 G. F. A. de l'Hôπtal(1661-1704)는 이와 같은 부정형의 극한값을 구하는 방법에 관한 다음 법칙을 연구하였다.

정 리 7.6.3

I가 개구간이고 함수 f, g는 $a \in I$를 제외한 모든 점에서 미분가능하다고 하자. 또, $x \neq a$이면 $g'(x) \neq 0$이며 $\lim_{x \to a} f(x) = \lim_{x \to a} g(x) = 0$이고, $\lim_{x \to a} \frac{f'(x)}{g'(x)} = L$라고 하자. 그러면, $\lim_{x \to a} \frac{f(x)}{g(x)} = L$이다.

증명 $x=a$에서 두 함수 f, g가 정의되어 있다는 보장이 없으므로 새로운 함수 F, G를 다음과 같이 정의하자.

$$F(x)=\begin{cases} f(x), & x\neq a \\ 0, & x=a \end{cases}, \qquad G(x)=\begin{cases} g(x), & x\neq a \\ 0, & x=a \end{cases}.$$

그러면 F, G는 확장된 평균값정리의 가정을 만족하므로 $x\in I$가 $x\neq a$이면, 다음이 성립하는 c가 x와 a사이에 존재한다.

$$\frac{F(x)-F(a)}{G(x)-G(a)}=\frac{F'(c)}{G'(c)}, \quad \text{즉,} \quad \frac{f(x)}{g(x)}=\frac{f'(c)}{g'(c)}.$$

그러므로 $\lim_{x\to a}\frac{f(x)}{g(x)}=\lim_{x\to a}\frac{f'(c)}{g'(c)}$이다. 그런데 c가 x와 a사이에 존재하므로 $\lim_{x\to a}\frac{f'(c)}{g'(c)}=\lim_{x\to a}\frac{f'(x)}{g'(x)}=L$이다. 따라서, $\lim_{x\to a}\frac{f(x)}{g(x)}=L$이다.

예제 1 $\lim_{x\to 0}\frac{\cos x-1}{3x^2}$을 구하여라.

풀이 준식은 $x=0$에서 $\frac{0}{0}$ 부정형이므로 l'Hôpital의 법칙을 쓰면,

$$\lim_{x\to 0}\frac{\cos x-1}{3x^2}=\lim_{x\to 0}\frac{-\sin x}{6x}$$

이다. 우변은 다시 $\frac{0}{0}$ 부정형이므로 l'Hôpital의 법칙을 다시 적용하면,

$$\lim_{x\to 0}\frac{-\sin x}{6x}=\lim_{x\to 0}\frac{-\cos x}{6}=-\frac{1}{6}.$$

따라서, $\lim_{x\to 0}\frac{\cos x-1}{3x^2}=-\frac{1}{6}$이다.

정리 7.6.3에서 극한을 좌극한이나 우극한으로 대치해도 성립한다. 그리

고 $\frac{\infty}{\infty}$ 꼴의 부정형인 경우, 즉, $\lim_{x \to a}|f(x)| = \lim_{x \to a}|g(x)| = \infty$ 일 때도 이 정리는 다음과 같이 성립한다.

정 리 7.6.4

I가 개구간이고 함수 f, g는 $a \in I$를 제외한 모든 점에서 미분가능하다고 하자. 또, $x \neq a$이면 $g'(x) \neq 0$이며 $\lim_{x \to a}|f(x)| = \lim_{x \to a}|g(x)| = \infty$이고, $\lim_{x \to a} \frac{f'(x)}{g'(x)} = L$라고 하자. 그러면, $\lim_{x \to a} \frac{f(x)}{g(x)} = L$이다.

예제 2 $\lim_{x \to 0} \frac{-\ln|x|}{\cot|x|}$ 을 구하여라.

풀이 준식은 $x = 0$에서 $\frac{\infty}{\infty}$ 부정형이므로, 위의 정리7.6.4에 의해서

$$\lim_{x \to 0} \frac{-\ln|x|}{\cot|x|} = \lim_{x \to 0} \frac{-1/|x|}{\csc^2|x|} = \lim_{x \to 0}[-\sin|x|(\frac{\sin|x|}{|x|})] = 0(1) = 0.$$

위의 두 형태 외에도 다음과 같은 형태의 부정형이 있다.

$$0 \cdot \infty, \qquad \infty - \infty, \qquad 0^0, \qquad \infty^0, \qquad 1^\infty$$

이들은 모두 주어진 식을 적절히 변형해서 $\frac{0}{0}$ 또는 $\frac{\infty}{\infty}$ 꼴로 바꾸어 l'Hôpital의 법칙을 이용하여 계산할 수 있다.

예제 3 $\lim_{x \to \frac{\pi}{2}} (\tan x \cdot \ln \sin x)$ 을 구하여라.

풀이 준식은 $x=\frac{\pi}{2}$에서 $\infty \cdot 0$ 꼴의 부정형이다.

준식을 다음과 같이 변형하면,

$$\lim_{x \to \frac{\pi}{2}} (\tan x \cdot \ln \sin x) = \lim_{x \to \frac{\pi}{2}} \frac{\ln \sin x}{\cot x}$$

$$= \lim_{x \to \frac{\pi}{2}} \frac{\frac{1}{\sin x} \cdot \cos x}{-\csc^2 x} = \lim_{x \to \frac{\pi}{2}} \frac{\frac{1}{\sin x} \cdot \cos x}{-\csc^2 x}$$

$$= \lim_{x \to \frac{\pi}{2}} (-\cos x \cdot \sin x) = 0.$$

예제 4 $\lim_{x \to 0} (1+x)^{1/x}$을 구하여라.

풀이 준식은 $x=0$에서 1^∞ 꼴의 부정형이다. 준식을 $y=(1+x)^{1/x}$와 같이 변형한 후 양변에 자연로그를 취하면,

$$\ln y = \frac{\ln(1+x)}{x}$$

이다. 그러므로

$$\lim_{x \to 0} \ln y = \lim_{x \to 0} \frac{\ln(1+x)}{x} = \lim_{x \to 0} \frac{1}{1+x} = 1.$$

즉, $\lim_{x \to 0} \ln y = 1$이다. 그런데 자연로그함수는 연속이므로

$\lim_{x \to 0} \ln y = \ln(\lim_{x \to 0} y) = 1 = \ln e$이다. 따라서 $(\lim_{x \to 0} y) = e$로부터

$\lim_{x \to 0} (1+x)^{1/x} = e.$

◈◈◈ 연습문제 7.5 ◈◈◈

1. 다음 극한값을 구하여라.

(1) $\lim_{x\to 0}\frac{\tan x}{3x}$

(2) $\lim_{x\to 0}\frac{x^2}{\ln\cos x}$

(3) $\lim_{x\to 0}\frac{Sin^{-1}x}{Tan^{-1}x}$

(4) $\lim_{x\to 0}\frac{e^x - e^{-x}}{\sin x}$

(5) $\lim_{x\to\infty}\frac{10^x}{x^{10}}$

(6) $\lim_{x\to\infty}\frac{\ln x}{x}$

(7) $\lim_{x\to\infty}\frac{\ln x}{a^x}$

(8) $\lim_{x\to\infty}\frac{x^{100}}{e^x}$

(9) $\lim_{x\to\frac{\pi}{2}}\frac{\ln\sin x}{\pi/2 - x}$

(10) $\lim_{x\to\pi/2}\frac{\sin 4x}{\sin 2x}$

(11) $\lim_{x\to 9^+}\frac{\sqrt{x}-3}{\sqrt{x-9}}$

(12) $\lim_{x\to 0^+}\frac{10^{\sqrt{x}}-1}{2^{\sqrt{x}}-1}$

(13) $\lim_{\theta\to\pi^-}\frac{2\sec\theta/2}{\tan\theta/2}$

(14) $\lim_{x\to 0^+}\frac{\cot x}{\ln x}$

2. 다음 극한값을 구하여라.

(1) $\lim_{x \to 0^+} x^x$

(2) $\lim_{x \to 0} (\csc x - \cot x)$

(3) $\lim_{x \to 0} (x + e^{x/2})^{2/x}$

(4) $\lim_{x \to \infty} x^{\frac{1}{x}}$

(5) $\lim_{x \to 0^+} (x \ln x)$

(6) $\lim_{x \to \pi/2} (\cos x)^{(\pi/2) - x}$

(7) $\lim_{x \to 0} (\cos x - \sin x)^{1/x}$

(8) $\lim_{x \to 0} (x^2 + 3x + 1)^{2/3x}$

(9) $\lim_{x \to 1} (\frac{1}{x-1} - \frac{x}{\ln x})$

(10) $\lim_{x \to 0} (\csc x - \frac{1}{x})$

(11) $\lim_{x \to 0^+} (\sin x)^{\sin x}$

(12) $\lim_{x \to 0} (\cos x)^{\frac{1}{x}}$

제 8 장　적분법

제8장 적분법

8.1 부정적분

어떤 영역에서 함수 $F(x)$의 도함수가 $f(x)$일 때, 즉 $F'(x)=f(x)$일 때 $F(x)$를 $f(x)$의 **원시함수**(primitive function) 또는 **부정적분**(indefinite integral)이라 하고 기호로 $\int f(x)dx$로 나타낸다. 이 때 $f(x)$를 **피적분함수**라 한다.

$F(x)$가 $f(x)$의 부정적분이면, $F(x)+C$도 $f(x)$의 부정적분이다(C는 상수). 또한, $f(x)$의 모든 부정적분은 $F(x)+C$의 형태로 나타내어진다. 이 때 상수 C를 **적분상수**라한다.

$$\int f(x)dx=F(x)+C \Leftrightarrow F'(x)=f(x),\ (C\text{ 는 상수})$$

함수 $f(x)$가 주어졌을 때 그의 부정적분을 구하는 것을 $f(x)$를 **적분한다**고 하고 그 계산법을 **적분법**이라 한다. 적분의 정의로부터 적분법은 미분법의 역연산법임을 알 수 있다. 따라서 이미 알고 있는 미분공식을 이용하여 다음 적분의 기본공식을 얻을 수 있다.

$$\int x^n dx=\frac{x^{n+1}}{n+1}+C\ (n\neq -1)$$

$$\int \frac{1}{x}dx=\ln|x|+C\ (x\neq 0)$$

$$\int e^x dx=e^x+C$$

$$\int a^x dx=\frac{a^x}{\ln a}+C$$

$$\int \sin x dx=-\cos x+C$$

$$\int \cos x dx=\sin x+C$$

$$\int \sec^2 x dx = \tan x + C$$

$$\int \csc^2 x dx = -\cot x + C$$

$$\int \frac{1}{\sqrt{a^2 - x^2}} dx = \arcsin\frac{x}{a} + C \ \left(a>0,\ -\frac{\pi}{2} < \arcsin\frac{x}{a} < \frac{\pi}{2}\right)$$

$$\int \frac{1}{a^2 + x^2} dx = \frac{1}{a}\arctan\frac{x}{a} + C \ \left(a\neq 0,\ -\frac{\pi}{2} < \arctan\frac{x}{a} < \frac{\pi}{2}\right)$$

위의 공식들은 우변을 미분한 것이 피적분함수와 같다는 것을 보임으로써 쉽게 증명할 수 있다.

이 장에서 다루는 적분법은 부정적분의 계산뿐만 아니라 정적분의 계산에도 적용할 수 있다.

8.2 치환적분법

적분의 기본공식을 그대로 사용하여 적분할 수 없을 때 변수를 적당히 바꾸어 주면 적분을 쉽게 할 수 있는 경우가 있다. 다음 정리에 의한 방법처럼 변수를 바꾸어 적분하는 방법을 **치환적분법**이라 한다.

정 리 8.2.1

함수 $u = g(x)$가 미분가능하고 함수 f가 g의 치역에서 정의되고 그 부정적분이

$$\int f(u)\,du = F(u) + C$$

이면 다음 식이 성립한다.

$$\int f(g(x)) \cdot g'(x)dx = F(g(x)) + C$$

증명 $\int f(u)\,du = F(u) + C$ 이므로 부정적분의 정의에 의하여

$$\frac{dF(u)}{du} = f(u)$$

이다. 그런데 u 가 x 의 함수이므로, 연쇄법칙에 의하여

$$\begin{aligned}\frac{d(F(g(x)))}{dx} &= \frac{d(F(u))}{dx} \\ &= \frac{d(F(u))}{du} \cdot \frac{du}{dx} \\ &= f(u) \cdot \frac{du}{dx} \\ &= f(g(x)) \cdot g'(x)\end{aligned}$$

를 얻는다. 따라서 부정적분의 정의에 의하여

$$\int f(g(x)) \cdot g'(x)dx = F(g(x)) + C$$

이다. ■

예제 1 $2x(x^2+1)^3$ 의 부정적분을 구하여라.

풀이 $u = g(x) = x^2 + 1$ 라 하면, $\frac{du}{dx} = 2x$ 이므로

$$\begin{aligned}\int (x^2+1)^3(2x)dx &= \int u^3 du = \frac{u^4}{4} + C \\ &= \frac{(x^2+1)^4}{4} + C\end{aligned}$$

예제 2 $2\sin 2x$ 의 부정적분을 구하여라.

풀이 $u = g(x) = 2x$라 하면, $\frac{du}{dx} = 2$ 이므로

$$\int 2\sin 2x\,dx = \int \sin u\,du = -\cos u + C$$
$$= -\cos 2x + C$$

예제 3 $\int \cos 3x\,dx$ 을 구하여라.

풀이 $u = g(x) = 3x$ 라 하면, $\dfrac{du}{dx} = 3$ 이므로

$$\int \cos 3x\,dx = \int \frac{1}{3}\cos 3x \cdot 3dx = \frac{1}{3}\int \cos u\,du$$
$$= \frac{1}{3}\sin u + C$$
$$= \frac{1}{3}\sin 3x + C$$

위 예제에서 $u = g(x)$ 로 치환하여 적분을 구하였다. 그런데,

$$\frac{du}{dx} = g'(x) \text{ 는 } du = g'(x)dx \text{ 로 쓸 수 있다.}$$

예제 1에서는 $du = 2xdx$, 예제 2에서는 $du = 2dx$ 이고 예제 3에서는 $du = 3dx$ 이다. 즉,

$$\int f(g(x)) \cdot g'(x)dx = \int f(u)\,du$$

예제 4 $\int (x^3 + x)^9(3x^2 + 1)dx$ 를 구하여라.

풀이 $u = g(x) = x^3 + x$ 라 하면, $du = (3x^2 + 1)dx$이므로

$$\int (x^3 + x)^9(3x^2 + 1)dx = \int u^9 du = \frac{1}{10}u^{10} + C$$
$$= \frac{1}{10}(x^3 + x)^{10} + C$$

정적분의 계산에 치환적분법을 적용할 수 있다. 정적분의 계산을 치환적분법에 의하여 계산할 때 적분구간을 치환된 변수에 대한 적분구간으로 바꾸어 주면 다시 원래 변수로 바꾸어 계산할 필요가 없다.

정 리 8.2.2

함수 $u=g(x)$가 폐구간 $[a, b]$에서 증가(또는 감소)하고 $g'(x)$가 연속이며 $\alpha=g(a)$, $\beta=g(b)$라고하자. 그러면, 함수 $f(u)$가 $[\alpha, \beta]$에서 연속일 때, 다음 등식이 성립한다.

$$\int_a^b f(g(x)) \cdot g'(x)dx = \int_\alpha^\beta f(u)\,du$$

증명 $u=g(x)$가 증가인 경우만을 증명한다. $g(x)$가 $[a, b]$에서 연속이고 증가하므로 $[\alpha, \beta]$에서 증가하고 연속인 역함수 g^{-1}를 갖는다. 따라서 $g^{-1}(\alpha)=a$이고 $g^{-1}(\beta)=b$가 된다.
함수 f가 $[\alpha, \beta]$에서 연속이므로 f의 부정적분 F가 존재한다. 그런데 $u=g(x)$이므로 연쇄법칙에 의하여

$$\frac{d}{dx}F(g(x)) = F'(g(x))g'(x) = f(g(x))g'(x)$$

를 얻는다. 따라서 미분적분학의 기본정리에 의하여

$$\int_a^b f(g(x))g'(x)dx = F(g(x))\Big]_a^b = F(g(b)) - F(g(a)) = F(\beta) - F(\alpha)$$

가 된다. 한편 F는 f의 부정적분이므로

$$\int_\alpha^\beta f(u)\,du = F(\beta) - F(\alpha)$$

이고, 따라서 이 두 식으로부터

$$\int_a^b f(g(x)) \cdot g'(x)dx = \int_\alpha^\beta f(u)\,du$$

를 얻는다. ■

예제 5 $\int_0^1 (x^3+x)^9(3x^2+1)dx$를 계산하여라.

풀이 $u=g(x)=x^3+x$ 라 하면, $x=0$일 때 $u=0$이고 $x=1$일 때 $u=2$이다. 예제 4에 의하여

$$\int_0^1 (x^3+x)^9(3x^2+1)dx = \int_0^2 u^9 du = \frac{1}{10}u^{10}\Big]_0^2 = \frac{2^{10}}{10}$$

예제 6 $\int_0^{\sqrt{\pi}} x\sin x^2 dx$를 계산하여라.

풀이 $u=g(x)=x^2$이라 하면, $du=2xdx$이고 $x=0$일 때 $u=0$, $x=\sqrt{\pi}$일 때 $u=\pi$ 이므로

$$\int_0^{\sqrt{\pi}} x\sin x^2 dx = \frac{1}{2}\int_0^{\pi}\sin u du = \frac{1}{2}(-\cos u)\Big]_0^{\pi}$$
$$= \frac{1}{2}(-\cos\pi + \cos 0) = 1$$

◈◈◈ 연습문제 8.2 ◈◈◈

1. 치환적분법을 이용하여 다음 적분을 구하여라.

(1) $\int xe^{x^2}dx$ (2) $\int x^3 e^{-x^4}dx$

(3) $\int x^2(1+x^3)dx$ (4) $\int \frac{\ln x}{x}dx$

(5) $\int \frac{1}{x(\ln x)^n}dx$ (n은 정수) (6) $\int \frac{2x+1}{x^2+x+1}dx$

(7) $\int \frac{x}{x+1} dx$ (8) $\int \sin x \cos x dx$

(9) $\int \sin^2 x \cos x dx$ (10) $\int \frac{\sin x}{1+\cos^2 x} dx$

(11) $\int \frac{\arctan x}{1+x^2} dx$

2. 치환적분법을 이용하여 다음 정적분을 구하여라.

(1) $\int_0^{\pi} \sin^5 x \cos x dx$ (2) $\int_0^1 x^3 \sqrt{1-x^2} dx$

(3) $\int_0^{\pi/2} x \sin(2x^2) dx$

8.3 부분적분법

u와 v가 미분가능한 x의 함수일 때

$$(uv)' = uv' + vu'$$

이므로 양변을 x에 대하여 적분하면

$$uv = \int uv' dx + \int vu' dx$$

를 얻는다. 즉,

$$\int uv' dx = uv - \int u' v dx$$

이다. 이 식을 이용하여 적분하는 방법을 **부분적분법**(integration by part)

이라 한다. 정적분의 경우는 다음과 같다.

$$\int_a^b uv'\,dx = uv\Big]_a^b - \int_a^b u'v\,dx$$

예제 1 $\int \ln x\,dx$ 을 구하여라.

풀이 $u = \ln x$, $v' = 1$라 하면, $u' = \dfrac{1}{x}$, $v = x$이므로

$$\begin{aligned}\int \ln x\,dx &= x\ln x - \int x \cdot \frac{1}{x}\,dx \\ &= x\ln x - \int 1\,dx \\ &= x\ln x - x + C\end{aligned}$$

예제 2 $\int e^x \sin x\,dx$ 을 구하여라.

풀이 구하는 부정적분을 I라하고 $u = e^x$, $v' = \sin x$라 하면, $u' = e^x$, $v = -\cos x$이므로

$$\begin{aligned}I &= e^x(-\cos x) - \int e^x(-\cos x)\,dx \\ &= -e^x\cos x + \int e^x\cos x\,dx\end{aligned}$$

이다. 여기서, $\int e^x\cos x\,dx$를 구하기 위하여 다시 부분적분법을 사용한다. $u = e^x$, $v' = \cos x$라 하면, $u' = e^x$, $v = \sin x$이므로

$$\begin{aligned}\int e^x\cos x\,dx &= e^x\sin x - \int e^x\sin x\,dx \\ &= e^x\sin x - I\end{aligned}$$

이다. 이 식을 처음 식에 대입하면

$$I = e^x\sin x - e^x\cos x - I$$

이고, 따라서 구하는 부정적분은

$$I=\frac{1}{2}e^{x}(\sin x-\cos x)+C$$

◆◆◆ 연습문제 8.3 ◆◆◆

1. 부분적분법을 이용하여 다음 적분을 구하여라.

(1) $\int \arcsin x dx$ (2) $\int e^{2x}\sin 3x dx$

(3) $\int (\ln x)^2 dx$ (4) $\int x^2 e^x dx$

(5) $\int x\sin x dx$ (6) $\int x^2 \sin x dx$

(7) $\int x^3 \cos x^2 dx$ (8) $\int x^2 \ln x dx$

(9) $\int x^2(\ln x)^2 dx$ (10) $\int \frac{x^7}{(1-x^4)^2}dx$

(11) $\int_{-\pi}^{\pi} x^2 \cos x dx$

2. 곡선 $y=\ln x$, x축 및 직선 $x=e$로 둘러싸인 영역의 면적을 구하여라.

8.4 삼각함수의 적분

이 절에서는 삼각함수를 포함하는 적분을 구하는 방법을 알아본다. 아래의 두 식은 삼각함수의 적분에 유용하게 쓰인다.

$$\sin^2 x = \frac{1-\cos 2x}{2}, \quad \cos^2 x = \frac{1+\cos 2x}{2}$$

예를 들어 $\sin^2 x$ 의 부정적분을 구하면

$$\begin{aligned}\int \sin^2 x dx &= \int \frac{1}{2} dx - \frac{1}{2}\int \cos 2x dx \\ &= \frac{1}{2}x - \frac{1}{4}\sin 2x + C\end{aligned}$$

를 얻는다. 치환적분법과 부분적분법을 이용하면 임의의 양의 정수 n에 대하여 $\sin^n x$의 적분을 구할 수 있다.

예제 1 $\sin^3 x$ 의 부정적분을 구하여라.

풀이 구하는 부정적분을 다음과 같이 표현할 수 있다.

$$\int \sin^2 x \sin x dx$$

$u = \sin^2 x$, $v' = \sin x$라 하면, $u' = 2\sin x\cos x$, $v = -\cos x$이므로

$$\begin{aligned}\int \sin^3 x dx &= (\sin^2 x)(-\cos x) - \int(-\cos x)(2\sin x\cos x)dx \\ &= -\sin^2 x\cos x + 2\int \cos^2 x \sin x dx\end{aligned}$$

이다. 여기서, $\int \cos^2 x \sin x dx$를 구하기 위하여 치환적분법을 사용한다. $t = \cos x$라 하면, $dt = -\sin x dx$이고 따라서 위 식의 마지막 적분은

$$\begin{aligned}2\int \cos^2 x \sin x dx &= -2\int t^2 dt \\ &= -\frac{2}{3}\cos^3 x + C\end{aligned}$$

이다. 즉, 구하는 적분은

$$\int \sin^3 x dx = -\sin^2 x \cos x - \frac{2}{3}\cos^3 x + C$$

임의의 양의 정수 n에 대하여 부분적분법을 이용하면 다음 정리를 얻을 수 있다.

정 리 8.4.1

임의의 양의 정수 n에 대하여 다음의 두 식이 성립한다.

$$\int \sin^n x dx = -\frac{1}{n}\sin^{n-1} x \cos x + \frac{n-1}{n}\int \sin^{n-2} x dx$$

$$\int \cos^n x dx = \frac{1}{n}\cos^{n-1} x \sin x + \frac{n-1}{n}\int \cos^{n-2} x dx$$

증명 $I_n = \int \sin^n x dx$ 라하고 I_n을 다시 표현하면

$$I_n = \int \sin^n x dx = \int \sin^{n-1} x \sin x dx$$

라 쓸 수 있다. $u = \sin^{n-1} x$와 $v' = \sin x$라 하면

$$u' = (n-1)\sin^{n-2} x \cos x, \quad v = -\cos x$$

이다. 따라서,

$$\begin{aligned} I_n &= -\sin^{n-1} x \cos x - \int -(n-1)\cos x \sin^{n-2} x \cos x dx \\ &= -\sin^{n-1} x \cos x + (n-1)\int \sin^{n-2} x \cos^2 x dx \end{aligned}$$

이다. $\cos^2 x$를 $1-\sin^2 x$로 바꾸면

$$I_n = -\sin^{n-1} x \cos x + (n-1) I_{n-2} - (n-1) I_n$$

이고, 따라서

$$n I_n = -\sin^{n-1} x \cos x + (n-1) I_{n-2}$$

가 되어 n으로 양변을 나누면 원하는 식을 얻는다. 같은 방법으로 두 번째 식을 얻을 수 있으나, 자세한 증명은 연습문제로 남겨 둔다. ■

예제 2 $\int \sin^2 x \cos^2 x dx$ 를 구하여라.

풀이 $\sin^2 x$를 $1-\cos^2 x$로 바꾸면, 구하는 부정적분을 다음과 같이 표현할 수 있다.

$$\int \sin^2 x \cos^2 x dx = \int \cos^2 x dx - \int \cos^4 x dx$$

정리 8.4.1을 적용하면

$$\int \cos^2 x dx = \frac{1}{2}\cos x \sin x + \frac{1}{2}x$$

이고

$$\begin{aligned}\int \cos^4 x dx &= \frac{1}{4}\cos^3 x \sin x + \frac{3}{4}\int \cos^2 x dx \\ &= \frac{1}{4}\cos^3 x \sin x + \frac{3}{4}\left(\frac{1}{2}\cos x \sin x + \frac{1}{2}x\right) \\ &= \frac{1}{4}\cos^3 x \sin x + \frac{3}{8}\cos x \sin x + \frac{3}{8}x\end{aligned}$$

이므로 구하는 적분은

$$\int \sin^2 x \cos^2 x dx = -\frac{1}{4}\cos^3 x \sin x + \frac{1}{8}\cos x \sin x + \frac{1}{8}x + C$$

치환적분법을 이용하면 tan 와 sec 의 부정적분을 구할 수 있다.

예제 3 $\tan x$ 와 $\sec x$ 의 부정적분을 구하여라.

풀이 $u = \cos x$라 하면 $du = -\sin x\, dx$ 이므로 $\tan x$의 부정적분은

$$\begin{aligned}\int \tan x dx &= \int \frac{\sin x}{\cos x}dx = -\int \frac{-\sin x}{\cos x}dx \\ &= -\int \frac{1}{u}du = -\ln|u| + C \\ &= -\ln|\cos x| + C\end{aligned}$$

이다. 또,

$$\begin{aligned}\int \sec x dx &= \int \sec x\left(\frac{\sec x + \tan x}{\sec x + \tan x}\right)dx \\ &= \int \frac{\sec^2 x + \sec x \tan x}{\sec x + \tan x}dx \\ &= \int \frac{(\sec x + \tan x)'}{\sec x + \tan x}dx\end{aligned}$$

로부터 $u = \sec x + \tan x$라 하면

$du = (\sec x + \tan x)' dx$이므로, $\sec x$의 부정적분은

$$\begin{aligned}\int \sec x dx &= \int \frac{1}{u}du = \ln|u| + C \\ &= \ln|\sec x + \tan x| + C\end{aligned}$$

가 된다.

피적분함수가 $\sqrt{a^2 - x^2}$, $\sqrt{a^2 + x^2}$ 및 $\sqrt{x^2 - a^2}$을 포함할 때는 각각

$$x = a\sin\Theta \ \left(-\frac{\pi}{2} \le \Theta \le \frac{\pi}{2}\right),$$

$$x = a\tan\theta \ \left(-\frac{\pi}{2} < \theta < \frac{\pi}{2}\right),$$

$$x = a\sec\Theta \ \left(\frac{\pi}{2} < \theta \le \pi \quad \text{또는 } 0 \le \theta < \frac{\pi}{2}\right)$$

로 치환한다. 여기서 Θ의 범위를 제한한 것은 주어진 범위에서 Θ가 증가할 때 x가 증가하도록 하기 위한 것이다. 또, $a > 0$ 라고 생각한다.

$$\sqrt{a^2 - x^2} = a\sqrt{1 - \sin^2\Theta} = a\cos\Theta$$

$$\sqrt{a^2 + x^2} = a\sqrt{1 + \tan^2\Theta} = a\sec\Theta$$

$$\sqrt{x^2-a^2}=a\sqrt{\sec^2\Theta-1}=a\tan\Theta$$

예제 4 $\sqrt{9-x^2}$의 부정적분을 구하여라.

풀이 $x=3\sin\Theta$ 라 하면 $dx=3\cos\Theta\, d\Theta$ 이므로

$$\begin{aligned}\int\sqrt{9-x^2}\,dx &= \int\sqrt{3^2-3^2\sin^2\Theta}\,3\cos\Theta\,d\Theta\\ &=9\int\cos^2\Theta\,d\Theta\end{aligned}$$

이고, 정리 8.4.1로부터

$$\int\cos^2\Theta\,d\Theta=\frac{1}{2}\cos\Theta\sin\Theta+\frac{1}{2}\Theta$$

이다. $\sin\Theta=\frac{x}{3}$ 로부터 $\cos\Theta=\frac{\sqrt{9-x^2}}{3}$ 와 $\Theta=\arcsin\frac{x}{3}$ 이다. 따라서 구하는 적분은

$$\int\sqrt{9-x^2}\,dx=\frac{1}{2}x\sqrt{9-x^2}+\frac{9}{2}\arcsin\frac{x}{3}+C$$

예제 5 $\frac{1}{(4+x^2)^2}$의 부정적분을 구하여라.

풀이 $x=2\tan\theta$ 라 하면 $dx=2\sec^2\theta\,d\theta$ 이므로

$$\int\frac{1}{(4+x^2)^2}dx=\int\frac{1}{8\sec^2\theta}d\theta=\frac{1}{8}\int\cos^2\theta\,d\theta$$

한편, $\int\cos^2\Theta\,d\Theta=\frac{1}{2}\cos\Theta\sin\Theta+\frac{1}{2}\Theta$ 이므로, 여기에 $\theta=Tan^{-1}\frac{x}{2}$,

$\cos\theta=\frac{2}{\sqrt{4+x^2}}$, $\sin\theta=\frac{x}{\sqrt{4+x^2}}$ 를 대입하면,

$$\int\frac{1}{(4+x^2)^2}dx=\frac{x}{4+x^2}+\frac{1}{2}Tan^{-1}\frac{x}{2}+C\,.$$

◈◈◈ 연습문제 8.4 ◈◈◈

1. 임의의 양의 정수 n에 대하여 다음 식이 성립함을 증명하여라.

$$\int \cos^n x dx = \frac{1}{n} \cos^{n-1} x \sin x + \frac{n-1}{n} \int \cos^{n-2} x dx$$

2. 다음 부정적분을 구하여라.

(1) $\int \sin^4 x dx$

(2) $\int \cos^3 x dx$

(3) $\int \sin^2 x \cos^3 x dx$

(4) $\int \frac{1}{\sqrt{9-x^2}} dx$

(5) $\int \sqrt{x^2+1} dx$

(6) $\int \frac{\sqrt{x^2-4}}{x^4} dx$

(7) $\int \frac{1}{x^2\sqrt{1-x^2}} dx$

(8) $\int \frac{1}{x^2\sqrt{16x^2-9}} dx$

(9) $\int \sqrt{2x-x^2}\, dx$

(10) $\int \frac{dx}{\sqrt{x^2+4x+8}}$

(11) $\int \frac{dx}{x^2-4}$

(12) $\int \frac{dx}{x^2+4x-5}$

3. 임의의 정수 m, n에 대하여 다음을 증명하여라.

(1) $\int_{-\pi}^{\pi} \sin mx \cos nx\, dx = 0$

(2) $\int_{-\pi}^{\pi} \sin mx \sin nx dx = \begin{cases} 0 & \text{if } m \neq n \\ \pi & \text{if } m = n \end{cases}$

4. 곡선 $\frac{x^2}{a^2} + \frac{y^2}{b^2} = 1$ $(a>0,\ b>0)$로 둘러싸인 도형의 넓이를 구하여라.

5. 곡선 $x^{\frac{2}{3}} + y^{\frac{2}{3}} = a^{\frac{2}{3}}$ $(a>0)$로 둘러싸인 도형의 넓이를 구하여라.

8.5 유리함수의 적분

$f(x)$와 $g(x)$가 다항함수일 때 $\dfrac{g(x)}{f(x)}$ $(f(x)\neq 0)$으로 정의되는 함수를 **유리함수**라 한다. 이 절에서는 유리함수의 적분법에 대하여 알아본다.

$g(x)$의 차수가 $f(x)$의 차수보다 높거나 같으면 $g(x)$를 $f(x)$로 나누어 그 몫을 $q(x)$, 나머지를 $r(x)$라 할 때

$$\frac{g(x)}{f(x)} = q(x) + \frac{r(x)}{f(x)}$$

라고 쓸 수 있다. 이 때 $q(x)$, $r(x)$는 다항함수이고 $r(x)$의 차수는 $f(x)$의 차수보다 낮게 된다. 다항함수의 적분은 쉽게 구할 수 있으므로, 먼저 $g(x)$의 차수가 $f(x)$의 차수보다 낮은 경우에 대하여 생각한다. 이 경우 $\dfrac{g(x)}{f(x)}$ 는 $\dfrac{A}{(x-a)^m}$ 또는 $\dfrac{Lx+M}{(x^2+px+q)^n}$ $(p^2-4q<0)$인 형태의 몇 개의 분수식의 합으로 분해된다는 것이 알려져 있다. 이와 같이 분수식을 몇 개의 분수식의 합으로 바꾸어 놓는 것을 **부분분수**로 분해한다고 한다.

분모 $f(x)$가 인수 중에 $(x-a)^m$, $(x^2+px+q)^n$등을 포함하는 경우 유리함수 $\dfrac{g(x)}{f(x)}$ 의 부분분수 표현은

$$\frac{A_1}{(x-a)} + \frac{A_2}{(x-a)^2} + \cdots + \frac{A_m}{(x-a)^m} \quad \text{와}$$

$$\frac{L_1+M_1x}{(x^2+px+q)} + \cdots + \frac{L_n+M_nx}{(x^2+px+q)^n}$$

의 형태를 포함한다. 여기서 $m, n \geq 0$인 정수이고 $p^2-4q<0$이다.

예제 1 유리함수 $\dfrac{3x-7}{(x+3)(x+1)^3}$를 부분분수로 분해하여라.

풀이 $\dfrac{3x-7}{(x+3)(x+1)^3}=\dfrac{A}{x+3}+\dfrac{B_1}{(x+1)^3}+\dfrac{B_2}{(x+1)^2}+\dfrac{B_3}{x+1}$라 놓고 분모를 없애면 다음과 같은 x에 관한 항등식을 얻는다.

$$3x-7=A(x+1)^3+B_1(x+3)+B_2(x+3)(x+1)+B_3(x+3)(x+1)^2$$

이 식에서

$$x=-3 \text{ 이면 } -16=A(-2)^3,$$
$$x=-1 \text{ 이면 } -10=2B_1,$$

또 x^2과 x^3의 계수를 각각 비교하면 $0=A+B_3$, $0=3A+B_2+5B_3$이다. 따라서, $A=2$, $B_1=-5$, $B_2=4$, $B_3=-2$이다. 즉,

$$\frac{3x-7}{(x+3)(x+1)^3}=\frac{2}{x+3}-\frac{5}{(x+1)^3}+\frac{4}{(x+1)^2}-\frac{2}{x+1}$$

유리함수의 적분을 부분분수로 분해하여 계산할 때 다음의 세 가지 유형의 적분이 나타난다.

$$\int\frac{1}{(x-a)^n}dx\ ,\ \int\frac{x}{(x^2+px+q)^n}dx\ ,\ \int\frac{1}{(x^2+px+q)^n}dx$$

두 번째와 세 번째 적분의 분모의 인수를 완전제곱꼴로 바꾸면

$$\begin{aligned} x^2+px+q &= (x+\frac{p}{2})^2+\frac{-p^2+4q}{4} \\ &= (x+\alpha)^2+\beta^2 \end{aligned}$$

의 형태로 바꿀 수 있고, $u=x+\alpha$로 치환하면 각각

$$\int\frac{x}{(x^2+px+q)^n}dx=\int\frac{u}{(u^2+\beta^2)^n}du-\alpha\int\frac{1}{(u^2+\beta^2)^n}du$$

$$\int\frac{1}{(x^2+px+q)^n}dx=\int\frac{1}{(u^2+\beta^2)^n}du$$

로 표현되므로 기본적인 세 가지 형태는

$$\int \frac{1}{(x-a)^n}\,dx\ ,\quad \int \frac{x}{(x^2+\beta^2)^n}\,dx\ ,\quad \int \frac{1}{(x^2+\beta^2)^n}\,dx$$

이다. 세 가지 기본적인 적분에 대해 알아본다.

(Ⅰ) $\int \frac{1}{(x-a)^n}\,dx$ ($n \ge 1$인 정수)의 적분

이 형태의 적분은 이미 앞에서 다루었다.

$$\int \frac{1}{(x-a)^n}\,dx = \begin{cases} \ln|x-a| & \text{if } n=1 \\ \dfrac{1}{(-n+1)(x-a)^{n-1}} & \text{if } n \ne 1 \end{cases}$$

(Ⅱ) $\int \frac{x}{(x^2+\beta^2)^n}\,dx$ ($n \ge 1$인 정수)의 적분

$u = x^2+\beta^2$ ($du = 2xdx$)로 치환하면 구하는 적분은

$$\frac{1}{2}\int \frac{1}{u^n}\,du$$

와 같아진다. 따라서,

$$\int \frac{x}{(x^2+\beta^2)^n}\,dx = \begin{cases} \dfrac{1}{2}\ln(x^2+\beta^2) & \text{if } n=1 \\ \dfrac{1}{2(-n+1)(x^2+\beta^2)^{n-1}} & \text{if } n \ne 1 \end{cases}$$

(Ⅲ) $\int \frac{1}{(x^2+\beta^2)^n}\,dx$ ($n \ge 1$인 정수)의 적분

$x = \beta u,\ dx = \beta du$로 치환하여 그 형태를 다음과 같이 보다 간단한 모양으로 변형할 수 있다.

$$\int \frac{1}{(x^2+1)^n}\,dx$$

$(\arctan x)' = \frac{1}{x^2+1}$ 이므로 $n=1$인 경우

$$\int \frac{1}{x^2+1}\,dx = \arctan x$$

임을 알 수 있다.

$n>1$ 경우의 계산을 위하여 위의 적분을 I_n이라 하고

$$I_{n-1} = \int \frac{1}{(x^2+1)^{n-1}}\,dx$$

에 대하여 부분적분법을 이용한다. $u = \dfrac{1}{(x^2+1)^{n-1}}$ 과 $v' = 1$이라 하면 $u' = -(n-1)\dfrac{2x}{(x^2+1)^n}$ 와 $v = x$가 되므로

$$I_{n-1} = \frac{x}{(x^2+1)^{n-1}} + 2(n-1)\int \frac{x^2}{(x^2+1)^n}\,dx$$

이다. $x^2 = x^2+1-1$라고 쓰면

$$I_{n-1} = \frac{x}{(x^2+1)^{n-1}} + 2(n-1)\int \frac{1}{(x^2+1)^{n-1}}\,dx - 2(n-1)\int \frac{1}{(x^2+1)^n}\,dx$$

가 되므로 I_n에 대하여 정리하면

$$2(n-1)I_n = \frac{x}{(x^2+1)^{n-1}} + (2n-3)I_{n-1}$$

이 된다. 즉

$$I_n = \begin{cases} \dfrac{x}{2(n-1)(x^2+1)^{n-1}} + \dfrac{(2n-3)}{2(n-1)} I_{n-1} & \text{if } n>1 \\ \arctan x & \text{if } n=1 \end{cases}$$

예제 2 유리함수 $\dfrac{3x-7}{(x+3)(x+1)^3}$ 를 적분하여라.

풀이 예제 1에서 주어진 유리함수는 다음과 같이 부분분수로 분해된다.

$$\frac{3x-7}{(x+3)(x+1)^3} = \frac{2}{x+3} - \frac{5}{(x+1)^3} + \frac{4}{(x+1)^2} - \frac{2}{x+1}$$

따라서 구하는 적분은 위의 (I)로부터

$$\int \frac{3x-7}{(x+3)(x+1)^3}\,dx$$

$$= \int\left(\frac{2}{x+3} - \frac{5}{(x+1)^3} + \frac{4}{(x+1)^2} - \frac{2}{x+1}\right)dx$$

$$= 2\ln|x+3| - \frac{5}{(-2)(x+1)^2} + \frac{4}{(-1)(x+1)} - 2\ln|x+1| + C$$

$$= \ln\frac{(x+3)^2}{(x+1)^2} - \frac{8x+3}{2(x+1)^2} + C$$

예제 3 유리함수 $\dfrac{2x+5}{(x^2+1)^2(x-3)}$ 를 적분하여라.

풀이 먼저 주어진 함수를 부분분수로 분해한다. 주어진 함수와 다음의 부분분수식이 같아지는 상수 L_1, M_1, L_2, M_2와 A를 구한다.

$$\frac{2x+5}{(x^2+1)^2(x-3)} = \frac{L_1x+M_1}{x^2+1} + \frac{L_2x+M_2}{(x^2+1)^2} + \frac{A}{x-3}$$

공통분모 $(x^2+1)^2(x-3)$을 양변에 곱하면 x에 관한 항등식

$$2x+5 = (L_1x+M_1)(x^2+1)(x-3) + (L_2x+M_2)(x-3) + A(x^2+1)^2$$

을 얻는다. 양변의 계수를 비교하여 오원일차연립방정식을 얻는다. 연립방정식을 푸는 과정은 연습문제로 남겨 둔다. 부분분수로 분해한 유리함수를 적분하면 다음의 결과를 얻는다.

$$\int \frac{2x+5}{(x^2+1)^2(x-3)}dx = M_1\arctan x + \frac{1}{2}L_1\ln(x^2+1)$$

$$+ M_2\int \frac{1}{(x^2+1)^2}dx + \frac{1}{2}L_2\ln(x^2+1) + A\ln|x-3| + C$$

우변에 남아 있는 적분은 (Ⅲ)의 관계식을 이용하여 계산한다.

◈◈◈ 연습문제 8.5 ◈◈◈

1. 예제 3에서 L_1, M_1, L_2, M_2와 A를 구하여라.

2, 예제 3에서 $\int \frac{1}{(x^2+1)^2}dx$ 을 구하여라.

3. 다음 적분을 구하여라.

(1) $\int \frac{x+2}{x^2+x}dx$　　(2) $\int \frac{x+1}{(x^2+9)^2}dx$

(3) $\int \frac{x}{(x+1)(x+2)^2}dx$　　(4) $\int \frac{2x-3}{(x-1)(x+7)}dx$

(5) $\int \frac{1}{(x+1)(x^2+1)}dx$　　(6) $\int \frac{1}{x(x^2+x+1)}dx$

(7) $\int \frac{x}{x^4-1}dx$　　(8) $\int \frac{x}{(x^2-3)^2}dx$

(9) $\int \frac{dx}{x^2-x+3}$　　(10) $\int \frac{2x^3-x}{x^4-x^2+1}dx$

4. $a_1, \cdots, a_n$ 은 서로 다른 수이고, $f(x)=(x-a_1)\cdots(x-a_n)$인 n차 다항식이다. 유리함수 $\frac{1}{f(x)}$ 이 다음과 같이 부분분수로 분해될 때

$$\frac{1}{f(x)}=\frac{c_1}{x-a_1}+\frac{c_2}{x-a_2}+\cdots+\frac{c_n}{x-a_n}$$

$c_i=\frac{1}{f'(a_i)}$　$(i=1,2,\cdots,n)$ 임을 증명하여라.

8.6 특이 적분

지금까지 폐구간 $[a, b]$에서 연속인 함수 f에 대하여 정적분 $\int_a^b f(x)\,dx$ 을 정의하였다. 이 함수 f는 폐구간 $[a, b]$에서 최대값과 최소값을 갖는다. 이 절에서는 f가 폐구간 $[a, b]$에서 최대값과 최소값을 갖지 않을 때의 적분 $\int_a^b f(x)\,dx$ 와 무한구간에서 최대값과 최소값을 갖는 함수의 적분 $\int_a^\infty f(x)dx$, $\int_\infty^b f(x)dx$ 와 $\int_{-\infty}^\infty f(x)dx$ 를 정의한다. 이러한 적분을 **특이적분**(improper integral)이라 한다.

(Ⅰ) 적분 구간이 무한인 경우

적분 구간이 무한대인 특이적분은 다음과 같이 정의한다.

$$\int_a^\infty f(x)dx = \lim_{t\to\infty}\int_a^t f(x)dx$$

$$\int_{-\infty}^b f(x)dx = \lim_{t\to-\infty}\int_t^b f(x)dx$$

또, 임의의 실수 c에 대하여 $\lim_{t\to-\infty}\int_t^c f(x)\,dx$ 와 $\lim_{t\to\infty}\int_c^t f(x)\,dx$ 가 존재할 때,

$$\int_{-\infty}^\infty f(x)dx = \lim_{t\to-\infty}\int_t^c f(x)\,dx + \lim_{t\to\infty}\int_c^t f(x)\,dx$$

로 정의한다. 위의 세 가지 적분에서 우변의 극한값이 존재하면 그 특이적분은 수렴한다고 하고, 극한값이 존재하지 않으면 발산한다고 한다.

예제 1 특이적분 $\int_1^\infty \frac{1}{x^2}\,dx$의 수렴, 발산을 말하여라.

풀이 함수 $\frac{1}{x^2}$은 $x \geq 1$에 대하여 연속이므로 정적분이 정의되고

$$\int_1^t \frac{1}{x^2}\,dx = -\frac{1}{x}\Big]_1^t = 1 - \frac{1}{t}$$

이 된다. 따라서 특이적분의 정의에 따라

$$\int_1^\infty \frac{1}{x^2}dx = \lim_{t\to\infty}\int_1^t \frac{1}{x^2}dx = \lim_{t\to\infty}\left(1 - \frac{1}{t}\right) = 1$$

이 되어, 특이적분은 1에 수렴한다.

예제 2 특이적분 $\int_1^\infty \frac{1}{x}\,dx$의 수렴, 발산을 말하여라.

풀이 함수 $\frac{1}{x}$은 $x \geq 1$에 대하여 연속이므로 정적분이 정의되고

$$\int_1^t \frac{1}{x}\,dx = \ln x\Big]_1^t = \ln t - \ln 1 = \ln t$$

가 된다. 따라서 특이적분의 정의에 따라

$$\int_1^\infty \frac{1}{x}dx = \lim_{t\to\infty}\int_1^t \frac{1}{x}dx = \lim_{t\to\infty} lnt = \infty$$

가 되어, 특이적분은 발산한다.

예제 3 특이적분 $\int_{-\infty}^\infty (-\sin x)\,dx$ 의 수렴, 발산을 말하여라.

풀이 함수 $f(x) = -\sin x$ 의 부정적분은 $\cos x$ 이므로

$$\int_{-\infty}^\infty (-\sin x)\,dx = \lim_{t\to-\infty}\int_t^0 (-\sin x)\,dx + \lim_{t\to\infty}\int_0^t (-\sin x)\,dx$$

$$= \lim_{t\to-\infty}(1-\cos t) + \lim_{t\to\infty}(\cos t - 1)$$

가 되고, $\lim_{t\to-\infty}\cos t$ 와 $\lim_{t\to\infty} cost$ 는 진동하므로 특이적분은 발산한다.

특이적분 $\int_{-\infty}^\infty f(x)dx$ 를 $\lim_{t\to\infty}\int_{-t}^t f(x)dx$ 로 계산하여서는 안된다. 예를 들어

$$\begin{aligned}\int_{-\infty}^\infty (-\sin x)\,dx &= \lim_{t\to\infty}\int_{-t}^{t (-\sin x)\,dx} \\ &= \lim_{t\to\infty} cosx\Big]_{-t}^t \\ &= \lim_{t\to\infty}(\cos t - \cos(-t)) \\ &= \lim_{t\to\infty}(\cos t - \cos t)\end{aligned}$$

$$= 0$$

가 되어, 예제 3의 결과와 다르게 계산된다.

(II) 적분 구간 내에 불연속점을 포함하는 경우

특이적분의 또 다른 형태는 적분구간 $a \le x \le b$에서 피적분함수 $f(x)$가 불연속점을 갖는 경우이다. 먼저 함수 $f(x)$가 $a \le x < b$에서 연속이고 $x = b$에서 불연속일 때

$$\int_a^b f(x)dx = \lim_{h \to +0} \int_a^{b-h} f(x)dx$$

로 정의한다. 같은 방법으로 함수 $f(x)$가 $a < x \le b$에서 연속이고 $x = a$에서 불연속일 때

$$\int_a^b f(x)dx = \lim_{h \to +0} \int_{a+h}^{b} f(x)dx$$

로 정의한다. 또 함수 $f(x)$가 $a \le x \le b$에서 한 점 $x = c$를 제외하고 연속일 때

$$\int_a^b f(x)dx = \int_a^c f(x)dx + \int_c^b f(x)dx$$

로 정의한다.

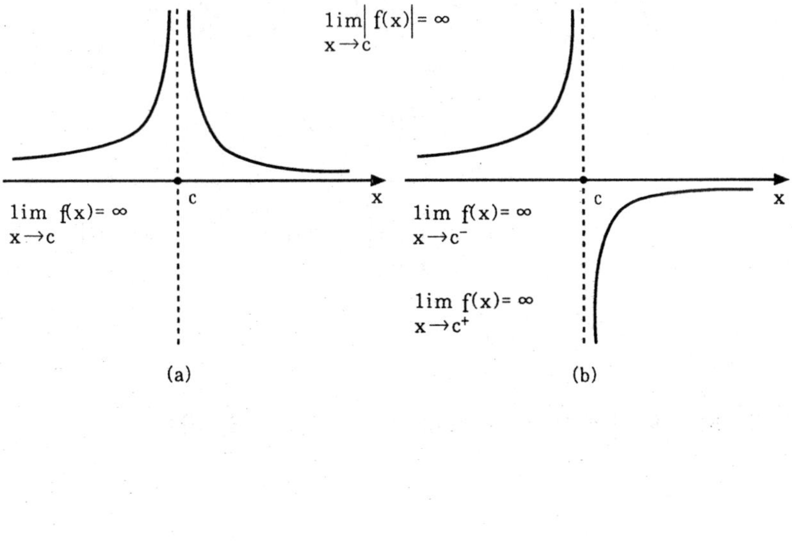

(a) (b)

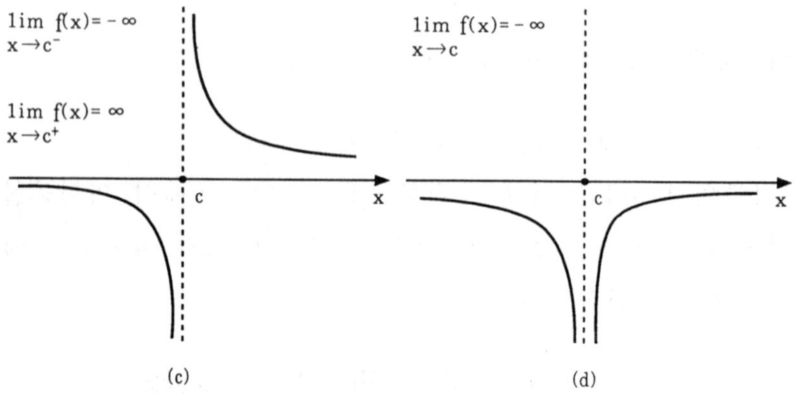

<그림 8.6.1>

적분구간 내에 피적분함수의 불연속점이 유한 개 있을 때는 위와 같은 방법으로 계산한다. 그러나 불연속점이 무한개 있을 때는 위의 방법으로 계산할 수 없다.

예제 4 특이적분 $\int_0^2 \frac{1}{\sqrt{4-x^2}}\,dx$ 의 수렴, 발산을 말하여라.

풀이 피적분함수는 구간 $0 \leq x < 2$에서 연속이므로 정적분이 정의된다.

$$\int_0^2 \frac{1}{\sqrt{4-x^2}}dx = \lim_{h\to 0^+}\int_0^{2-h}\frac{1}{\sqrt{4-x^2}}dx$$

$$= \lim_{h\to 0^+}\left[\arcsin\frac{x}{2}\right]_0^{2-h}$$

$$= \lim_{h\to 0^+}\left(\arcsin\frac{2-h}{2} - \arcsin 0\right)$$

$$= \frac{\pi}{2}$$

따라서 구하는 특이적분은 수렴하고 그 값은 $\frac{\pi}{2}$이다.

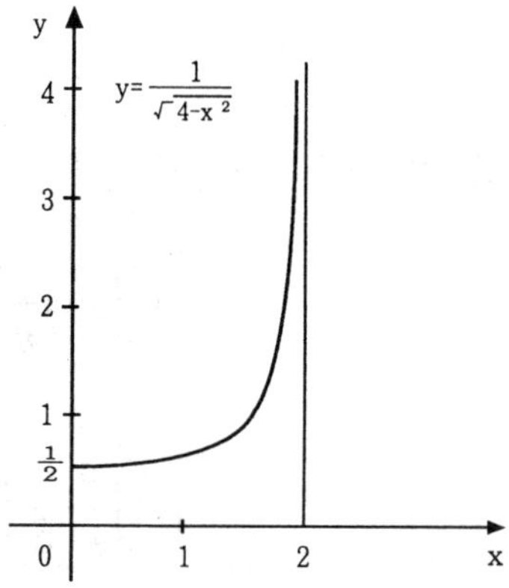

<그림 8.6.2>

예제 5 특이적분 $\int_0^2 \frac{1}{(x-1)^{\frac{2}{3}}}dx$ 의 수렴, 발산을 말하여라.

풀이 $\lim_{x\to 1}\left|\frac{1}{(x-1)^{\frac{2}{3}}}\right| = \infty$ 이다. 따라서

$$\int_0^2 \frac{1}{(x-1)^{\frac{2}{3}}}dx = \int_0^1 \frac{1}{(x-1)^{\frac{2}{3}}}dx + \int_1^2 \frac{1}{(x-1)^{\frac{2}{3}}}dx$$

$$= \lim_{t\to 1^-}\int_0^t \frac{1}{(x-1)^{\frac{2}{3}}}dx + \lim_{t\to 1^+}\int_t^2 \frac{1}{(x-1)^{\frac{2}{3}}}dx$$

$$= 3\lim_{t\to 1^-}\left[(t-1)^{\frac{1}{3}}+1\right] + 3\lim_{t\to 1^-}\left[1-(t-1)^{\frac{1}{3}}\right]$$

$$= 6$$

◈◈◈ 연습문제 8.6 ◈◈◈

1. 다음 특이적분의 수렴, 발산을 판정하여라.

(1) $\int_1^{\infty} \frac{1}{x^{3/2}}\,dx$　　　　(2) $\int_1^{\infty} \frac{1}{x^{2/3}}\,dx$

(3) $\int_0^{\infty} \frac{1}{1+x^2}\,dx$　　　　(4) $\int_0^{5} \frac{1}{5-x}\,dx$

(5) $\int_0^{2} \frac{1}{x^2-2x}\,dx$　　　　(6) $\int_1^{\infty} e^{-x}dx$

2. 특이적분 $\int_1^{\infty} \frac{1}{x^n}\,dx$는 $n>1$이면 수렴하고, $n\le 1$이면 발산함을 증명하여라.

3. $a<b$일 때, $\int_a^b \frac{dx}{\sqrt{x-a}\,\sqrt{b-x}}$의 수렴발산을 판정하여라.

제9장 극 좌 표

9.1 극좌표

9.2 극좌표평면에서의 그래프

9.3 원뿔 곡선의 극방정식

9.4 곡선의 매개변수 표현

9.5 극좌표평면에서의 길이와 넓이

제9장 극좌표

9.1 극좌표

이제까지 우리는 평면 상의 한 점 P 를 원점 O에서 서로 직교하는 두 직선 $\overrightarrow{Ox}, \overrightarrow{Oy}$ 를 사용해서 (직교) 좌표 (x, y) 로서 표시해 왔다. 이 좌표를 사용하면 평면 상의 곡선들이 x, y 를 포함하는 방정식으로 표현될 수 있는데, 다음에 설명하는 극좌표를 사용하면 보다 간단한 형태로 표현되는 경우도 있다.

정의 9.1.1 평면에 기준점 O를 잡아서 그것을 **극**(pole)이라 하고, O를 시점으로 하는 반직선 $\overrightarrow{Ox}$를 **극좌표축**이라 한다. 평면의 한 점 P에 대하여, 극 O에서 점 P까지의 거리 $r(r \in \mathbf{R}, r > 0)$을 **동경**, 극과 이 점을 잇는 선분 $\overline{OP}$가 극좌표축과 이루는 사이각 Θ를 점 P의 **편각**(argument)이라고 한다. 또, (r, Θ)를 P의 **극좌표**(polar coordinate)라고 하며 $P(r, \Theta)$와 같이 나타낸다. 단, 이 때의 사이각 Θ는 극좌표축에서 선분 $\overline{OP}$ 를 향하여 반 시계 방향으로 잰 것을 $+$ 방향으로 하며, 극좌표축에서 시계 방향으로 잰 것을 $-$ 방향으로 한다.

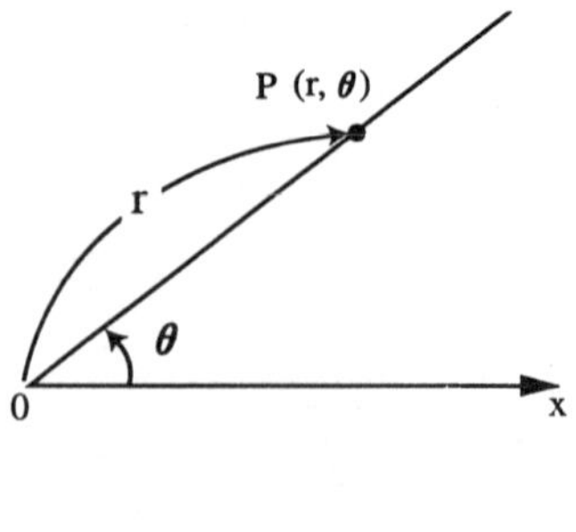

<그림 9.1.1>

또한, $r < 0$ 일 때는

$$(r, \Theta) = (-r, \Theta + \pi)$$

로서 정의하고, $r = 0$ 일 때는 Θ 의 값은 임의의 각을 택해도 무방하다.

직교좌표계의 원점을 극으로 보고, x 축의 양의 방향을 극좌표축으로 보면, 점 $P(r,\Theta)$의 직교 좌표 (x, y)는

$$x = r\cos\Theta, \quad y = r\sin\Theta$$

로써 구할 수 있다.

주 9.1.2 (1) 한 점이 주어졌을 때, 그의 직교 좌표는 하나뿐이지만 극좌표는 여러 가지이다. 그것은 극좌표가 (r, Θ)인 점과 $(r, \Theta + 2\pi)$인 점, (r, θ)인 점과 $(-r, \theta+\pi)$은 같은 점을 나타내기 때문이다.

(2) 점 P 의 직교 좌표를 (x, y), 극좌표를 (r, Θ)라고하면, r, Θ는

$$r^2 = x^2 + y^2, \quad \tan\Theta = \frac{y}{x}$$

를 만족한다.

예제 1 (1) 점 P의 직교 좌표가 $(1, \sqrt{3})$ 일 때, 그 점의 극좌표 (r, Θ)를 구하여라.

(2) 극좌표 $(2, \pi / 4)$인 점의 직교 좌표 (x, y)를 구하여라.

풀이 (1) $r = \sqrt{1+3} = 2$ 이며, $\tan\Theta = \frac{\sqrt{3}}{1}$ 이므로 $\Theta = \frac{\pi}{3}$ 를 얻는다. 따라서, $(2, \frac{\pi}{3})$가 구하고자 하는 극좌표가 된다. 또한 이것을 $(-2, \frac{4\pi}{3})$, 또는, $(2, -\frac{5\pi}{3})$, $(-2, -\frac{2\pi}{3})$로 나타내도 같은 점이 된다.

(2) $x = 2\cos(\pi / 4) = \sqrt{2}$, $y = 2\sin(\pi / 4) = \sqrt{2}$ 이므로, 구하는 직교 좌표는 $(\sqrt{2}, \sqrt{2})$가 된다.

예제 2 (1) 극좌표로 $r = 6\cos\theta$로 주어진 곡선을 직교좌표의 식으로 바꾸어 이 곡선이 어떤 도형인지 알아보아라.

(2) 직교좌표평면에서 원점과 $(\sqrt{3}, 1)$을 지나는 직선을 극좌표를 사용하여 나타내 보아라.

(3) 직교좌표평면에서 원점을 중심으로 하고, 반지름이 5인 원의 방정식을 극좌표를 사용하여 표시하여라.

풀이 (1) $r = 6\cos\theta$로 주어져 있으므로,

$$x = r\cos\theta = 6\cos\theta \cdot \cos\theta = 3(\cos 2\theta + 1)$$

$$y = r\sin\theta = 6\cos\theta \cdot \sin\theta = 3\sin 2\theta$$

가 되어,

$$\left(\frac{x-3}{3}\right)^2 + \left(\frac{y}{3}\right)^2 = 1, \text{ 또는 } (x-3)^2 + y^2 = 9$$

를 얻는다. 따라서 이 도형은 중심이 $(x, y) = (3, 0)$이고 반지름이 3인 원이다.

(2) 직선의 기울기가 $\tan\theta = 1/\sqrt{3}$이므로,

$$\theta = \frac{\pi}{6}$$

가 구하고자 하는 식이다. 여기서 $r > 0$일 때는 1 상한, $r < 0$일 때는 3 상한에 있는 직선 부분을 나타낸다.

(3) 원 위에 있는 모든 점 P는 원점(극 O)에서부터의 거리가 5이고, 점 P의 편각은 임의의 값을 모두 가지므로, 구하고자 하는 방정식은 $r = 5$가 된다.

◈◈◈ 연습 문제 9.1 ◈◈◈

1. 다음 직교좌표를 극좌표로 바꾸어라.

(1) $(3, 0)$ (2) $(-2, 0)$

(3) $(0, -2)$ (4) $(0, \frac{1}{2})$

(5) $(2, -2)$ (6) $(4, 4\sqrt{3})$

(7) $(-4, -4)$ (8) $(\frac{1}{4}, \frac{1}{4\sqrt{3}})$

(9) $(5, -2)$ (10) $(-3, -\sqrt{3})$

2. 다음 극좌표를 직교좌표로 바꾸어라.

(1) $(2\sqrt{2}, -\frac{3}{4}\pi)$ (2) $(-3, -\frac{1}{3}\pi)$

(3) $(5, -\frac{1}{2}\pi)$ (4) $(0, \frac{1}{2}\pi)$

(5) $(3, -\pi)$ (6) $(8, \frac{11}{4}\pi)$

(7) $(-4, -\frac{5}{4}\pi)$ (8) $(\frac{1}{4}, -\frac{1}{2}\pi)$

(9) $(2, \frac{7}{2}\pi)$ (10) $(-\frac{1}{2}, 4\pi)$

3. 다음 도형을 극좌표를 사용하여 나타내어 보아라.

(1) 극을 지나고 기울기가 2 인 직선

(2) 극좌표축에 평행이고, $(x, y) = (-2, 4)$를 지나는 직선

(3) 직선 $\theta = \frac{\pi}{2}$ 에 평행이고, $(x, y) = (0, 4)$를 지나는 직선

(4) $(r, \theta) = (5, -\frac{2}{3}\pi)$를 지나고, 기울기가 3 인 직선

(5) $(r, \theta) = (3, -\frac{1}{4}\pi)$를 지나고, 직선 $\theta = \frac{\pi}{2}$ 에 평행인 직선

(6) 중심이 $(r, \theta) = (3, 0)$이고, 반지름이 3 인 원

(7) 중심이 $(r, \theta) = (1, \pi)$이고, 반지름이 2 인 원

9.2 극좌표평면에서의 그래프

극좌표계에서 동경 r과 편각 θ 사이의 관계식 $f(r, \theta) = 0$을 **극방정식**이라 하고, 이 극방정식을 만족하는 모든 점들의 집합을 이 방정식의 그래프라고 한다. 이 절에서는 이러한 극방정식의 그래프의 개형을 그려 보기로 하자.

예제 1 극방정식 $r = 2\cos\theta$의 그래프의 개형을 그려라.

풀이 먼저, 방정식 $r = 2\cos\theta$를 만족하는 순서쌍 (r, θ)들을 여러 개 구하여서 그 점들을 좌표 평면 상에 나타내 보자. 그런데, 방정식 $r = 2\cos\theta$에서 θ 대신에 $\theta + \pi$를 대입한 값은

$$2\cos(\theta + \pi) = -2\cos\theta = -r$$

이 되고, $(-r, \theta + \pi)$와 (r, θ)는 같은 점을 나타내므로, $\pi < \theta < 2\pi$에서의 점은 $0 < \theta < \pi$의 점에 중복하여 찍히게 된다. 따라서, $0 \le \theta \le \pi$에서의 값만 구해 보면 된다.

θ	0	$\frac{1}{6}\pi$	$\frac{1}{4}\pi$	$\frac{1}{3}\pi$	$\frac{1}{2}\pi$	$\frac{2}{3}\pi$	$\frac{3}{4}\pi$	$\frac{5}{6}\pi$	π
$\cos\theta$	1	$\frac{\sqrt{3}}{2}$	$\frac{\sqrt{2}}{2}$	$\frac{1}{2}$	0	$-\frac{1}{2}$	$-\frac{\sqrt{2}}{2}$	$-\frac{\sqrt{3}}{2}$	-1
r	2	$\sqrt{3}$	$\sqrt{2}$	1	0	-1	$-\sqrt{2}$	$-\sqrt{3}$	-2

위의 표에서 얻은 (r, Θ)에 대응하는 점을 좌표 평면에 표시하고, 부드러운 곡선으로 차례로 연결하면 구하고자 하는 곡선의 개형이 된다 (그림 9.2.1).

주 9.2.1 그래프의 개형을 그릴 때에 많은 점을 구하면 구할수록 더 정확한 곡선을 얻을 수 있다. 그러나 그것은 Θ에 대응하는 r의 값을 일일이 계산해야 하는 번거로움이 있으므로, 곡선의 개형을 간단히 알고자

할 때에는 다음의 예제 2 와 같은 증감표를 사용하면 쉽게 알 수 있다. 여기서 ↗ 은 증가함을 나타내며, ↘ 는 감소함을 나타낸다.

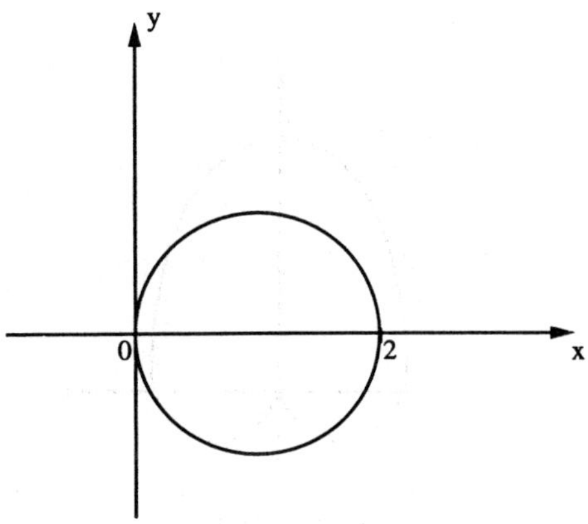

<그림 9.2.1>

예제 2 극좌표로 주어진 곡선 $r = 1 + \sin\Theta$ 의 개형을 그려라.

풀이 먼저 위의 예 1 과 같이 표를 만들어 보자.

Θ	0	$\frac{1}{3}\pi$	$\frac{1}{2}\pi$	$\frac{2}{3}\pi$	π	$\frac{4}{3}\pi$	$\frac{3}{2}\pi$	$\frac{5}{3}\pi$	2π
$\sin\Theta$	0	$\frac{\sqrt{3}}{2}$	1	$\frac{\sqrt{3}}{2}$	0	$-\frac{\sqrt{3}}{2}$	-1	$-\frac{\sqrt{3}}{2}$	0
$r = 1 + \sin\Theta$	1	$\frac{2+\sqrt{3}}{2}$	2	$\frac{2+\sqrt{3}}{2}$	1	$\frac{2-\sqrt{3}}{2}$	0	$\frac{2-\sqrt{3}}{2}$	1

위의 표에서 얻은 (r, Θ) 에 대응하는 점을 좌표평면에 찍고, 부드러운 곡선으로 차례로 연결하면 구하고자 하는 곡선의 개형이 된다(그림 9.2.2). 좀 더 자세한 곡선의 모양을 알고자 할 때에는 위의 표에서 Θ의 값을 사이사이에 더 넣어서 계산하면 되며, 아래의 증감표로서도 곡선의 개형을 쉽게 그릴 수 있음을 알 수 있다.

Θ	0	↗	$\frac{1}{2}\pi$	↗	π	↗	$\frac{3}{2}\pi$	↗	2π
$\sin\Theta$	0	↗	1	↘	0	↘	-1	↗	0
$r = 1 + \sin\Theta$	1	↗	2	↘	1	↘	0	↗	1

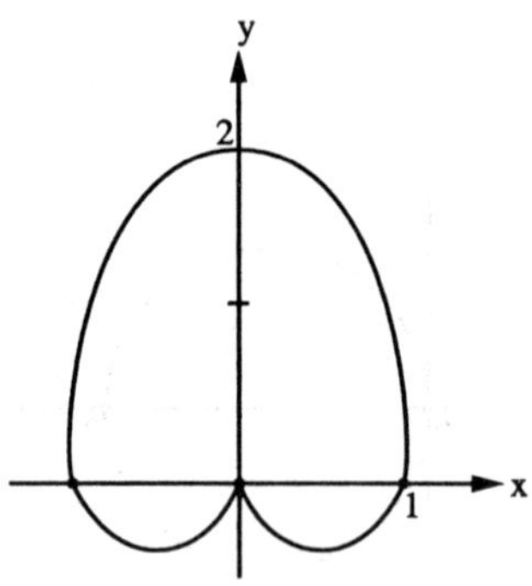

<그림 9.2.2>

직교좌표평면에서 곡선의 개형을 그릴 때에는 절편, 대칭, 곡선의 증감 등을 미리 알아 본 후에 그리면 보다 편하게 그릴 수 있다. 마찬가지로, 극좌표로 주어진 곡선의 경우에도 다음의 몇 가지 계산을 먼저 한 후에 그려보면 쉽게 그릴 수 있다.

(1) (직교)좌표축과의 교점 주어진 극방정식 $f(r, \Theta) = 0$의 Θ 대신에

$$0,\ \pm\frac{\pi}{2},\ \pm\pi,\ \pm\frac{3\pi}{2},\ \pm 2\pi,\ \cdots$$

를 대입하였을 때 얻어지는 r 의 값이 존재하면, 이 때의 좌표 (r, Θ) 가

직선 $\Theta = 0,\ \pm\frac{\pi}{2},\ \pm\pi, \cdots$ 와의 교점이다. r 의 값이 존재하지 않으면, 그 곡선은 이들 직선과 만나지 않는 것이다. 또, $r = 0$ 을 대입하였을 때 Θ 의 값을 구할 수 있으면, 이 곡선은 극을 지나는 곡선이다.

(2) 극에서의 접선 주어진 곡선의 극방정식이

$$r = f(\Theta)$$

일 때, 이 곡선 위의 한 점 $P(r, \Theta)$ 에서의 접선의 기울기를 계산해 보자. 접선은 직교좌표로 정의된 의미이고 직교좌표에서 기울기는 $\frac{dy}{dx}$ 로 계산되므로, 극좌표를 직교좌표로 변환해서 계산하여야 한다. 그러면,

$$x = r\cos\Theta = f(\Theta)\cos\Theta$$
$$y = r\sin\Theta = f(\Theta)\sin\Theta$$

이므로,

$$\frac{dy}{dx} = \frac{\frac{dy}{d\theta}}{\frac{dx}{d\theta}} = \frac{f(\theta)\cos\theta + f'(\theta)\sin\theta}{-f(\theta)\sin\theta + f'(\theta)\cos\theta}$$

이다. 여기서 $f(\Theta)$ 는 Θ 에 대하여 미분가능한 함수이고, Θ 는

$$-f(\Theta)\sin\Theta + f'(\Theta)\cos\Theta \neq 0$$

를 만족하는 값이다.

특히, $r = 0$ 이면 $P(r, \Theta)$ 는 극을 나타내는데, 만약 이때의 Θ 값이

$$\frac{dr}{d\Theta} = f'(\Theta) \neq 0$$

을 만족한다고 하면, 극에서의 접선의 기울기는

$$\begin{aligned}\frac{dy}{dx} &= \frac{f(\Theta)\cos\Theta + f'(\Theta)\sin\Theta}{-f(\Theta)\sin\Theta + f'(\Theta)\cos\Theta} \\ &= \frac{f(\Theta) + f'(\Theta)\tan\Theta}{-f(\Theta)\tan\Theta + f'(\Theta)} \\ &= \tan\Theta\end{aligned}$$

가 됨을 알 수 있다. 극에서의 접선의 기울기는 그래프의 개형을 그리는

데에 도움을 준다.

예제 3 (1) 극좌표로 주어진 곡선 $r = 1 - 2\cos\Theta$의 극에서의 접선의 기울기를 구하여라.

풀이 (1) 주어진 곡선은

$$r = f(\Theta) = 1 - 2\cos\Theta$$

를 만족하므로, $f'(\Theta) = 2\sin\Theta$가 되고, 극은 $r = 0$ 이므로 이것을 주어진 식에 대입하면 $\Theta = \pi/3,\ -\pi/3$를 얻는다. 그러므로 이 값을 접선의 기울기를 구하는 식에 대입하면,

$$\frac{dy}{dx} = \tan\Theta$$

$$= \begin{cases} \tan\frac{\pi}{3} = \sqrt{3} & \Theta = \frac{\pi}{3} \\ \tan(-\frac{\pi}{3}) = -\sqrt{3} & \Theta = -\frac{\pi}{3} \end{cases}$$

가 된다. 이 곡선의 그래프는 그림 9.2.3 이 되며, 이것을 **리마손**(또는 **와우형**, limacon)이라 한다.

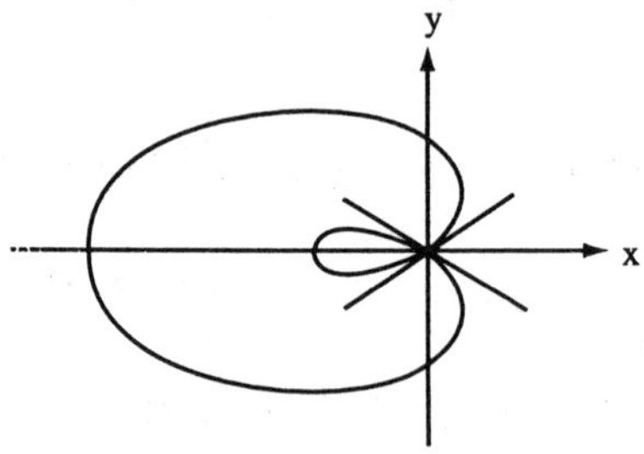

<그림 9.2.3>

(3) 대칭 두 점 $P(r,\Theta), P'(r,-\Theta)$는 극좌표축에 대하여 대칭이며, 두 두 점 $P(r,\Theta)$, $P'(r,\pi-\Theta)$는 $\Theta = \frac{\pi}{2}$에 대하여 대칭이다. 또한, 두 점 $P(r,\Theta)$, $P'(r,\pi+\Theta)$는 극에 대하여 대칭이 된다. 그런

데, 극좌표에서는 한 점을 나타내는 방법이 여러 가지가 있으므로, 극좌표로 표시된 곡선의 대칭성을 살필 때에는 여러 가지로 대입해 보아야 한다. 따라서 $f(r, \Theta) = 0$ 로 주어진 곡선이 다음 조건을 만족하면 대칭인 형태를 하고 있다.

(i) $f(r, \Theta) = f(r, -\Theta)$, 또는 $f(r, \Theta) = f(-r, \pi - \Theta)$

$\Rightarrow$ 극좌표축에 대하여 대칭 (그림 9.2.4)

(ii) $f(r, \Theta) = f(r, \pi - \Theta)$, 또는 $f(r, \Theta) = f(-r, -\Theta)$

$\Rightarrow$ 직선 $\Theta = \dfrac{\pi}{2}$ 에 대하여 대칭 (그림 9.2.5)

(iii) $f(r, \Theta) = f(r, \pi + \Theta)$, 또는 $f(r, \Theta) = f(-r, \Theta)$

$\Rightarrow$ 극에 대하여 대칭 (그림 9.2.6)

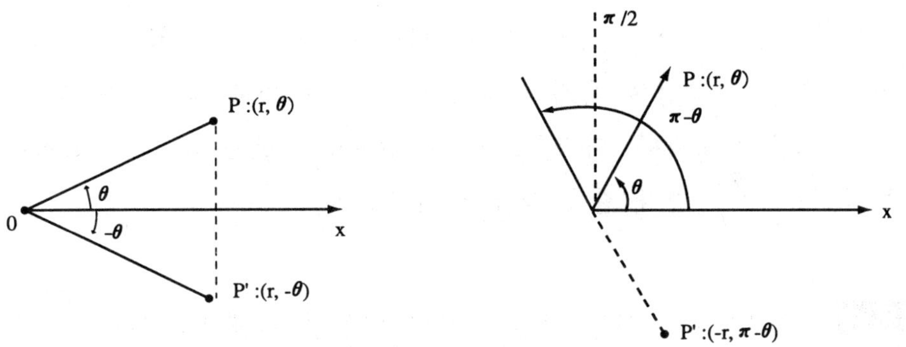

<그림 9.2.4>

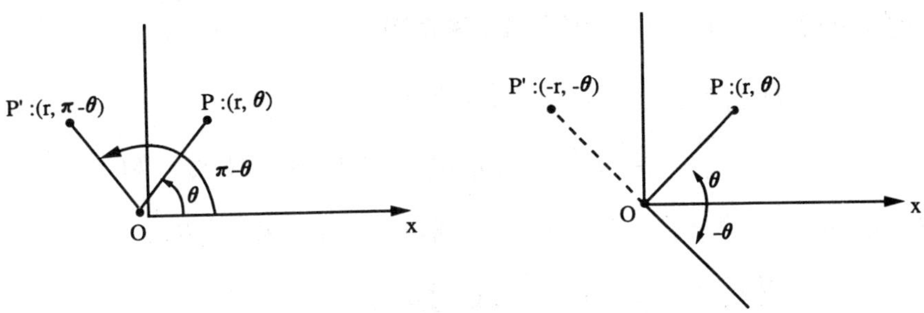

<그림 9.2.5>

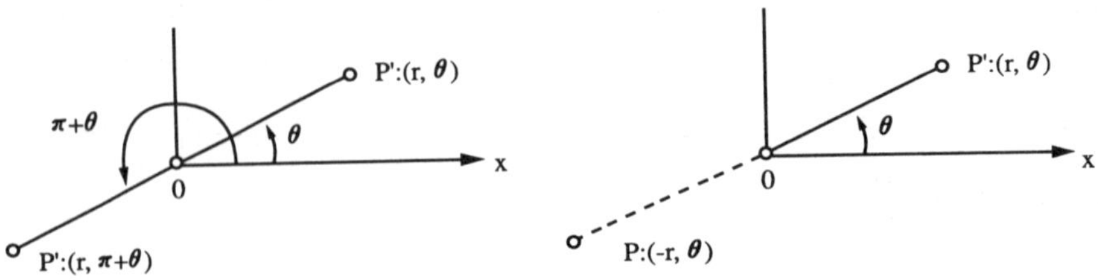

<그림 9.2.6>

그런데 여기서 주의해야 할 것은 위의 조건을 만족하면 곡선은 반드시 대칭이 되지만, 주어진 곡선이 대칭이라고 해서 반드시 위에서 말한 조건을 만족하는 것은 아니라는 것이다. 즉, 위의 조건은 곡선이 대칭이 되기 위한 충분 조건이지 필요 조건은 아니라는 점이다.

(4) 곡선의 주기 $r = f(\Theta)$로 주어진 곡선이

$$r = f(\Theta) = f(\Theta + c), \quad c \in \mathbf{R}$$

를 만족하면, 이 곡선은 시계 방향으로 각도 c 만큼 회전해도 같은 모양을 하고 있음을 뜻한다. 따라서, $r = \cos n\Theta$, 또는 $r = \sin n\Theta$로 주어진 곡선은 $\dfrac{2\pi}{n}$ 마다 같은 형태가 나타난다.

예제 4 극좌표로 주어진 다음 곡선의 대칭성을 살펴보아라.

$$r^2 = \cos 2\Theta$$

풀이 $f(r,\Theta) = r^2 - \cos 2\Theta$로 놓으면

$$f(r,\Theta) = r^2 - \cos 2\Theta$$
$$= r^2 - \cos 2(-\Theta) = f(r,-\Theta)$$

를 만족하므로 이 곡선은 극좌표축에 대하여 대칭이 되며,

$$f(r,\Theta) = r^2 - \cos 2\Theta$$

$$= r^2 - \cos 2(\pi - \theta) = f(r, \pi - \theta)$$

도 만족하므로 이 곡선은 직선 $\theta = \frac{\pi}{2}$ 에 대하여 대칭도 된다. 또한,

$$f(r, \theta) = r^2 - \cos 2\theta$$

$$= r^2 - \cos 2(\pi + \theta) = f(r, \pi + \theta)$$

도 만족하므로 이 곡선은 극에 대하여 대칭도 된다. 이 곡선의 그래프는 그림 9.2.7 과 같으며, 이것을 **연주형**(lemniscate)이라 한다.

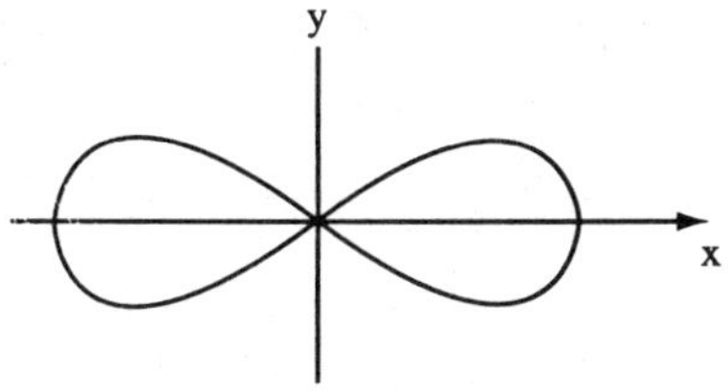

<그림 9.2.7>

예제 5 극좌표로 주어진 곡선 $r = \cos 2\theta$ 의 개형을 그려라.

풀이 (i) 먼저 곡선이 극좌표축, 직선 $\theta = \frac{\pi}{2}$ 와 만나는 점을 구해 보자. $\theta = 0, \frac{\pi}{2}, \pi, \frac{3\pi}{2}$ 를 주어진 방정식에 대입하면, 각각

$$r = 1, -1, 1, -1$$

를 얻게 된다.

(ii) 극에서의 접선을 구하기 위하여

$$r = \cos 2\theta = 0$$

로 놓으면, $2\theta = \frac{\pi}{2} + k\pi$, $k \in \mathbf{Z}$ 가 되고, 따라서,

$$\theta = \frac{\pi}{4}, \frac{3\pi}{4}, \frac{5\pi}{4}, \frac{7\pi}{4}$$

일 때 극에서 접선을 가지며, 그 때의 접선의 기울기는

$$\tan\theta = \pm 1$$

가 된다.

(iii) $f(r,\Theta) = r - \cos 2\Theta$ 로 놓고, 예 5 와 예 6 과 같이 계산하면, 이 곡선은 극좌표축, 직선 $\Theta = \frac{\pi}{2}$, 극에 대하여 모두 대칭이 되는 것을 알 수 있으며, 주기는 π 이다.

(iv) 주기가 π 이고 직선 $\Theta = \frac{\pi}{2}$ 에 대하여 대칭이므로

$$0 \le \Theta \le \frac{\pi}{2}$$

에서의 r의 값만을 계산하여도 된다. 여기서 $\frac{\pi}{4} \le \Theta \le \frac{\pi}{2}$ 에서는 $r \le 0$이 되어서 대응하는 점은 반대편에 표시해야 한다.

Θ	0	↗	$\frac{1}{6}\pi$	↗	$\frac{\pi}{4}$	↗	$\frac{1}{3}\pi$	↗	$\frac{\pi}{2}$
2Θ	0	↗	$\frac{1}{3}\pi$	↗	$\frac{\pi}{2}$	↗	$\frac{2}{3}\pi$	↗	π
$r = \cos 2\Theta$	1	↘	$1/2$	↘	0	↘	$-1/2$	↘	-1

위의 (i)~(v)까지의 결과를 가지고 곡선의 그래프의 개형을 그리면 다음과 같다.

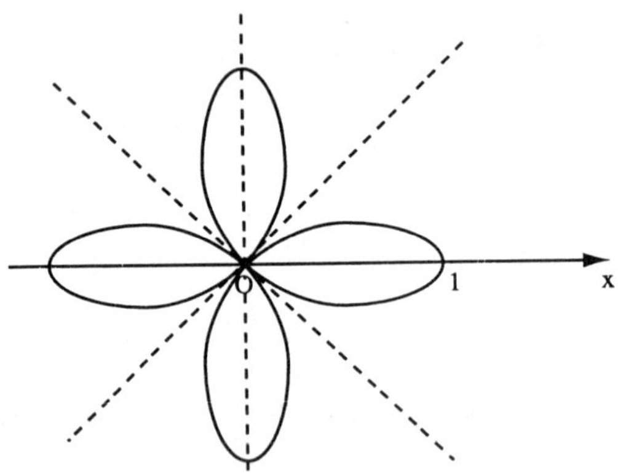

<그림 9.2.8>

예제 6 $r = \Theta$ 로 주어진 곡선의 개형을 그려라.

풀이 (i) (직교) 좌표축과의 교점을 구하면 다음과 같다.

$$\begin{cases} \text{극좌표축과의 교점} : (x, y) = (n\pi, 0), & n \in \mathbf{Z} \\ \text{직선 } \theta = \frac{\pi}{2} \text{ 와의 교점} : (x, y) = (0, \frac{n\pi}{2}), & n\text{은 홀수인 정수} \end{cases}$$

(ii) 극에서의 접선은 $r = 0$이면 $\theta = 0$이므로 극좌표축이 된다.

(iii) 대칭성, 주기 등은 찾을 수 없으며, θ가 증가하면 r도 계속 증가하고, θ가 감소하면 r도 계속 감소해서

$$(r, \theta) = (0, 0),\ (\pm\frac{\pi}{4}, \pm\frac{\pi}{4}),\ (\pm\pi, \pm\pi),\ \cdots$$

등은 이 곡선의 점들이 된다. 이 곡선을 **아르키메데스의 나선**(spiral of Archimedes)이라 하며, 그 그래프는 그림 9.2.9 와 같다. 여기에서 실선은 $\theta > 0$ 일 때이고, 점선은 $\theta < 0$ 일 때이다.

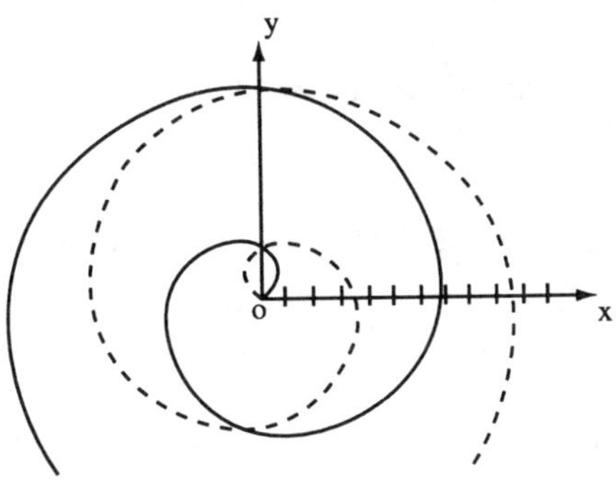

<그림 9.2.9>

주 9.2.3 극좌표로 주어진 주요한 곡선들을 나열하면 다음과 같다.

(1) $r = a$: 극을 중심으로 하고 반지름이 a인 원

(2) $\theta = k$: 극을 지나고 기울기가 $\tan\theta$인 직선

(3) $r = \theta$: 아르키메데스의 나선(spiral)

(4) $r = 2a\cos\theta$: 중심의 (직교)좌표가 $(x, y) = (a, 0)$이고 반지름이 a 인 원

(5) $r = \cos n\Theta$: 장미형(rose)

(6) $r = 1 \pm \cos\Theta$: 심장형(cardioid)

(7) $r = a + b\cos\Theta$: $|a| = |b|$이면 심장형, 그렇지 않으면 리마손(limacon)

(8) $r\cos\Theta = a$: 직선 $x = a$

(9) $r^2 = \cos 2\Theta$: 연주형(lemniscate)

(10) $r = \dfrac{ed}{1 - e\cos\Theta}$: 원뿔곡선(다음 절에서 다루기로 한다.)

◆◆◆ 연습 문제 9.2 ◆◆◆

1. 다음 곡선의 극에서의 접선의 기울기를 구하여라.

(1) $r = 3\cos\Theta$ (2) $r = 1 - 3\cos\Theta$

(3) $r^2 = 16\sin 2\Theta$ (4) $r = 7 - 7\sin\Theta$

(5) $r = 6\sin\Theta - 3$ (6) $r = 4\sin 2\Theta$

(7) $r = 4 - 4\cos\Theta$ (8) $r = 5\cos 3\Theta$

2. 극좌표로 주어진 다음 도형의 개형을 그려라.

(1) $r = 5$ (2) $r^2 = \cos\Theta$

(3) $r = 2 + \sin 2\Theta$ (4) $r = 2\sin\Theta + 5$

(5) $r = 4\sin^2\Theta$ (6) $r = 1 + 2\cos\Theta$

(7) $r^2 = \sin\Theta$

9.3 원뿔곡선의 극방정식

원뿔곡선인 원, 타원, 쌍곡선, 포물선은 직교좌표에서는 제각기 다른 형태의 표준형을 가지고 있지만, 극좌표로 표시하면 한 가지 형태로 나타낼 수 있다. 원은 타원의 특수한 경우이므로, 여기서는 세 가지의 원뿔곡선에 대하여만 다루기로 한다. 원뿔곡선은 모두 주어진 한 점(**초점**)까지의 거리와 주어진 한 직선(**준선**)까지의 거리가 일정한 비(**이심율**)를 이루고 있는 점들의 모임으로 표시된다. 이 때, 그 비가 1 보다 작으면 타원, 1 과 같으면 포물선, 1 보다 크면 쌍곡선이 된다.

원뿔곡선의 극방정식을 간단한 형태로 표현하기 위하여 원뿔곡선의 위치를 조절하여,

초점을 극에 오도록 하고,

준선은 초점의 왼쪽에 있으며, 극좌표축에 수직이 되도록 한다.

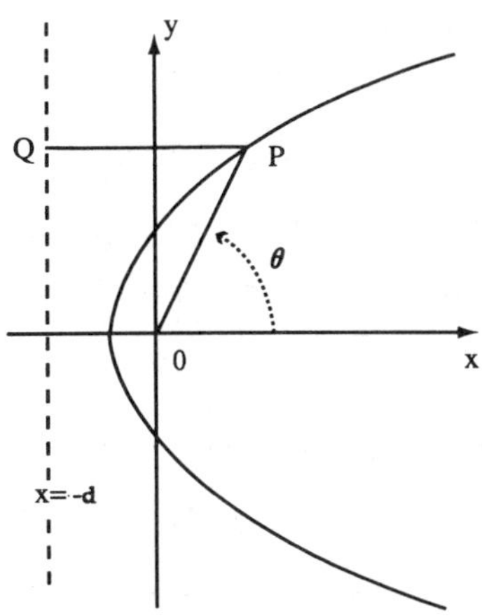

<그림 9.3.1>

원뿔곡선의 초점은 좌표평면의 극 O 에 있으며, 준선 l 은 극좌표축에 수직이며 극에서 d 만큼의 거리에 있다고 하자. 곡선 위에 점 $P(r, \Theta)$ 가 있으면, 그 점에서 극 O 까지의 거리는 r이며, 준선까지의 거리는 $d + r\cos\Theta$가 된다. 이 거리의 비를 e 라고 하면,

$$r = e(d + r\cos\Theta), \quad \text{또는} \quad r = \frac{ed}{1 - e\cos\Theta}$$

라는 원뿔곡선의 표준형을 얻게 된다.

같은 식으로, 준선이 초점의 오른쪽에 있으면

$$r = \frac{ed}{1 + e\cos\Theta}$$

라는 식을 얻을 수 있다. 이 때, 이심율 e 가 $e < 1$ 이면 타원, $e = 1$ 이면 포물선, 그리고 $e > 1$ 이면 쌍곡선이 된다. 특히, $e > 1$ 이면 r 은 음수 값도 가질 수 있음에 유의하자.

지금까지의 내용을 종합하면 다음과 같다.

정 리 9.3.1

초점이 좌표평면의 극에 있으며, 준선은 극좌표축에 수직이고 극에서 d 만큼의 거리에 있고, 이심율 e 를 갖는 원뿔곡선을 극좌표로 표현하면 다음과 같다.

$$r = \frac{ed}{1 \pm e\cos\Theta}$$

여기서, 준선이 초점의 왼쪽에 있으면 음의 부호, 오른쪽에 있으면 양의 부호를 택한다. 이 때, 이심율 e 가 $e < 1$ 이면 타원, $e = 1$ 이면 포물선, 그리고 $e > 1$ 이면 쌍곡선이 된다.

준선이 직선 $\Theta = \frac{\pi}{2}$ 에 수직이면 위의 곡선을 $\pi/2$ 만큼 회전시킨 모양이 되므로 다음과 같은 식을 얻을 수 있다.

따름정리 9.3.2

초점이 좌표평면의 극에 있으며, 준선은 직선 $\theta = \frac{\pi}{2}$ 에 수직이고 극에서 d 만큼의 거리에 있고, 이심율 e 를 갖는 원뿔곡선을 극좌표로 표현하면 다음과 같다.

$$r = \frac{ed}{1 \pm e\sin\theta}$$

여기서, 준선이 초점의 위쪽에 있으면 양의 부호, 아래쪽에 있으면 음의 부호를 택한다.

예제 1 극좌표로 주어진 다음의 곡선이 어떤 모양인지 밝히고, 그 곡선의 개형을 그려라.

$$r = \frac{6}{1 - 2\cos\theta}$$

풀이 (i) 이 곡선은 $e = 2 > 1$ 이고, $d = 3$이므로 쌍곡선이고, 초점이 극에 있고 준선은 극의 왼쪽에 3 만큼 떨어져서 있다.

(ii) (직교)좌표축과 만나는 점을 찾기 위하여 $\theta = 0, \frac{\pi}{2}, \pi, \frac{3\pi}{2}$ 를 원 식에 대입해 보면 $-6, 6, 2, 6$을 얻으므로

$$(r, \theta) = (-6, 0), (6, \frac{\pi}{2}), (2, \pi), (6, \frac{3\pi}{2})$$

가 (직교)좌표축과 만나는 점이 된다. 또한, 이 곡선은 $\theta = \frac{\pi}{3}, \frac{5\pi}{3}$ 일 때, r 의 값은 존재하지 않게 된다.

(iii), (iv) $r \neq 0$ 이므로 극은 지나지 않으며, (r, θ) 대신에 $(r, -\theta)$를 대입해도 이 식은 성립하므로 이 곡선은 극좌표축에 대하여 대칭이 된다. 따라서 $0 \leq \theta \leq \pi$에 대응하는 θ 의 값만을 계산하여 극좌표축에 대하여 대칭 이동하면 된다.

(v) 2π 보다 작은 주기는 찾을 수 없으므로 다음의 표를 계산한 후 좌표평면에 대응하는 점을 표시한다.

Θ	$0 \nearrow$ $\frac{1}{4}\pi$ $\nearrow$ $\frac{1}{3}\pi$ $\nearrow$ $\frac{1}{2}\pi \nearrow$ $\frac{2}{3}\pi \nearrow$ $\frac{3}{4}\pi$ $\nearrow$ π
$\cos\Theta$	$1 \searrow$ $\frac{\sqrt{2}}{2}$ $\searrow$ $\frac{1}{2}$ $\searrow$ $0 \searrow -\frac{1}{2} \searrow$ $-\frac{\sqrt{2}}{2}$ $\nearrow -1$
r	$-6 \searrow \frac{-6}{\sqrt{2}-1} \searrow$ $(\pm\infty) \searrow$ $6 \searrow$ $3 \searrow$ $\frac{6}{\sqrt{2}+1} \searrow$ 2

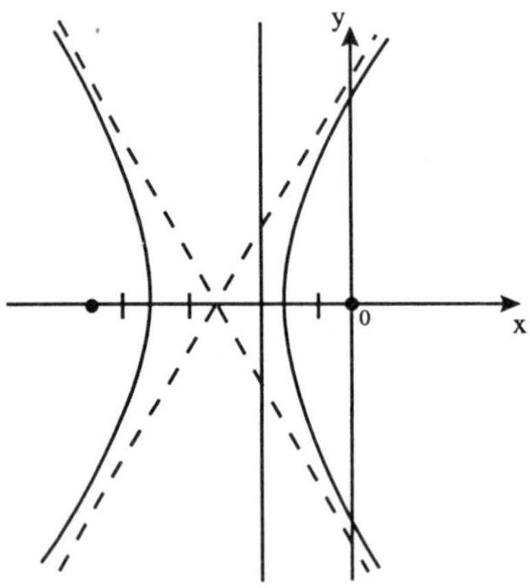

<그림 9.3.2>

표를 더 자세히 만들어 보면 좀 더 분명히 알 수 있겠지만, 위의 그래프에서 Θ 가 0 에서 $\pi/3$까지 증가하는 동안 점 $P(r, \Theta)$는 쌍곡선 상의 점 $(x, y) = (-6, 0)$에서부터 왼쪽 분지를 따라서 한없이 멀리 가며, Θ 가 $\pi/3$에서 $5\pi/3$까지 증가하는 동안 점 $P(r, \Theta)$는 쌍곡선의 오른쪽 분지의 위쪽 먼 곳에서부터 오른쪽 분지의 꼭지점인 $(x, y) = (-2, 0)$를 지나서 아래쪽으로 내려온다. 또한, Θ 가 $5\pi/3$에서 π까지 증가하면 점 $P(r, \Theta)$는 쌍곡선의 왼쪽 분지의 위쪽 먼 곳에서부터 아래쪽으로 내려 와서 점 $(x, y) = (-6, 0)$까지 오게 되어, 이 쌍곡선이 완성된다.

◈◈◈ 연습 문제 9.3 ◈◈◈

1. 다음에 주어진 방정식은 어떤 원뿔곡선을 나타내는지 그 이름을 말하고, 그래프의 개형을 그려라.

(1) $r = \dfrac{2}{2 - \cos\Theta}$ (2) $r = \dfrac{4}{1 + 2\cos\Theta}$

(3) $r = \dfrac{1}{1 - \cos\Theta}$ (4) $r = \dfrac{4}{2 - \sin\Theta}$

(5) $r = \dfrac{16}{3 + 3\sin\Theta}$ (6) $r = \dfrac{15}{3 + 2\cos\Theta}$

(7) $r = \dfrac{8}{5 + 2\sin\Theta}$ (8) $r = \dfrac{1}{2 + 2\cos\Theta}$

(9) $r = \dfrac{1}{1 - 2\sin\Theta}$ (10) $r = \dfrac{2}{1 - \sqrt{2}\cos\Theta}$

2. 위의 문제 1 의 (1)~(10) 중에서 포물선을 찾아내어 꼭지점의 극좌표와 준선의 극방정식을 각각 구하여라.

3. 위의 원뿔곡선 중에서 (1)~(5)를 직교좌표의 방정식으로 표현하여라.

9.4 곡선의 매개변수 표현

좌표평면상의 곡선은 어떤 조건을 만족하는 점 (x, y)들의 집합인데, 이 절에서는 그 때의 x, y 가 만족하는 조건을 표현하는 방법에 대하여 알아보기로 한다.

정의 9.4.1 적당한 구간 $I \subset \mathbf{R}$ 위에서 정의되고 실수값을 갖는 두 함

수 f, g 에 대하여

$$x = f(t), \quad y = g(t)$$

를 만족하는 점들의 모임

$$\{(x, y) \mid x = f(t),\ y = g(t),\ t \in I\}$$

는 평면상에서 하나의 곡선을 이루게 되는데, 이 때의 t 를 **매개변수** (parameter)라 하고, t 로 표현된 위의 방정식들을 이 곡선의 **매개방정식** (parametric equation)이라 한다.

$y = f(x)$ 형의 곡선은

$$x = t, \quad y = f(t)$$

라는, 매개변수 t 를 갖고 있는 매개방정식으로 표현할 수 있으며, 극방정식 $r = f(\Theta)$ 는

$$\begin{cases} x = r\cos\Theta = f(\Theta)\cos\Theta \\ y = r\sin\Theta = f(\Theta)\sin\Theta \end{cases}$$

라는, 매개변수 Θ 를 갖고 있는 매개 방정식으로 표현할 수 있다. 매개변수를 사용하면 $y = f(x)$ 나 극방정식으로는 나타낼 수 없거나, 너무 복잡해서 나타내기 힘든 곡선도 보다 편리하게 표현할 수 있게 된다.

예제 1 반지름이 a 인 원 위에 고정점 P 가 있다고 하자. 좌표평면의 극좌표축의 위쪽에 있는 이 원이 고정점 P 의 최초 위치를 극 O 에 놓고, 극좌표축에 접하면서 극좌표축의 양의 방향으로 회전한다고 하자. 이 때 점 P 가 그리는 곡선의 매개방정식을 구하여라. 이 곡선을 **파선** (cycloid)이라 한다.

풀이 이 원이 최초 위치에서 양의 방향으로 Θ 만큼 회전하였다고 하자. 그러면 고정 점 P 는 좌표평면 상의 점 $P_\Theta(x, y)$ 로 옮겨져 있을 것이다. 이 때의 원의 중심을 C 라 하고, x 극좌표축과의 접점을 N 이라 하면, 선분 $\overline{ON}$ 의 길이는 원에서의 호 $P_\Theta N$ 의 길이와 같고, 각

$\angle NCP_\Theta$ 는 Θ 와 같다. 점 P_Θ 에서 극좌표축, 선분 $\overline{CN}$의 연장선에 내린 수선의 발을 각각 M, R 이라 하면,

$$\begin{aligned} x &= |\overline{OM}| = |\overline{ON}| - |\overline{MN}| \\ &= |P_\Theta N| - |\overline{P_\Theta R}| = a\Theta - a\sin\Theta \end{aligned}$$

$$\begin{aligned} y &= |\overline{MP_\Theta}| = |\overline{NR}| \\ &= |\overline{NC}| + |\overline{CR}| = a - a\cos\Theta \end{aligned}$$

이 된다. 여기서, $|\cdot|$ 는 선분 또는 호의 길이를 나타낸다. 따라서 구하는 매개방정식은 다음과 같다.

$$x = a(\Theta - \sin\Theta)\ , \quad y = a(1 - \cos\Theta)$$

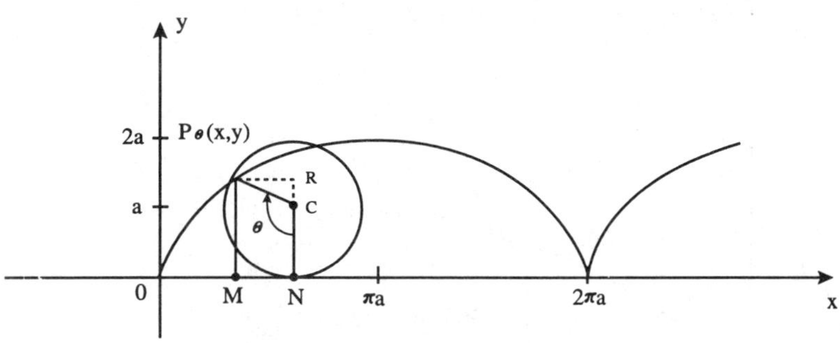

<그림 9.4.1>

주 9.4.2 위의 매개방정식에서 매개변수 Θ를 소거하여 x, y만의 식으로 표시하면,

$$x = a\arccos\left(\frac{a-y}{a}\right) \pm \sqrt{2ay - y^2}$$

이 된다. 이것은 위의 매개방정식보다 훨씬 복잡함을 알 수 있다.

다음에는 매개방정식으로 표현된 곡선의 길이를 구하여 보자.

정 리 9.4.3

폐구간 $[a, b] \subset \mathbf{R}$ 에서 정의된 두 함수 f, g 가 그 구간에서 연속인 도함수를 갖는다고 하자. 매개방정식

$$x = f(t), \quad y = g(t)$$

로 정의된 곡선의 길이 L 은 다음과 같다.

$$L = \int_a^b \sqrt{[f'(t)]^2 + [g'(t)]^2}\, dt$$

증명 폐구간 $[a, b] \subset \mathbf{R}$ 의 임의의 분할

$$P = \{ a = t_0 \le t_1 \le \cdots \le t_n = b \}$$

를 잡자. 각 t_i 에 대응되는 점을 $P_i = P_i(f(t_i), g(t_i))$ 라 하면 곡선 상의 점 P_{i-1} 에서 점 P_i 까지의 곡선의 길이는 선분 $\overline{P_{i-1}P_i}$ 의 길이 $|\overline{P_{i-1}P_i}|$ 를 근사값으로 취할 수 있다(그림 9.4.2).

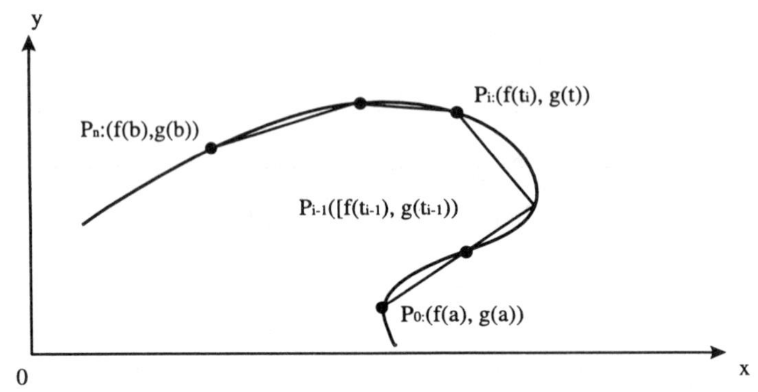

<그림 9.4.2>

그런데,

$$|\overline{P_{i-1}P_i}| = \sqrt{[f(t_i) - f(t_{i-1})]^2 + [g(t_i) - g(t_{i-1})]^2}$$

이 되고, f, g 는 각 소구간 $I_i = [t_{i-1}, t_i]$ 에서 연속이므로 평균값정

리를 적용시킬 수 있어서,

$$f(t_i) - f(t_{i-1}) = f'(\xi_i)(t_i - t_{i-1})$$
$$g(t_i) - g(t_{i-1}) = g'(\zeta_i)(t_i - t_{i-1})$$

을 만족하는 ξ_i, ζ_i가 소구간 I_i 내에 존재한다.

$\Delta t_i = t_i - t_{i-1}$라 놓으면

$$|\overline{P_{i-1}P_i}| = \sqrt{[f'(\xi_i)]^2 + [g'(\zeta_i)]^2}\,\Delta t_i$$

가 되고, 구하고자 하는 곡선의 길이 L 은

$$\begin{aligned} L &= \lim_{|P|\to 0} \sum_{i=1}^{n} |\overline{P_{i-1}P_i}| \\ &= \lim_{|P|\to 0} \sum_{i=1}^{n} \sqrt{[f'(\xi_i)]^2 + [g'(\zeta_i)]^2}\,\Delta t_i \\ &= \int_a^b \sqrt{[f'(t)]^2 + [g'(t)]^2}\,dt \quad ■ \end{aligned}$$

주 9.4.4 위의 정리의 조건에서 함수 f, g의 도함수가 연속이 아니면 다음 극한값

$$\lim_{|P|\to 0} \sum_{i=1}^{n} \sqrt{[f'(\xi_i)]^2 + [g'(\zeta_i)]^2}\,\Delta t_i$$

가 존재하지 않는 경우도 있어서 적분이 불가능할 수도 있다.

예제 2 매개방정식

$$x = 2t^2, \quad y = 2t^3, \qquad t \in \mathbf{R}$$

으로 주어진 곡선에서 $t = -2$ 에 대응하는 점에서 $t = 2$에 대응하는 점까지의 곡선의 길이를 구하여라.

풀이 주어진 곡선의 그래프를 그려보면(그림 9.4.3) 이 곡선은 $t \geq 0$ 에 대응하는 곡선과 $t \leq 0$ 에 대응하는 곡선은 x 축에 대하여 대칭임을 알

수 있다. 따라서 구하고자 하는 곡선의 길이 L 은 $0 \leq t \leq 2$ 에 대응하는 곡선의 길이의 두 배가 됨을 알 수 있다.

$\dfrac{dx}{dy} = 4t$와 $\dfrac{dy}{dt} = 6t^2$은 모두 연속 함수이므로, 정리 9.4.3 에 의하면

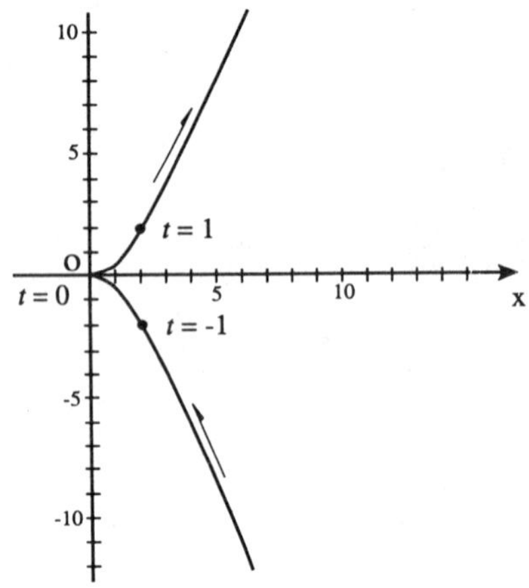

<그림 9.4.3>

$$\begin{aligned} L &= 2\int_0^2 \sqrt{16t^2 + 36t^4}\, dt \\ &= 2\int_0^2 2t\sqrt{4 + 9t^2}\, dt \\ &= \frac{2}{9}\int_0^2 (4 + 9t^2)^{\frac{1}{2}}\, d(4 + 9t^2) \\ &= \frac{4}{27}\left[(4 + 9t^2)^{\frac{3}{2}}\right]_0^2 = \frac{32}{27}\left(10^{\frac{3}{2}} - 1\right) \end{aligned}$$

◈◈◈ 연습 문제 9.4 ◈◈◈

1. 매개변수로 표시된 다음 곡선의 개형을 그려라.

(1) $x = t + 1$, $y = 3t + 4$

(2) $x = t^2 + 1$, $y = 3 - t$

(3) $x = -t^2 + 1$, $y = t$ $(-1 \le t \le 1)$

(4) $x = t - \sin t$, $y = 1 - \sin t$

(5) $x = 2(t - \sin t)$, $y = 2(1 - \cos t)$

(6) $x = 2t$, $y = 3t^2$

(7) $x = 2t^2$, $y = 3t - 1$

(8) $x = 3t$, $y = \dfrac{1}{t}$

2. 매개방정식

$$x = 5t - 1 , \quad y = -2t + 4$$

는 직선을 나타냄을 보이고 그 직선의 방정식을 구하여라.

3. 다음 곡선의 주어진 구간에서의 길이를 구하여라.

(1) $x = t - 1$, $y = \dfrac{1}{2}t$: $0 \le t \le \sqrt{3}$

(2) $x = 2t + 1$, $y = t^2$: $0 \le t \le 2$

(3) $x = 9t^2$, $y = 9t^3 - 3t$: $0 \le t \le \dfrac{1}{\sqrt{3}}$

(4) $x = t^2$, $y = 3 + t$: $0 \le t \le 2$

9.5 극좌표평면에서의 길이와 넓이

직교좌표에서는 주어진 곡선의 길이나 곡선으로 둘러싸인 평면도형의 넓이를 적분에 의하여 계산할 수 있었다. 정적분을 이용하여 극좌표로 정의된 곡선의 길이나 도형의 넓이를 구하여 보자.

정 리 9.5.1

폐구간 $\alpha \leq \theta \leq \beta$ (단, $\beta \leq \alpha + 2\pi$)에서 정의된 함수 $r = f(\theta)$가 이 구간에서 연속인 도함수 $f'(\theta)$를 갖는다고 할 때, $\theta = \alpha$에서 $\theta = \beta$까지의 곡선 $r = f(\theta)$의 호의 길이 L은 다음과 같다.

$$L = \int_{\alpha}^{\beta} \sqrt{(f(\theta))^2 + (f'(\theta))^2}\, d\theta$$

증명 정리 9.4.3 에서, 주어진 호의 길이는 다음과 같다.

$$L = \int_{a}^{b} \sqrt{\left(\frac{dx}{dt}\right)^2 + \left(\frac{dy}{dt}\right)^2}\, dt$$

직교좌표와 극좌표의 관계식

$$\begin{cases} x = r\cos\theta = f(\theta)\cos\theta \\ y = r\sin\theta = f(\theta)\sin\theta \end{cases}$$

의 양변들을 θ에 대하여 미분하면

$$\begin{cases} \dfrac{dx}{d\theta} = f'(\theta)\cos\theta - f(\theta)\sin\theta \\ \dfrac{dy}{d\theta} = f'(\theta)\sin\theta + f(\theta)\cos\theta \end{cases}$$

이다. 따라서,

$$L = \int_{\alpha}^{\beta} \sqrt{\left(\frac{dx}{d\theta}\right)^2 + \left(\frac{dy}{d\theta}\right)^2}\, d\theta$$

$$= \int_{\alpha}^{\beta} \sqrt{[f'(\theta)\cos\theta - f(\theta)\sin\theta]^2 + [f'(\theta)\sin\theta + f(\theta)\cos\theta]^2}\, d\theta$$

$$= \int_{\alpha}^{\beta} \sqrt{(f(\theta))^2 + (f'(\theta))^2}\, d\theta \quad \blacksquare$$

예제 1 극좌표로 주어진 곡선 $r = 1 - \cos\theta$, $0 \le \theta \le 2\pi$ 의 길이를 구하여라.

풀이 $r = f(\theta) = 1 - \cos\theta$ 의 그래프는 그림 9.5.1과 같다. 따라서,

$$\alpha = 0, \quad \beta = 2\pi, \quad f'(\theta) = \sin\theta$$

를 위의 공식에 대입하면

$$L = \int_0^{2\pi} \sqrt{(f(\theta))^2 + f'(\theta))^2}\, d\theta$$

$$= \int_0^{2\pi} \sqrt{4\sin^2\frac{\theta}{2}}\, d\theta$$

$$= 4\left[-\cos\frac{\theta}{2}\right]_0^{2\pi} = 8$$

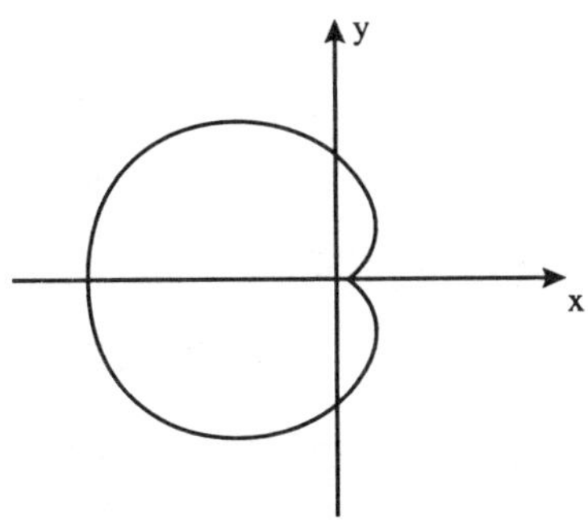

<그림 9.5.1>

다음에는 극좌표로 표현된 곡선으로 둘러싸인 도형의 넓이를 구하여 보자.

정 리 9.5.2

폐구간 $\alpha \le \Theta \le \beta$ (단, $\beta \le \alpha + 2\pi$) 에서 정의된 함수 $r = f(\Theta)$ 가 이 구간에서 연속이고 $f(\Theta) \ge 0$ 이면, 곡선 $r = f(\Theta)$ 와 두 직선 $\Theta = \alpha$, $\Theta = \beta$ 로 둘러싸인 부분의 넓이 A 는 다음과 같다.

$$A = \frac{1}{2}\int_{\alpha}^{\beta} r^2 d\Theta$$

증명 직교좌표에서와 같이 주어진 폐구간 $[\alpha, \beta]$의 임의의 분할

$$P = \{\alpha = \Theta_0 \le \Theta_1 \le \cdots \le \Theta_n = \beta\}$$

를 택한다. $\Theta_{i-1} \le \Theta \le \Theta_i$를 대략 그림으로 그리면 다음과 같다.

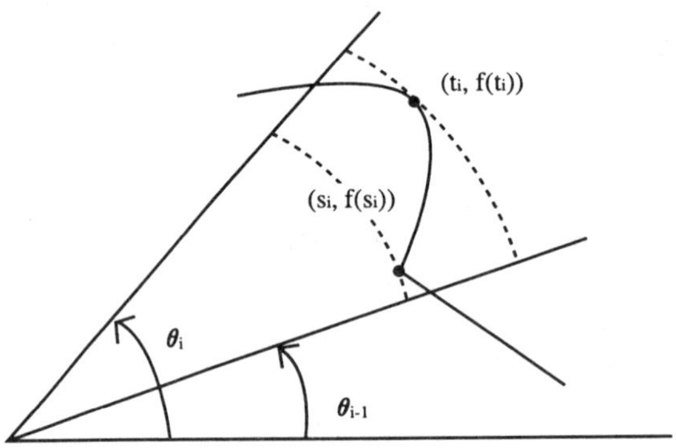

<그림 9.5.2>

이 때, 함수 $r = f(\Theta)$ 가 연속이므로 폐구간 $I_i = [\Theta_{i-1}, \Theta_i]$에서는 항상 최대값과 최소값이 존재하므로

$$f(t_i) = \max_{\Theta \in I_i} f(\Theta), \quad f(s_i) = \min_{\Theta \in I_i} f(\Theta)$$

를 만족하는 s_i, t_i 가 구간 I_i 내에 존재한다.

지금 $\Theta_{i-1} \le \Theta \le \Theta_i$ 에서 곡선으로 둘러싸인 부분의 넓이를 ΔA_i 라 하고 $\Delta\Theta_i = \Theta_i - \Theta_{i-1}$이라 하면,

$$\frac{\Delta\Theta_i}{2\pi} \cdot \pi\,(f(s_i))^2 \le \Delta A_i \le \frac{\Delta\Theta_i}{2\pi} \cdot \pi\,(f(t_i))^2,$$

또는

$$f(s_i) \le \sqrt{\frac{2\Delta A_i}{\Delta\Theta_i}} \le f(t_i)$$

가 된다. 다시 중간값정리를 적용하면

$$f(\xi_i) = \sqrt{\frac{2\Delta A_i}{\Delta\Theta_i}}$$

를 만족하는 ξ_i 가 구간 I_i 내에 존재하므로,

$$\Delta A_i = \frac{1}{2}(f(\xi_i))^2\Delta\Theta_i$$

이다. 따라서 구하고자 하는 넓이는

$$A = \lim_{|P|\to 0}\sum_{i=1}^{n}\frac{1}{2}(f(\xi_i))^2\Delta\Theta_i = \frac{1}{2}\int_{\alpha}^{\beta}(f(\Theta))^2 d\Theta \quad ■$$

예제 2 극좌표로 주어진 곡선 $r^2 = 8\cos 2\Theta$ (연주형)로 둘러싸인 부분의 넓이를 구하여라.

풀이 $f(r,\Theta) = r^2 - 8\cos 2\Theta$ 라 놓으면,

$$\begin{aligned} f(r,-\Theta) &= r^2 - 8\cos 2(-\Theta) \\ &= r^2 - 8\cos 2\Theta = f(r,\Theta) \end{aligned}$$

이므로 이 곡선은 극좌표축에 대하여 대칭이 되고, 같은 방법으로 계산하면 이 곡선은

$$f(r,\Theta) = f(r, \pi-\Theta), \qquad f(r,\Theta) = f(r, \pi+\Theta)$$

를 만족하므로 직선 $\Theta = \frac{\pi}{2}$ 과 극에 대하여 대칭이 된다(그림 9.5.3). 따라서, 구하고자 하는 넓이는

$$0 \le \Theta \le \frac{\pi}{2}$$

의 범위의 넓이의 네 배를 하면 된다. 그러나

$$r^2 = 8\cos 2\Theta \ge 0$$

이어서, $\cos 2\Theta \geq 0$, 즉,

$$-\frac{\pi}{2} + 2k\pi \leq 2\Theta \leq \frac{\pi}{2} + 2k\pi, \quad k \in \mathbf{Z}$$

의 범위에서만 곡선이 존재하게 되므로, 결국

$$0 \leq \Theta \leq \frac{\pi}{4}$$

의 범위의 적분만 하면 된다. 따라서 구하고자 하는 넓이 A 는

$$A = 4 \cdot \frac{1}{2} \int_0^{\frac{\pi}{4}} r^2 d\Theta = 2 \int_0^{\frac{\pi}{4}} 8\cos 2\Theta \, d\Theta = 8$$

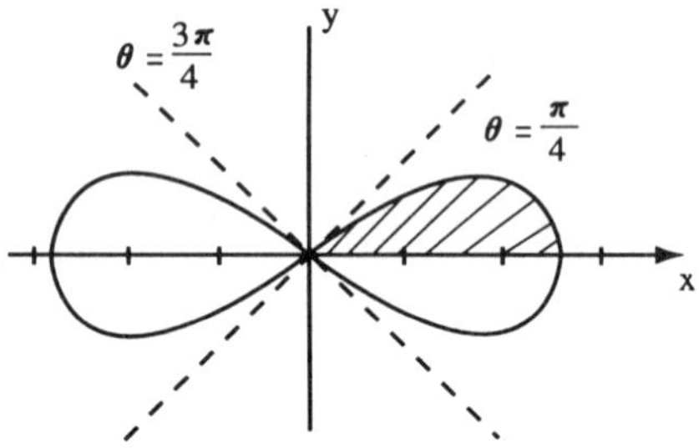

<그림 9.5.3>

예제 3 삼엽장미 $r = \sin 3\Theta$ 의 내부와 원 $r = \sin\Theta$ 의 외부의 공통 부분의 넓이를 구하여라.

풀이 먼저 삼엽장미 $r = \sin 3\Theta$ 와 원 $r = \sin\Theta$ 의 그래프를 그리면 그림 9.5.4 와 같다.

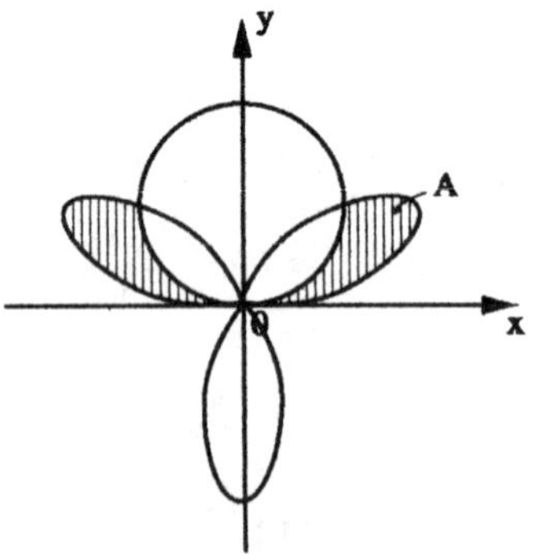

<그림 9.5.4>

이 그래프는 극좌표축에 대하여 대칭이므로 구하는 넓이 A는 오른쪽 부분의 넓이의 두 배이다.

넓이를 계산하기 위해서는 먼저 두 곡선의 교점부터 구해야 한다. 두 곡선이 $r = \sin 3\Theta$와 $r = \sin\Theta$이므로, 교점은 $\sin\Theta = \sin 3\Theta$를 만족하는 값이다. 이로부터, $\Theta = 0,\ \pi,\ \pm(\pi/4), \pm(3\pi/4)$를 얻는데, $\Theta = -(\pi/4)$일 때는 $r = -(1/\sqrt{2})$이고,
극좌표에서는 $(r, \Theta) = (-r, \pi + \Theta)$를 만족하므로, 결국 구하는 교점은 그림 9.5.4 에서 보는 바와 같이,

$$(0, 0) = (0, \pi),\ (\frac{1}{\sqrt{2}}, \frac{\pi}{4}) = (\frac{-1}{\sqrt{2}}, \frac{-3\pi}{4}),\ (\frac{1}{\sqrt{2}}, \frac{3\pi}{4}) = (\frac{-1}{\sqrt{2}}, \frac{-\pi}{4})$$

의 세 점이 된다. 따라서 A의 넓이를 구하면,

$$A = 2 \cdot \frac{1}{2}\int_0^{\frac{\pi}{4}} (\sin^2 3\Theta - \sin^2\Theta)\, d\Theta$$

$$= \frac{1}{2}\int_0^{\frac{\pi}{4}} (1 - \cos 6\Theta - 1 + \cos 2\Theta)\, d\Theta$$

$$= \frac{1}{2}\left(-\frac{1}{6}\sin 6\Theta + \frac{1}{2}\sin 2\Theta\right)\Bigg]_0^{\frac{\pi}{4}} = \frac{1}{3}.$$

한편, 한 엽의 넓이는

$$\frac{1}{2}\int_0^{\frac{\pi}{3}} (\sin 3\Theta)^2 d\Theta$$

$$= \frac{1}{2} \times \left[\frac{1}{2}\Theta - \frac{1}{12}\sin 6\Theta\right]_0^{\frac{\pi}{3}}$$

$$= \frac{\pi}{12}$$

이므로 구하는 전체 넓이는 $\frac{\pi}{12} + \frac{1}{3} = \frac{4+\pi}{12}$ 이다.

◈◈◈ 연습 문제 9.5 ◈◈◈

1. 다음 곡선의 주어진 구간에서의 길이를 구하여라.

(1) $r = \cos\theta$, $0 \leq \theta \leq 2\pi$

(2) $r = \dfrac{2}{\cos\theta}$, $0 \leq \theta \leq \dfrac{\pi}{3}$

(3) $r = \dfrac{2}{1 - \cos\theta}$, $\dfrac{\pi}{4} \leq \theta \leq \pi$

(4) $r = 2 - 2\sin\theta$, $0 \leq \theta \leq 2\pi$

2. 다음 곡선의 개형을 그리고, 그 곡선으로 둘러싸인 부분의 넓이를 구하여라.

(1) $r = 2(1 + \cos\theta)$ (2) $r = 4\cos 2\theta$

(3) $r = 2\cos\theta$ (4) $r = 1 + \sin\theta$

(5) $r = 1 + \sin 2\theta$ (6) $r = 2 + \cos\theta$

(7) $r = 3\sin 3\theta$ (8) $r = \cos 3\theta$, $-\dfrac{\pi}{6} \leq \theta \leq \dfrac{\pi}{6}$

3. 원 $r = 2\cos\theta$의 내부와 원 $r = 1$의 외부로 둘러싸인 부분의 넓이를 구하여라.

4. 심장형 $r = 3 + 3\sin\theta$의 내부와 심장형 $r = 3 + 3\cos\theta$의 외부와의 공통 부분의 넓이를 구하여라.

5. 원 $r = \sin\theta$의 내부와 심장형 $r = 1 + \cos\theta$의 외부와의 공통 부분의 넓이를 구하여라.

제10장 벡 터

제10장 벡 터

10.1 벡 터

어떤 양을 표현할 때 한 가지 요소만으로는 표현되지 않는 경우가 있다. 예를 들어, 바람은 풍향과 풍속이라는 두 가지 요소로써 결정된다. 길이나 넓이와 같이 크기만으로 표현되는 양을 **스칼라**(scalar)라 하고, 힘이나 바람과 같이 크기와 방향으로 표현되는 양을 **벡터**(vector)라고 한다. 이러한 벡터들은 평면이나 공간에 방향을 가진 선분, 즉, 화살표로 나타낼 수 있다. 이 화살표의 시작하는 점을 벡터의 **시점**(initial point), 끝나는 점을 **종점**(terminal point)이라 하며, 시점이 P 이고, 종점이 Q 인 벡터를 $\overrightarrow{PQ}$ 로 표시한다. 벡터는 크기와 방향만으로 정의되어 있으므로, 평면이나 공간상의 화살표는 그 길이가 같고 방향이 같으면, 즉, 평행으로 이동하여 겹쳐질 수 있으면 **동등**(equivalent)한 벡터라 한다. 따라서 모든 벡터는 원점에서 시작하는 화살표로 나타낼 수 있다. 크기가 0 인 벡터를**영벡터**(zero vector)라 하고, $\vec{0}$ 로 표시한다. 이 영벡터는 방향은 정해지지 않으며, 평면 또는 공간에서의 원점으로 나타낸다.

이제 벡터의 **덧셈**(addition)과 **스칼라배**(scalar multiplication)를 정의하자.

정의 10.1.1 (1) 벡터 $\vec{u}$ 와 $\vec{v}$ 가 주어져 있을 때 $\vec{u}+\vec{v}$ 를 다음과 같이 정의한다 : 벡터 $\vec{v}$ 를 평행이동하여 벡터 $\vec{u}$ 의 종점에서 시작하도록 한다. 이 때, 벡터 $\vec{u}$ 의 시점에서 시작하고 옮겨진 벡터 $\vec{v}$ 의 종점에서 끝나는 벡터를 $\vec{u}+\vec{v}$ 로 정의한다(그림 10.1.1).

(2) 스칼라 k 와 벡터 $\vec{v}$ 가 주어져 있을 때, 벡터 $\vec{v}$ 를 k 배 한 벡터 $k\vec{v}$ 를 다음과 같이 정의한다 : 벡터 $k\vec{v}$ 는 크기가 벡터 $\vec{v}$ 의 $|k|$ 배이고, 방향은 $k>0$ 이면 원래 벡터 $\vec{v}$ 와 같은 방향이고 $k<0$ 이면 벡터 $\vec{v}$ 와 정반대 방향인 벡터로 정의한다(그림 10.1.2). $k=0$ 이면 $k\vec{v}$ 는 영벡터이다.

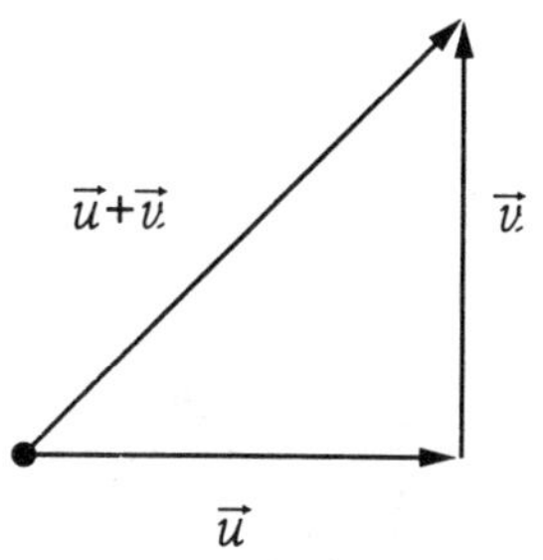

<그림 10.1.1>

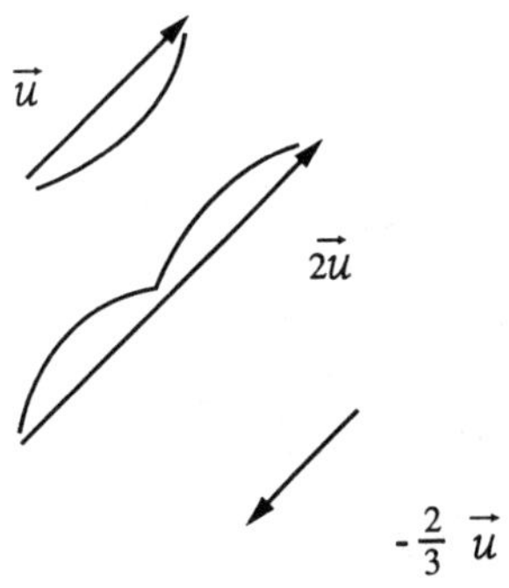

<그림 10.1.2>

$-\vec{u}$를 $\vec{u}$와 크기가 같고 방향이 반대인 벡터를 나타낸다고 하자. 그러면, $-\vec{u}=(-1)\vec{u}$, $\vec{u}+(-\vec{u})=\vec{0}$임을 알 수 있다.
또, $\vec{u}+(-\vec{v})$를 간단히 $\vec{u}-\vec{v}$로 쓰기로 한다.

위에서 우리는 모든 벡터들이 원점에서 시작하는 화살표로 나타낼 수 있음을 알았다. 원점에서 시작하는 화살표는 그의 종점에 의하여 유일하게 결정되므로, 벡터들의 집합과 공간(또는 평면) 상의 점의 집합은 일대일대응 관계가 있다.

벡터를 원점에서 시작하는 화살표로 보았을 때 벡터 $\vec{v}$의 종점이 (v_1, v_2, v_3)이면 $\vec{v}$를 $\vec{v}=(v_1, v_2, v_3)$와 같이 표시한다. 이 때, v_1, v_2, v_3를 벡터 $\vec{v}$의 **성분**(component)이라 한다. 평면에서의 경우도 마찬가지이며, 벡터의 성분 표시는 벡터의 성질을 연구하는 데 유용하게 쓰인다.

벡터의 덧셈과 스칼라배를 성분으로 표시해 보면 다음과 같다.
$\vec{u}=(u_1, u_2, u_3)$, $\vec{v}=(v_1, v_2, v_3)$이고 k가 스칼라이면,

$$\vec{u}+\vec{v}=(u_1+v_1, u_2+v_2, u_3+v_3)$$
$$k\vec{v}=(kv_1, kv_2, kv_3)$$

가 성립한다(그림 10.1.3).

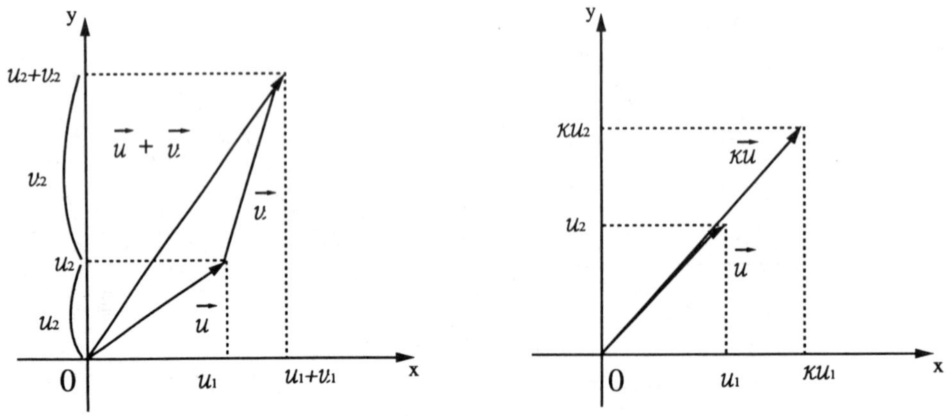

<그림 10.1.3>

예제 1 $\vec{u} = (1, -2, 0)$, $\vec{v} = (3, 1, -2)$일 때, $3\vec{u}$ 와 $\vec{u} + 2\vec{v}$를 계산하여라.

풀이 $3\vec{u} = 3(1, -2, 0) = (3, -6, 0)$

$$\begin{aligned}\vec{u} + 2\vec{v} &= (1, -2, 0) + 2(3, 1, -2) \\ &= (1, -2, 0) + (6, 2, -4) = (7, 0, -4)\end{aligned}$$

벡터의 성분 표시를 이용하면 벡터에서의 덧셈과 스칼라배는 다음 성질을 만족함을 쉽게 알 수 있다.

정 리 10.1.2

$\vec{u}, \vec{v}, \vec{w}$ 를 임의의 벡터라 하고, k, l 을 임의의 스칼라라고 했을 때, 다음이 성립한다.

(1) $\vec{u} + \vec{v} = \vec{v} + \vec{u}$

(2) $(\vec{u} + \vec{v}) + \vec{w} = \vec{v} + (\vec{u} + \vec{w})$

(3) $\vec{u} + \vec{0} = \vec{0} + \vec{u} = \vec{u}$

(4) $\vec{u} + (-\vec{u}) = (-\vec{u}) + \vec{u} = \vec{0}$

(5) $(k + l)\vec{u} = k\vec{u} + l\vec{u}$

(6) $k(\vec{u} + \vec{v}) = k\vec{u} + k\vec{v}$

(7) $(kl)\vec{u} = k(l\vec{u})$

(8) $1\vec{u} = \vec{u}$

증명 벡터의 성분 표시를 이용하여 (6)을 증명해 보자.

$\vec{u} = (u_1, u_2, u_3)$, $\vec{v} = (v_1, v_2, v_3)$이고 k 가 스칼라일 때,

$$
\begin{aligned}
k(\vec{u} + \vec{v}) &= k(u_1 + v_1, u_2 + v_2, u_3 + v_3) \\
&= (k(u_1 + v_1), k(u_2 + v_2), k(u_3 + v_3)) \\
&= (ku_1 + kv_1, ku_2 + kv_2, ku_3 + kv_3) \\
&= (ku_1, ku_2, ku_3) + (kv_1, kv_2, kv_3) \\
&= k(u_1, u_2, u_3) + k(v_1, v_2, v_3) \\
&= k\vec{u} + k\vec{v} \quad \blacksquare
\end{aligned}
$$

◈◈◈ 연습 문제 10.1 ◈◈◈

1. 다음에서 두 벡터 $\overrightarrow{PQ}$ 와 $\overrightarrow{AB}$ 가 동등한 것을 찾아라.

(1) $P(1, -1)$, $Q(4, 3)$: $A(-1, 5)$, $B(5, 2)$

(2) $P(1, 4)$, $Q(-3, 5)$: $A(5, 7)$, $B(1, 8)$

(3) $P(1, -1, 5)$, $Q(-2, 3, -4)$: $A(3, 1, 1)$, $B(0, 5, 10)$

(4) $P(2, 3, -4)$, $Q(-1, 3, 5)$: $A(-2, 3, -1)$, $B(-5, 3, 8)$

2. 다음에서 $\vec{u} + \vec{v}$, $\vec{u} - \vec{v}$, $2\vec{u}$, $-3\vec{v}$를 각각 구하여라.

(1) $\vec{u} = (3, 4)$, $\vec{v} = (2, 5)$

(2) $\vec{u} = (-1, \sqrt{3})$, $\vec{v} = (7, 1)$

(3) $\vec{u} = (2, -1, 5)$, $\vec{v} = (1, 3, 4)$

(4) $\vec{u} = (0, \sqrt{2}, 1)$, $\vec{v} = (7, 3\sqrt{2}, -2)$

(5) $\vec{u} = (6, 7, 0)$, $\vec{v} = (1, 1, 1)$

(6) $\vec{u} = (\sqrt{2}, 0, 1)$, $\vec{v} = (2, -1, -1)$

3. 정리 10.1.2 를 증명하여라.

10.2 벡터의 내적

앞 절에서 우리는 벡터를 유향 선분들의 모임으로 생각하고, 그 집합에 덧셈과 스칼라배를 정의하였다. 이제 이 절에서는 벡터들의 집합에 새로운 형태의 곱셈을 정의하고, 그 곱셈의 성질과 응용을 알아보자.

정의 10.2.1 (1) 공간상의 벡터 $\vec{u} = (u_1, u_2, u_3)$의 **크기**(norm)를 $\sqrt{u_1^2 + u_2^2 + u_3^2}$ 으로 정의하고, $|\vec{u}|$로 표기하기로 한다. $|\vec{u}| = 1$일 때, $\vec{u}$ 를 **단위벡터**(unit vector)라 한다. 정의로부터 $|\vec{u}| \geq 0$ 이다.

(2) 공간상의 두 점 $A(a_1, a_2, a_3)$, $B(b_1, b_2, b_3)$에 대하여, 두 점 사이의 **거리**(distance) $\mathrm{d}(A, B)$를

$$\mathrm{d}(A, B) = |\overrightarrow{AB}| = \sqrt{(b_1 - a_1)^2 + (b_2 - a_2)^2 + (b_3 - a_3)^2}$$

으로 정의한다.

(3) 공간상의 두 벡터 $\vec{u}, \vec{v}$ 의 사이각이 Θ 일 때, 두 벡터 사이의 **내적**(inner product)을 다음과 같은 실수값으로 정의한다.

$$\vec{u} \cdot \vec{v} = |\vec{u}||\vec{v}|\cos\Theta \in \mathbf{R}$$

내적을 **스칼라곱**(scalar product) 또는 **점적**(dot product)이라고 한다.

예제 1 (1) 두 점 $A(1,1,1)$, $B(3,0,2)$사이의 거리를 구하여라.

(2) 평면상의 두 벡터 $\vec{u} = (2, 0)$, $\vec{v} = (1, 1)$의 사이각을 구하고, 두 벡터의 내적을 구하여라.

풀이 (1) $d(A, B) = \sqrt{(1-3)^2 + (1-0)^2 + (1-2)^2} = \sqrt{6}$

(2) 벡터 $\vec{u}$는 x축 위에 있으며, 벡터 $\vec{v}$는 직선 $y = x$ 위에 있으므로, 두 벡터의 사이각은 $\frac{\pi}{4}$ 이다. 따라서 구하는 내적은

$$\begin{aligned}\vec{u} \cdot \vec{v} &= |\vec{u}||\vec{v}|\cos\theta \\ &= \sqrt{4+0}\sqrt{1+1}\cos\frac{\pi}{4} = 2.\end{aligned}$$

정 리 10.2.2

공간상의 두 벡터 $\vec{u} = (u_1, u_2, u_3)$, $\vec{v} = (v_1, v_2, v_3)$ 의 내적을 성분으로 표시하면 다음과 같다.

$$\vec{u} \cdot \vec{v} = u_1v_1 + u_2v_2 + u_3v_3$$

따라서, $|\vec{u}|^2 = u_1^2 + u_2^2 + u_3^2 = \vec{u} \cdot \vec{u}$ 이 성립한다.

증명 두 벡터 $\vec{u}$, $\vec{v}$에 의하여 만들어진 삼각형을 생각하면(그림 10.2.1 참조), 나머지 한 변은 $\vec{v} - \vec{u}$가 된다. 그림의 빗금 친 부분에 피타고라스의 정리를 적용시키면 벡터 $\vec{v} - \vec{u}$의 길이는

$$\begin{aligned}|\vec{v} - \vec{u}|^2 &= (|\vec{v}|\sin\theta)^2 + (|\vec{u}| - |\vec{v}|\cos\theta)^2 \\ &= |\vec{v}|^2 + |\vec{u}|^2 - 2|\vec{u}||\vec{v}|\cos\theta\end{aligned}$$

가 된다. 각 벡터의 길이를 성분으로 표시하면,

$$\begin{aligned}&(v_1 - u_1)^2 + (v_2 - u_2)^2 + (v_3 - u_3)^2 \\ &\quad = (v_1^2 + v_2^2 + v_3^2) + (u_1^2 + u_2^2 + u_3^2) - 2|\vec{u}||\vec{v}|\cos\theta\end{aligned}$$

가 되므로, 내적의 성분 표시는

$$\vec{u} \cdot \vec{v} = |\vec{u}||\vec{v}| \cos\Theta = u_1v_1 + u_2v_2 + u_3v_3$$

가 됨을 알 수 있다. ■

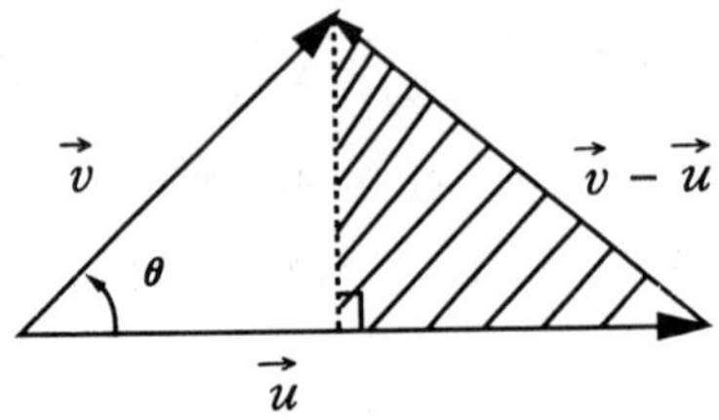

<그림 10.2.1>

주 10.2.3 (1) $|\cos\Theta| \leq 1$ 이므로 내적의 정의에 의하여 다음이 성립함을 쉽게 알 수 있다.

$$|\vec{u} \cdot \vec{v}| \leq |\vec{u}||\vec{v}|$$

여기서 왼쪽의 기호 "$|\cdot|$" 는 실수값인 내적의 절대값을 뜻한다.

위의 식은 "Schwarz의 부등식"이라고 불려지는 것으로, 일반화된 벡터 공간에서는 내적의 성질을 이용하여 증명된다.

(2) 두 벡터의 내적이 사이각의 cosine 을 사용하여 정의되었으므로, 두 벡터의 내적을 성분으로 계산하였을 때, 양수가 나오면 두 벡터의 사이각은 예각이고, 음수가 나오면 둔각, 그리고 내적이 0 이 될 때는 두 벡터가 서로 **수직**(perpendicular)이 됨을 쉽게 알 수 있다. 두 벡터 $\vec{u}, \vec{v}$가 서로 수직일 때, $\vec{u} \perp \vec{v}$ 로 표시한다.

따름정리 10.2.4

공간상의 두 벡터 $\vec{u} = (u_1, u_2, u_3) \neq \vec{0}$, $\vec{v} = (v_1, v_2, v_3) \neq \vec{0}$ 의 사이각을 Θ 라고 하면 다음이 성립한다.

$$\cos\Theta = \frac{u_1v_1 + u_2v_2 + u_3v_3}{\sqrt{u_1^2 + u_2^2 + u_3^2}\sqrt{v_1^2 + v_2^2 + v_3^2}}$$

증명 $\vec{u}\cdot\vec{v} = |\vec{u}||\vec{v}|\cos\Theta$ 이므로

$$\cos\Theta = \frac{\vec{u}\cdot\vec{v}}{|\vec{u}||\vec{v}|}$$

가 되고, 이 식을 성분으로 표시하면 원하는 식을 얻을 수 있다. ■

예제 2 (1) 두 벡터 $\vec{u} = (4,\ 5,\ 2)$와 $\vec{v} = (-3,\ 6,\ 0)$의 사이각 Θ 를 구하여라.

(2) 공간상의 세 점 $P(1,\ 2,\ -3)$, $Q(-2,\ 1,\ 5)$, $R(1,\ 1,\ -4)$이 있을 때, 두 벡터 $\vec{u} = \overrightarrow{PQ}$ 와 $\vec{v} = \overrightarrow{PR}$의 사이각 Θ 에 대한 cosine 값을 구하여라.

풀이 (1) 사이각 Θ 에 대한 cosine 값을 구하면 다음과 같다.

$$\begin{aligned}\cos\Theta &= \frac{\vec{u}\cdot\vec{v}}{|\vec{u}||\vec{v}|}\\ &= \frac{4\cdot(-3)+5\cdot 6+(-2)\cdot 0}{\sqrt{4^2+5^2+(-2)^2}\sqrt{(-3)^2+6^2+0^2}}\\ &= \frac{2}{5}.\end{aligned}$$

따라서 구하는 각은 $\arccos(2/5)$ 이다.

(2) 문제의 두 벡터는

$$\vec{u} = \overrightarrow{PQ} = (-2,\ 1,\ 5) - (1,\ 2,\ -3) = (-3,\ -1,\ 8)$$
$$\vec{v} = \overrightarrow{PR} = (1,\ 1,\ -4) - (1,\ 2,\ -3) = (0,\ -1,\ -1)$$

이므로 구하는 cosine 값은 다음과 같다.

$$\cos\Theta = \frac{\vec{u}\cdot\vec{v}}{|\vec{u}||\vec{v}|}$$

$$= \frac{(-3)\cdot 0 + (-1)\cdot(-1) + 8\cdot(-1)}{\sqrt{(-3)^2 + (-1)^2 + 8^2}\sqrt{0^2 + (-1)^2 + (-1)^2}}$$

$$= \frac{-7}{\sqrt{74}\sqrt{2}} = -\frac{7}{2\sqrt{37}}.$$

다음 정리는 벡터의 내적이 갖고 있는 기본적인 성질이며, 정리 10.2.2를 이용하면 쉽게 증명할 수 있다.

정 리 10.2.5

$\vec{u}, \vec{v}, \vec{w}$ 는 공간상의 벡터이고, k 가 스칼라이면 다음이 성립한다.

(1) $\vec{u}\cdot\vec{u} \ge 0$, 특히 $\vec{u}\cdot\vec{u} = 0 \Leftrightarrow \vec{u} = \vec{0}$.

(2) $\vec{u}\cdot\vec{v} = \vec{v}\cdot\vec{u}$

(3) $\vec{u}\cdot(\vec{v} + \vec{w}) = \vec{u}\cdot\vec{v} + \vec{u}\cdot\vec{w}$

(4) $k(\vec{u}\cdot\vec{v}) = (k\vec{u})\cdot\vec{v} = \vec{u}\cdot(k\vec{v})$

정 리 10.2.6

(Triangle inequality)

$$|\vec{u} + \vec{v}| \le |\vec{u}| + |\vec{v}|$$

증명 양변이 모두 음수가 아니므로 양변을 제곱하여 비교한다.

$$\begin{aligned} |\vec{u} + \vec{v}|^2 &= (\vec{u} + \vec{v})\cdot(\vec{u} + \vec{v}) \\ &= \vec{u}\cdot\vec{u} + \vec{u}\cdot\vec{v} + \vec{v}\cdot\vec{u} + \vec{v}\cdot\vec{v} \\ &= |\vec{u}|^2 + 2\vec{u}\cdot\vec{v} + |\vec{v}|^2 \\ (|\vec{u}| + |\vec{v}|)^2 &= (|\vec{u}| + |\vec{v}|)(|\vec{u}| + |\vec{v}|) \\ &= |\vec{u}||\vec{u}| + |\vec{u}||\vec{v}| + |\vec{v}||\vec{u}| + |\vec{v}||\vec{v}| \\ &= |\vec{u}|^2 + 2|\vec{u}||\vec{v}| + |\vec{v}|^2 \end{aligned}$$

주 10.2.3 (1) 에서 $|\vec{u}\cdot\vec{v}| \le |\vec{u}||\vec{v}|$ 이므로 정리가 성립된다. ■

정의 10.2.7 두 벡터 $\vec{u}, \vec{v}$ 가 주어져 있을 때, 다음과 같은 벡터

$$\mathrm{Proj}_{\vec{v}}\vec{u} = \frac{\vec{u}\cdot\vec{v}}{|\vec{v}|^2}\vec{v}$$

를 벡터 $\vec{u}$ 의 벡터 $\vec{v}$ 방향으로의 **정사영벡터**(projection vector of $\vec{u}$ onto $\vec{v}$)라 한다. 이 때, $\vec{u}$ 의 $\vec{v}$ 방향의 성분 $c = \frac{\vec{u}\cdot\vec{v}}{|\vec{v}|^2} \in \mathbf{R}$ 를 벡터 $\vec{u}$ 의 벡터 $\vec{v}$ 방향의 **정사영**(projection)이라고 한다(그림 10.2.2).

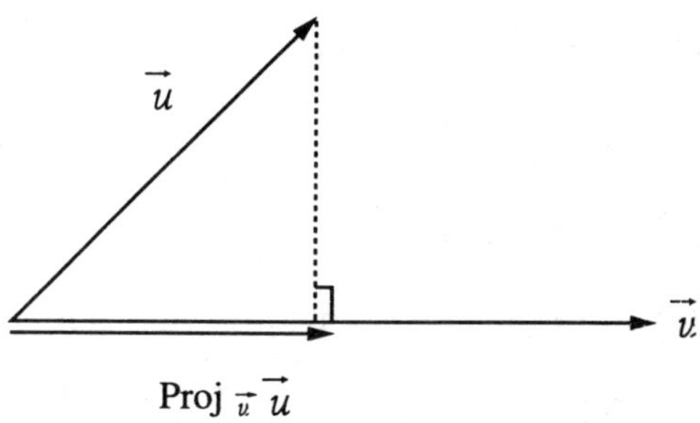

<그림 10.2.2>

예제 3 벡터 $\vec{u} = (2, 5, 4)$ 의 벡터 $\vec{v} = (1, 0, 2)$ 방향으로의 성분을 구하고, 벡터 $\vec{u}$ 의 벡터 $\vec{v}$ 방향으로의 정사영벡터를 구하여라.

풀이 먼저 벡터 $\vec{u}$의 벡터 $\vec{v}$ 방향의 성분을 구하면 다음과 같다.

$$c = \frac{\vec{u}\cdot\vec{v}}{|\vec{v}|^2} = \frac{2\cdot 1 + 5\cdot 0 + 4\cdot 2}{\sqrt{1^2+0^2+2^2}} = 2$$

따라서 구하고자 하는 정사영벡터는

$$\mathrm{Proj}_{\vec{v}}\vec{u} = \frac{\vec{u}\cdot\vec{v}}{|\vec{v}|^2}\vec{v}$$

$$= c\vec{v} = 2(1, 0, 2) = (2, 0, 4).$$

◈◈◈ 연습 문제 10.2 ◈◈◈

1. 다음 두 벡터의 내적을 구하여라.

   (1) $\vec{u} = (2, 1)$, $\vec{v} = (0, 3)$

   (2) $\vec{u} = (2, 1)$, $\vec{v} = (-5, 4)$

   (3) $\vec{u} = (4, 5, -2)$, $\vec{v} = (1, 0, 3)$

   (4) $\vec{u} = (-1, 2, -1)$, $\vec{v} = (2, 3, -1)$

2. 다음 두 점 사이의 거리를 구하여라.

   (1) $P(1, 2, 0)$, $Q(0, 3, 8)$

   (2) $P(4, 5, -2)$, $Q(1, 0, 3)$

   (3) $P(-1, 5, 0)$, $Q(1, -6, 2)$

   (4) $P(9, 5, 2)$, $Q(2, 7, -1)$

3. 다음 두 벡터 중 서로 수직인 것은 어느 것인지 찾아보아라.

   (1) $\vec{u} = (1, 3)$, $\vec{v} = (-6, 2)$

   (2) $\vec{u} = (-1, 1)$, $\vec{v} = (5, -3)$

   (3) $\vec{u} = (1, 5, 0)$, $\vec{v} = (-1, -1, 2)$

   (4) $\vec{u} = (-2, 0, 3)$, $\vec{v} = (6, 7, 4)$

4. 다음 벡터의 길이를 구하여라.

   (1) $\vec{u} = (3, 2, 1)$　　　　(2) $\vec{u} = (0, 1, -4)$

(3) $\vec{u} = (4, 4, 4)$ (4) $\vec{u} = (-1, 2, -1)$

5. 문제 1 의 벡터에 대하여 $\vec{u}$ 의 $\vec{v}$ 방향의 정사영과 정사영벡터를 구하여라.

6. 다음 세 점을 꼭지점으로 하는 삼각형의 세 각의 cosine 을 구하여라.
   (1) $(2, -1, 1)$, $(1, -3, -5)$, $(3, -4, -4)$
   (2) $(-1, 2, 3)$, $(2, -4, 2)$, $(2, -1, -1)$
   (3) $(1, 0, 0)$, $(0, 1, 0)$, $(0, 0, 1)$
   (4) $(2, -1, 1)$, $(3, -2, 1)$, $(0, 0, 1)$

10.3 벡터의 외적

앞 절에서는 두 벡터의 곱이 실수값을 갖는 내적에 대하여 알아보았다. 여기서는 두 벡터의 곱이 다시 벡터가 되는 외적에 대하여 공부하기로 하자. 이 곱셈은 3 차원 공간상의 벡터에 한하여 정의됨에 유의하자.

정의 10.3.1 공간상의 두 벡터 $\vec{u} = (u_1, u_2, u_3)$, $\vec{v} = (v_1, v_2, v_3)$ 가 있을 때, 두 벡터의 **외적**(cross product 또는 outer product) $\vec{u} \times \vec{v}$ 은 다음과 같은 성분을 갖는 공간상의 벡터이다.

$$\begin{aligned}\vec{u} \times \vec{v} &= (u_1, u_2, u_3) \times (v_1, v_2, v_3) \\ &= (u_2 v_3 - u_3 v_2, u_3 v_1 - u_1 v_3, u_1 v_2 - u_2 v_1)\end{aligned}$$

이 외적은 **벡터곱**(vector product)이라고도 한다.

벡터의 외적을 구하는 것은 다음에 소개하는 **행렬식**(determinant)을 이용하면 보다 수월하다. 여기서 a, b, c, d 와 $a_{ij}(1 \leq i, j \leq 3)$는 임의의 실수이다.

$$\begin{vmatrix} a & b \\ c & d \end{vmatrix} = ad - bc$$

$$\begin{vmatrix} a_{11} & a_{12} & a_{13} \\ a_{21} & a_{22} & a_{23} \\ a_{31} & a_{32} & a_{33} \end{vmatrix} = a_{11}\begin{vmatrix} a_{22} & a_{23} \\ a_{32} & a_{33} \end{vmatrix} - a_{12}\begin{vmatrix} a_{21} & a_{23} \\ a_{31} & a_{33} \end{vmatrix} + a_{11}\begin{vmatrix} a_{21} & a_{22} \\ a_{31} & a_{32} \end{vmatrix}$$

$\vec{e_1} = (1, 0, 0)$, $\vec{e_2} = (0, 1, 0)$, $\vec{e_3} = (0, 0, 1)$라 하면, 벡터의 외적은 위의 행렬식을 사용해서 다음과 같이 정의할 수 있다.

$$\begin{aligned} \vec{u} \times \vec{v} &= \begin{vmatrix} \vec{e_1} & \vec{e_2} & \vec{e_3} \\ u_1 & u_2 & u_3 \\ v_1 & v_2 & v_3 \end{vmatrix} \\ &= \begin{vmatrix} u_2 & u_3 \\ v_2 & v_3 \end{vmatrix} \vec{e_1} - \begin{vmatrix} u_1 & u_3 \\ v_1 & v_3 \end{vmatrix} \vec{e_2} + \begin{vmatrix} u_1 & u_2 \\ v_1 & v_2 \end{vmatrix} \vec{e_3} \\ &= \left(\begin{vmatrix} u_2 & u_3 \\ v_2 & v_3 \end{vmatrix}, -\begin{vmatrix} u_1 & u_3 \\ v_1 & v_3 \end{vmatrix}, \begin{vmatrix} u_1 & u_2 \\ v_1 & v_2 \end{vmatrix} \right) \end{aligned}$$

예제 1 두 벡터 $\vec{u} = (2, -1, 6)$, $\vec{v} = (0, 4, 2)$의 외적 $\vec{u} \times \vec{v}$, $\vec{v} \times \vec{u}$ 를 구하여라.

풀이 행렬식을 이용해서 계산해 보면 다음과 같다.

$$\begin{aligned} \vec{u} \times \vec{v} &= \begin{vmatrix} \vec{e_1} & \vec{e_2} & \vec{e_3} \\ 2 & -1 & 6 \\ 0 & 4 & 2 \end{vmatrix} \\ &= \left(\begin{vmatrix} -1 & 6 \\ 4 & 2 \end{vmatrix}, -\begin{vmatrix} 2 & 6 \\ 0 & 2 \end{vmatrix}, \begin{vmatrix} 2 & -1 \\ 0 & 4 \end{vmatrix} \right) \\ &= (-26, -4, 8) \end{aligned}$$

$$\vec{v}\times\vec{u} = \begin{vmatrix} \vec{e_1} & \vec{e_2} & \vec{e_3} \\ 0 & 4 & 2 \\ 2 & -1 & 6 \end{vmatrix}$$

$$= \left(\begin{vmatrix} 4 & 2 \\ -1 & 6 \end{vmatrix}, -\begin{vmatrix} 0 & 2 \\ 2 & 6 \end{vmatrix}, \begin{vmatrix} 0 & 4 \\ 2 & -1 \end{vmatrix} \right)$$

$$= (26,\ 4,\ -8)$$

정 리 10.3.2

$\vec{u}, \vec{v}, \vec{w}$ 를 공간상의 벡터라 하고, k 를 스칼라라고 했을 때, 벡터의 외적은 다음 성질을 만족한다.

(1) $(\vec{u}\times\vec{v}) \perp \vec{u},\quad (\vec{u}\times\vec{v}) \perp \vec{v}$

(2) $|\vec{u}\times\vec{v}|^2 = |\vec{u}|^2|\vec{v}|^2 - (\vec{u}\cdot\vec{v})^2$

(3) $\vec{u}\times\vec{v} = -\vec{v}\times\vec{u}$

(4) $(\vec{u}\times\vec{v})\times\vec{w} = (\vec{u}\cdot\vec{w})\vec{v} - (\vec{v}\cdot\vec{w})\vec{u}$

(5) $\vec{u}\times(\vec{v}+\vec{w}) = \vec{u}\times\vec{v} + \vec{u}\times\vec{w}$

(6) $(\vec{u}+\vec{v})\times\vec{w} = \vec{u}\times\vec{w} + \vec{v}\times\vec{w}$

(7) $k(\vec{u}\times\vec{v}) = (k\vec{u})\times\vec{v} = \vec{u}\times(k\vec{v})$

증명 (1) $(\vec{u}\times\vec{v}) \perp \vec{u}$ 를 증명하기 위해서는 $\vec{u}\times\vec{v}$ 와 $\vec{u}$ 의 내적이 0 이 됨을 보이면 된다.

$$\begin{aligned}(\vec{u}\times\vec{v}) &\perp \vec{u} \\ &= (u_2v_3-u_3v_2,\ u_3v_1-u_1v_3,\ u_1v_2-u_2v_1)\cdot(u_1,\ u_2,\ u_3) \\ &= (u_2v_3-u_3v_2)u_1 + (u_3v_1-u_1v_3)u_2 + (u_1v_2-u_2v_1)u_3 \\ &= 0\end{aligned}$$

나머지는 (1)에서와 같이 각 벡터의 성분 표현을 사용해서 증명할 수

있다. ■

주 10.3.3 (1) 정리 10.3.2 (1) 은 두 벡터를 외적해서 생긴 새로운 벡터는 원래의 두 벡터에 수직임을 뜻한다.

(2)
$$\begin{aligned} |\vec{u}\times\vec{v}|^2 &= |\vec{u}|^2|\vec{v}|^2 - (\vec{u}\cdot\vec{v})^2 \\ &= |\vec{u}|^2|\vec{v}|^2 - (|\vec{u}||\vec{v}|\cos\Theta)^2 \\ &= |\vec{u}|^2|\vec{v}|^2\sin^2\Theta \end{aligned}$$

이 성립하므로, 정리 10.3.2 (2) 는 외적한 벡터의 길이가 원래의 두 벡터가 만드는 평행사변형의 넓이의 절대값과 같음을 나타내고 있다(그림 10.3.1). 정리 10.3.2 (2)의 식은 "라그란제의 항등식(Lagrange's identity)"으로 알려져 있다.

(3) 정리 10.3.2 (3) 은 외적해서 생긴 벡터의 방향(오른 나사의 방향)을 나타내고 있다(그림 10.3.2).

(4) 정리10.3.2 (3) 과 (4) 에 의하면, 세 개 이상의 벡터의 외적에서는 괄호를 생략할 수 없음을 알 수 있다.

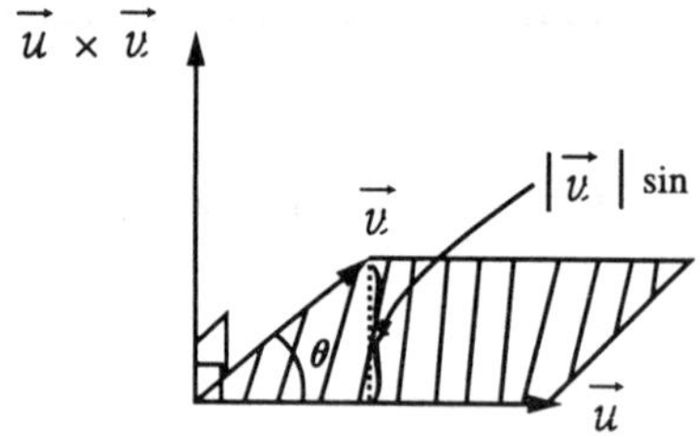

<그림 10.3.1>

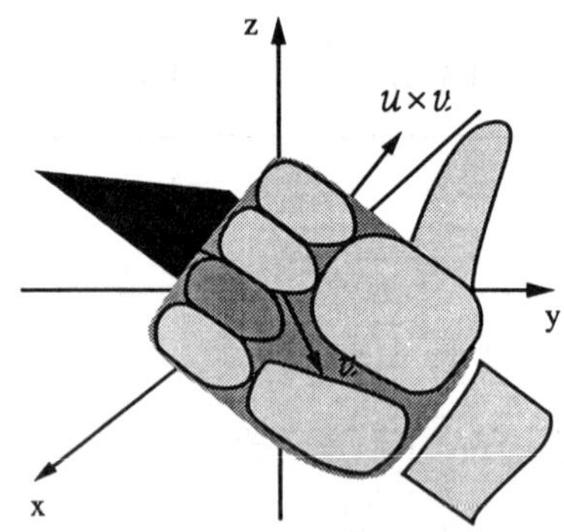

<그림 10.3.2>

예제 2 (1) 두 벡터 $\vec{u}=(1,\ 2,\ -1)$ 와 $\vec{v}=(-2,\ -2,\ 2)$ 에 동시에 수직인 단위벡터를 구하여라.

(2) 두 벡터 $\vec{u} = (-2, 1, -3)$와 $\vec{v} = (0, 1, 2)$를 인접하는 두 변으로 하는 평행사변형의 넓이를 구하여라.

풀이 (1) 두 벡터에 동시에 수직인 벡터는 두 벡터의 외적과 같은 방향이거나 정반대 방향이므로 이것을 구해서, 이 방향의 단위벡터를 구하면 된다.

$$\begin{aligned}\vec{u}\times\vec{v} &= \left(\begin{vmatrix} 2 & -1 \\ 2 & 2 \end{vmatrix}, -\begin{vmatrix} 1 & -1 \\ 1 & 2 \end{vmatrix}, \begin{vmatrix} 1 & 2 \\ -2 & 2 \end{vmatrix} \right) \\ &= (6, -3, 6)\end{aligned}$$

이므로, 두 벡터에 동시에 수직인 벡터의 방향은 벡터 $\pm(6, -3, 6)$의 방향과 같고, 이 방향의 단위벡터는

$$\begin{aligned}\pm\frac{\vec{u}\times\vec{v}}{|\vec{u}\times\vec{v}|} &= \pm\frac{1}{\sqrt{6^2+(-3)^2+6^2}}(6, -3, 6) \\ &= \pm\left(\frac{2}{3}, -\frac{1}{3}, \frac{2}{3}\right).\end{aligned}$$

(2) $\vec{u}$와 $\vec{v}$를 이웃한 변으로 갖는 평행사변형의 넓이는 $|\vec{u}\times\vec{v}|$이므로,

$$\begin{aligned}|\vec{u}\times\vec{v}| &= \left| \begin{vmatrix} 1 & -3 \\ 1 & 2 \end{vmatrix}, -\begin{vmatrix} -2 & -3 \\ 0 & 2 \end{vmatrix}, \begin{vmatrix} -2 & 1 \\ 0 & 1 \end{vmatrix} \right| \\ &= \sqrt{5^2+4^2+(-2)^2} = 3\sqrt{5}.\end{aligned}$$

예제 3 공간상의 세 점 $A(2, 2, 0)$, $B(-1, 0, 2)$, $C(0, 4, 3)$가 만드는 삼각형의 넓이를 구하여라.

풀이 삼각형의 넓이는 두 벡터 $\overrightarrow{AB}, \overrightarrow{AC}$가 만드는 평행사변형의 넓이의 반이므로 구하고자 하는 넓이는 두 벡터를 외적한 벡터의 크기의 반을 구하면 된다.

$$S = \frac{1}{2}|\overrightarrow{AB}\times\overrightarrow{AC}|$$

$$= \frac{1}{2}|(-3, -2, 2)\times(-2, 2, 3)|$$

$$= \frac{1}{2}|(-10, 5, -10)|$$

$$= \frac{1}{2}\sqrt{10^2+5^2+10^2} = \frac{15}{2}$$

정의 10.3.4 $\vec{u} = (u_1, u_2, u_3)$, $\vec{v} = (v_1, v_2, v_3)$, $\vec{w} = (w_1, w_2, w_3)$를 공간상의 세 벡터라 할 때, 다음의 스칼라 값을 위의 세 벡터의 **스칼라 삼중적**(scalar triple)이라 한다.

$$[\vec{u}\vec{v}\vec{w}] = \vec{u}\cdot\vec{v}\times\vec{w}$$

내적과 외적을 성분으로 표현해 보면, 스칼라 삼중적은 다음과 같음을 알 수 있다.

$$\begin{aligned}
[\vec{u}\vec{v}\vec{w}] &= \vec{u}\cdot\vec{v}\times\vec{w} \\
&= (u_1, u_2, u_3)\cdot\left(\begin{vmatrix} v_2 & v_3 \\ w_2 & w_3 \end{vmatrix}, -\begin{vmatrix} v_1 & v_3 \\ w_1 & w_3 \end{vmatrix}, \begin{vmatrix} v_1 & v_2 \\ w_1 & w_2 \end{vmatrix}\right) \\
&= u_1\begin{vmatrix} v_2 & v_3 \\ w_2 & w_3 \end{vmatrix} - u_2\begin{vmatrix} v_1 & v_3 \\ w_1 & w_3 \end{vmatrix} + u_3\begin{vmatrix} v_1 & v_2 \\ w_1 & w_2 \end{vmatrix} \\
&= \begin{vmatrix} u_1 & u_2 & u_3 \\ v_1 & v_2 & v_3 \\ w_1 & w_2 & w_3 \end{vmatrix}
\end{aligned}$$

정 리 10.3.5

$\vec{u} = (u_1, u_2, u_3)$, $\vec{v} = (v_1, v_2, v_3)$, $\vec{w} = (w_1, w_2, w_3)$를 공간상의 세 벡터라 할 때, 스칼라 삼중적은 다음의 성질을 만족한다.

(1) 스칼라 삼중적의 절대값은 세 벡터가 만드는 평행육면체의 부피와 같다.

(2) $[\vec{u}\vec{v}\vec{w}] = [\vec{v}\vec{w}\vec{u}] = [\vec{w}\vec{u}\vec{v}]$

(3) $[\vec{u}\vec{v}\vec{w}] = -[\vec{v}\vec{u}\vec{w}]$

(4) $[\vec{u}\vec{v}\vec{w}] = \vec{u}\times\vec{v}\cdot\vec{w}$

증명 (1) Θ를 두 벡터 $\vec{u}$와 $\vec{v}\times\vec{w}$의 사이각이라 하면, $|\vec{v}\times\vec{w}|$는 $\vec{v}$와 $\vec{w}$가 만드는 평행사변형의 넓이가 되고, $|\vec{u}|\cos\Theta$는 두 벡터 $\vec{v}$, $\vec{w}$가 만드는 평행사변형을 밑면으로 하는 평행육면체의 높이가 되므로,

$$[\vec{u}\,\vec{v}\,\vec{w}] = \vec{u}\cdot\vec{v}\times\vec{w} = |\vec{v}\times\vec{w}|(|\vec{u}|\cos\Theta)$$

는 구하고자 하는 입체의 부피가 된다(그림 10.3.3).

(2) 와 (3) 은 스칼라 삼중적을 행렬식으로 계산하여 보면 알 수 있다.

(4) 위의 (2) 와 정리 10.2.4 (2) 를 사용하면,

$$[\vec{u}\,\vec{v}\,\vec{w}] = [\vec{w}\,\vec{u}\,\vec{v}] = \vec{w}\cdot\vec{u}\times\vec{v} = \vec{u}\times\vec{v}\cdot\vec{w} \quad ■$$

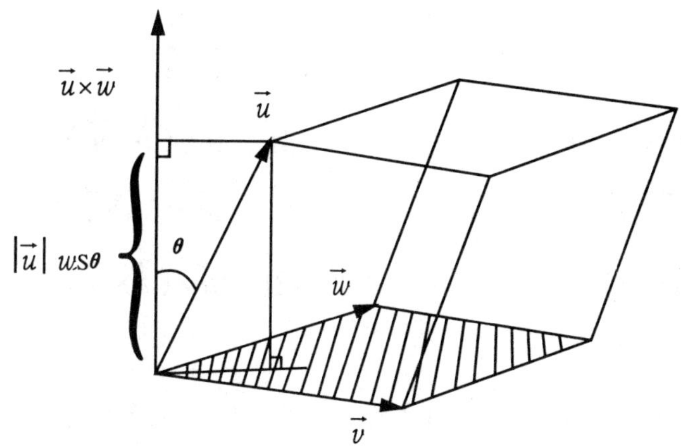

<그림 10.3.3 >

예제 4

꼭지점이 $O(0, 0, 0)$, $A(2, 1, 0)$, $B(-1, 2, 3)$, $C(4, 2, -1)$ 인 사면체의 부피 V를 구하여라.

풀이 사면체의 부피는 $\overrightarrow{OA}$, $\overrightarrow{OB}$, $\overrightarrow{OC}$로 만들어진 평행육면체의 부피의 $1/6$이므로, 구하는 부피는

$$V = \left|\frac{1}{6}[\overrightarrow{OA}\,\overrightarrow{OB}\,\overrightarrow{OC}]\right|$$

$$= \left| \frac{1}{6} \begin{vmatrix} 2 & 1 & 0 \\ -1 & 2 & 3 \\ 4 & 2 & -1 \end{vmatrix} \right| = \left| -\frac{5}{6} \right| = \frac{5}{6}.$$

◈◈◈ 연습 문제 10.3 ◈◈◈

1. $\vec{u} = (2, -1, 1)$, $\vec{v} = (-1, 3, 2)$, $\vec{w} = (1, 2, -1)$이라 할 때, 다음을 구하고, 서로 같은 것이 있는지 찾아보아라.

(1) $\vec{u} \times \vec{v}$　　(2) $\vec{v} \times \vec{u}$

(3) $\vec{u} \times (\vec{v} + \vec{w})$　　(4) $\vec{u} \cdot (\vec{v} \times \vec{w})$

(5) $\vec{v} \cdot (\vec{w} \times \vec{u})$　　(6) $\vec{w} \cdot (\vec{u} \times \vec{v})$

(7) $\vec{v} \times (\vec{u} \times \vec{w})$　　(8) $\vec{w} \times (\vec{v} \times \vec{u})$

2. 두 벡터 $\vec{u} = (3, 2, -1)$과 $\vec{v} = (1, 0, 5)$에 수직인 모든 벡터를 구하여라.

3. 다음 세 점을 꼭지점으로 하는 삼각형의 넓이를 구하여라.

(1) $(3, -6, 4)$, $(2, 1, 1)$, $(5, 0, 2)$

(2) $(3, -2, 4)$, $(1, 3, -5)$, $(1, 2, 0)$

(3) $(-1, 2, 4)$, $(2, 0, 6)$, $(3, -1, 0)$

(4) $(1, 0, 0)$, $(2, 3, -1)$, $(1, 2, 5)$

4. 원점과 $(2, 2, 1)$, $(1, 0, 2)$, $(2, 1, 2)$의 세 점을 꼭지점으로 하는 사면체의 체적을 구하여라.

5. $\vec{u} = (u_1, u_2, u_3)$, $\vec{v} = (v_1, v_2, v_3)$, $\vec{w} = (w_1, w_2, w_3)$를 공간 상의 세 벡터라 하자. 이 때, 모두가 0 이 아닌 적당한 실수 $a, b, c \in \mathbf{R}$가 존재하여 다음 등식

$$a\vec{u} + b\vec{v} + c\vec{w} = 0$$

이 성립하기 위한 필요충분조건은 이들 세 벡터의 스칼라 삼중적이

$$[\vec{u}\vec{v}\vec{w}] = \begin{vmatrix} u_1 & u_2 & u_3 \\ v_1 & v_2 & v_3 \\ w_1 & w_2 & w_3 \end{vmatrix} = 0$$

을 만족할 때임을 증명하여라.

10.4 공간 도형

벡터를 사용해서 공간상의 직선과 구면, 평면 등을 표현해 보자.

정 리 10.4.1

(1) 원점에서부터의 거리가 p이고, **단위벡터** $\vec{n} = (n_1, n_2)$에 수직인 직선의 방정식은 다음과 같다 (그림 10.4.1).

$$\vec{x} \cdot \vec{n} = x_1 n_1 + x_2 n_2 = \pm p.$$

(2) 점 C를 중심으로 하고, 반지름이 r인 원의 방정식은

$$|\vec{x} - \vec{c}| = r \quad (\text{그림 } 10.4.2).$$

(3) 선분 AB를 지름으로 하는 원의 방정식은

$$(\vec{x} - \vec{a}) \cdot (\vec{x} - \vec{b}) = 0 \quad (\text{그림 } 10.4.3).$$

위의 (1)식은 직선에 대한 **Hesse의 표준형**이라 하며, $n_1^2 + n_2^2 = 1$임에 유의하여라.

증명 (1) 직선 상의 임의의 점 X에 대응하는 벡터 $\vec{x}$의 벡터 $\vec{n}$ 방

향에의 정사영이 $\pm p$ (그림 10.4.1에서는 $X \in l$ 이면 p, $X \in l'$ 이면 $-p$)이고, $\vec{n}$ 가 단위벡터이므로, 이를 이용하면 주어진 식을 얻을 수 있다. 즉,

$$\frac{\vec{x} \cdot \vec{n}}{|\vec{n}|^2} = \pm p$$

인데, $|\vec{n}| = 1$ 이므로 $\vec{x} \cdot \vec{n} = \pm p$가 나온다.

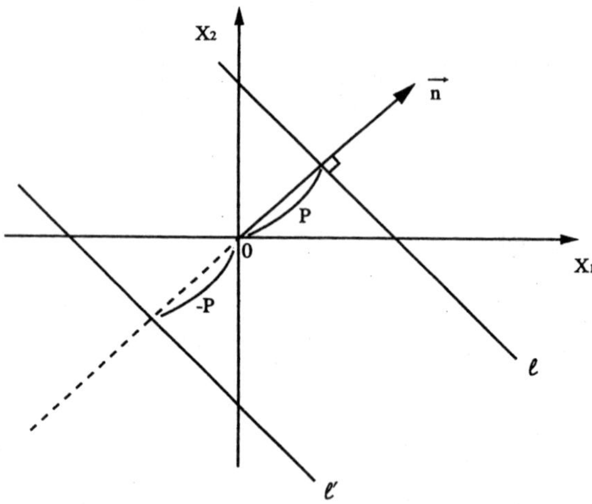

<그림 10.4.1 >

(2) 와 (3)은 쉽게 증명된다. ■

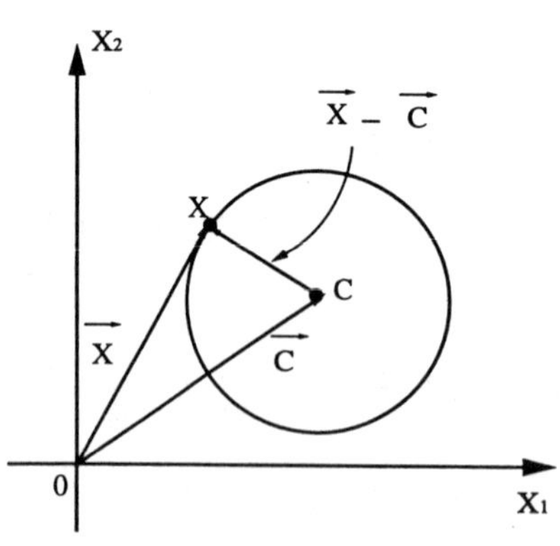

<그림 10.4.2>

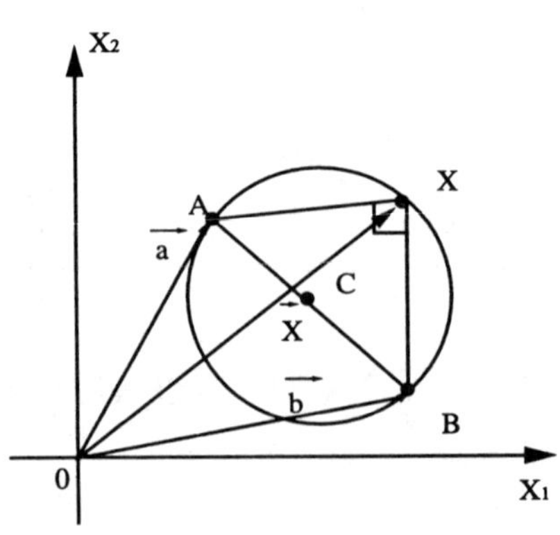

<그림 10.4.3>

예제 1 원점에서부터의 거리가 3 이고, 벡터 $\vec{a} = (1, 2)$에 수직인 직선의 방정식을 구하여라.

풀이 주어진 직선은 원점에서의 거리가 3 이고, 직선 상의 점 X 에 대응하는 벡터 $\vec{x} = (x_1, x_2)$는 단위벡터 $\frac{\vec{a}}{|\vec{a}|}$ 에 수직이므로, 구하는 직선의 방정식은

$$\frac{\vec{x}\cdot\vec{a}}{|\vec{a}|} = \frac{x_1\cdot 1 + x_2\cdot 2}{\sqrt{1^2+2^2}} = \pm 3$$

이 된다. 따라서, 구하고자 하는 직선은 원점을 중심으로 서로 대칭인 위치에 있으며, 그 방정식은

$$x_1 + 2x_2 = \pm 3\sqrt{5} .$$

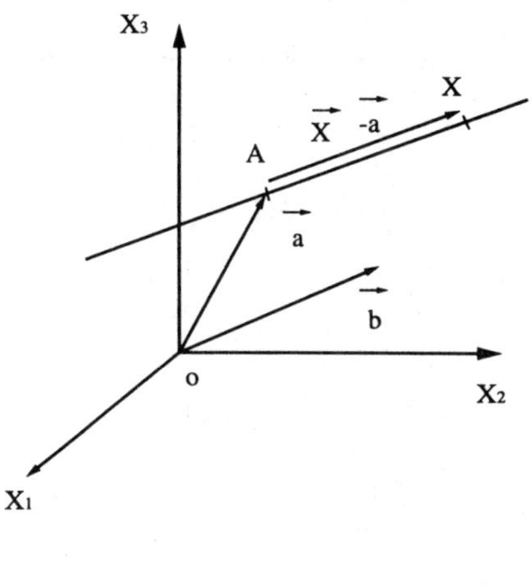

<그림 10.4.4>

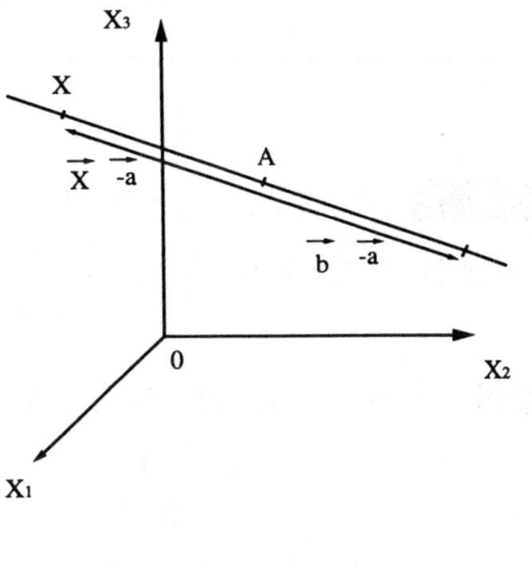

<그림 10.4.5>

정 리 10.4.2

(직선의 방정식) 원점에서 각 점 A, B, X 까지의 벡터를 각각 $\vec{a} = (a_1, a_2, a_3)$, $\vec{b} = (b_1, b_2, b_3)$, $\vec{x} = (x_1, x_2, x_3)$라 하자.

(1) 점 A 를 지나고, 벡터 $\vec{b}$ 와 평행인 직선의 방정식은

$$\vec{x} = \vec{a} + t\vec{b}, \qquad t \in \mathbf{R}$$

이것을 성분으로 표시하면

$$\frac{x_1 - a_1}{b_1} = \frac{x_2 - a_2}{b_2} = \frac{x_3 - a_3}{b_3} \quad \text{(그림 10.4.4).}$$

이 방정식을 직선의 **대칭 방정식**(symmetric equation)이라 한다.

(2) 두 점 A, B 를 지나는 직선의 방정식은

$$\vec{x} = t\vec{b} + (1-t)\vec{a}, \qquad t \in \mathbf{R},$$

또는,

$$\frac{x_1 - a_1}{b_1 - a_1} = \frac{x_2 - a_2}{b_2 - a_2} = \frac{x_3 - a_3}{b_3 - a_3} \quad \text{(그림 10.4.5).}$$

예제 2 점 $X(x, y, 2)$ 가 두 점 $A(4, -2, 3)$, $B(-5, 4, 0)$을 잇는 직선 상의 점일 때, x 와 y 를 구하여라.

풀이 먼저 두 점 A, B 를 지나는 직선의 방정식을 구하면

$$\frac{x_1 - 1}{-9} = \frac{x_2 + 2}{6} = \frac{x_3 - 3}{-3}$$

이 되고, 점 X 가 이 직선 상에 있기 위해서는

$$\frac{x - 1}{-9} = \frac{y + 2}{6} = \frac{2 - 3}{-3}$$

을 만족해야 한다. 따라서 구하는 값은

$$x = 4 - 3 = 1, \; y = -2 + 2 = 0.$$

정 리 10.4.3

(평면의 방정식) 원점에서 각 점 A, X 까지의 벡터를 각각

$$\vec{a} = (a_1,\ a_2,\ a_3),\quad \vec{x} = (x_1,\ x_2,\ x_3),$$

라 할 때,

(1) 점 A 를 지나고, 벡터 $\vec{n}$ 와 수직인 평면의 방정식은

$$(\vec{x} - \vec{a}) \cdot \vec{n} = 0$$

이다. 이것을 성분으로 표시하면

$$n_1x_1 + n_2x_2 + n_3x_3 = n_1a_1 + n_2a_2 + n_3a_3 = n_0$$

이 된다. 이 식을 **평면의 표준형**이라 하고, 이 평면에 수직인 벡터 $\vec{n}$ 을 **법선벡터**(normal vector)라고 한다(그림 10.4.6).

(2) 원점에서부터의 거리가 p 이고, 단위벡터 $\vec{n}$ 에 수직인 평면의 방정식은 다음과 같다(그림 10.4.7).

$$\vec{x} \cdot \vec{n} = x_1n_1 + x_2n_2 + x_3n_3 = \pm p.$$

위의 식은 직선에 대한 **Hesse의 표준형**이라 하며, $n_1^2 + n_2^2 + n_3^2 = 1$ 임에 유의하라.

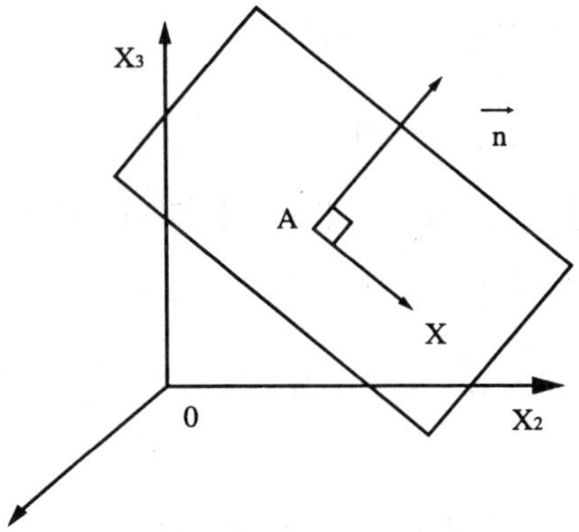

<그림 10.4.6>

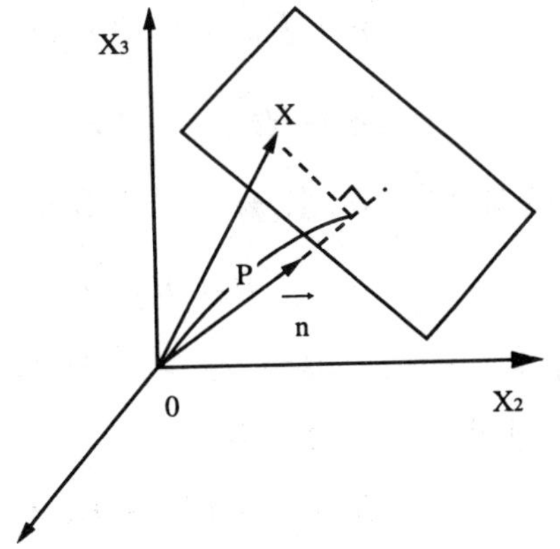

<그림 10.4.7>

예제 3 점 $(1, 2, -1)$을 지나고 평면 $2x_1 - 3x_2 + 4x_3 + 6 = 0$에 평행한 평면 π의 방정식을 구하여라.

풀이 구하고자 하는 평면 π와 평면 $2x_1 - 3x_2 + 4x_3 + 6 = 0$은 서로 평행이므로 두 평면은 같은 법선벡터 $\vec{n} = (2, -3, 4)$를 갖고 있으며, 이 평면 π가 점 $(1, 2, -1)$을 지나므로, 구하는 평면 π의 방정식은

$$2(x_1 - 1) - 3(x_2 - 2) + 4(x_3 + 1) = 0$$

을 만족해야 한다. 즉, 평면 π는

$$2x_1 - 3x_2 + 4x_3 + 8 = 0$$

예제 4 $P(1, 3, -1)$, $Q(4, -1, 2)$, $R(-2, 1, 3)$, $S(2, 0, 5)$라 할 때, 선분 $\overline{PQ}$를 포함하고 $\overrightarrow{RS}$에 평행한 평면 π의 방정식을 구하여라.

풀이 구하는 평면 π에 수직인 벡터를 $\vec{n} = (n_1, n_2, n_3)$라 하면, $\vec{n}$는 두 벡터 $\overrightarrow{PQ} = (3, -4, 3)$과 $\overrightarrow{RS} = (4, -1, 2)$에 수직이므로,

$$\vec{n} \cdot \overrightarrow{PQ} = 3n_1 - 4n_2 + 3n_3 = 0$$

$$\vec{n} \cdot \overrightarrow{RS} = 4n_1 - n_2 + 2n_3 = 0$$

을 만족하는 값을 $13n_1 = -5n_3$구하면 , $13n_2 = 6n_3$가 된다. 따라서,

$$n_1 : n_2 : n_3 = -5 : 6 : 13$$

이 된다. 구하는 평면 π는 P를 지나고 $\vec{n} = (-5, 6, 13)$에 수직이므로, 평면 π의 방정식은

$$-5(x_1 - 1) + 6(x_2 - 3) + 13(x_3 + 1) = 0,$$

또는

$$5x_1 - 6x_2 - 13x_3 = 0 .$$

예제 5 점 $P(2, -3, 4)$에서 평면 π : $x_1 + 2x_2 + 2x_3 = 13$ 까지의 거리를 구하여라.

풀이 점 P 에서 평면 π 에 내린 수선의 발을 $Q(a, b, c)$라 하면, 벡터 $\overline{PQ}$는 주어진 평면 π에 수직이므로, 평면 π의 법선벡터와 같은 방향이 되어

$$(a-2) : (b+3) : (c-4) = 1 : 2 : 2$$

이다. 따라서

$$a = t+2, \ b = 2t-3, \ c = 2t+4 , \quad t \in \mathbf{R}$$

로 표현할 수 있다. 그런데, 점 $Q(a, b, c)$는 평면 π상에 있으므로

$$(t+2) + 2(2t-3) + 2(2t+4) = 13$$

을 만족한다. 따라서, $t = 1$ 이므로 $a = 3$, $b = -1$, $c = 6$이고, 수선의 발은 $Q(3, -1, 6)$이다. 그러므로 점 P 에서 평면 π 까지의 거리는

$$\begin{aligned} d &= |\overline{PQ}| \\ &= \sqrt{(3-2)^2 + (-1+3)^2 + 6-4)^2} = 3 . \end{aligned}$$

정의 10.4.5 (1) 두 **직선의 사이각**은 각 직선에 평행인 벡터의 사이각을 뜻한다.

(2) 두 **평면의 사이각**은 각 평면에 수직인 벡터의 사이각을 뜻한다.

예제 6 다음 두 평면의 사이각의 cosine 을 구하여라.

$$\begin{cases} 2x_1 - x_2 + x_3 = 0 \\ x_1 + 2x_2 - x_3 = 1 \end{cases}$$

풀이 두 평면의 법선벡터는 각각 $\overrightarrow{n_1} = (2, -1, 1), \overrightarrow{n_2} = (1, 2, -1)$ 이므로, 구하는 사이각 Θ 의 cosine 은

$$\cos\Theta = \frac{2 \cdot 1 + (-1) \cdot 2 + 1 \cdot (-1)}{\sqrt{2^2 + (-1)^2 + 1^2}\,\sqrt{1^2 + 2^2 + (-1)^2}} = -\frac{1}{6}.$$

◈◈◈ 연습 문제 10.4 ◈◈◈

1. 다음의 세 점을 포함하는 평면의 방정식을 구하여라.

   (1) $(2, 1, 1), (3, -1, 1), (4, 1, -1)$

   (2) $(1, 2, -1), (-1, 1, 4), (1, 3, 2)$

   (3) $(1, -2, 4), (4, 1, 7), (-1, 5, 1)$

   (4) $(0, 0, 0), (1, 3, 4), (2, -2, 1)$

2. 한 점 $(1, -1, 2)$를 포함하고, 두 평면 $2x_1 + 3x_2 - 2x_3 = 5$ 와 $x_1 + 2x_2 - 3x_3 = 8$ 에 각각 수직인 평면의 방정식을 구하여라.

3. 두 평면 $4x_1 + 2x_2 + 2x_3 + 7 = 0$ 와 $2x_1 - 3x_2 + 3x_3 - 1 = 0$ 의 교선에 평행이고, 길이가 3 인 벡터를 구하여라.

4. 점 $P(1, -1, 2)$를 지나고 벡터 $\vec{v} = (1, 2, 3)$에 평행인 직선 l

과 점 P 를 지나고 벡터 $\vec{v}$ 에 수직인 평면 π가 있을 때, 직선 l의 방정식과 평면 π 의 방정식을 각각 구하고, 직선 l 과 평면 π 와의 교점의 좌표를 구하여라.

5. 다음 두 평면의 사이각의 cosine 을 구하여라.

(1) $2x_1 - x_2 + x_3 = 1$, $x_1 - x_2 - x_3 = 5$

(2) $2x_1 + x_2 + 5x_3 = 2$, $-x_1 - x_2 + x_3 = \pi$

(3) $x_1 + x_2 + x_3 = 3$, $3x_1 - 2x_2 + x_3 = 9$

(4) $x_1 - 3x_2 + 2x_3 = 7$, $x_1 - 2x_2 + x_3 = 0$

6. 두 평면 $(k+1)x_1 - x_2 + (2-k)x_3 = 5$, $2x_1 + 6x_2 - x_3 = 3$ 이 서로 수직이 되도록 k 의 값을 구하여라.

10.5 벡터함수의 미분

벡터의 미분과 그 응용에 대하여 살펴보기로 하자.

어떤 집합 D 가 있어서, 그 집합 내의 각 점 $x \in D$ 에 하나의 벡터를 대응시킬 때, 이 대응을 **벡터함수**(vector function)라 한다. 특히, 집합 D 가 수직선상의 한 구간 I 일 때, 이 벡터함수를 **곡선**(curve)이라 한다.

이 절에서는 구간 I 의 각 점에 공간상의 벡터를 대응시키는 곡선만 다루기로 한다. 각 점 $t \in I$ 에 대응되는 벡터를 $F(t)$ 라 표시하고, 이 벡터의 성분을 $f_1(t)$, $f_2(t)$, $f_3(t)$ 라 하면, 이 벡터함수는 다음과 같이 표시된다.

$$F : I \to \mathbf{R}^3$$

$$t \mapsto F(t) = (f_1(t), f_2(t), f_3(t)) \in \mathbf{R}^3$$

여기서, 각 **성분함수**(coordinate function) f_1, f_2, f_3 는 구간 I에서 정의되고 실수값을 갖는 함수이다.

정의 10.5.1 (1) 구간 $I \subset \mathbf{R}$ 에서 정의된 곡선 F 의 각 성분함수 f_1, f_2, f_3 들이 모두 미분가능할 때 곡선 F 는 **미분가능**(differentiable)하다고 하고, **도함수**(derivative) $F'(t)$ 를 다음과 같이 정의한다.

$$F'(t) = (f_1'(t), f_2'(t), f_3'(t))$$

이 도함수를 곡선에 대한 **접선벡터**(tangent vector), 또는 **속도벡터**(velocity vector)라고도 하고, 그 크기 $|F'(t)|$ 를 **속력**(speed)이라 한다.

(2) 곡선 F 상의 한 점 $F(t_0)$ 에서 그 점을 지나며 접선벡터 $F'(t_0)$ 와 같은 방향을 갖는 직선을 그 곡선의 **접선**(tangent line)이라 한다. 즉, $t = t_0$ 에서의 곡선의 접선은 다음 방정식으로 주어진다.

$$X(x) = F(t_0) + xF'(t_0), \quad x \in \mathbf{R}$$

미분가능한 벡터함수들이 있을 때, 이들 함수를 내적, 외적, 합성한 것들의 미분을 생각할 수 있는데, 이들의 미분은 실수값을 갖는 함수의 미분과 같은 형태를 하고 있다.

정 리 10.5.2

$F(t)$, $G(t)$를 구간 I에서 정의된 벡터함수이고, $f(t)$를 구간 I에서 정의된 실수값을 갖는 함수라 하자. 또, $g(s)$는 구간 J에서 정의되고 치역이 I에 포함되는 함수라 하자.

이 함수들이 모두 미분가능하면 다음이 성립된다.

(1) 함수 $f(t)F(t) = (f(t)f_1(t), f(t)f_2(t), f(t)f_3(t))$는 미분가능하며,

$$\frac{d}{dt}(f(t)F(t)) = \frac{d}{dt}(f(t))F(t) + f(t)\frac{d}{dt}(F(t))$$

(2) $F(t)$, $G(t)$의 합 $F(t) + G(t)$는 미분가능하며,

$$\frac{d}{dt}(F(t) + G(t)) = \frac{d}{dt}(F(t)) + \frac{d}{dt}(G(t))$$

(3) $F(t)$, $G(t)$의 내적 $F(t) \cdot G(t)$는 미분가능하며,

$$\frac{d}{dt}(F(t) \cdot G(t)) = \frac{d}{dt}(F(t)) \cdot G(t) + F(t) \cdot \frac{d}{dt}(G(t))$$

(4) $F(t)$, $G(t)$의 외적 $F(t) \times G(t)$는 미분가능하며,

$$\frac{d}{dt}(F(t) \times G(t)) = \frac{d}{dt}(F(t)) \times G(t) + F(t) \times \frac{d}{dt}(G(t))$$

(5) $g(s) = t \in I(s \in J)$로 주어진 함수 $g(s)$와 벡터함수 $F(t)$와의 합성함수 $F(g(s))$는 미분가능하며, 그 도함수는 다음과 같이 **연쇄법칙**(chain rule)을 만족한다.

$$\frac{d}{ds}[F(g(s))] = \frac{d}{ds}(g(s))\frac{d}{dt}F(g(s))$$

증명 벡터함수의 성분함수를 사용하면 쉽게 증명할 수 있으므로 여기서는 (3) 만 증명해 보기로 하자.

$$\frac{d}{dt}(F(t)\cdot G(t))$$

$$= \frac{d}{dt}\{f_1(t)g_1(t) + f_2(t)g_2(t) + f_3(t)g_3(t)\}$$

$$= \frac{d}{dt}\{f_1(t)g_1(t)\} + \frac{d}{dt}\{f_2(t)g_2(t)\} + \frac{d}{dt}\{f_3(t)g_3(t)\}$$

$$= \{\frac{d}{dt}(f_1(t))g_1(t) + f_1(t)\frac{d}{dt}(g_1(t))\}$$

$$+ \{\frac{d}{dt}(f_2(t))g_2(t) + f_2(t)\frac{d}{dt}(g_2(t))\}$$

$$+ \{\frac{d}{dt}(f_3(t))g_3(t) + f_3(t)\frac{d}{dt}(g_3(t))\}$$

$$= \{\frac{d}{dt}(f_1(t))g_1(t) + \frac{d}{dt}(f_2(t))g_2(t) + \frac{d}{dt}(f_3(t))g_3(t)\}$$

$$+ \{f_1(t)\frac{d}{dt}(g_1(t)) + f_2(t)\frac{d}{dt}(g_2(t)) + f_3(t)\frac{d}{dt}(g_3(t))\}$$

$$= \frac{d}{dt}(F(t))\cdot G(t) + F(t)\cdot\frac{d}{dt}(G(t)) \quad \blacksquare$$

예제 1 $F(t) = (3\cos t, 5\sin t, -4\cos t)$로 주어진 곡선의 속도 벡터와 속력을 구하여라.

풀이 속도벡터는

$$\frac{d}{dt}F(t) = (-3\sin t, 5\cos t, 4\sin t)$$

가 되며, 속력은 속도벡터의 크기이므로

$$|F(t)| = \sqrt{(-3\sin t)^2 + (5\cos t)^2 + (4\sin t)^2} = 5.$$

다음에는 벡터 미분의 응용에 대하여 알아보자.

매개변수로 표현된 곡선 $F(t) = (f_1(t), f_2(t), f_3(t))$ 의 $t = t_0$ 에서 임의의 t 까지의 길이 $s(t)$ 는 정리 9.4.3 에 의하여

$$s(t) = \int_{t_0}^{t} \sqrt{(f_1'(\xi))^2 + (f_2'(\xi))^2 + (f_3'(\xi))^2}\, dt.$$

그런데, 이 적분의 피적분함수는 곡선의 속력과 같으므로

$$s(t) = \int_{t_0}^{t} |F'(\xi)|\, dt$$

이로부터

$$\frac{ds}{dt} = |F'(t)|.$$

그밖에도 미분을 이용하여 곡선의 여러 가지 성질들을 살펴 볼 수 있는데, 여기서는 곡선의 구부러진 정도를 나타내는 곡률에 대하여 알아보기로 한다.

정의 10.5.3 (1) 구간 I 에서 정의된 곡선 $F(t)$ 의 속도벡터와 같은 방향인 단위벡터를 **단위접선벡터**(unit tangent vector)라 하고 $T(t)$ 라고 쓴다. 즉,

$$T(t) = \frac{F'(t)}{|F'(t)|}$$

가 된다.

(2) 미분가능한 단위접선벡터 $T(t)$를 호의 길이 s 를 매개변수로 하여 표현하였을 때, 순간변화율 $\frac{d}{ds}T(t)$를 이 곡선의 **곡률벡터**(curvature vector)라 하고 $K(t)$로 쓴다.

이 곡률벡터의 크기 $|K(t)|$ 를 **곡률**(curvature)이라 하고, $\kappa(t)$로 나타낸다. 또, 이 곡률의 역수 $\frac{1}{\kappa(t)}$ 를 곡선의 **곡률반지름**(radius of curvature)이라고 하고 $\rho(t)$로 쓴다.

주 10.5.4 곡률벡터의 정의에서 미분은 변수 s 에 대한 미분이다. 그

러나 일반적으로 주어진 곡선은 호의 길이 s 를 매개변수로 하고 있지 않고, 매개변수 t 로 표현되어 있다. 따라서 곡률벡터는 벡터 미분의 연쇄법칙을 이용하여

$$\begin{aligned} K(t) &= \frac{d}{ds}T(t) = \left(\frac{dt}{ds}\right)\left(\frac{d}{dt}T(t)\right) \\ &= \left(1\Big/\frac{ds}{dt}\right)T'(t) = \frac{T'(t)}{|F'(t)|} \\ &= \frac{1}{|F'(t)|}\frac{d}{dt}\left(\frac{F'(t)}{|F'(t)|}\right) \end{aligned}$$

주어진 곡선의 곡률을 구하려면 정의 10.5.3 이나 주 10.5.4 를 이용할 수도 있으나, 다음 정리를 사용하면 좀 더 편리할 때도 있다. 증명은 연습문제로 남긴다.

정 리 10.5.5

곡선 $F(t)$ 가 두 번 미분가능한 벡터함수일 때,

$$\kappa(t) = \frac{|F'(t)\times F''(t)|}{|F'(t)|^3}$$

예제 2 다음 곡선(**원나선**, helix)의 곡률과 곡률반지름을 구하여라.

$$F(t) = (\cos t,\ \sin t,\ t),\quad t \in \mathbf{R}$$

풀이 $F'(t) = (-\sin t,\ \cos t,\ 1)$ 이므로 $|F'(t)| = \sqrt{2}$ 이다. 또, $F''(t) = (-\cos t,\ -\sin t,\ 0)$ 이므로 구하고자 하는 곡률은

$$\kappa(t) = \frac{1}{\sqrt{2}}\left|\frac{1}{\sqrt{2}}F''(t)\right| = \frac{1}{2}.$$

즉, 이 곡선은 모든 t에 대하여 일정한 곡률과 곡률반지름 2 를 가진다.

◈◈◈ 연습 문제 10.5 ◈◈◈

1. 다음 곡선의 단위접선벡터를 구하여라.

(1) $F(t) = (3t, 4\cos t, -4)$

(2) $F(t) = (3, \sqrt{1-t^2}, 4-t)$

(3) $F(t) = (e^t \sin t, e^t \cos t, e^t)$

(4) $F(t) = (t^2 - 1, 2t + 3, t^2 - 4t)$

(5) $F(t) = (t, t^2, t^3)$

2. 다음 곡선의 곡률을 구하여라.

(1) $F(t) = (e^t, e^{-t}, \sqrt{2}t)$

(2) $F(t) = (3, \sqrt{1-t^2}, 4-t)$

(3) $F(t) = (e^t \sin t, e^t \cos t, t)$

(4) $F(t) = (t^2 - 1, 2t + 3, t^2 - 4t)$

(5) $F(t) = (t, t^2, t^3)$

3. 정리 10.5.5 를 증명하여라.

제11장 편 미 분 법

11.1 다변함수의 극한과 연속성

11.2 편도함수

11.3 고계도함수

11.4 전미분(Total Differential)

11.5 연쇄법칙과 방향도함수

11.6 접평면과 법선

11.7 이변수 함수의 극값

11.8 완전미분과 선적분

제11장 편미분법

11.1 다변수함수의 극한과 연속성

지금까지는 독립변수가 하나뿐인 $y=f(x)$와 같은 형태의 일변수함수에 대하여 극한, 연속성 및 미분 · 적분 등 여러 성질을 다루었다. 이제부터는 독립변수가 2개 이상인 함수 즉, $y=f(x_1, x_2, \cdots, x_n)$과 같은 형태인 n변수함수 $\mathbf{f}: \mathbf{R}^n \to \mathbf{R}$에 대해서 극한 및 편미분 · 중적분 등에 대해서 알아보기로 한다.

변수가 두개 이상인 함수의 응용범위는 매우 다양하다. 예를 들어서, 각 지표면의 해발 높이를 나타내는 표고는 이변수함수이고, 단위 가격이 각각 a, b, c인 세 제품을 각각 x, y, z개 구입할 때 소요되는 비용을 나타내는 함수는 $f(x, y, z)=ax+by+cz$와 같은 삼변수함수이다. 이와 같이 2개 이상의 독립변수를 사용해서 정의되는 함수를 다변수함수라고 한다. f가 $\mathbf{R}^2$또는 $\mathbf{R}^3$의 부분집합에서 정의된 다변수함수이면 $z=f(x, y)$ 또는 $w=f(x, y, z)$와 같이 나타낸다.

예제 1 $f(x, y, z)=(x^2-xy+y^2z^2)$일 때, 다음을 구하여라.

(1) $f(2, -4, 5)$

(2) $f(-1, b, a)$

풀이 (1) $f(2, -4, 5)=2^2-2\times(-4)+(-4)^2\times 5^2=412$

(2) $f(-1, b, a)=(-1)^2+b+a^2b^2$

이변수함수 $z=f(x, y)$의 그래프는 3차원 공간상의 도형을 나타내고 삼변수함수 $w=f(x, y, z)$는 4차원 공간에 있는 도형을 나타낸다. 예를 들어서 $f(x, y)=\sqrt{4-x^2-y^2}$는 중심이 원점이고 반지름이 2인 반구면의 상반부를 나타낸다. 여기서는 주로 $\mathbf{R}^2$, $\mathbf{R}^3$에 정의된 다변수함수를 다루기로 하겠다.

예제 2 $f(x, y)=\frac{1}{3}\sqrt{36-9x^2-4y^2}$ 가 그리는 도형은 무엇인가?

풀이

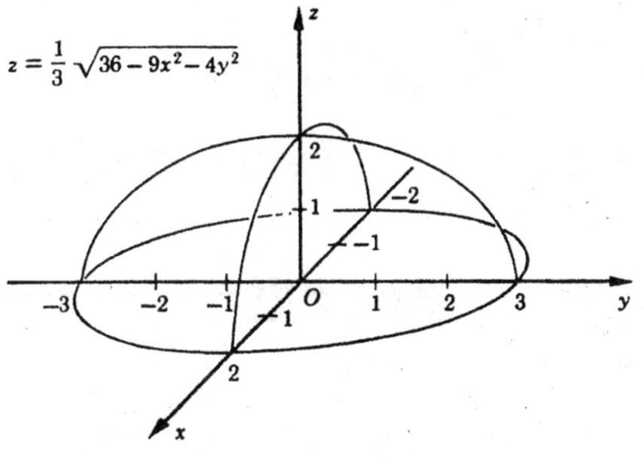

<그림 11.1.1>

일변수함수의 경우에서와 같이 다변수함수에 대해서도 극한과 연속을 정의할 수 있다.

정의 11.1.1 (1) $f: \mathbf{R}^2 \to \mathbf{R}$ 가 이변수함수라고 하자. 그러면 다음과 같을 때, " (a, b) **에서** f**의 극한값이** L "이라고 한다.

임의의 $\varepsilon > 0$에 대하여 적당한 $\delta > 0$가 존재해서, $(x, y) \neq (a, b)$가 $|x-a| < \delta$, $|y-b| < \delta$을 만족하면 $|f(x, y)-L| < \varepsilon$이 성립한다.

(2) f가 다음을 만족할 때, f는 (a, b)에서 연속이라고 한다.

i) $f(a,b)$가 정의되고

ii) $(x, y) \to (a, b)$ 일 때 $f(x,y) \to f(a,b)$

R^3에 정의된 함수의 극한과 연속성도 같은 방법으로 정의된다.

다변수함수의 극한에 관한 성질, 즉, 극한값의 유일성, 상수함수의 극한, 함수의 합과 곱, 몫의 극한에 대한 성질들은 제2장에서 서술한 일변수함수의 극한에 관한 성질을 유도한 것과 유사한 방법으로 유도할 수 있다. 그리고 다변수함수의 연속성도 일변수함수의 경우를 이용하여 설명할 수 있다.

[주] (a, b)에서 f의 극한값이 L이라는 것을 기호로 " $(x, y) \to (a, b)$ 이면 $f(x,y) \to f(a,b)$" 또는 " $\lim_{(x, y) \to (a, b)} f(x, y) = L$ "과 같이 나타낸다.

다음의 정리는 제2장에서 증명한 것과 같은 방법으로 증명할 수 있다.

정 리 11.1.2 (극한의 성질)

$f(x, y) = x$이고 $g(x, y) = y$이면,

$\lim_{(x, y) \to (a, b)} f(x, y) = a$ 이고, $\lim_{(x, y) \to (a, b)} g(x, y) = b$이다.

$x = a$에서 일변수함수 $y = f$의 극한값이 존재하기 위한 필요충분조건은 좌극한값과 우극한값이 각각 존재하고 일치하는 것이다. 왜냐하면, 일변수함수에서는 변수 x가 a에 가까워지는 방법이 오른쪽과 왼쪽의 두 방향뿐이기 때문이다. 그러나 $z = f(x, y)$와 같이 이변수함수인 경우에는 독립변수 (x, y)가 점 (a, b)에 접근하는 방법이 무수히 많아서 이들 각 경우마다 극한값의 조건이 만족되는지 여부를 판단해야만 한다. 즉, $\lim_{(x, y) \to (a, b)} f(x, y)$의 값은 (x, y)가 (a, b)에 접근하는 경로와 무관하

게 유일하게 존재해야 한다는 것이다. 이것은 다변수함수의 연속성을 판단할 때도 마찬가지이다.

예제 3 $f(x, y) = \begin{cases} \dfrac{x^2 - y^2}{x^2 + y^2}, & \text{if}\,(x, y) \neq (0, 0) \\ 0, & \text{if}\ (x, y) = (0, 0) \end{cases}$ 일 때

$\lim_{(x, y) \to (0, 0)} f(x, y)$의 존재성을 조사하여라. 또, $f(0, 0) = 0$라고 할 때, 이 함수는 $(0, 0)$에서 연속인가?

풀이. (i) (x, y)가 x축을 따라서 $(0, 0)$에 가까워지는 경우 ;

$$\lim_{(x, y) \to (0, 0)} f(x, y) = \lim_{(x, y) \to (0, 0)} \frac{x^2}{x^2} = 1$$

(ii) (x, y)가 y축을 따라서 $(0, 0)$에 가까워지는 경우 ;

$$\lim_{(x, y) \to (0, 0)} f(x, y) = \lim_{(x, y) \to (0, 0)} \frac{-y^2}{y^2} = -1$$

(i) (ii)로부터 극한값 $\lim_{(x, y) \to (0, 0)} f(x, y)$은 존재하지 않는다.

◈◈◈ 연 습 문 제 11.1 ◈◈◈

1. $\lim_{(x, y) \to (0, 0)} \dfrac{xy^2}{x^2 + y^2} = 0$임을 증명하여라.

2. $\lim_{(x, y) \to (0, 0)} \dfrac{5x^2y^2}{x^2 + y^2}$가 존재하는지 판단하여라.

3. $f(x, y) = \ln(2x + y)$는 연속함수임을 증명하여라.

11.2 편도함수

이변수함수 $z=f(x,y)$의 그래프는 3차원 공간의 곡면이다. f의 정의역에 속하는 한 점 (x_0, y_0)를 택하면, (x_0, y_0)를 지나고 x축, y축에 각각 수직인 평면과 곡면 $z=f(x, y)$가 만나서 생기는 곡선은 곡면 위의 점 $P(x_0, y_0, z_0)$를 지난다. 그러므로 점 P에서 이들 각 곡선의 접선을 생각할 수 있는데 이 때, 이들 각 접선의 기울기는 다음과 같이 극한값을 이용해서 구할 수 있다.

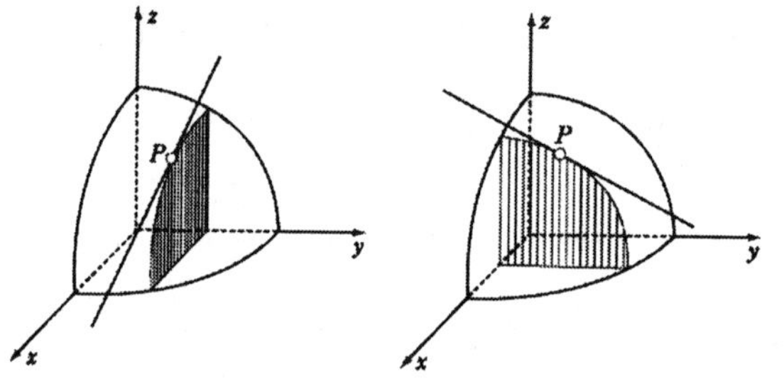

<그림 11.2.1>

$$f_x(x_0, y_0) = \lim_{k \to 0} \frac{f(x_0+k, y_0) - f(x_0, y_0)}{k},$$

$$f_y(x_0, y_0) = \lim_{h \to 0} \frac{f(x_0, y_0+h) - f(x_0, y_0)}{h}.$$

여기서 $f_x(x_0, y_0)$는 $y=y_0$로 놓고 x만을 변수로 간주하여 계산한 극한값이고, $f_y(x_0, y_0)$는 $x=x_0$로 놓고 y만을 변수로 간주하여 계산한 극한값이다. 이와 같은 생각을 정의역의 임의의 점으로 일반화할 수 있는데, 두 변수 중 하나를 상수로 간주한 채 다른 변수에 대해서만 구한 도함수를 **이변수함수의 편도함수**라고 한다. n변수함수에 대해서도 같은 방법으로 편도함수를 정의할 수 있다.

정의 11.2.3 (편도함수) $\mathbf{R}^2$에 정의된 이변수함수 $f(x, y)$의 두 **편도함수** $f_x(x, y)$와 $f_y(x, y)$를 각각 다음과 같이 정의한다.

$$f_x(x, y) = \lim_{h \to 0} \frac{f(x+h, y) - f(x, y)}{h} \quad (y\text{는 상수로 간주한다.})$$

$$f_y(x, y) = \lim_{h \to 0} \frac{f(x, y+h) - f(x, y)}{h} \quad (x\text{는 상수로 간주한다.})$$

만일 f를 $\mathbf{R}^3$ 위에서 정의된 함수라고 하면 이 함수의 편도함수는 다음과 같이 정의한다.

$$f_x(x, y, z) = \lim_{h \to 0} \frac{f(x+h, y, z) - f(x, y, z)}{h} \quad (y,\ z\text{는 상수로 간주한다.})$$

$$f_y(x, y, z) = \lim_{h \to 0} \frac{f(x, y+h, z) - f(x, y, z)}{h} \quad (x,\ z\text{는 상수로 간주한다.})$$

$$f_z(x, y, z) = \lim_{h \to 0} \frac{f(x, y, z+h) - f(x, y, z)}{h} \quad (x,\ y\text{는 상수로 간주한다.})$$

f의 정의역에 속하는 어떤 점에서 위의 극한값이 존재할 때 f는 그 점에서 편미분가능하다고 한다. 그리고 정의역 $\boldsymbol{D}$내의 모든 점에서 편미분가능할 때, **f는 D에서 편미분가능하다**고 한다. 이 정의로부터 다음과 같은 성질을 얻을 수 있다.

정 리 11.2.4

f, g_1, g_2를 각각 $\mathbf{R}^2$에 정의된 함수라고 하자. 이때, $(x_0, y_0) \in \mathbf{R}^2$에 대해서 $g_1(x) = f(x, y_0)$, $g_2(y) = f(x_0, y)$라고하면 다음이 성립한다.

$$f_x(x_0, y_0) = g_1{}'(x_0), \quad f_y(x_0, y_0) = g_2{}'(y_0)$$

예제 1 $f(x, y) = e^{xy}\cos x \sin y$일 때 $f_x(x, y)$와 $f_y(x, y)$를 구하여라.

풀이 $f_x(x, y)$를 구하려면 y를 상수로 생각한다. 그러면 $\sin y$는 상수이므로 $f(x, y)$를 x에 관하여 미분하면,

$$f_x(x, y) = e^{xy}\sin y(-\sin x) + \cos x \sin y \cdot e^{xy} \cdot \cos y$$
$$= e^{xy}\sin y \cdot (y\cos x - \sin x).$$

마찬가지 방법으로 x를 상수로 생각하면,

$$f_y(x, y) = e^{xy}\cos x\,(x\sin y + \cos y).$$

예제 2 $f(x, y, z) = x^3 + y^3 + z^3 + 3xyz$ 일 때 $f_x(x, y, z)$와 $f_y(x, y, z)$, $f_z(x, y, z)$를 각각 구하여라.

풀이 $f_x(x, y, z) = 3x^2 + 3yz,\ \ f_y(x, y, z) = 3y^2 + 3xz,$

$$f_z(x, y, z) = 3z^2 + 3xy\ .$$

예제 3 $f(x, y) = x^2 - 3xy + 2y^2 + 2x - 3y + 5$일 때 $f_x(y, x)$와 $f_y(2, 3)$을 각각 구하여라.

풀이 $f_x(x, y) = 2x - 3y + 2$이므로

$$f_x(y, x) = 2y - 3x + 2, \quad f_x(2, 3) = -3\ .$$

[주] (1) 편도함수의 기호는 일반적으로 f_x 대신에 $\dfrac{\partial f}{\partial x}$ 또는 $\partial f/\partial x$, f_y 대신에 $\dfrac{\partial f}{\partial y}$ 또는 $\partial f/\partial y$ 등으로 나타낸다. 여기서 편미분기호 ∂는 편도함수에 대하여만 사용하고 round 또는 partial로 읽는다.

(2) 편도함수에서 상수로 취급한 문자를 표시할 필요가 있으면 다음과 같이 ( )밖의 오른쪽 아래에 나타내기로 한다.

$$\left(\frac{\partial z}{\partial x}\right)_y = f_x(x, y), \qquad \left(\frac{\partial z}{\partial y}\right)_x = f_y(x, y).$$

$w = f(x, y, z)$ 라 할 때 w의 편도함수도 마찬가지로 나타낸다. 즉,

$$\left(\frac{\partial w}{\partial x}\right)_{yz} = f_x(x, y, z), \ \dots$$

예제 4 x, y, z 은 변수이고 $z = x\arctan\left(\frac{y}{x}\right)$일 때 $\left(\frac{\partial z}{\partial x}\right)_y$와 $\left(\frac{\partial z}{\partial y}\right)_x$를 구하여라.

풀이
$$\frac{\partial z}{\partial x} = x \cdot \frac{-(y/x^2)}{1+(y^2/x^2)} + \arctan\left(\frac{y}{x}\right) = \arctan\left(\frac{y}{x}\right) - \frac{xy}{x^2+y^2}$$
$$\frac{\partial z}{\partial y} = x \cdot \frac{1/x}{1+(y^2/x^2)} = \frac{x^2}{x^2+y^2}.$$

예제 5 x, y, z는 변수이고 z는 $x^3+y^3+z^3+3xyz=5$를 만족하는 미분가능한 x, y의 함수라고 할 때, $\partial z/\partial x$와 $\partial z/\partial y$를 구하여라.

풀이 y를 상수로 생각하고 x에 관하여 미분하면 다음을 얻는다. 즉,

$$3x^2 + 3z^2\frac{\partial z}{\partial x} + 3xy\frac{\partial z}{\partial x} + 3yz = 0. \quad \text{따라서} \quad \frac{\partial z}{\partial x} = -\frac{x^2+yz}{xy+z^2}.$$

x를 상수로 생각하고 y에 관하여 미분하면 다음을 얻는다. 즉,

$$3y^2 + 3z^2\frac{\partial z}{\partial y} + 3xy\frac{\partial z}{\partial y} + 3xz = 0. \ \text{따라서} \quad \frac{\partial z}{\partial y} = -\frac{y^2+xz}{xy+z^2}.$$

◈◈◈ 연 습 문 제 11.2 ◈◈◈

1. $\mathbf{R}^2$ 위에서 정의된 함수의 합의 극한에 대한 정리를 만들어보고, 이것을 증명하여라.

2. 다음의 주어진 함수에 대하여 $f_x(x, y)$, $f_y(x, y)$를 구하여라.

(1) $f(x, y) = x^2 + 2xy^2 - 2x$　　(2) $f(x, y) = x^3 - 3x^2y^2 + 2xy$

(3) $f(x, y) = \sqrt{x^2 + y^2}$　　(4) $f(x, y) = \dfrac{xy}{x^2 + y^2}$

(5) $f(x, y) = \ln\sqrt{x^2 + y^2}$　　(6) $f(x, y) = \arctan\dfrac{y}{x}$

(7) $f(x, y) = xye^{x^2 + y^2}$　　(8) $f(x, y) = \cos(xe^y)$

3. 다음의 주어진 함수에 대하여 각각의 $f_x(x, y)$, $f_y(x, y)$를 구하여라.

(1) $f(x, y) = x\arcsin(x - y)$　　(2) $f(u, v) = e^{uv}\sec\left(\dfrac{u}{v}\right)$

(3) $f(x, z) = e^{\sin x}\tan xz$　　(4) $f(t, u) = \dfrac{\cot 2tu}{t^2 + u^2}$

(5) $f(y, x) = x^{xy}$　　(6) $f(s, t) = s^t + t^s$

4. 다음의 주어진 함수에 대하여 $f_x(x, y, z)$, $f_y(x, y, z)$, $f_z(x, y, z)$를 구하여라.

(1) $f(x, y, z) = x^2y - 2x^2z + 3xyz - y^2z + 2xz^2$

(2) $f(x, y, z) = \dfrac{xyz}{x^2 + y^2 + z^2}$

(3) $f(x, y, z) = e^{xz}\tan xyz$

(4) $f(x, y, z) = e^{xyz}\sin xy\cos 2xz$

5. $x, y, z,$ Θ 가 모두 변수이고, $x = r\cos\Theta$, $y = r\sin\Theta$일 때 다음을 구하여라. 단 $x>0$, $r>0$, $-\frac{\pi}{2} < \Theta < \frac{\pi}{2}$ 이다.

(1) $\left(\frac{\partial x}{\partial r}\right)_\Theta$ (2) $\left(\frac{\partial y}{\partial r}\right)_\Theta$ (3) $\left(\frac{\partial x}{\partial \Theta}\right)_r$

(4) $\left(\frac{\partial y}{\partial \Theta}\right)_r$ (5) $\left(\frac{\partial r}{\partial x}\right)_y$ (6) $\left(\frac{\partial r}{\partial y}\right)_x$

(7) $\left(\frac{\partial \Theta}{\partial x}\right)_y$ (8) $\left(\frac{\partial \Theta}{\partial y}\right)_x$

11.3 고계도함수

여기에서는 $\mathbf{R}^2$와 $\mathbf{R}^3$ 위에서 정의된 함수의 이계 및 고계 도함수를 정의하고 미분법의 차수에 관한 정리들을 증명하여 보자.

$z = f(x, y)$의 편도함수 f_x, f_y가 다시 이변수함수이면, 이들의 편도함수를 정의할 수 있다.

정의 11.3.1 f가 $\mathbf{R}^2$ 위의 함수일 때 그의 **이계도함수** 및 **삼계도함수**를 다음과 같이 정의한다.

이계도함수; $f_{xx} = (f_x)_x$, $f_{xy} = (f_x)_y$, $f_{yx} = (f_y)_x$, $f_{yy} = (f_y)_y$

삼계도함수; $f_{xyx} = (f_{xy})_x$, $f_{xyy} = (f_{xy})_y$, $f_{xxx} = (f_{xx})_x$, 등

$\mathbf{R}^3$ 위의 함수 $w = f(x, y, z)$에 대해서도 마찬가지로 이계도함수, 삼계도함수를 정의할 수 있다.

[주] x, y, z가 변수이고 $z = f(x, y)$이면 위의 정의와 편미분의 기호와의 관계는 다음과 같다.

$$\frac{\partial^2 z}{\partial x^2} = f_{xx}(x, y), \qquad \frac{\partial^2 z}{\partial y \partial x} = \frac{\partial}{\partial y}\left(\frac{\partial z}{\partial x}\right) = f_{xy}(x, y)$$

$$\frac{\partial^2 z}{\partial x \partial y} = \frac{\partial}{\partial x}\left(\frac{\partial z}{\partial y}\right) = f_{yx}(x, y), \quad \frac{\partial^2 z}{\partial y^2} = f_{yy}(x, y)$$

$$\frac{\partial^3 x}{\partial z \partial y \partial x} = \frac{\partial}{\partial x}\left(\frac{\partial^2 z}{\partial y \partial x}\right), \ \cdots\cdots$$

편도함수의 편도함수는 여러 변수 중 미분하는 변수 하나를 제외하고는 모두 상수로 생각하여 계산하는 것을 반복하는 것으로서 이계 이상의 편도함수를 **고계편도함수**라고 한다.

편도함수는 다음과 같이 더욱 간단한 기호를 사용하기도 한다.

$$z_x = \frac{\partial z}{\partial x}, \ z_{xx} = \frac{\partial^2 z}{\partial x^2}, \ z_{xy} = \frac{\partial^2 z}{\partial x \partial y}, \ z_{yx} = \frac{\partial^2 z}{\partial y \partial x}$$

편도함수를 구할 때, 어떤 문자를 변수로 보고 미분할 것인가 순서에 유의할 필요가 있다. 즉, 미분하는 순서에 따라서 편도함수가 달라질 수 있다.

정 리 11.3.2

> f가 $\mathbf{R}^2$ 위에서의 함수이고 f, f_x, f_y, f_{xy}, f_{yx}는 모두 점 (x_0, y_0)에서 연속일 때 다음이 성립한다.
>
> $$f_{xy}(x_0, y_0) = f_{yx}(x_0, y_0)$$

증명 정의역에서 한 점 (x_1, y_1)을 잡고 점 $(x_1 + h, y_1 + k)$가 정의

역에 속하도록 $|h|, |k|$ 를 충분히 작게 잡자. 이제,
$G(h,k)=[f(x_1+h, y_1+k)-f(x_1+h, y_1)]-[f(x_1, y_1+k)-f(x_1, y_1)]$ 라 하고

$$\phi(x)=f(x, y_1+k)-f(x, y_1)$$

으로 놓으면 $G(h,k)=\phi(x_1+h)-\phi(x_1)$ 이다. 그러므로 여기에 평균값정리를 적용하면,

$$G(h,k)=h\phi'(x_1+\Theta h),\ (0<\Theta<1)$$

이다. 그런데 $\phi'(x)=f_x(x, y_1+k)-f_x(x, y_1)$ 이므로 위 식에 이것을 대입하면,

$$G(h,k)=h[f_x(x_1+\Theta h, y_1+k)-f_x(x_1+\Theta h, y_1)].$$

여기서 함수 $f_x(x_1+\Theta h, y)$ 에 다시 평균값정리를 적용하면,

$$f_x(x_1+\Theta h, y_1+k)-f_x(x_1+\Theta h, y_1)$$
$$=k[f_{xy}(x_1+\Theta h, y_1+\Theta' k)],\ (0<\Theta, \Theta'<1).$$

그러므로

$$G(h,k)=hk[f_{xy}(x_1+\Theta h, y_1+\Theta' k)],\ (0<\Theta, \Theta'<1). \qquad (1)$$

한편, $\psi(y)=f(x_1+k, y)-f(x_1, y)$ 로 정의하면,

$G(h,k)=\psi(y_1+k)-\psi(y_1)$ 이므로, 위와 같은 방법에 의해서

$$G(h,k)=hk[f_{yx}(x_1+\lambda h, y_1+\lambda' k)],\ (0<\lambda, \lambda'<1) \qquad (2)$$

을 얻을 수 있다. 그러므로 (1), (2)로부터

$$f_{xy}(x_1+\Theta h, y_1+\Theta' k)=f_{yx}(x_1+\lambda h, y_1+\lambda' k).$$

따라서 $(h,k)\to(0,0)$ 이면 f_{xy}와 f_{yx}의 연속성에 의해서

$$f_{xy}(x_1, y_1)=f_{yx}(x_1, y_1). \quad \blacksquare$$

따름정리 11.3.3

f가 $\mathbf{R}^3$ 위에서의 함수이고 정리 11.3.2의 조건을 만족하면 다음이 성립한다.

$$f_{yx}=f_{xy},\quad f_{zx}=f_{xz},\quad f_{zy}=f_{yz}$$

정리 11.3.2의 내용은 다음과 같이 일반화된다.

따름정리 11.3.4

몇 개의 변수에 대한 함수가 조건 11.3.2의 조건을 만족하면, 미분하는 순서와 무관하게 미분의 결과는 같다. 즉, 다음이 성립한다.

$$\frac{\partial^4 z}{\partial x\,\partial x\,\partial y\,\partial y}=\frac{\partial^4 z}{\partial x\,\partial y\,\partial x\,\partial y}=\frac{\partial^4 z}{\partial x\,\partial y\,\partial y\,\partial y}$$
$$=\frac{\partial^4 z}{\partial y\,\partial x\,\partial x\,\partial y}=\frac{\partial^4 z}{\partial y\,\partial x\,\partial y\,\partial x}=\frac{\partial^4 z}{\partial y\,\partial y\,\partial x\,\partial x}$$

예제 1 $z=e^x\cos y$ 일 때 $\frac{\partial z}{\partial x}$, $\frac{\partial z}{\partial y}$, $\frac{\partial^2 z}{\partial x^2}$, $\frac{\partial^2 z}{\partial y\,\partial x}$, $\frac{\partial^2 z}{\partial y^2}$를 구하고, $\frac{\partial^2 z}{\partial y\,\partial x}=\frac{\partial^2 z}{\partial x\,\partial y}$가됨을 밝혀라.

풀이 $\frac{\partial z}{\partial x}=e^x\cos y$, $\frac{\partial z}{\partial y}=-e^x\sin y$, $\frac{\partial^2 z}{\partial x^2}=e^x\cos y$,

$$\frac{\partial^2 z}{\partial y\,\partial x}=\frac{\partial}{\partial y}\left(\frac{\partial z}{\partial x}\right)=-e^x\sin y,$$

$$\frac{\partial^2 z}{\partial x\,\partial y}=\frac{\partial}{\partial x}\left(\frac{\partial z}{\partial y}\right)=-e^x\sin y=\frac{\partial^2 z}{\partial y\,\partial x},$$

$$\frac{\partial^2 z}{\partial y^2}=-e^x\cos y$$

◆◆◆ 연습문제 11.3 ◆◆◆

1. 다음에서 $f_{xy}=f_{yx}$, $f_{rs}=f_{sr}$, $f_{st}=f_{ts}$가 성립함을 보여라.

(1) $f(x, y)=x^2-2xy-3y^2$ (2) $f(x, y)=x^3-x^2y+2xy^2$

(3) $f(r, s)=e^{rs}\sin r\cos s$ (4) $f(s, t)=\arctan(t/s)$

2. 다음에서 $z_{xy}=z_{yx}$가 성립함을 보여라.

(1) $z=\ln\sqrt{x^2+y^2}$ (2) $z=\ln(x+\sqrt{x^2+y^2})$

3. $u=\dfrac{1}{\sqrt{x^2+y^2+z^2}}$ 일 때 $\dfrac{\partial^2 u}{\partial x^2}+\dfrac{\partial^2 u}{\partial y^2}+\dfrac{\partial^2 u}{\partial z^2}=0$임을 보여라.

4. $V=F(x, y)$, $x=r(e^s+e^{-s})/2$, $y=r(e^s-e^{-s})/2$ 일 때 다음이 성립함을 보여라.

$$V_{xx}-V_{yy}=V_{rr}+\frac{V_r}{r}-\frac{V_{ss}}{r^2}$$

5. $u=F(x,y)$, $y=f(x)$일 때 d^2u/dx^2를 구하여라.

6. $u=f(x+y)+g(x-y)$일 때, $u_{xx}-u_{yy}=0$이 됨을 보여라.

7. $u=F(x, y)$, $x=f(r,s)$, $y=g(r, s)$일 때, $\dfrac{\partial^2 u}{\partial r\partial s}$, r, Θ가 독립임을 보여라.

8. $u=F(x, y)$, $x=e^s\cos t$, $y=e^s\sin t$일 때,

$$\frac{\partial^2 u}{\partial s^2}+\frac{\partial^2 u}{\partial t^2}=e^{2s}\left(\frac{\partial^2 u}{\partial x^2}+\frac{\partial^2 u}{\partial y^2}\right)$$

이 성립함을 보여라. 단 s, t는 좌변에서 독립이고, x, y는 우변에서 독립이다.

11.4 전미분(Total Differential)

일변수함수에서 생각한 증분과 미분은 다변수함수의 경우에도 적용할 수 있다. 이변수함수 $z=f(x, y)$에서 독립변수 x, y의 증분이 각각 $\Delta x, \Delta y$일 때 z의 증분 Δz는 다음과 같다.

$$\Delta z = f(x+\Delta x, y+\Delta y) - f(x, y)$$

정리 11.4.1 함수 $z=f(x, y)$의 편도함수 f_x, f_y가 점 (x, y)의 근방 R에서 연속이면, R에 속하는 모든 $(x+\Delta x, y+\Delta y)$에 대해서

$$\Delta z = f_x(x, y)\Delta x + f_y(x, y)\Delta y + \Theta_1 \Delta x + \Theta_2 \Delta y$$

인 Θ_1, Θ_2가 존재한다. 여기서 Θ_1, Θ_2는 $\Delta x, \Delta y$의 함수로서 다음을 만족한다.

$$\lim_{(\Delta x,\, \Delta y)\to(0,\,0)} \Theta_1 = 0, \qquad \lim_{(\Delta x,\, \Delta y)\to(0,\,0)} \Theta_2 = 0$$

증명. $\Delta z = f(x+\Delta x, y+\Delta y) - f(x, y)$의 우변을 변형하여

$$\Delta z = [f(x+\Delta x, y+\Delta y) - f(x, y+\Delta y)] + [f(x, y+\Delta y) - f(x, y)]$$

와 같이 쓸 수 있다. 그러면 평균값정리에 의해서

$$f(x+\Delta x, y+\Delta y) - f(x, y+\Delta y) = f_x(x+\lambda_1 \Delta x, y+\Delta y)\Delta x,$$

$$f(x, y+\Delta y) - f(x, y) = f_y(x, y+\lambda_2 \Delta y)\Delta y$$

인 $\lambda_1, \lambda_2 \in (0, 1)$가 존재한다. 그러므로

$$\Delta z = f_x(x+\lambda_1 \Delta x, y+\Delta y)\Delta x + f_y(x, y+\lambda_2 \Delta y)\Delta y$$

이다. 여기서

$$\Theta_1(\Delta x, \Delta y) = f_x(x+\lambda_1 \Delta x, y+\Delta y) - f_x(x, y)$$

$$\Theta_2(\Delta x, \Delta y) = f_y(x, y+\lambda_2 \Delta y) - f_y(x, y)$$

라고 놓으면,

$\Delta z = [\Theta_1(\Delta x,\ \Delta y) + f_x(x,\ y)]\Delta x + [\ \Theta_2(\Delta x,\ \Delta y) + f_y(x,\ y)]\Delta y.$

즉,

$$\Delta z = f_x(x,\ y)\Delta x + f_y(x,\ y)\Delta y + \Theta_1 \Delta x + \Theta_2 \Delta y.$$

한편, 가정에서 f_x, f_y가 연속이므로

$$\lim_{(\Delta x,\ \Delta y) \to (0,\ 0)} \Theta_1(\Delta x,\ \Delta y) = 0, \qquad \lim_{(\Delta x,\ \Delta y) \to (0,\ 0)} \Theta_2(\Delta x,\ \Delta y) = 0. \blacksquare$$

함수 f가 $\mathbf{R}^p$에 정의되어 있고 f와 f의 모든 편도함수가 연속일 때 f는 **연속적으로 미분가능하다**고 한다. $\mathbf{R}^2$위에 정의된 함수 f가 연속적으로 미분가능하면 그의 **전미분(全微分; total differential)** df를 다음과 같이 정의한다.

정의 11.4.2 만일 f가 $\mathbf{R}^2$ 위의 함수이면 f의 **전미분** df는 다음과 같이 정의되는 $\mathbf{R}^4$ 위의 함수이다. 즉,

$$df(x,\ y;\ dx,\ dy) = f_x(x,\ y)\,dx + f_y(x,\ y)dy.$$

또, 만일 f가 $\mathbf{R}^3$ 위의 함수이면, f의 **전미분** df는 다음과 같이 정의되는 $\mathbf{R}^6$ 위의 함수이다. 즉,

$$df(x,\ y,\ z;\ dx,\ dy,\ dz) = f_x(x,\ y,\ z)dx + f_y(x,\ y,\ z)dy + f_z(x,\ y,\ z)dz.$$

3장에서 일변수함수 $y = f(x)$가 있으면 $dy = f'(x)dx$는 y의 증분 Δy의 근사값이라는 사실을 다루었다. 다변수함수에 대한 전미분은 이와 같은 생각을 이변수함수에 적용한 것이다. 그것은 $z = f(x,\ y)$에서 x, y는 독립변

수이므로 이들의 증분과 미분은 일치하고 또, 위의 정리 11.4.1.에 의해서 $(\Delta x,\ \Delta y) \to (0,\ 0)$이면 Θ_1, $\Theta_2 \to 0$가 되어 dz는 Δz의 근사값이 되기 때문이다. $z = f(x,\ y)$에 대한 전미분 dz의 기하학적 의미는 x, y의 증분이 있을 때, 이에 대해서 점 $(x,\ y,\ f(x,\ y))$에서 접하는 접평면의 z좌표의 증분을 의미한다.

예제 1 $(a, b)=(3,1)$이고 $f(x, y)=x^2+xy-2y^2-3x+2y+4$ 일 때

$$df(a, b; h, k), \qquad \Delta f(a, b; h, k)$$

을 구하여라. 단 $\Delta f(a, b; h, k)=f(a+h, b+k)-f(a, b)$이다.

풀이 $f(3,1)=7$, $f_x(3,1)=4$, $f_y(3,1)=1$이므로

$$\begin{aligned} & f(3+h, 1+k) \\ &=9+6h+h^2+3+3k+h+hk-2-4k-2k^2-9-3h+2+2k+4 \\ &=7+4h+k+h^2+hk-2k^2 \end{aligned}$$

$$\therefore \quad df(3,1; h, k)=4h+k,$$
$$\Delta f(3,1; h, k)=4h+k+h^2+hk-2k^2.$$

◆◆◆ 연습문제 11.4 ◆◆◆

1. 다음에서 $df(a, b; h, k)$, $\Delta f(a, b; h, k)$를 구하여라.

(1) $f(x, y)=x^2-xy+2y^2$; $(a, b)=(2, -1)$; $(h, k)=(-0.01, 0.02)$

(2) $f(x, y)=2x^2+3xy-y^2$; $(a, b)=(1,2)$; $(h, k)=(0.02, -0.01)$

(3) $f(x, y)=x^3-3xy+y^3$; $(a, b)=(-2,1)$; $(h, k)=(-0.03, -0.02)$

(4) $f(x, y)=x^2y-2xy^2+3x$; $(a, b)=(1,1)$; $(h, k)=(0.02, 0.01)$

2. 다음에서 미분을 구하는 방법으로 $\left(\frac{\partial z}{\partial x}\right)_y$, $\left(\frac{\partial z}{\partial y}\right)_x$를 구하여라.

(1) $2x^2-y^2+3z^2-10=0$ (2) $xy+yz+zx-1=0$

(3) $e^{xz}+e^{yz}-xy+4=0$ (4) $x^3+y^3+z^3-3xyz=0$

3. 다음에서 미분을 구하는 방법으로 dy/dx, dz/dx를 구하여라.

(1) $z = x^2 + y^2$, $y^2 = 4x$

(2) $x^2 - y^2 + z^2 = 7$, $2x + 3y + 4z = 15$

(3) $2x^2 + 3y^2 + 4z^2 = 12$, $x = yz$

4. $F(x,y,z) = 0$로 주어질 때, $\left(\frac{\partial x}{\partial y}\right)_z \cdot \left(\frac{\partial y}{\partial z}\right)_x \cdot \left(\partial \frac{z}{\partial x}\right)_y = -1$임을 보여라.

11.5 연쇄법칙과 방향도함수

$\mathbf{R}^1$에 정의된 함수의 미분법에서 사용되는 중요한 도구 중의 하나는 합성함수의 미분법에서의 연쇄법칙(Chain Rule: 連鎖法則)이다. 이 절에서는 다변수함수에 대해서 이와 같은 연쇄법칙을 알아보자.

정 리 11.5.1 (연쇄법칙:Chain Rule)

f, x, y를 $\mathbf{R}^2$ 위에서 정의된 함수라 하고, f, f_x, f_y는 $(x_{0,}\ y_0)$에서 연속이라고 하자.

또, $x(r_0, s_0) = x_0$, $y(r_0, s_0) = y_0$이고 $g(r, s) = f[x(r, s), y(r, s)]$라 하자. 이 때,

1) $x_r(r_0, s_0)$과 $y_r(r_0, s_0)$가 존재하면,

$$g_r(r_0, s_0) = f_x(x_0, y_0)x_r(r_0, s_0) + f_y(x_0, y_0)y_r(r_0, s_0).$$

같은 방법으로

2) $x_s(r_0, s_0)$이고 $y_s(r_0, s_0)$이 존재하면,

$$g_s(r_0, s_0) = f_x(x_0, y_0)x_s(r_0, s_0) + f_y(x_0, y_0)y_s(r_0, s_0).$$

위의 정리에서 변수와 변수로 된 함수를 생략하면 연쇄법칙은 다음과 같이 간단하게 나타낼 수 있다. 즉, x, y를 r과 s의 함수라 하고 $z=f(x,y)$라 하면, z는 r와 s의 함수가 되고

$$\left(\frac{\partial z}{\partial r}\right)=\left(\frac{\partial z}{\partial x}\right)\left(\frac{\partial x}{\partial r}\right)+\left(\frac{\partial z}{\partial y}\right)\left(\frac{\partial y}{\partial r}\right),$$

$$\left(\frac{\partial z}{\partial s}\right)=\left(\frac{\partial z}{\partial x}\right)\left(\frac{\partial x}{\partial s}\right)+\left(\frac{\partial z}{\partial y}\right)\left(\frac{\partial y}{\partial s}\right).$$

연쇄법칙을 $\mathbf{R}^3$에 정의된 함수 f에 대하여 적용하면 다음과 같다. 즉,

1) $w=f(x,y,z)$이고, x, y, z를 r, s의 함수라고 하면

$$\left(\frac{\partial w}{\partial r}\right)=\left(\frac{\partial w}{\partial x}\right)\left(\frac{\partial x}{\partial r}\right)+\left(\frac{\partial w}{\partial y}\right)\left(\frac{\partial y}{\partial r}\right)+\left(\frac{\partial w}{\partial z}\right)\left(\frac{\partial z}{\partial r}\right)$$

2) $w=f(x,y,z)$이고 x, y, z가 t의 함수이면

$$\frac{dw}{dt}=\left(\frac{\partial w}{\partial x}\right)\frac{dx}{dt}+\left(\frac{\partial w}{\partial y}\right)\frac{dy}{dt}+\left(\frac{\partial w}{\partial z}\right)\frac{dz}{dt}$$

여기서 x, y, z가 모두 t의 함수이므로 미분기호 d는 t에 관한 f의 도함수를 나타낸다.

3) $u=F(x,y,z)$, $z=f(x,y)$일 때 다음 공식이 성립한다.

$$\frac{\partial u}{\partial x}=F_x\cdot\frac{\partial x}{\partial x}+F_y\cdot\frac{\partial y}{\partial x}+F_z\cdot\frac{\partial z}{\partial x}=F_x+F_z\frac{\partial z}{\partial x}$$

$$\frac{\partial^2 u}{\partial x^2}=\left(F_{xx}+F_{xz}\frac{\partial z}{\partial x}\right)+F_z\frac{\partial^2 z}{\partial x^2}+\frac{\partial z}{\partial x}\left(F_{xz}+F_{zz}\frac{\partial z}{\partial x}\right)$$

$$=F_{xx}+2F_{xz}\frac{\partial z}{\partial x}+F_{zz}\left(\frac{\partial z}{\partial x}\right)^2+F_z\frac{\partial^2 z}{\partial x^2}$$

(단 $F_x=\dfrac{dF}{dx}$, $F_{xx}=\dfrac{d^2F}{dx^2}$, … 이다.).

예제 1 $f(x,y)=x^3+y^3$, $x=2s+t$, $y=s-2t$,

$g(s,t)=f(2s+t,\ s-2t)$일 때 먼저 $g(s,t)$에서 $g_s(s,t)$)를 구하고, 연쇄법칙도 이용하여 구하여라.

풀이 (제1방법): $g(s, t)=f(2s+t, s-2t)=(2s+t)^3+(s-2t)^3$ 에서

$$g_s(s, t)=3(2s+t)^2\cdot 2+3(s-2t)^2\cdot 1=6(2s+t)^2+3(s-2t)^2$$

제2방법(연쇄법칙): $f_x(x, y)=3x^2$, $f_y(x, y)=3y^2$, $x_s(s, t)=2$, $y_s(s, t)=1$

$$\therefore\ g_s(s, t)=3(2s+t)^2\cdot 2+3(s-2t)^2\cdot 1=6(2s+t)^2+3(s-2t)^2 .$$

예제 2 x, y가 s와 t의 함수이고 $z=2x^2+xy-y^2+2x-3y+5$, $x=2s-t$, $y=s+t$일 때 예제1과 같은 방법으로 $\left(\frac{\partial z}{\partial t}\right)$를 구하여라.

풀이 (제1방법):

$z=2(2s-t)^2+(2s-t)(s+t)-(s+t)^2+4s-2t-3s-3t+5$ 이므로

$$\left(\frac{\partial z}{\partial t}\right)_s=4(2s-t)(-1)+(2s-t)\cdot 1+(s+t)(-1)-2(s+t)-5$$

$$=-9s-5$$

제2방법(연쇄법칙): $\left(\frac{\partial z}{\partial x}\right)=4x+y+2=9s-3t+2$

$$\left(\frac{\partial z}{\partial y}\right)=x-2y-3=-3t-3,\quad \left(\frac{\partial x}{\partial t}\right)=-1,\quad \left(\frac{\partial y}{\partial t}\right)=+1$$

$$\therefore\ \left(\frac{\partial z}{\partial t}\right)=(9s-3t+2)(-1)+(-3t-3)\cdot 1=-9s-5.$$

예제 3 어떤 순간에서의 원뿔의 높이가 30cm이고 높이는 2cm/초 씩 높아진다고 한다. 또 원뿔의 밑면의 반지름은 20 cm 이고 그 반지름은 1 cm/초씩 증가한다고 할 때, 그 순간에서의 원뿔의 부피의 변화율을 구하여라.

풀이 $V=\frac{1}{3}\pi r^2 h$이므로

$$\frac{dV}{dt}=\frac{1}{3}\pi r^2\frac{dh}{dt}+\frac{2}{3}\pi rh\frac{dr}{dt}=\frac{\partial V}{\partial h}\frac{dh}{dt}+\frac{\partial V}{\partial r}\frac{dr}{dt}$$

따라서, 주어진 순간에서의 원뿔의 부피의 변화율은

$$\frac{dV}{dt}=\frac{1}{3}\pi\cdot 400\cdot 2+\frac{2}{3}\pi\cdot 600\cdot 1=\frac{2000\pi}{3}(\ \mathrm{cm}^3/초).$$

예제 4 $z=f(x+at)$이고 f'은 연속이며 a는 상수이다. 이 때 $\left(\frac{\partial z}{\partial t}\right)_x=a\left(\frac{\partial z}{\partial x}\right)_t$임을 보여라.

풀이 $u=x+at$라 두면 $z=f(u)$이다.

따라서 $\frac{\partial z}{\partial t}=\frac{dz}{du}\frac{\partial u}{\partial t}=af'(u)$, $\frac{\partial z}{\partial x}=\frac{dz}{du}\frac{\partial u}{\partial x}=f'(u)$

$$\therefore\ \frac{\partial z}{\partial t}=a\frac{\partial z}{\partial x}.$$

[주의] 기호 $\left(\frac{\partial z}{\partial x}\right)_y$, $\left(\frac{\partial w}{\partial r}\right)_{st}$에서 z는 x,y의 함수이고, w는 r,s와 t의 함수임을 의미한다. 따라서, x,y와 r,s,t는 독립변수이다.

독립변수의 성질을 이용하면, u가 x,y,z의 함수이고 x,y,z가 모두 x,y의 함수일 때 연쇄법칙에서 다음과 같은 결과를 얻을 수 있다.

$$\left(\frac{\partial u}{\partial x}\right)_y=\left(\frac{\partial u}{\partial x}\right)_{yz}\left(\frac{\partial x}{\partial x}\right)_y+\left(\frac{\partial u}{\partial y}\right)_{xz}\left(\frac{\partial y}{\partial x}\right)_y+\left(\frac{\partial u}{\partial z}\right)_{xy}\left(\frac{\partial z}{\partial x}\right)_y$$
$$=\left(\frac{\partial u}{\partial x}\right)_{yz}+\left(\frac{\partial u}{\partial z}\right)_{xy}\left(\frac{\partial z}{\partial x}\right)_y$$

마찬가지 방법으로 다음을 얻을 수 있다. 즉,

$$\left(\frac{\partial u}{\partial y}\right)_x=\left(\frac{\partial u}{\partial y}\right)_{xz}+\left(\frac{\partial u}{\partial z}\right)_{xy}\left(\frac{\partial z}{\partial x}\right)_x$$

이 때, 첨자는 혼동을 피하도록 반드시 표시하여야 한다.

연쇄법칙이 사용되는 특별한 경우는 주어진 어떤 방향에서 함수의 변화율을 찾을 필요가 있을 때이다. 이제부터 어떤 방향이 주어졌을 때의 함수의 방향도함수(directional derivative)를 정의해 보자.

정의 11.4.2 f를 $\mathbf{R}^2$ 에서의 함수라 하고 $a = \lambda i + \mu j$를 $\mathbf{R}^2$에서의 단위벡터라고 하자. 이 때 a 방향에서의 f의 방향도함수 $D_a f$를 다음과 같이 정의한다. 즉,

$$D_a f(x, y) = \lim_{h \to 0} \frac{f(x + h\lambda,\ y + h\mu) - f(x, y)}{h}.$$

f가 $\mathbf{R}^3$ 에서의 함수이고, $a = \lambda i + \mu j + \nu j$가 $\mathbf{R}^3$에서의 단위벡터라고 할 때, a 방향에서의 f의 방향도함수 $D_a f$를 다음과 같이 정의한다.

$$D_a f(x, y) = \lim_{h \to 0} \frac{f(x + h\lambda,\ y + h\mu,\ z + h\nu) - f(x, y, z)}{h}.$$

정 리 11.5.2

(1) f를 $\mathbf{R}^2$에서의 함수라 하고 $a = \cos\Theta i + \sin\Theta j$라 하면

$$D_a f(x, y) = f_1(x, y)\cos\Theta + f_2(x, y)\sin\Theta$$

(2) f를 $\mathbf{R}^3$에서의 함수라 하고 $a = \lambda i + \mu j + \nu j$를 단위벡터라면

$$D_a f(x, y, z) = \lambda f_1(x, y, z) + \mu f_2(x, y, z) + \nu f_3(x, y, z)$$

여기서 함수 f와 이것의 편도함수는 주어진 점에서 연속이다.

증명 (1) $g(h) = f(x + h\cos\theta,\ y + h\sin\theta)$로 정의하면 $D_a f(x, y) = g'(h)$임을 알 수 있다. 따라서, $\frac{dg}{dh} = \frac{\partial f}{\partial x} \cdot \frac{\partial x}{\partial h} + \frac{\partial f}{\partial y} \cdot \frac{\partial y}{\partial h}$ 로부터 결과가 유도된다.

(2) (1)과 같은 방법으로 얻을 수 있다. ■

f가 $\mathbf{R}^2$의 함수이고, 적당한 Θ에 대하여 단위벡터가 $a = \cos\Theta i + \sin\Theta j$인 경우에 방향도함수를 다음과 같이 정의할 수 있다. 즉,

$$D_\theta f(x, y) = D_a f(x, y)$$

(단 $\mathrm{a}=\cos\Theta \mathrm{i}+\sin\Theta \mathrm{j}$)

여기서 기호 $d_{\Theta}f$는 오른쪽 그림에서와 같이 x축과 양의 방향으로 각 Θ의 크기를 이루고 점 (x, y)를 지나는 유향직선 $\vec{l}$과 같은 방향의 유향거리에 대한 g의 변화율을 가리킨다.

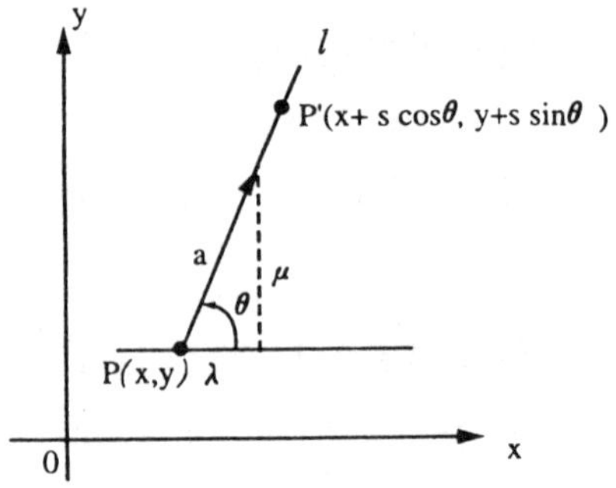

<그림11.5.1>

예제 5 $f(x, y)=x^2-xy-y^2$일 때 점 (2, -3)에서의 $D_\theta f(x,y)$를 구하여라. 또, $D_\theta f(2,-3)$이 최대일 때의 Θ값에 대한 $\cos\Theta$와 $\sin\Theta$의 값을 구하여라.

풀이 $f_x(x, y)=2x-y$, $f_y(x, y)=-x-2y$이다.

따라서 $x=2$, $y=-3$에 대하여

$$d_{\Theta}(2, -3)=7\cos\Theta+4\sin\Theta=k(\Theta)$$

$k(\Theta)$는 $k'(\Theta)=0$일 때 최대가 되므로

$$k'(\Theta)=-7\sin\Theta+4\cos\Theta=0 \Leftrightarrow \tan\Theta=\frac{4}{7}$$

$$\Leftrightarrow \cos\Theta=7/\sqrt{65},\ \sin\Theta=4/\sqrt{65}$$

또는, $\cos\Theta=-7/\sqrt{65}$, $\sin\Theta=-4/\sqrt{65}$.

◈◈◈ 연습문제 11.5 ◈◈◈

1. $g(s,t)=f[x(s,t), y(s,t)]$로 줄 때 다음에 주어진 함수에서 $g_s(a, b)$, $g_t(a, b)$를 예제1, 2와 같은 방법으로 구하여라.

(1) $f(x, y)=x^2+y^2$; $x=s-2t$, $y=2s+t$; $(a, b)=(2,1)$

(2) $f(x, y)=x^2-xy-y^2$; $x=s+t$, $y=-s+t$; $(a, b)=(1, -2)$

(3) $f(x, y)=x^2+y^2\,;\, x=s^2+t^2\,,\, y=2st;\,(a, b)=(1,3)$

(4) $f(x, y)=x/(x^2+y^2)\,;\, x=s\cos t\,,\, y=s\sin t;\,(a, b)=(2,\pi/3)$

(5) $f(x, y)=x/\sqrt{x^2+y^2}\,;\, x=2s-t\,,\, y=s+2t;\,(a, b)=(-1,-2)$

(6) $f(x, y)=e^x\cos y;\, x=s^2-t^2\,,\, y=2st;\,(a, b)=(2,-1)$

2. $z=x^2-y^2\,;\, x=r\cos\Theta,\ y=r\sin\Theta$ 일 때 $\left(\dfrac{\partial z}{\partial r}\right)_\Theta$ 와 $\left(\dfrac{\partial z}{\partial \Theta}\right)_r$ 를 구하여라. 단 $r=\sqrt{2},\ \Theta=\pi/4$이다.

3. $w=xy+yz+zx,\ \ x=t\cos t,\ \ y=t\sin t,\ \ z=t$일 때 $\dfrac{dw}{dt}$ 를 구하여라.

4. 어떤 순간에서의 $\triangle ABC$의 각 A의 크기는 60°이고 5°/초의 속도로 증가한다. 또, 변 $|AB|$의 길이는 10cm 이고 1cm/초의 속도로 증가하며 변 $|AC|$의 길이는 16cm이고 $\dfrac{1}{2}$cm/초의 속도로 감소한다고 한다. 변 $|BC|$의 변화율을 구하여라.

5. $z=f(x, y),\quad x=r\cos\Theta,\quad y=r\sin\Theta$일 때 $\left(\dfrac{\partial z}{\partial r}\right)_\Theta$ 와 $\left(\dfrac{\partial z}{\partial \Theta}\right)_r$ 을 $\left(\dfrac{\partial z}{\partial x}\right)_y$ 와 $\left(\dfrac{\partial z}{\partial y}\right)_x$ 로 나타내어라. 또 다음이 성립함을 보여라.

$$\left(\frac{\partial z}{\partial r}\right)_\Theta^2+\frac{1}{r^2}\left(\frac{\partial z}{\partial \Theta}\right)_r^2=\left(\frac{\partial z}{\partial x}\right)_y^2+\left(\frac{\partial z}{\partial y}\right)_x^2$$

6. $u=x^2+xy-y^2,\ \ y=x^2$로 줄 때

(1) x의 항에서 u를 찾아 직접 du/dx를 구하여라.

(2) u를 x, y의 함수로 보고, $x,\ y$를 x의 함수로 보고 연쇄법칙으

로 du/dx를 구하여라.

7. $u=x^2-2xy+3y^2-xz+2xy-z^2$, $z=2x-y$일 때 $\left(\frac{\partial u}{\partial x}\right)_{yz}$, $\left(\frac{\partial u}{\partial y}\right)_{xz}$ 와 $\left(\frac{\partial u}{\partial z}\right)_{xy}$ 를 구하여라.

8. 다음 함수에 대하여 주어진 점에서의 $d_\Theta f(x, y)$를 구하여라. 또 $d_\Theta f(x, y)$가 그 점에서 최대가 되도록 하는 Θ의 값에 대한 $\cos\Theta$와 $\sin\Theta$의 값을 구하여라.

(1) $f(x, y)=x^2+y^2$; (3, 4)
(2) $f(x, y)\arctan\frac{y}{x}$; (4, 3)
(3) $f(x, y)=e^x\cos y$; $\left(0, \frac{\pi}{3}\right)$
(4) $f(x, y)=(\sin x)^{xy}$; $\left(\frac{\pi}{2}, 0\right)$

9. 다음 함수에서 주어진 점에서의 ∇f와 $D_a f$를 구하여라. 여기서 벡터 a는 주어진 벡터와 같은 방향의 단위벡터이다.

(1) $f(x, y, z)=x^2+xy-xz+y^2-z^2$; (2, 1, -2); 2i-3j+6k

(2) $f(x, y, z)=x^2y+xze^y-xye^z$; (-2, 3, 0); i+2j-2k

(3) $f(x, y, z)=\cos xy+\sin xz$; (0, 2, -1); i-j+2k

(4) $f(x, y, z)=\ln(x+y+z)-xyz$; (-1, 2, 1); 2i-3j-4k

11.6 접평면과 법선

함수 $z=f(x, y)$인 관계식은 $f(x, y)-z=0$와 동치이다. 그러므로, 3차원 공간의 곡면의 방정식은 $F(x, y, z)=f(x, y)-z=0$ 와 같이 나타낼 수 있다. 즉, 이 곡면은 방정식 $F(x, y, z) = 0$ 을 만족하는 벡터 (x, y, z)들의 집합이다.

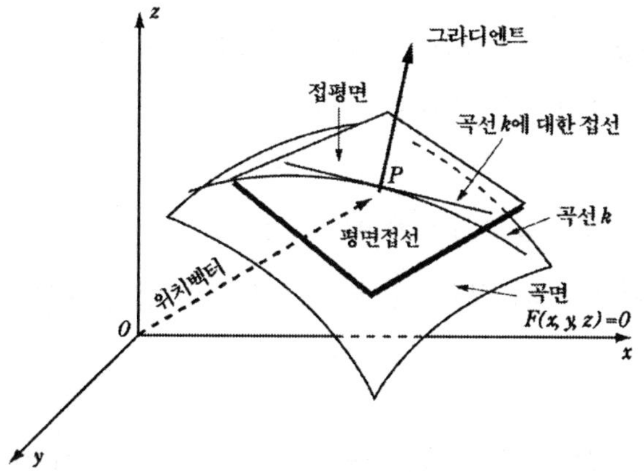

<그림 11.6.1>

이제 $P(a, b, c)$가 곡면 $F(x, y, z) = 0$ 위의 점이고, 위치벡터

$$\boldsymbol{r}(t) = (x(t), y(t), z(t))$$

는 t가 변함에 따라서 이 곡면 위에 곡선 κ를 그린다고 하자. 그리고 $t = t_0$일 때 P를 지난다고 하자. 그러면 곡선 κ의 방정식은

$$F(x(t), y(t), z(t)) = 0$$

이다. 이 식에서 만약 F_x, F_y, F_z가 연속이고 $x'(t), y'(t), z'(t)$가 존재한다면 연쇄법칙에 의하여,

$$F_x \cdot x'(t) + F_y \cdot y'(t) + F_z \cdot z'(t) = 0$$

이 성립한다. 특히 $t = t_0$이면,

$$F_x(a, b, c) \cdot x'(t_0) + F_y(a, b, c) \cdot y'(t_0) + F_z(a, b, c) \cdot z'(t_0) = 0$$

인 관계가 성립한다. 이것을 벡터의 내적으로 나타내면,

$$(F_x(a, b, c), F_y(a, b, c), F_y(a, b, c)) \cdot (x'(t_0), y'(t_0), z'(t_0)) = 0$$

이므로,

$$(F_x(a, b, c), F_y(a, b, c), F_y(a, b, c)) \text{ 와 } (x'(t_0), y'(t_0), z'(t_0))$$

는 서로 수직인 관계에 있음을 알 수 있다. 한편

$$(x'(t_0), y'(t_0), z'(t_0))$$

는 곡면의 점 P에서 그은 곡선 κ에 대한 접선벡터인데, 벡터 $(F_x(a,b,c), F_y(a,b,c), F_y(a,b,c))$는 κ와 무관하게 점 P에 의해서만 결정되므로, 결국 이 벡터는 P를 지나는 모든 곡선의 P에서의 접선과 수직을 이루고 있음을 알 수 있다. 즉, 벡터

$$(F_x(a,b,c), F_y(a,b,c), F_y(a,b,c))$$

는 점 P에서 이 곡면과 접하는 평면(**접평면(tangent plane)**)에 수직인 벡터이다.

정의 11.6.1 점 $P(a, b, c)$가 곡면 $F(x, y, z) = 0$ 위의 임의의 점일 때, 벡터 $(F_x(a, b, c), F_y(a, b, c), F_y(a, b, c))$를 P에서의 F의 **그라디엔트(gradient)**라하고 $\nabla F(a, b, c)$와 같이 나타낸다. 또, 곡면과 평면이 접할 때, 그 접점을 지나며 접평면에 수직인 직선을 그 점에서의 법선(normal line)이라고 한다.

곡면 $F(x, y, z) = 0$ 위의 점 $P(a, b, c)$에서 F_x, F_y, F_z가 연속이면 이 점에서 곡면과 접하는 접평면이 존재한다. 이 평면은 $P(a, b, c)$를 지나고 $\nabla F(a, b, c)$와 수직을 이루므로 그의 방정식은

$$(x - a, y - b, z - c) \cdot \nabla F(a, b, c) = 0$$

이다. 그러므로 방정식 $z = f(x, y)$은

$$F(x, y, z) = f(x, y) - z = 0$$

이므로 접평면의 방정식은 다음과 같다.

$$(x - a)f_x(a, b) + (y - b)f_y(a, b) - (z - c) = 0$$

예제 1 $x=2$, $y=-1$인 점에서의 곡면 $z=x^2+xy-y^2$에 대한 접평면과 법선의 방정식을 구하여라.

풀이 $f(2,-1)=z_0=1$, $f_x(x,y)=2x+y$,

$f_y(x,y)=x-2y$, $f_x(2,-1)=3$, $f_{y}(2,-1)=4$.

따라서, 구하는 접평면과 법선의 방정식은 다음과 같다.

접평면의 방정식: $z-1=3(x-2)+4(y+1)$ 또는 $3x+4y-z-1=0$

법선의 방정식 : $\dfrac{x-2}{3}=\dfrac{y+1}{4}=\dfrac{z-1}{-1}$

예제 2 곡면 $xy+yz+xz-1=0$ 위의 점 $(3,-1,2)$에서 접평면과 법선의 방정식을 구하여라.

풀이 $F(x,y,z)=xy+yz+xz-1$ 라 두면 다음을 얻는다.

$F_x(x,y,z)=y+z$, $F_y(x,y,z)=x+z$, $F_z(x,y,z)=x+y$

$F_x(3,-1,2)=1$, $F_y(3,-1,2)=5$, $F_z(3,-1,2)=2$

따라서, 구하는 방정식은 다음과 같다.

접평면의 방정식: $(x-3)+5(y+1)+2(z-2)=0$

또는 $x+5y+2z-2=0$

법선의 방정식 : $\dfrac{x-3}{1}=\dfrac{y+1}{5}=\dfrac{z-2}{2}$.

◆◆◆ 연 습 문 제 11.6 ◆◆◆

1. 다음과 주어진 곡면 위의 점에서의 접평면의 방정식과 법선의 방정식을 구하여라.

(1) $z=x^2+y^2$; $(2,-1,5)$ (2) $z=xy$; $(2,-1,-2)$

(3) $z=e^x\sin y$; $(1,\pi/2,e)$ (4) $z=\ln\sqrt{x^2+y^2}$; $(-3,4,\ln 5)$

(5) $x^2+3y^2-z^2=0$; $(2,-2,4)$ (6) $x^{1/2}+y^{1/2}+z^{1/2}=6$; $(4,1,9)$

2. 곡면 $x^{2/3}+y^{2/3}+z^{2/3}=a^{2/3}$에 접하는 접평면의 절편을 꼭지점으로 하는 삼각형의 넓이는 일정함을 보여라.

3. 다음과 같이 주어진 두 곡면의 교점에서의 접선의 방정식을 구하여라.

(1) $z=x^2+y^2,\ z=2x+4y+20;\quad (4,-2,20)$

(2) $z=x^2,\ z=25-y^2;\quad (4,-3,16)$

(3) $4x^2+y^2=25,\ e^{xz}+e^{yz}=2;\quad (2,-3,0)$

11.7 이변수 함수의 극값

4장에서 일변수함수의 극대·극소에 대하여 배웠는데 여기서는 2변수 함수의 경우에 대하여 알아본다.

정의11.7.1 함수 $z=f(x,\ y)$가 점 $(a,\ b)$의 적당한 직사각형 근방에 속한 모든 $(x,\ y)$에 대하여

$$f(a,\ b)\geq f(x,\ y)\ [f(a,\ b)\leq f(x,\ y)]$$

를 만족할 때, f는 점 $(a,\ b)$에서 극대(소)값 $f(a,\ b)$를 갖는다고 한다. 그리고 극대값, 극소값을 모두 극값이라고 한다.

정 리 11.7.2

함수 $z=f(x,\ y)$가 점 $(a,\ b)$의 직사각형 근방에서 연속이고 편미분가능하다고 하자. 만약 이 함수가 $(a,\ b)$에서 극값을 가지면,

$$f_x(a,\ b)=f_y(a,\ b)=0.$$

증명 $f_x(x,\ b)$는 곡면 $z=f(x,\ y)$를 y축에 수직인 평면 $z=f(x,\ b)$로 잘랐을 때 생긴 곡선 위의 점 $(x,\ b,f(x,\ b))$에서 이 평면에 포함되

도록 그은 접선의 기울기이다. 그런데 이 곡선은 $z = f(x, b)$인 일변수 함수의 그래프이고 $x = a$에서 극값을 가지므로 일변수함수의 극값에 관한 논의로부터 $f_x(a, b) = 0$ 이다.

또, $f_y(a, y)$는 $z = f(x, y)$를 x축에 수직인 평면 $z = f(a, y)$로 잘랐을 때 생긴 곡선 위의 점 $(a, y, f(a, y))$에서 그은 접선의 기울기이다. 그런데 이 곡선은 $z = f(a, y)$인 일변수함수로 표현되고 $y = b$에서 극값을 가지므로 위에서와 같은 이유로 $f_y(a, b) = 0$ 이다. ■

위의 정리는 주어진 함수가 어떤 점에서 극값을 갖지 않음을 보이는데 유용하게 쓰일 수 있다. 그러나 이 정리의 역은 성립하지 않는다. 그 예로 쌍곡포물면

$$z = \frac{x^2}{a^2} - \frac{y^2}{b^2}$$

의 경우 $f_x(x, y) = \dfrac{2x}{a^2}$, $f_y(x, y) = -\dfrac{2y}{b^2}$ 이므로

$$f_x(0, 0) = f_y(0, 0) = 0$$

이지만 아래 그림에서 볼 수 있는 바와 같이 이 곡면은 $(0, 0, 0)$에서 극값을 갖지 않는다. 이런 점을 **안장점(saddle point)**이라고 한다.

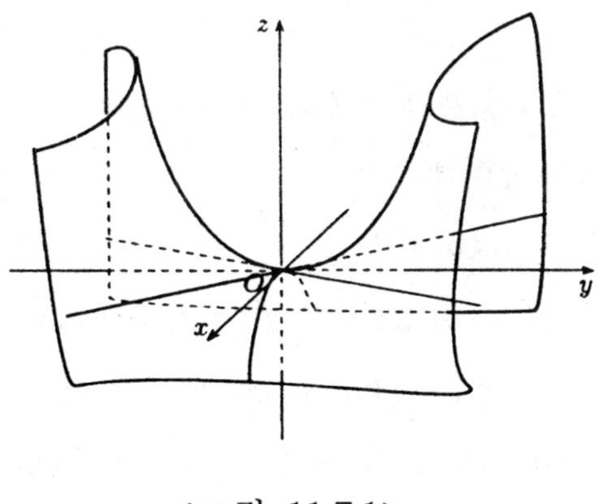

<그림 11.7.1>

다음은 이변수함수의 극값을 판정하는데 유용한 정리이다.

정 리 11.7.3

함수 $z=f(x, y)$가 점 (a, b)의 직사각형 근방에서 이계편도함수를 가진다고 하자. 그러면 다음이 성립한다.

$\Delta = f_{xx}(a, b) \cdot f_{yy}(a, b) - f_{xy}^2(a, b)$라고 할 때,

$f_x(a, b) = f_y(a, b) = 0$인 동시에

(i) $\Delta > 0$ 이고 $f_{xx}(a, b) < 0$ 이면, $f(a, b)$는 f의 극대값이고,

(ii) $\Delta > 0$ 이고 $f_{xx}(a, b) > 0$ 이면, $f(a, b)$는 f의 극소값이며,

(iii) $\Delta < 0$ 이면 $f(a, b)$는 f의 극값이 아니다.

증명 (i)만 증명하고 (ii), (iii)은 연습문제로 한다. (i)을 증명하려면, 주어진 가정을 이용하여 점 (a, b)에서 f의 모든 방향으로의 유향미계수가 0이라는 것과, 또, 모든 이계유향미계수가 음임을 보이면 된다. 왜냐하면 이것이 성립하면 점 $(a, b, 0)$을 지나고 xy평면에 수직인 평면과 주어진 곡면 $z=f(x, y)$가 만나서 생긴 곡선은 점 $(a, b, f(a, b))$에서 극대값을 가지게 되기 때문이다.

먼저 $f_x(a, b) = f_y(a, b) = 0$이므로 f의 임의의 Θ방향으로의 유향미계수는

$$f_x(a, b)\cos\Theta + f_y(a, b)\sin\Theta = 0$$

이다. 다음으로 이계유향미계수는

$$\begin{aligned}
d_\Theta^2 f(a, b) &= d_\Theta(d_\Theta f(a, b)) \\
&= [f_{xx}(a, b)\cos\Theta + f_{yx}(a, b)\sin\Theta]\cos\Theta \\
&\qquad + [f_{xy}(a, b)\cos\Theta + f_{yy}(a, b)\sin\Theta]\sin\Theta \\
&= f_{xx}(a, b)\cos^2\Theta + 2f_{xy}(a, b)\sin\Theta\cos\Theta
\end{aligned}$$

$$+ f_{yy}(a,\ b) \sin^2\Theta .$$

한편, 이 식은

$$d_\Theta^2 f(a,\ b) = f_{xx}\left[\left(\cos^2\Theta + 2\frac{f_{xy}}{f_{xx}} \sin\Theta\cos\Theta + \frac{f_{xy}^2}{f_{xx}^2} \sin^2\Theta\right)\right.$$
$$\left. + \left(\sin^2\Theta \frac{f_{yy}}{f_{xx}} - \sin^2\Theta \frac{f_{xy}^2}{f_{xx}^2}\right)\right]$$
$$= f_{xx}\left[\left(\cos\Theta + \sin\Theta \frac{f_{xy}}{f_{xx}}\right)^2 + \sin^2\Theta\left(\frac{f_{xx}f_{yy} - f_{xy}^2}{f_{xx}^2}\right)\right]$$

인데 $\Delta > 0$ 이므로 두 번째 [ ]속은 양수이다.
가정에서 $f_{xx}(a,\ b) < 0$ 이므로 모든 Θ에 대하여 $d_\Theta^2 f(a,\ b) < 0$ 이다.
그러므로 정리 4.3.3에 의해서 $f(a,\ b)$ 는 f의 극대값이다. ■

예제 1 $f(x,y) = x^3 + y^3 - 3xy$ 의 극값을 구하여라.

풀이 $f_x(x,y) = 3(x^2 - y) = 0,\ f_y(x,y) = 3(y^2 - x) = 0$ 로부터

$$x = y = 0 \text{ 또는 } x = y = 1$$

(i) $x = y = 0$ 인 경우; $f_{xx} = f_{yy} = 0,\ f_{xy} = -3$ 이 되어
$\Delta = f_{xx}(a,\ b) \cdot f_{yy}(a,\ b) - f_{xy}^2(a,\ b) < 0$ 이므로 $f(0,0) = 0$은 극값이 아니다.

(ii) $x = y = 1$ 인 경우; $f_{xx} = f_{yy} = 6,\ f_{xy} = -3$ 이 되어
$\Delta = f_{xx}(a,\ b) \cdot f_{yy}(a,\ b) - f_{xy}^2(a,\ b) > 0$ 이므로 $f(1,1) = -1$은 극소값이다.

함수 $f(x,y)$가 연속인 이계편도함수를 가진다고 하자. 또, $f(x,y) = 0$에 의해서 y가 x의 음함수로 정의된다고 하자. 그러면

$y=\varphi(x)$와 같은 함수관계가 성립하고 이에 대한 극값을 구할 수 있다. 이를 위하여 다음과 같은 사실이 필요하다.

$f(x,y)=0$의 양변을 x에 대하여 미분하면,

$$f_x(x,y)+f_y(x,y)\frac{dy}{dx}=0. \tag{1}$$

$f(x,y)$가 연속인 이계편도함수를 가지므로 이 식의 양변을 x에 대하여 미분하면,

$$f_{xx}(x,y)+2f_{xy}(x,y)\frac{dy}{dx}+f_{yy}(x,y)(\frac{dy}{dx})^2+f_y(x,y)\frac{d^2y}{dx^2}=0. \tag{2}$$

일변수함수 $y=\varphi(x)$가 극값을 가지려면 $\frac{dx}{dy}=0$이어야 하므로 (1), (2)로부터

$$f_x(x,y)=0, \qquad \frac{d^2y}{dx^2}=-\frac{f_{xx}(x,y)}{f_y(x,y)}$$

을 얻는다. 그러므로 일변수함수의 이계도함수의 부호는 곡선의 오목 상태를 나타냄을 이용하여 다음과 같이 $y=\varphi(x)$의 극값을 구할 수 있다.

정 리 11.7.4

방정식 $f(x,y)=0$와 $f_y(x,y)\neq 0$에 의해서 정해지는 함수 $y=\varphi(x)$의 극값은 다음과 같이 구한다.

(i) 방정식 $f(x,y)=0$와 $f_x(x,y)=0$의 공통해 (x_1,y_1)를 구한다.

(ii) $\frac{f_{xx}(x_1,y_1)}{f_y(x_1,y_1)}<0$ 이면 y는 극소값 y_1 을 갖고,
$\frac{f_{xx}(x_1,y_1)}{f_y(x_1,y_1)}>0$ 이면 y는 극대값 y_1 을 갖는다.

예제 2 $f(x,y) = 2x^2 - 2xy + y^2 - 8 = 0$에서 y의 극값을 구하여라.

풀이 $f_x(x,y) = 4x - 2y$ 이므로 $f(x,y) = 2x^2 - 2xy + y^2 - 8 = 0$와 $f_x(x,y) = 4x - 2y = 0$ 의 공통해는 $(2,4), (-2,-4)$이다. 그런데 이들 값에 대해서 $f_y(x,y) = -2x + 2y \neq 0$ 을 만족한다. 또, $f_{xx}(x,y) = 4$ 이므로, $(x,y) = (2,4)$ 이면, $\dfrac{f_{xx}(2,4)}{f_y(2,4)} = \dfrac{4}{4} > 0$. 따라서 $x = 2$일 때, y는 극대값 4를 갖는다.
또, $(x,y) = (-2,-4)$ 이면, $\dfrac{f_{xx}(-2,-4)}{f_y(-2,-4)} = \dfrac{4}{-4} < 0$이므로 y는 $x = -2$ 에서 극소값 -4를 갖는다.

◆◆◆ 연 습 문 제 11.7 ◆◆◆

1. 다음 함수의 극값을 구하여라.

(1) $f(x,y) = x^2 + y^2 - 1$ (2) $f(x,y) = x^2 + 3y^2 - 4x - 6y + 3$

(3) $f(x,y) = xy$ (4) $f(x,y) = \sin x + \sin y + \cos(x+y)$

(5) $x^4 + 2x^2 + y^3 - y = 0$ (6) $x^2 + y^2 - 2x - 4y + 1 = 0$

(7) $x^3y^3 + y - x = 0$ (7) $x^4 + 2ax^2 + ay^3 - a^3y = 0 \ (a > 0)$

2. 부피가 일정한 직육면체 중 표면적이 최소인 것은 어떤 모양인가?

3. 원점에서 곡면 $z^2 = x^2y + 4$ 에 이르는 최단 길이를 구하여라.

4. 타원면 $\dfrac{x^2}{a^2} + \dfrac{y^2}{b^2} + \dfrac{z^2}{c^2} = 1$ 에 내접하는 직육면체의 부피의 최대값

을 구하여라.

5. 반지름이 10인 원에 외접하는 삼각형의 최소면적을 구하여라.

11.8 완전미분과 선적분

$u=f(x,y)$이고 f, f_x, f_y가 연속이면

$$du=f_x(x,y)dx+f_y(x,y)dy \tag{1}$$

이다. 앞으로 배울 선적분과 미분방정식을 응용한 문제에서는

$$P(x,y)dx+Q(x,y)dy \tag{2}$$

꼴의 방정식을 자주 볼 수 있는데, 이것이 어느 경우에 어떤 함수의 전미분이 되는지 조건을 알아볼 필요가 있다.

정의 11.8.1 집합 S의 모든 점 (x,y)와 dx, dy의 모든 값에 대하여

$$df(x,y;dx,dy)=P(x,y)\,dx+Q(x,y)dy \tag{3}$$

인 연속적으로 미분가능한 함수 f가 존재할 때 $P(x,y)\,dx+Q(x,y)dy$를 집합 S 위의 f의 **완전미분**(exact differential on S)이라고 한다.

같은 방법으로 R^3의 부분집합 S에 정의된 3변수 함수 P, Q, R에 대하여 $df=Pdx+Qdy+Rdz$인 연속적으로 미분가능한 함수 f가 존재할 때도 $Pdx+Qdy+Rdz$을 완전미분이라고 한다.

정 리 11.8.2

P, Q, P_y, Q_x가 S에서 연속이고, $|x-a|<h$, $|y-b|<k$일 때 식 (2)의 표현이 S에서 완전미분이 될 필요충분조건은, S의 모든 (x,y)에 대하여 $P_y(x,y)=Q_x(x,y)$ (4)

인 것이다.

증명 전미분의 정의로부터 정의 11.8.1의 (3)이 성립할 필요충분조건은

$$P(x,y)=f_x(x,y)\text{이고 } Q(x,y)=f_y(x,y). \tag{5}$$

먼저 (5)가 성립한다고 가정하면 f_{xy}, f_{yx}의 정의에 의하여 다음 사실을 알 수 있다. 즉,

$$P_y(x,y)=f_{xy}(x,y)\text{이고 } Q_x(x,y)=f_{yx}(x,y). \tag{6}$$

가정에 의하여 f_{xy}, f_{yx}가 모두 연속이므로 정리 11.5.2에 의하여 S 위에서 이들은 서로 같다. 그러므로 (4)가 성립한다.

역으로, $P_y(x,y)=Q_x(x,y)$라고 하고

$$\int P(x,y)dx=F(x,y)$$

라고 하자. 그러면,

$$\frac{\partial F}{\partial x}=P,\ \frac{\partial^2 F}{\partial y\,\partial x}=\frac{\partial P}{\partial y}=\frac{\partial Q}{\partial x}$$

이므로 $\dfrac{\partial}{\partial x}\left(\dfrac{\partial F}{\partial y}-Q\right)=0$이다. 이것은 F_y-Q가 y만의 함수라는 의미이다. 그러므로 $F_y-Q=\phi(y)$라하고 $f(x,y)=F(x,y)-\int\phi(y)\,dy$로 놓으면,

$$df=\frac{\partial F}{\partial x}dx+[F_y-\phi(y)]dy=P(x,y)\,dx+Q(x,y)\,dy$$

이다. 따라서 $P(x,y)dx+Q(x,y)dy$는 완전미분이다. ■

예제 1 $(3x^2+6y)dx+(3y^2+6x)dy$가 완전미분임을 보이고 전미분가능한 함수 f를 구하여라.

풀이 $P=3x^2+6y$, $Q=3y^2+6x$라 두면 $Q_x=6$, $P_y=6$이고 $Pdx+Qdy$는 완전미분이 된다. 그런데, $f_x=3x^2+6y$이므로

$$f(x,y)=x^3+6xy+C(y)$$

이다. 여기서 $f_y=Q$라 두면 다음을 얻는다. 즉,

$$6x+C'(y)=6x+3y^2 \text{ 또는 } C'(y)=3y^2,\ C(y)=y^3+C.$$

따라서, $f(x,y)=x^3+y^3+6xy+C$ 이다.

정 리 11.8.3

P, Q, R, P_y, P_z, Q_x, Q_z, R_x, R_y가 S 위에서 모두 연속이고, $|x-a|<h$, $|y-b|<k$, $|z-c|<l$ 이면
$P(x,y,z)dx+Q(x,y,z)dy+R(x,y,z)dz$가 완전 미분이 될 필요충분조건은 S 위에서

$$P_y=Q_x,\ P_z=R_x,\ Q_z=R_y \tag{12}$$

인 경우이다.

증명 식 (12)가 완전미분이 될 필요충분조건은 다음 조건을 만족하는 함수 f 가 S 위에 존재하는 것이다.

$$f_x=P,\ f_y=Q,\ f_z=R \tag{13}$$

(a) 만일 (13)이 성립한다면 11.에서 $f_{xy}=f_{yx}$가 되므로 식 (12)에서의 관계가 유도된다.

(b) S 위에서 식 (12)가 성립한다고 가s정하자. 정리 11.8.2를 이용하면 $x=a$에서 $f_y=Q$, $f_z=R$이 되도록 $f(a,y,z)$를 선택할 수 있고 그럴 경우에

$$f(x,y,z)=f(a,y,z)+\int_a^x P(r,y,z)dr$$

를 정의할 수 있다.

$Q_x=P_y$를 이용하여, 각각의 z에 대하여 결과 (10)에서

$$f(x, y, z) = f(a, y, z) + \int_a^x P(r, y, z)dr$$
$$+ \int_b^y [Q(x, s, z) - Q(a, s, z)]ds \qquad (14)$$

를 얻는다. 따라서, (14)에서 다음을 알 수 있다. 즉,

$$f_y(x, y, z) = Q(a, y, z) + Q(x, y, z) - Q(a, y, z) = Q(x, y, z)$$

같은 방법으로, $R_x = P_z$를 이용하고 각각의 y에 대하여 (10)의 결과를 쓰면 f 는 (13)의 세 번째 식을 만족하는 것을 알 수 있다. ■

예제 2 다음 식이 완전미분인가를 보이고, 만일 그렇다면 이것이 전미분이 되게 하는 함수를 구하여라.

$$(3x^2 - 4xy + z^2 + yz - 2)dx + (-6y^2 - 2x^2 + xz)dy$$
$$+ (9z^2 + 2xz + xy + 6z)dz$$

풀이 P, Q, R을 계수라고 하면 $Pdx + Qdy + Rdz$가 완전미분이 되게하는 $P_y = -4x + z = Q_x$, $P_z = 2z + y = R_x$, $Q_z = x = R_y$를 얻는다.

f 를 구하기 위하여

$$f(x, y, z) = C(y, z) + x^3 - 2x^2y + xz^2 + xyz - 2x$$

로 놓으면

$$f_y(x, y, z) = C_y(y, z) - 2x^2 + xz = -6y^2 - 2x^2 + xz$$
$$\therefore C_y(y, z) = -6y^2, \quad C(y, z) = -2y^3 + C_1(z).$$
$$f_z(x, y, z) = C_1'(z) + 2xz + xy = 9z^2 + 2xz + xy + 6z$$
$$\therefore C_1'(z) = 9z^2 + 6z, \quad C_1(z) = 3z^3 + 3z^2 + C_2$$
$$\therefore f(x, y, z) = x^3 - 2y^3 + 3z^3 - 2x^2y + xz^2 + xyz + 3z^2 - 2x + C_2 .$$

정의 11.8.4 두 개의 2변수 함수 P와 Q가 xy-평면의 영역 R에서 연속이고, R 안에 있는 연속인 곡선 C의 매개방정식이

$$C:\ x=x(t),\quad y=y(t)\quad (a\le t\le b)$$

라고 하자. t가 $t=a$ 에서 $t=b$ 까지 변할 때, 곡선 C 위의 점은 $A(x(a),\ y(a))$에서 $B(x(b),\ y(b))$까지 변한다고 할 때, 적분

$$\int_c P(x,y)dx+Q(x,y)dy \tag{15}$$

를 A에서 B까지 곡선 C에 따르는 $Pdx+Qdy$의 **선적분 (line integral along C)**이라고 한다.

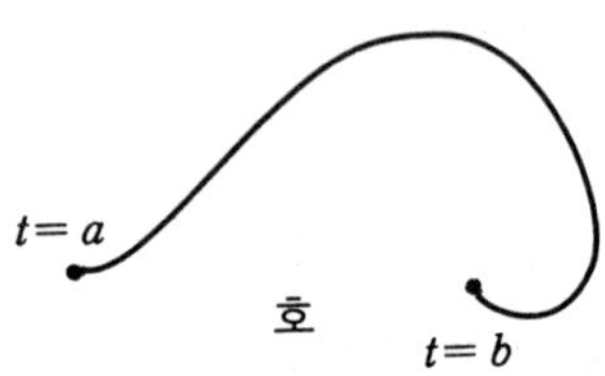

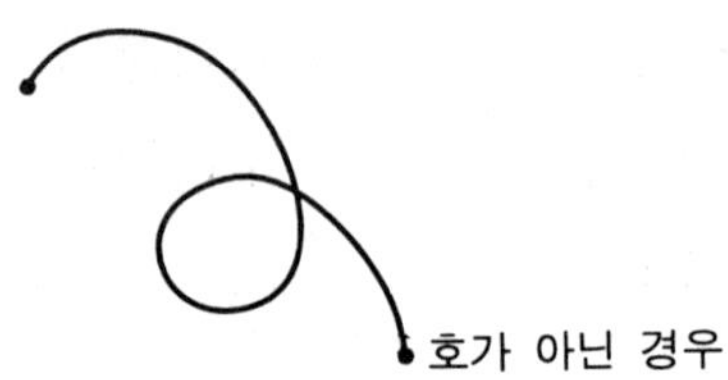

<그림11.8.1> <그림11.8.2>

곡선 $C:\ x=x(t),\quad y=y(t)\quad (a\le t\le b)$에서 $x'(t)$와 $y'(t)$가 구간 $[a,b]$에서 연속이면 $dx=x'(t),\ dy=y'(t)$가 되므로 (1)을 다음과 같이 Riemann 적분으로 나타낼 수 있다. 즉,

$$\int_C P(x,y)dx+Q(x,y)dy$$
$$=\int_b^a [P(x(t),y(t))x'(t)+Q(x(t),y(t)y'(t)]dt$$

이 절에서 다루는 곡선 C의 $x'(t)$와 $y'(t)$는 구간 $[a,b]$에서 연속이라고 가정한다. 즉, 그림 11.8.2과 같이 호가 아닌 것은 다루지 않는다.

예제 3 곡선 $C: x=t^2-1,\ y=t^2+t+2\ \ (0\le t\le 1)$일 때, 선적분 $\int_C [(x^2-y^2)dx-2xydy]$를 구하여라.

풀이 $P[x(t),y(t)]=(t^4-2t^2+1)-(t^2+t+2)^2$

$$=-2t^3-7t^{2-4t}-3$$

$$Q[x(t),y(t)]=-2(t^2-1)(t^2+t+2)$$

$$=-2t^4-2t^3-2t^2+2t+4$$

$$Px'+Qy'=2t(-2t^3-7t^2-4t-3)$$

$$+(2t+1)(-2t^4-2t^3-2t^2+2t+4)$$

이므로

$$\int_C(Pdx+Qdy)=\int_0^1(Px'+Qy')\,dt$$

$$=\int_0^1(-4t^5-10t^4-20t^3-6t^2+4t+4)\,dt$$

$$=-\frac{11}{3}.$$

정 리 11.8.5

곡선 C를 오른쪽 그림과 같이 구간 $[a,b]$에서 부분 분할할 수 있을 때, $Pdx+Qdy$의 곡선 C를 따른 선적분은 다음과 같다.

$$\int_C(Pdx+Qdy)=\sum_{j=1}^{p}\int_{C_j}(Pdx+Qdy)$$

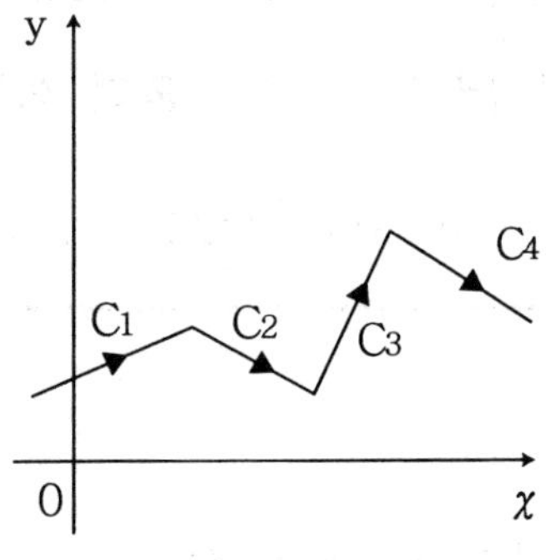

<그림 11.8.3>

예제 4 곡선 C가 $(0,0)$에서 $(1,0)$까지 가는 선분 C_1과 $(1,0)$에서 $(1,1)$까지 가는 선분 C_2로 이루어져 있을 때, 다음 선적분을 구하여라.

$$\int_C [(x+2y)dx+(x^2-y^2)dy]$$

풀이 C_1: $x=x$, $y=0$, $0\le x\le 1$이므로 C_1을 따라서 $dx=dx$, $dy=0$이고

$$\int_{C_1} [(x+2y)dx+(x^2-y^2)dy]=\int_0^1 xdx=\frac{1}{2}$$

C_2: $x=1$, $y=y$, $0\le y\le 1$이므로 C_2을 따라서 $dx=0$, $dy=dy$이고

$$\int_{C_2} [(x+2y)dx+(x^2-y^2)dy]=\int_0^1 (1-y^2)dx=\frac{2}{3}$$

따라서

$$\int_C (x+2y)dx+(x^2-y^2)dy=\int_0^1 3xdx=\frac{7}{6}.$$

예제 4에서는 곡선에 따라 선적분의 결과가 달랐다. 그러나 다음 정리는 어떤 영역 안에 있는 곡선을 따라 완전미분을 선적분할 때는 곡선의 경로에 관계없이 오직 양 끝점에 따라 적분값이 결정됨을 나타내고 있다.

정 리 11.8.6

$Pdx+Qdy$가 S에서 f의 완전미분이라고 하자, 만일 C가

$$C:\ x=x(t),\quad y=y(t)\quad (a\le t\le b)$$

인 S 안에 있는 곡선이라고 하면 다음이 성립한다.

$$\int_C (Pdx+Qdy)=f[x(b),y(b)]-f[x(a),y(a)]$$

예제 5 선적분 $\int_{(-1,2)}^{(4,3)} [(3x^2-6xy)dx+(-3x^2+4y+1)dy]$를 구하여라.

풀이 $P(x,y)=3x^2-6xy,\ Q(x,y)=-3x^2+4y+1$이고 $\dfrac{\partial P}{\partial y}=\dfrac{\partial Q}{\partial x}=-6x$ 이므로 완전미분의 성질에 의하여 $F_x=P,\ F_y=Q$가 성립하는 함수 F가 존재한다.

이 함수 F를 구하면 $F(x,y)=x^3-3x^2y+2y^2+y$가 된다. 따라서 구하는 선적분의 값은,

$$\int_{(-1,2)}^{(4,3)}[(3x^2-6xy)dx+(-3x^2+4y+1)dy]$$
$$=F(4,3)-F(-1,2)=-62.$$

◈◈◈ 연 습 문 제 11.8 ◈◈◈

1. 다음에서 완전미분인 것을 골라라. 또 완전미분인 경우에는 전미분이 되게 하는 함수를 구하여라.

(1) $\left(2y-\dfrac{1}{x}\right)dx+\left(2x+\dfrac{1}{y}\right)dy$ (2) $x^2\sin y dx+x^2\cos y dy$

(3) $\dfrac{x^2+y^2}{2y^2}dx-\dfrac{x^3}{3y^3}dy$ (4) $2xe^{x^2}\sin y dx+e^{x^2}\cos y dy$

(5) $\dfrac{xdy-ydx}{x^2+y^2}$, $x>0$ (6) $2x\ln y dx+\dfrac{x^2}{y}dy$

(7) $(2x-y+3z)dx+(-x+3y+2z)dy+(2x+3y-z)dz$

(8) $(2xy+z^2)dx+(2yz+x^2)dy+(2xz+y^2)dz$

2. 다음 선적분을 주어진 곡선에 따라 계산하여라.

(1) $\int_C 2xydx+(x^2+y^2)dy$, $(C: x=t,\ y=t^2,\ 1\le t\le 3)$

(2) $\int_C x^3dx+xydy,\quad \left(C: x=\sin t,\ y=e^t,\ 0\le t\le \frac{\pi}{2}\right)$

(3) $\int_C (\ln x)dx+(\ln y)dy,\quad (C: x=2t,\ y=t^3,\ 1\le t\le 4)$

3 $\int_C [(-ydx+xdy)/(x\sqrt{x^2-y^2})]$를 구하여라. 단 C는 다음과 같다.

(1) C는 $(3,0)$에서 $(5,4)$까지 가는 $x^2-y^2=9$의 호이다.

(2) C는 $(3,0)$, $(5,0)$과 $(5,4)$를 꼭지점으로 하는 다각형이다.

제12장 중 적 분

12.1 중적분

12.2 반복 적분

12.3 극좌표를 이용한 이중적분

12.4 이중적분을 이용한 넓이와 부피

12.5 삼중적분과 그 응용

제12장 중적분(Multiple Integration)

12.1 중적분

이 절에서는 일변수함수의 정적분을 이변수함수에 대하여 확장한 적분인 이중적분에 대하여 알아보자.

정의 12.1.1 xy-평면 위의 영역

$$D=\{(x,y)\,|\,a\le x\le b,\ c\le x\le d\}$$

에서 구간 $[a,b]$, $[c,d]$를 각각 m, n개의 분할점

$$a=x_0<x_1<\cdots<x_{n-1}<x_n=b, \qquad c=y_0<y_1<\cdots<y_{m-1}<y_m=d$$

으로 나눈 다음, 각 분할점으로부터 y축 및 x축에 각각 평행선을 그어 D를 mn개의 직사각형으로 나눈다. 이 때, 이들 직사각형들의 집합을 영역 D의 **분할(partition)**이라고 하고, P로 나타낸다. 또 이들 직사각형 중에서 가장 긴 대각선의 길이를 P의 **노름(norm)**이라 하고 δ로 나타낸다.

분할 P의 원소인 직사각형

$$x_{i-1}\le x\le x_i,\ \ y_{j-1}\le y\le y_j\ \ (i=1,2,\cdots,n;\ \ j=1,2,\cdots,m)$$

를 D_{ij}, 그 넓이를 ΔD_{ij}로 나타내고 분할 P의 **분할사각형(partitioning rectangle)**이라 한다.

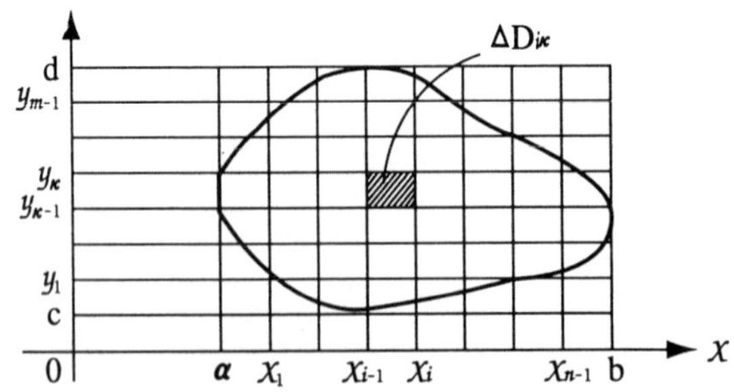

<그림12.1.1>

정의 12.1.2 2변수함수 $z=f(x,y)$가 영역 D에서 연속이고, 점 (ξ_i, η_j)를 분할사각형 D_{ij} 내의 임의의 점이라고 할 때,

$$\sum_{i,j} f(\xi_i, \eta_j)\Delta D_{ij}$$

를 분할 P에 대한 함수 $f(x,y)$의 **Rimann합**이라고 한다.

정의 12.1.3 분할 P의 노름 δ가 0에 한없이 가까워지도록 P를 세분해갈 때, 영역 D의 분할 방법이나 선택의 방법에 관계없이 Riemann합이 일정한 값에 수렴하면 $z=f(x,y)$는 D에서 **적분가능(integrable)**이라 한다. 또 이 일정한 극한값을 영역 D에 대한 함수 $f(x,y)$의 **이중적분(double integral)**이라 하고 다음과 같이 나타낸다.

$$\lim_{\delta\to 0}\sum_{i,j} f(\xi_i, \eta_j)\Delta D_{ij} = \int\int_D f(x,y)dD = \int\int_D f(x,y)dxdy$$

(참고) 영역 D의 넓이가 s이고 임의의 점 $p\in D$에 대하여 $f(p)=1$이면, $\lim_{\delta\to 0}\sum_{i,j} f(\xi_i, \eta_j)\Delta D_{ij} = \lim_{\delta\to 0}\sum_{i,j}\Delta D_{ij} = s$이다. 즉, $\int\int_D 1ds = s$이다.

정 리 12.1.4

이중적분에서도 1변수함수의 정적분처럼 다음의 성질이 성립한다.

(1) $f(x,y)$가 D에서 연속이면 적분가능하다.

(2) $D=D_1\cup D_2$, $D_1\cap D_2=\varnothing$일 때,

$$\int\int_D f(x,y)dD = \int\int_{D_1} f(x,y)dD + \int\int_{D_2} f(x,y)dD$$

(3) a, b가 상수일 때,

$$\int\int_D \{af(x,y)+bg(x,y)\}dD = a\int\int_D f(x,y)dD + b\int\int_D g(x,y)dD$$

(4) $f(x,y)$가 D에서 적분가능하면 $|f(x,y)|$도 적분가능이고, 다음 관계가 성립한다.

$$\left|\int\int_D f(x,y)dD\right| \le \int\int_D |f(x,y)|dD$$

정 리 12.1.5 (평균값 정리)

$f(x, y)$가 D에서 연속일 때, $f(x, y)$의 상한, 하한을 각각 M, m이라 하면 다음 등식을 만족하는 μ가 적어도 하나 존재한다.

$$\int\int_D f(x, y)\,dD = \mu D \quad (m \le \mu \le M)$$

정 리 12.1.6

xy평면 위의 연속인 두 곡선 $y=\phi_1(x)$, $y=\phi_2(x)$에 대하여 함수 $z=f(x, y)$가 $D=\{(x, y) | a \le x \le b,\ \phi_1(x) \le y \le \phi_2(x)\}$에서 연속이면

$$F(x) = \int_{\phi_1(x)}^{\phi_2(x)} f(x, y)\,dy$$

도 $[a, b]$ 에서 연속이다.

증명 $F(x+h) - F(x)$

$$= \int_{\varphi_1(x+h)}^{\varphi_2(x+h)} f(x+h, y)\,dy - \int_{\varphi_1(x)}^{\varphi_2(x)} f(x, y)\,dy$$

$$= \int_{\phi_{1(x+h)}}^{\phi_{1(x)}} f(x+h, y)\,dy + \int_{\phi_{1(x)}}^{\phi_{2(x)}} f(x+h, y)\,dy$$

$$+ \int_{\phi_2(x)}^{\phi_2(x+h)} f(x+h, y)\,dy - \int_{\phi_1(x)}^{\phi_2(x)} f(x, y)\,dy$$

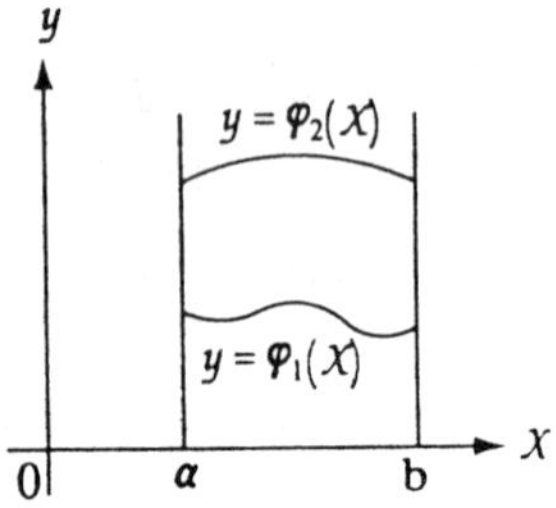

<그림12.1.2>

$$= \int_{\phi_1(x)}^{\phi_2(x)} \{f(x+h, y) - f(x, y)\}\,dy + \int_{\phi_1(x+h)}^{\phi_1(x)} f(x+h, y)\,dy$$

$$+ \int_{\phi_1(x)}^{\phi_1(x+h)} f(x+h, y)\,dy$$

이다. 그런데 $f(x, y)$, ϕ_1, ϕ_2가 연속이므로

$$\lim_{h \to 0} |f(x+h, y) - f(x, y)| = 0,$$

$$\lim_{h\to 0}|\phi_1(x+h, y)-\phi_1(x, y)|=0,$$

$$\lim_{h\to 0}|\phi_2(x+h, y)-\phi_2(x, y)|=0.$$

따라서, $\lim_{h\to 0}F(x+h)=F(x)$이다. 그러므로, $F(x)$는 $[a, b]$에서 연속이다. ■

(참고) 영역 $D=\{(x, y)|a\le x\le b, \phi_1(x)\le y\le \phi_2(x)\}$를 '세로형 폐영역'이라 하고, $D=\{(x, y)|\phi_1(y)\le x\le \phi_2(y), c\le y\le d\}$을 '가로형 폐영역'이라고한다.

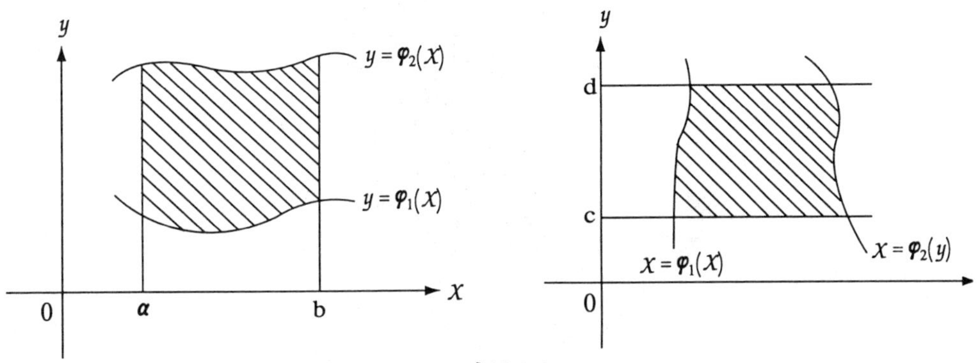

<그림12.1.3>

(보기) 두 곡선 $y^2=x$와 $y=x^3$으로 둘러 싸인 영역 R은 다음과 같이 R_1 (세로형 폐영역) 또는 R_2 (가로형 폐영역)로 생각할 수 있다.

$$R=R_1=\{(x, y)|0\le x\le 1, x^3\le y\le \sqrt{x}\}$$
$$R=R_2=\left\{(x, y)|y^2\le x\le y^{\frac{1}{3}}, 0\le y\le 1\right\}$$

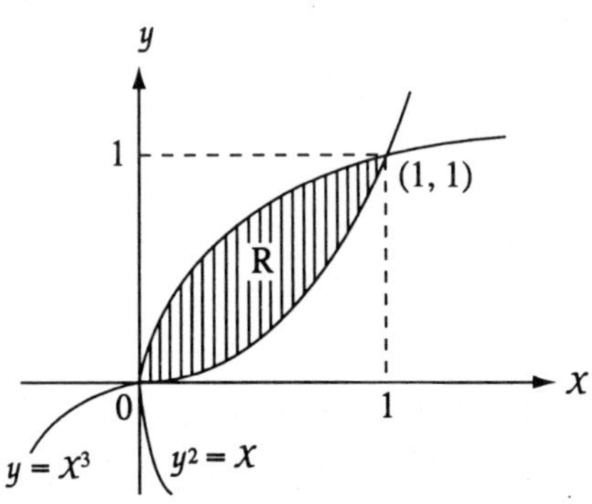

<그림12.1.4>

음이 아닌 1변수함수의 정적분을 평면에서 영역의 넓이로 볼 수 있는 것과 마찬가지로 음이 아닌 2변수함수의 중적분은 공간에서 어떤 입체의 부피로 볼 수 있다. 즉, 영역 R에서 $f(x,y) \geq 0$이면 Riemann 합에서 $f(\xi_i, \eta_j)\Delta D_{ij}$는 밑면의 넓이가 ΔD_{ij}이고 높이가 $f(\xi_i, \eta_j)$인 직사각기둥의 부피와 같다.

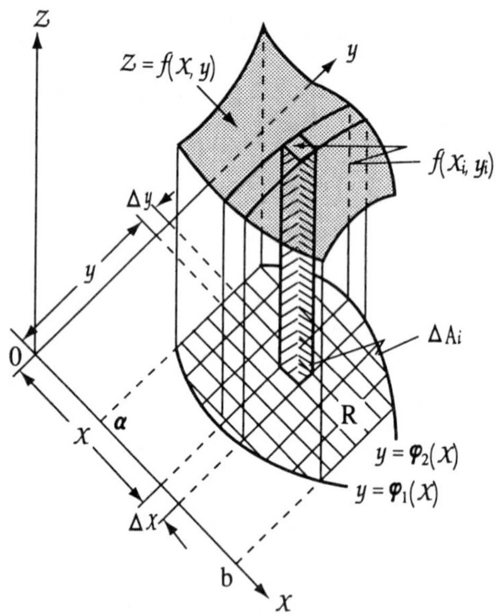

<그림12..1.5>

따라서, Riemann 합 $\sum_{j=1}^{m}\sum_{i=1}^{n} f(\xi_i, \eta_i)\Delta D_{ij}$는 δ가 충분히 작을 때의 영역 R와 곡면 $z=f(x, y)$ 사이의 입체의 부피의 근사값이 된다.

12.2 반복 적분

이중적분의 값을 정의에 의하여 구한다는 것은 매우 어렵고, 어떤 때는 구할 수 없는 경우도 있다. 이 절에는 이중적분을 쉽게 계산할 수 있는 방법 중의 하나인 **반복적분(iterated integral)**에 대하여 알아보고자 한다.

정 리 12.2.1

(1) 함수 $z=f(x,y)$가 세로형 폐영역

$$D=\{(x,\ y)\mid a\leq x\leq b,\ \psi_1(x)\leq y\leq \psi_2(x)\}$$

에서 연속이면, 다음 등식이 성립한다.

$$\int\int_D f(x,\ y)\,dxdy=\int_a^b\left\{\int_{\psi_1(x)}^{\psi_2(x)} df(x,\ y)\,dy\right\}dx$$

(2) 함수 $z=f(x,y)$가 가로형 폐영역

$$D=\{(x,\ y)\mid c\leq y\leq d,\ \phi_1(y)\leq x\leq \phi_2(y)\}$$

에서 연속이면, 다음 등식이 성립한다.

$$\int\int_D f(x,\ y)\,dxdy=\int_c^d\left\{\int_{\phi_1(y)}^{\phi_2(y)} f(x,\ y)\,dx\right\}dy$$

증명 (1) $z=f(x,\ y)$에서 x 값이 일정하고 $F(x)=\int_{\psi_1(x)}^{\psi_2(x)} f(x,y)dy$라 하면 $x_{i-1}<\xi_i<x_i$ 인 ξ_i에 대하여

$$F(\xi_i)=\int_{\psi_1(\xi_i)}^{\psi_2(\xi_i)} f(\xi_i,y)\,dy=\sum_{j=1}^{m}\int_{y_{j-1}}^{y_j} f(\xi_i,y)\,dy \qquad (12.2.1)$$

$\int_{y_{j-1}}^{y_j} f(\xi_i,y)\,dy$에 대하여 평균값 정리를 적용하면

$$\int_{y_{j-1}}^{y_j} f(\xi_i,y)\,dy=f(\xi_i,\eta_j)(y_j-y_{j-1}) \qquad (12.2.2)$$

인 η_j (단 $y_{j-1}<\eta_j<y_j$)가 적어도 하나 존재한다.

식 (12.2.1)과 (12.2.2)에서 $F(\xi_i)=\sum_{j=1}^{m}f(\xi_i,\ \eta_j)(y_j-y_{j-1})$이 된다.

따라서,

$$\sum_{i=1}^{n}F(\xi_i)(x_i-x_{i-1})=\sum_{i=1}^{n}\sum_{j=1}^{m}f(\xi_i,\ \eta_j)(y_j-y_{j-1})(x_i-x_{i-1})$$

이다. 이것의 양변에 극한을 취하면

$$좌변 = \lim_{n\to\infty}\sum_{i=1}^{n} F(\xi_i)(x_i - x_{i-1}) = \int_a^b F(x)\,dx$$

$$= \int_a^b \left\{ \int_{\psi_1(x)}^{\psi_2(x)} f(x,\ y)\,dy \right\} dx \qquad (12.2.3)$$

$$우변 = \lim_{\substack{n\to\infty \\ m\to\infty}} \sum_{i=1}^{n}\sum_{j=1}^{m} f(\xi_i,\ \eta_j)(y_j - y_{j-1})(x_i - x_{i-1})$$

$$= \lim_{\substack{n\to\infty \\ m\to\infty}} \sum_{i=1}^{n}\sum_{j=1}^{m} f(\xi_i,\ \eta_j)\Delta D_{ij} = \int\int_D f(x,\ y)\,dx\,dy \qquad (12.2.4)$$

이 되어 식(12.2.3)과 (12.2.4)으로부터

$$\int\int_D f(x,\ y)\,dx\,dy = \int_a^b \left\{ \int_{\psi_1(x)}^{\psi_2(x)} df(x,\ y)\,dy \right\} dx$$

를 얻는다.

(2) (1)과 같은 방법으로 유도하면

$$\int\int_D f(x,\ y)\,dx\,dy = \int_c^d \left\{ \int_{\phi_1(y)}^{\phi_2(y)} f(x,\ y)\,dx \right\} dy$$

를 얻는다. ■

(참고) 1. 영역 D가 아래의 그림과 같이 가로형 폐영역이기도하고 세로형 폐영역이기도 하면 적분순서를 바꾸어도 상관없다. 즉,

$$\int\int_D f(x,\ y)\,dx\,dy$$

$$= \int_a^b \left\{ \int_{\psi_1(x)}^{\psi_2(x)} df(x,\ y)\,dy \right\} dx$$

$$= \int_c^d \left\{ \int_{\phi_1(y)}^{\phi_2(y)} f(x,\ y)\,dx \right\} dy$$

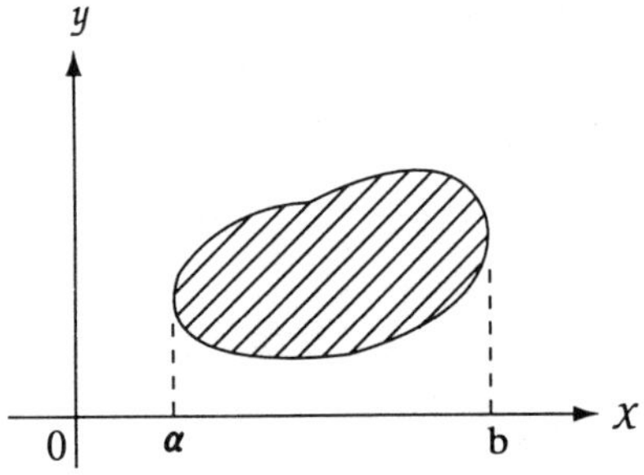

<그림12.2.1>

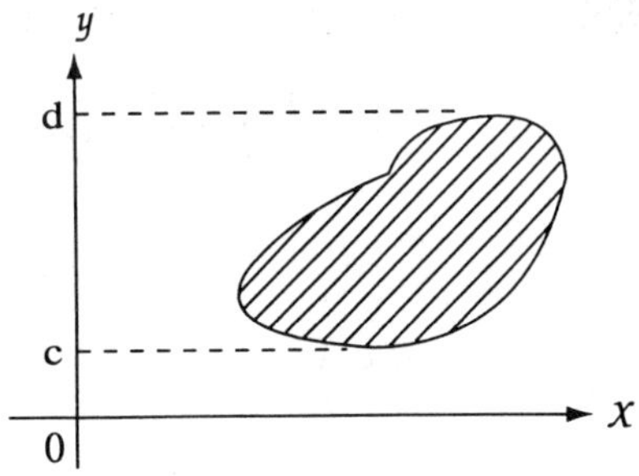

<그림12.2.2>

2. $\int_a^b \left\{ \int_{\psi_1(x)}^{\psi_2(x)} df(x, y)\,dy \right\} dx$는 $\int_a^b \int_{\psi_1(x)}^{\psi_2(x)} df(x, y)\,dy\,dx$와 같이 쓰기로 한다. 마찬가지로 $\int_c^d \left\{ \int_{\phi_1(y)}^{\phi_2(y)} f(x, y)\,dx \right\} dy$는 $\int_c^d \int_{\phi_1(y)}^{\phi_2(y)} f(x, y)\,dx\,dy$와 같이 쓴다.

3. $f(x, y)$가 $f(x, y) = h(x) \cdot g(y)$와 같은 변수분리형이면

$\int_a^b \int_{\psi_1(x)}^{\psi_2(x)} f(x, y)\,dy\,dx = \left\{ \int_a^b h(x)\,dx \right\} \left\{ \int_{\psi_1(x)}^{\psi_2(x)} g(y)\,dy \right\}$가 성립한다.

주어진 영역에서 피적분함수가 연속이면 다음과 같이 적분순서를 바꿔서 계산해도 그의 이중적분값은 일치한다.

정 리 12.2.2

영역 D에서 함수 $f(x, y)$가 연속이면

$$\iint_D f(x, y)\,dx\,dy = \iint f(x, y)\,dy\,dx$$

예제 1　영역이 $D=[-2,3]\times[1,4]$일 때

$$A=\int\int_D (x^2-2xy^2+y^3)\,dx\,dy$$

를 구하여라.

풀이　y를 고정하면

$$\int_{-2}^{3}(x^3-2xy^2+y^3)\,dx=\left[\frac{1}{3}x^3-x^2y^2+xy^3\right]_{-2}^{2}$$

$$=\frac{35}{3}-5y^2+5y^3$$

따라서,

$$A=\int_1^4\int_{-2}^{3}(x^2-2xy^2+y^3)\,dx\,dy$$

$$=\int_1^4\left(\frac{35}{3}-5y^2+5y^3\right)dy$$

$$=\left\{\frac{35}{3}y-\frac{5}{3}y^2+\frac{5}{4}y^4\right\}_1^4=\frac{995}{4}.$$

예제 2　다음 반복적분을 구하여라.

(1) $\displaystyle\int_3^5\int_{-x}^{x^2}(4x+10y)\,dy\,dx$　　　(2) $\displaystyle\int_1^{\ln 2}\int_0^{3y}e^{x+y}\,dx\,dy$

풀이 (1)

$$\int_3^5\int_{-x}^{x^2}(4x+10y)\,dy\,dx=\int_3^5\left\{\int_{-x}^{x^2}(4x+10y)\,dy\right\}dx$$

$$=\int_3^5\{[4xy+5y^2]_{y=-x}^{y=x^2}\}\,dx=\int_3^5(4x^3+5x^4-x^2)\,dx$$

$$=\left[x^5+x^4-\frac{x^3}{3}\right]_3^5=3393\frac{1}{3}$$

(2)

$$\int_1^{\ln 2}\int_0^{3y}e^{x+y}\,dx\,dy=\int_1^{\ln 2}\left(\int_0^{3y}e^{x+y}\,dy\right)dy$$

$$= \int_1^{\ln 2} [e^{x+y}]_0^{3y} dy = \int_1^{\ln 2} (e^{3y+y-e^y}) dy$$

$$= \frac{1}{4}[e^{4y}]_1^{\ln 2} - [e^g]_1^{\ln 2} = 2 - \frac{1}{4}e^4 + e \ .$$

예제 3 다음 반복적분을 구하고 적분영역을 그림으로 나타내어라.

$$\int_{\frac{\pi}{3}}^{\frac{\pi}{2}} \int_a^b r^2 \sin\Theta \, dr d\Theta \quad (\text{단 } a,\ b > 0)$$

풀이 $f(r, \Theta) = r^2 \sin\Theta$이므로 변수분리형 함수이다. 따라서

$$\int_{\frac{\pi}{3}}^{\frac{\pi}{2}} r^2 \sin\Theta \, dr d\Theta$$

$$= \left(\int_{\frac{\pi}{3}}^{\frac{\pi}{2}} \sin\Theta d\Theta \right) \cdot \left(\int_a^b r^2 dr \right)$$

$$= [-\cos\Theta]_{\frac{\pi}{3}}^{\frac{\pi}{2}} \cdot \left[\frac{r^2}{3} \right]_a^b$$

$$= \frac{1}{2} \cdot \frac{1}{3}(b^3 - a^3) = \frac{1}{6}(b^3 - a^3)$$

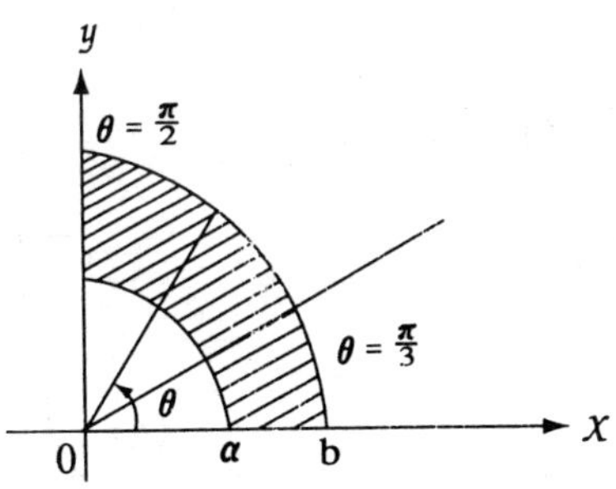

<그림 12.2.3>

예제 4　$D=\{(x,y)|x^2+y^2\le a^2,\ x\ge 0,\ y\ge 0\}$일 때 다음 반복적분을 구하여라.

$$A=\int\int_D xydxdy$$

풀이　$D=\{(x,y)|0\le x\le a,\ 0\le y\le \sqrt{a^2-x^2}\}$이므로

$$A=\int_0^a\left(\int_0^{\sqrt{a^2-x^2}} xydy\right)dx$$

$$=\int_0^a\left[\frac{xy^2}{2}\right]_0^{\sqrt{a^2-x^2}}dx$$

$$=\frac{1}{2}\int_0^a x(a^2-x^2)dx$$

$$=\frac{1}{2}\left[\frac{a^2x^2}{2}-\frac{x^4}{4}\right]_0^a$$

$$=\frac{a^4}{8}.$$

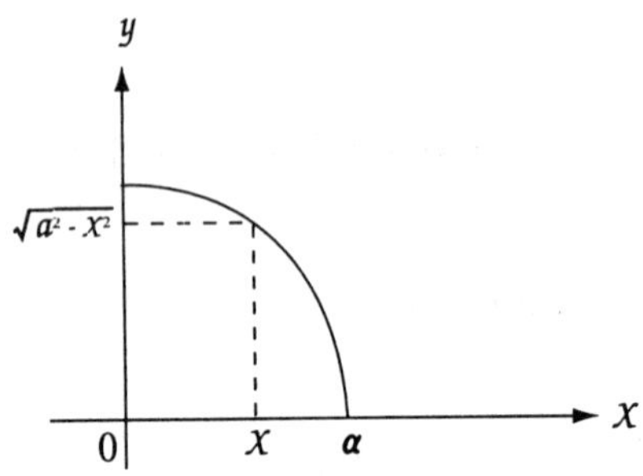

<그림 12.2.4>

◆◆◆ 연 습 문 제　12.2 ◆◆◆

1. 다음 중적분을 구하여라.

(1) $\int_3^5\int_{-x}^{x^2}(4x+10y)dydx$　　(2) $\int_y^{y^2+2}\int_0^1(x-y)dxdy$

(3) $\int_2^4\int_4^{x^2}\frac{x}{y^2}dydx$　　(4) $\int_2^5\int_0^4 e^{x-y}dxdy$

(5) $\int_0^\pi\int_0^x x\sin ydydx$　　(6) $\int_0^{\frac{\pi}{2}}\int_0^{\sin y}\frac{x}{\sqrt{1-x^2}}dxdy$

(7) $\int_{\alpha}^{\beta}\int_{a}^{b} r^2\sin\theta dr d\theta$　　　(8) $\int_{0}^{\pi}\int_{0}^{a\sin\theta} r\sin\theta dr d\theta$

2. 영역 D가 다음과 같을 때의 2중적분 $A=\iint_D x^3y\,dxdy$를 구하여라.

(1) D는 $a\le x\le b$, $c\le y\le d$인 직사각형의 영역

(2) D는 $y=x^2$, $x=2$ 및 x축으로 둘러싸인 영역

(3) D는 $x^2+y^2=1$, $y=x$, 및 x축으로 둘러싸인 제1사분면의 영역

12.3 극좌표를 이용한 이중적분

이 절에서는 극좌표로 나타내어진 영역 R에 대한 2중적분을 정의하고, 이것을 반복적분으로 나타내어 적분을 계산하는 방법에 대하여 알아보자.

정 리 12.3.1 (극좌표 영역의 중적분)

(1) 극좌표로 나타내어진 영역 $D=\{(r,\Theta)\,|\,a\le r\le b,\ \alpha\le\Theta\le\beta\}$에서 함수 $f(x,y)$가 연속이면 다음이 성립한다.

$$\iint_D f(x,y)\,dxdy=\int_{\alpha}^{\beta}\left\{\int_a^b f(r\cos\Theta,\ r\sin\Theta)\,rdr\right\}d\Theta$$

(2) 극좌표로 나타내어진 영역 $D=\{(r,\Theta)\,|\,\phi_1(\Theta)\le r\le\phi_2(\Theta),\ \alpha\le\Theta\le\beta\}$에서 함수 $f(x,y)$가 연속이면 다음이 성립한다.

$$\iint_D f(x,y)\,dxdy=\int_{\alpha}^{\beta}\left\{\int_{\phi_1(\Theta)}^{\phi_2(\Theta)} f(r\cos\Theta,\ r\sin\Theta)\,rdr\right\}d\Theta$$

증명 (1) 직교좌표 $(x,\ y)$를 극좌표

(r, Θ)로 치환하면 $x=r\cos\Theta$, $y=r\sin\Theta$ 이다. 이 때, 영역 D를 극 O를 지나는 직선과 극을 중심으로 하는 동심원으로 그림과 같이 분할한다.

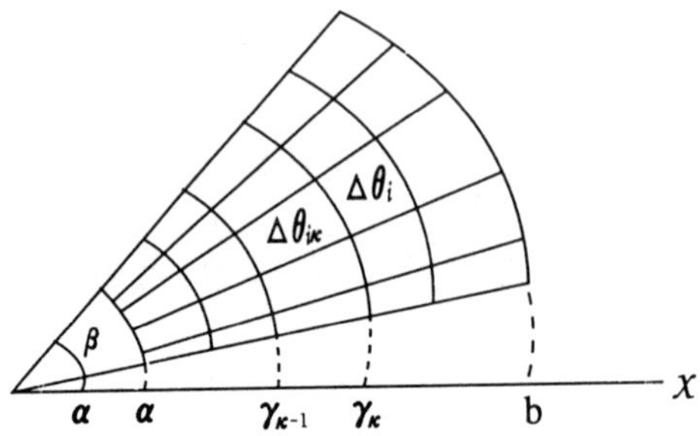

<그림12.3.1>

즉, 직선의 분할

$a=r_0 < r_1 < \cdots < r_{m-1} < r_m = b$

$\alpha=\Theta_0 < \Theta_1 < \cdots < \Theta_{n-1} < \Theta r_n = \beta$

에 의하여 영역을 mn개의 소영역 D_{ik}로 분할하고

$\Delta\Theta_i = \Theta_i - \Theta_{i-1}$,

$\Delta r_k = r_k - r_{k-1}$

로 하면, D_{ik}의 넓이 ΔD_{ik}는

$$\Delta D_{ik} = \frac{1}{2}(r_k^2 - r_{k-1}^2)\Delta\Theta_i = \frac{1}{2}(r_k + r_{k-1})(r_k - r_{k-1})\Delta\Theta_i \approx r_k \Delta r_k \Delta\Theta_i$$

이므로,

$$\sum_{i=1}^{n}\sum_{k=1}^{m} f(r_k\cos\Theta_i, r_k\sin\Theta_i)\Delta D_{ik} = \sum_{k=1}^{n}\left\{\sum_{k=1}^{m} f(r_k\cos\Theta_i, r_k\sin\Theta_i) r_k \Delta r_k\right\}\Delta\Theta_i$$

이 된다. 이 식에서 r와 Θ을 한없이 잘게 분할할 때의 Riemann 합의 극한값은 다음과 같다. 즉,

$$\int_{\alpha}^{\beta}\left\{\int_a^b f(r\cos\Theta, r\sin\Theta)\, r\,dr\right\} d\Theta$$

따라서, $$\int\int_D f(x, y)\,dx\,dy = \int_{\alpha}^{\beta}\left\{\int_a^b f(r\cos\Theta, r\sin\Theta)\, r\,dr\right\} d\Theta$$

(2) (1)의 증명과 같은 방법으로 증명된다. ■

예제 1 영역이 $D=\{(x, y)|1\le x^2+y^2\le 4,\ 0\le y\le \sqrt{3}x\}$일 때, 2중적분 $\iint_D (x^2+y^2)^{\frac{3}{2}}dxdy$를 구하여라.

풀이 $D=\left\{(r,\Theta)|1\le r\le 2,\ 0\le\Theta\le\frac{\pi}{3}\right\}$이고

$$(x^2+y^2)^{\frac{3}{2}}=(r^2\cos^2\Theta+r^2\sin^2\Theta)^{\frac{3}{2}}=r^2$$

이므로,

$$\iint_D (x^2+y^2)^{\frac{3}{2}}dxdy$$

$$=\int_0^{\frac{\pi}{3}}\int_1^2 r^3\cdot rdrd\Theta$$

$$=\left[\frac{31}{5}\right]_0^{\frac{\pi}{3}}=\frac{31}{15}\pi.$$

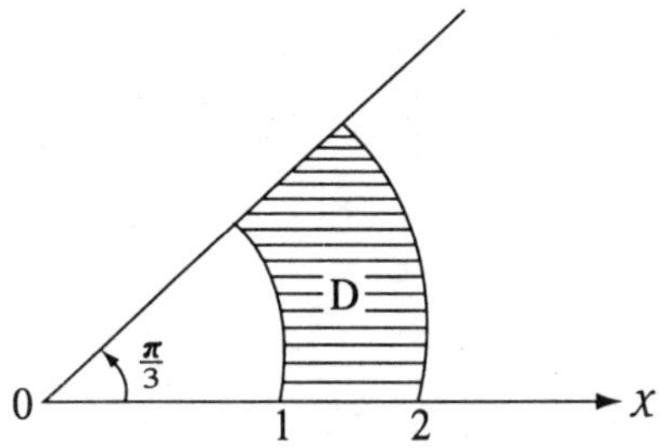

<그림12.3.2>

예제 2 영역이 $D=\{(x,y)|x^2+y^2-2x\le 0,\ x^2+y^2\ge 1\}$일 때, 2중적분 $\iint_D \sqrt{x^2+y^2}dxdy$를 구하여라.

풀이 $r^2-2r\cos\Theta\le 0$, $r^2\ge 1$이므로 $1\le r\le 2\cos\Theta$이다. 여기서 $r=1$, $r=2\cos\Theta$를 연립하여 풀면 $\Theta=\frac{\pi}{3}$가 되므로

$$\iint_D \sqrt{x^2+y^2}dxdy$$

$$=\int_{-\frac{\pi}{3}}^{\frac{\pi}{3}}\int_{1}^{2\cos\Theta} r\cdot r dr d\Theta$$

$$=\frac{1}{3}\int_{-\frac{\pi}{3}}^{\frac{\pi}{3}}(8\cos^3\Theta-1)d\Theta$$

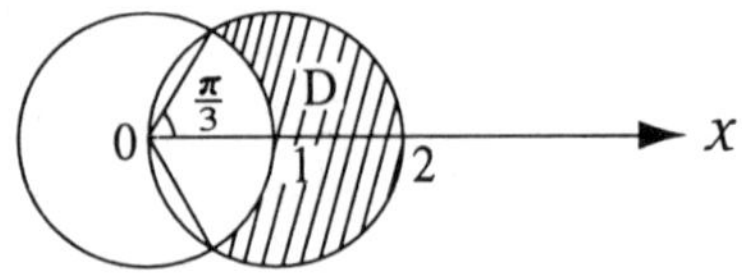

<그림12.3.3>

$$=\frac{8}{3}\int_{-\frac{\pi}{3}}^{\frac{\pi}{3}}\cos\Theta(1-\sin^2\Theta)d\Theta-\left[\frac{1}{3}\right]_{-\frac{\pi}{3}}^{\frac{\pi}{3}}$$

$$=\frac{8}{3}\left[\sin\Theta-\frac{1}{3}\sin^3\Theta\right]_{-\frac{\pi}{3}}^{\frac{\pi}{3}}-\frac{2}{9}\pi$$

$$=\left(\frac{8}{3}\sqrt{3}-\frac{\sqrt{3}}{3}\right)-\frac{2}{9}\pi=2\sqrt{3}-\frac{2}{9}\pi.$$

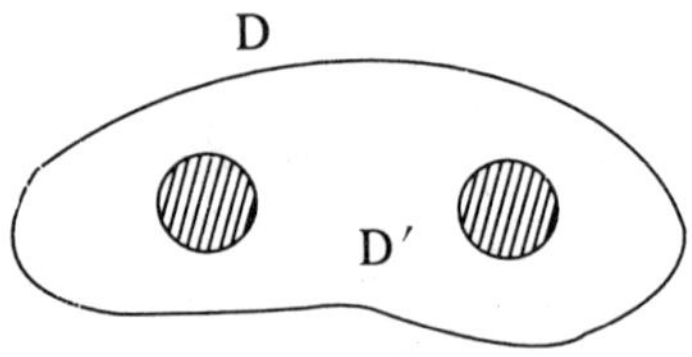

<그림12.3.4>

영역 D 안에 함수 $f(x,y)$의 불연속점이 유한개 있을 때, D에서 그 근방을 제외한 영역을 D'이라 하면 적분값 $\int\int_D f(x,y)\,dxdy$의 값은 영역 D'를 확대 또는 축소시켜서 영역 D에 한없이 가까이 갈 때 $\int\int_{D'} f(x,y)\,dxdy$의 극한값이다. 즉,

$$\lim_{D'\to D}\int\int_{D'} f(x,y)\,dxdy=\int\int_D f(x,y)\,dxdy$$

이다.

예제 3 영역이 $D=\{(x,y)|x^2+y^2\le 1\}$일 때, 2중적분

$$A=\int\int_D \frac{1}{\sqrt{x^2+y^2}}\,dxdy$$를 구하여라.

풀이 피적분 함수는 원점 (0, 0)에서 불연속이다. 그러나, 영역

$D_n=\left\{(x, y) | \frac{1}{n} \leq x^2+y^2 \leq 1\right\}$에서는 연속이고 $n \to \infty$일 때 $D_n \to D$이다.

따라서, $x=r\cos\Theta$, $y=r\sin\Theta$로 치환하면,

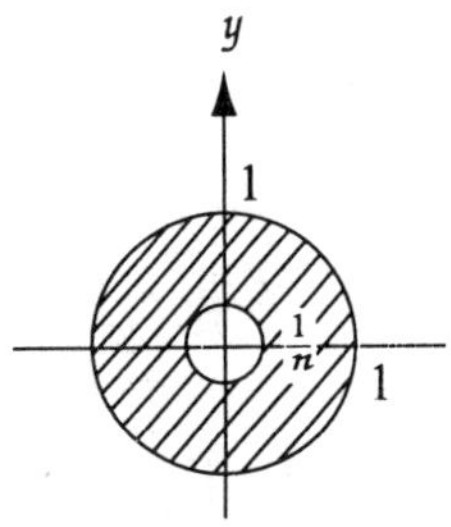

<그림12.3.5>

$$A' = \iint_{D_n} \frac{dxdy}{\sqrt{x^2+y^2}} = \int_0^{2\pi} \int_{\frac{1}{n}}^1 \frac{1}{r} r\, dr\, d\theta$$

$$= \left(\int_0^{2\pi} d\Theta\right) \cdot \left(\int_{\frac{1}{n}}^1 dr\right) = 2\pi\left(1-\frac{1}{n}\right)$$

$$\therefore \iint_D \frac{dxdy}{\sqrt{x^2+y^2}} = \lim_{n\to\infty} A'$$

$$= \lim_{n\to\infty} 2\pi\left(1-\frac{1}{n}\right) = 2\pi.$$

영역 D가 유계가 아닌 경우에는 D의 유한인 부분집합 D'에서의 유한적분을 구한 다음 D'를 D로 보내는 극한값으로 적분을 정의한다. 즉,

$$\iint_D f(x, y)\, dx\, dy = \lim_{D' \to D} \iint_{D'} f(x, y)\, dx\, dy$$

예제 4 $I=\int_0^\infty e^{-x^2} dx$를 구하여라.

풀이 1 $I=\int_0^\infty e^{-x^2} dx = \int_0^\infty e^{-y^2} dy$이므로 변수분리형의 적분법에 의하여 $I^2 = \left(\int_0^\infty e^{-x^2} dx\right)\left(\int_0^\infty e^{-y^2} dy\right) = \int_0^\infty \int_0^\infty e^{-x^2-y^2} dx dy.$

이 적분의 영역 D는 제1사분면 전체의 집합이 되므로 유계가 아니다.

$x=r\cos\Theta$, $y=r\sin\Theta$이고 $D_n=\left\{(r, \Theta) | 0 \leq r \leq n, 0 \leq \Theta \leq \frac{\pi}{2}\right\}$라 두면, $n \to \infty$일 때 $D_n \to D$가 된다. 따라서,

$$I_n^2 = \iint_{D_n} e^{-r^2} r\,dr\,d\theta$$

$$= \left(\int_0^{\frac{\pi}{2}} d\theta\right)\left(\int_0^n e^{-r^2} r\,dr\right)$$

$$= \frac{\pi}{2} \cdot \left[-\frac{1}{2} e^{-r^2}\right]_0^n$$

$$= \frac{\pi}{2} \cdot \left(\frac{1}{2} - \frac{1}{2e^{n^2}}\right)$$

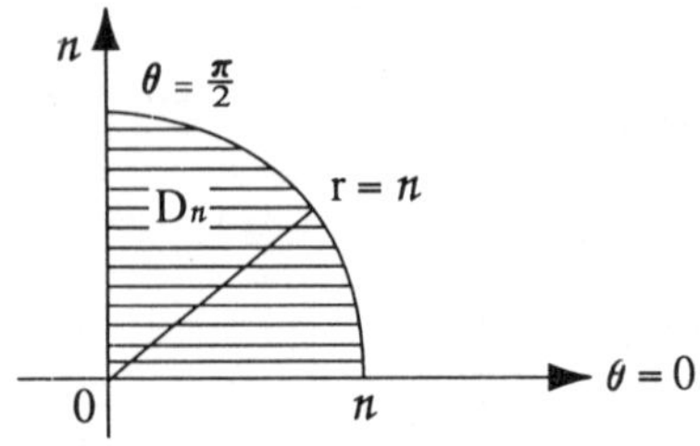

<그림 12.3.6>

$$\therefore\ I^2 = \lim_{n\to\infty} I_n^2 = \lim_{n\to\infty} \frac{\pi}{2}\left(\frac{1}{2} - \frac{1}{2e^{n^2}}\right) = \frac{\pi}{4}$$

$$\therefore\ I = \frac{\sqrt{\pi}}{2}$$

풀이 2 $f(a) = \int_0^a e^{-x^2} dx\ (a>0)$라 두면

$$\{f(a)\}^2 = \int_0^a e^{-x^2} dx \int_0^a e^{-y^2} dy$$

$$= \int_0^a \int_0^a e^{-x^2-y^2} dx dy$$

$$= \int_D e^{-x^2-y^2} ds$$

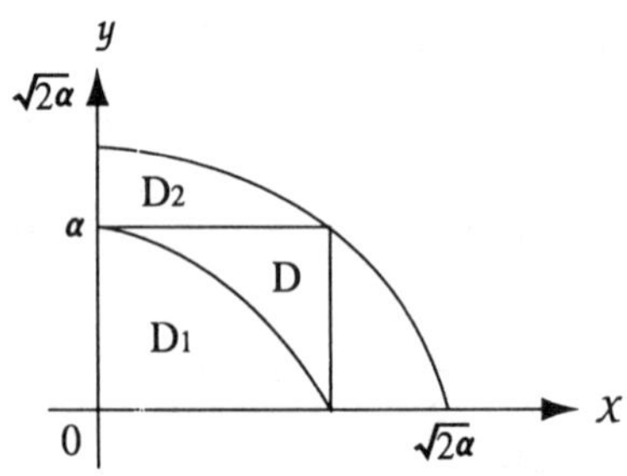

<그림 12.3.7>

여기서 영역 D는 한 변의 길이가 a이고, 두변이 좌표축에 평행한 정사각형이다. 따라서 제1사분면에 있고 원점이 중심, 반지름의 길이가 a인 4분원과 반지름의 길이가 $\sqrt{2}a$인 4분원을 각각 $D_1,\ D_2$라 하면 다음 부등식이 성립한다.

$$\int_{D_1} e^{-x^2-y^2} ds < \int_D e^{-x^2-y^2} ds < \int_{D_2} e^{-x^2-y^2} ds$$

이 부등식에서 좌, 우변의 적분을 극좌표로 나타내면

$$\int_0^{\frac{\pi}{2}}\int_0^a e^{-r^2} r\,dr\,d\Theta < \{f(a)\} < \int_0^{\frac{\pi}{2}} e^{-r^2} r\,dr\,d\Theta$$

$$\frac{\pi}{4}(1-e^{-a^2}) < \{f(a)\}^2 < \frac{\pi}{4}(1-e^{-a^2})$$

여기서 $a\to\infty$이면 $\frac{\pi}{4}(1-e^{-a^2})\to\frac{\pi}{4}$이므로 $\lim_{a\to\infty}\{f(a)\}^2=\frac{\pi}{4}$

$$\therefore \int_0^{\infty} e^{-x^2}dx=\frac{\sqrt{2}}{2}$$

◈◈◈ 연습문제 12.3 ◈◈◈

1. 다음을 극좌표로 변환하여 이중적분을 구하여라.

(1) $\int_0^2\int_0^{\sqrt{4-y^2}}\sqrt{x^2+y^2}\,dx\,dy$ (2) $\int_{-2}^2\int_{-\sqrt{4-x^2}}^{\sqrt{4-x^2}}e^{-(x^2+y^2)}dy\,dx$

(3) $\int_{-\sqrt{\pi}}^{\sqrt{\pi}}\int_{-\sqrt{\pi-y^2}}^{\sqrt{\pi-y^2}}\sin(x^2+y^2)\,dx\,dy$ (4) $\int_0^4\int_{-\sqrt{4x-x^2}}^{\sqrt{4x-x^2}}\sqrt{x^2+y^2}\,dy\,dx$

(5) $\int_{-2}^2\int_{2-\sqrt{4-x^2}}^{2+\sqrt{4-x^2}}\sqrt{16-x^2-y^2}\,dy\,dx$ (6) $\int_0^2\int_0^x(x^2+y^2)\,dy\,dx$

2. 다음을 극좌표로 변환하여 주어진 영역에 대한 이중적분을 구하여라.

(1) $\iint_D\sqrt{a^2-x^2-y^2}\,dx\,dy$ $D: x^2+y^2\le a^2,\ a>0$

(2) $\iint_D(x^2+y^2)\,dx\,dy$ $D: x^2+y^2\le ax,\ a>0$

(3) $\int\int_D (x^2+y^2)dxdy$ D: $r \le a(1+\cos\Theta)$, $a>0$

(4) $\int\int_D \tan^{-1}\frac{y}{x}\,dxdy$ D: $x^2+y^2 \le a^2$, $x \ge 0$, $y \ge 0$

3. 다음 적분을 구하여라.

(1) $\int\int_D \frac{1}{\sqrt{1-x^2-y^2}}\,dxdy$ D: $x^2+y^2 \le 1$

(2) $\int\int_D \frac{1}{\sqrt{x^2-y^2}}\,dxdy$ D: $0 \le x \le a$, $0 \le y \le x$

(3) $\int\int_D \frac{x+y}{x^2+y^2}\,dxdy$ D: $0 \le x \le 1$, $0 \le y \le x$

(4) $\int_0^a dx \int_x^a \frac{e^y}{y}\,dy$

4. S가 다음과 같이 주어진 표면으로 둘러싸여 있을 때, 부피 $V(S)$를 구하여라

(1) $z=0$, $2z=x^2+y^2$, $x^2+y^2=4$

(2) $z^2=x^2+y^2$, $x^2+y^2=4$

(3) $z^2=x^2+y^2$, $x^2+y^2-2y=0$

(4) $z^2=x^2+y^2$, $3z=x^2+y^2$

12.4 이중적분을 이용한 넓이와 부피

이 절에서는 이중적분을 이용하여 평면과 곡면의 넓이를 구하고, 주어진 영역에서의 주면체(柱面體, cylinder)의 부피와 회전체의 부피를 구하는 방법을 알아보자. 일반적으로 이중적분을 써서 넓이와 부피를 구할 때에는 조건에 따라 직교좌표나 극좌표를 이용하여 구한다.

정 리 12.4.1 (직교좌표에서의 평면의 넓이)

(1) 직교좌표 위에서 직선 $x=a$, $x=b$와 곡선 $y=\phi_1(x)$, $y=\phi_2(x)$로 둘러싸인 부분의 넓이 s는 다음과 같다.

$$s=\int_a^b\int_{\phi_1(x)}^{\phi_2(x)}dy\,dx=\int_a^b\left\{\int_{\phi_1(x)}^{\phi_2(x)}dy\right\}dx \quad (\text{단 } a<b,\ \phi_1(x)<\phi_2(x))$$

(2) 직선 $y=c$, $y=d$와 곡선 $x=\psi_1(y)$, $x=\psi_2(y)$로 둘러싸인 부분의 넓이 s는 다음과 같다.

$$s=\int_c^d\int_{\psi_1(y)}^{\psi_2(y)}dx\,dy=\int_c^d\left\{\int_{\psi_1(y)}^{\psi_2(y)}dx\right\}dy \quad (\text{단 } c<d,\ \psi_1(y)<\psi_2(y))$$

예제 1 제 1 공간 내에서 포물면 $z=x^2+y^2$과 원기둥면 $x^2+y^2=4$로 둘러싸인 입체의 부피를 구하여라.

풀이 구하는 입체의 부피는 $\int\int_D (x^2+y^2)dx\ dy$ 이다. 그런데

$D=\{(x,y)|0\le x\le \sqrt{4-y^2},\ 0\leqq y\leqq 2\}$ 이므로

$$\int\int_D (x^2+y^2)dx\ dy = \int_0^2\int_0^{\sqrt{4-y^2}}(x^2+y^2)dx\ dy$$

$$= \int_0^2\left[\frac{1}{3}(4-y^2)^{3/2}+y^2\sqrt{4-y^2}\ \right]dy$$

이다. 여기서 $y=2sin\theta$로 놓으면

$$\int_0^{\pi/2}[\frac{8}{3}cos^3\theta + 8sin^2\theta\cos\theta\,]2\cos\theta\, d\theta$$

$$= \int_0^{\pi/2}[\frac{16}{3}cos^4\theta + 16sin^2\theta\cos^2\theta\,]\,d\theta$$

$$= \frac{16}{3}\int_0^{\pi/2} cos^2\theta\,(1 - sin^2\theta + 3sin^2\theta\,)\,d\theta$$

$$= \frac{16}{3}\int_0^{\pi/2}(cos^2\theta + 2sin^2\theta cos^2\theta\,)\,d\theta$$

$$= \frac{16}{3}\int_0^{\pi/2}(cos^2\theta + \frac{1}{2}\sin^2 2\theta\,)\,d\theta = 2\pi$$

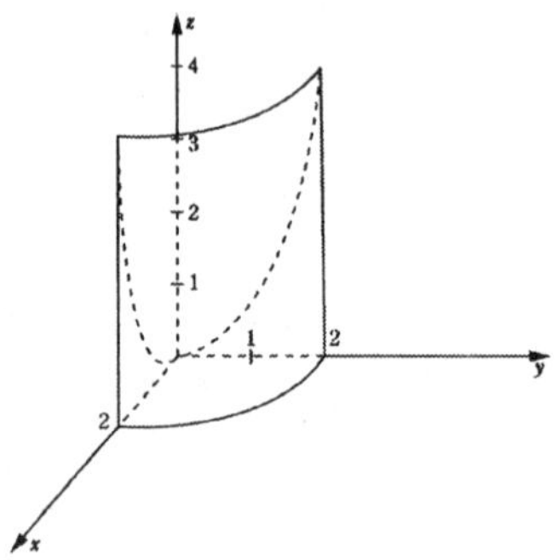

<그림12.4.1>

예제 2 곡선 $xy=2$, $4y=x^2$과 직선 $y=5$로 둘러싸인 부분의 넓이를 구하여라.

풀이 오른쪽 그림에서 두 곡선의 교점이 (2, 1)이므로

$$s = \int_1^5\int_{2/y}^{2\sqrt{y}} dx\,dy$$

$$= \int_1^5 (2\sqrt{y} - 2/y)\,dy$$

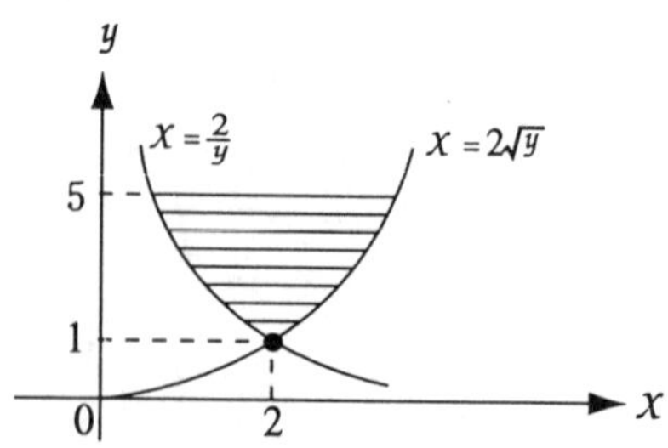

<그림12.4.2>

$$=\frac{20\sqrt{5}-4}{3}-2\ln 5\ .$$

정 리 12.4.2 (극좌표에서의 평면의 넓이)

(1) 극좌표 위에서 곡선 $r=r_1(\Theta)$, $r=r_2(\Theta)$와 직선 $\Theta=\alpha$, $\Theta=\beta$로 둘러싸인 평면의 넓이 s는 다음과 같다.

$$s=\int_{\alpha}^{\beta}\int_{r_1(\Theta)}^{r_2(\Theta)} r\,dr\,d\Theta$$

(2) 극좌표 위에서 곡선 $\Theta=\Theta_1(r)$, $\Theta=\Theta_2(r)$와 원 $r=a$, $r=b$로 둘러싸인 평면의 넓이 s는 다음과 같다.

$$s=\int_{a}^{b}\int_{\Theta_1(r)}^{\Theta_2(r)} r\,d\Theta\,dr$$

예제 3 원 $r=2a\cos\Theta$의 내부에 있고, 원 $r=a$의 외부에 있는 부분의 평면의 넓이를 구하여라.

풀이 오른쪽 그림에서 두 원의 교점을 구하면

$$(a,\pi/3),\ (a,-\pi/3)$$

이고 구하는 부분은 원점에 관하여 대칭이므로

$$s=2\int_0^{\pi/3}\int_a^{2a\cos\Theta} r\,dr\,d\Theta$$

$$=\int_0^{\pi/3}(4a^2\cos^2\Theta-a^2)d\Theta$$

$$=\pi/3+(\sqrt{3}/2)a^2.$$

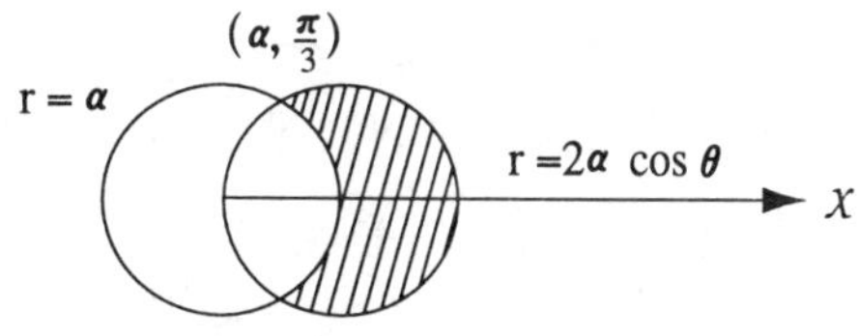

<그림12.4.3>

예제 4 영역 F가 원 $x^2+y^2=2x$로 둘러싸인 부분일 때, 극좌표로 변환

하여 적분 $\int\int_F \sqrt{x^2+y^2}\,dx\,dy$를 구하여라.

풀이 $r=2\cos\Theta$는 원의 방정식이므로 오른쪽 그림에서 영역 F를 극좌표로 나타내면

$$-\frac{\pi}{2} \le \Theta \le \frac{\pi}{2},\quad 0 \le r \le 2\cos\Theta.$$

따라서,

$$\int\int_F \sqrt{x^2+y^2}\,dx\,dy$$
$$=\int\int_G r\cdot r\,dr\,d\Theta$$
$$=\int_{-\pi/2}^{\pi/2}\int_0^{2\cos\Theta} r^2\,dr\,d\Theta$$
$$=\int_{-\pi/2}^{\pi/2}\frac{8}{3}\cos^3\Theta\,d\Theta$$
$$=\frac{16}{3}\int_0^{\pi/2}(1-\sin^2\Theta)\,d\sin\Theta=\frac{32}{9}.$$

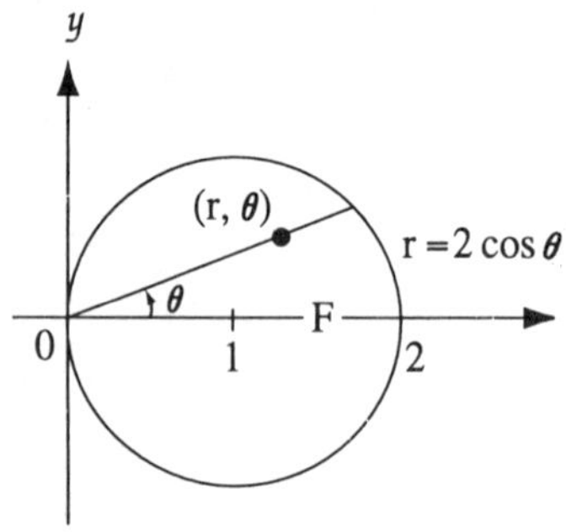

<그림12.4.4>

정 리 12.4.3 (직교좌표에서의 곡면의 넓이)

(1) 점 (x, y)가 직교좌표평면의 한 영역 D내의 점이라 할 때, 곡면 $S: z=f(x, y)$의 넓이 s는 다음과 같다.

$$s=\int\int_D\sqrt{1+\left(\frac{\partial z}{\partial x}\right)^2+\left(\frac{\partial z}{\partial y}\right)^2}\,dx\,dy$$

(2) 마찬가지로, 곡면 S가 각각 $y=f(x, z)$, $x=f(y, z)$라고 하면 S의 넓이 s는 다음과 같다.

$$s=\int\int_D\sqrt{1+\left(\frac{\partial y}{\partial x}\right)^2+\left(\frac{\partial y}{\partial z}\right)^2}\,dx\,dz,\quad (y=f(x, z))$$

$$s=\int\int_D\sqrt{1+\left(\frac{\partial x}{\partial y}\right)^2+\left(\frac{\partial x}{\partial z}\right)^2}\,dy\,dz,\quad (x=f(y, z))$$

예제 5 주면체 $z=\frac{1}{2}x^2$이 평면 $y=0$, $y=x$, $x=2$에 의해서 잘린 부분의 표면의 넓이를 구하여라.

풀이 적분영역 D는 오른 쪽 그림과 같으므로 구하는 표면의 넓이를 s라 하면

$$s=\int\int_R \sqrt{1+x^2}\,dxdy$$
$$=\int_0^2\int_0^x \sqrt{1+x^2}\,dydx$$
$$=\int_0^2 x\sqrt{1+x^2}\,dx$$
$$=\left[\frac{1}{3}(1+x^2)^{3/2}\right]_0^2=\frac{1}{3}(5\sqrt{5}-1)\ .$$

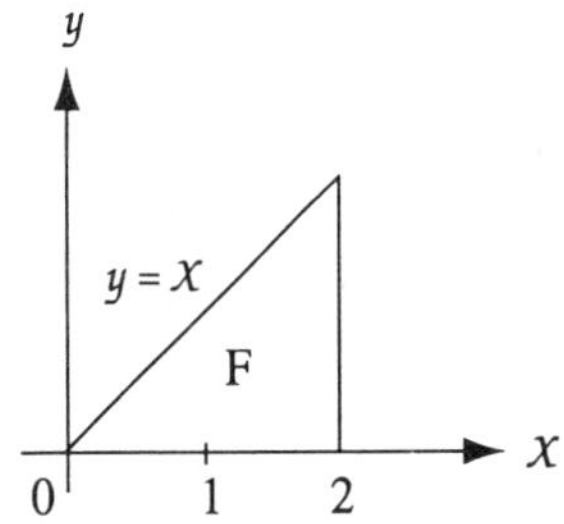

<그림12.4.5>

예제 6 구 $x^2+y^2+z^2=a^2$이 밑면의 모양이 $r=a\cos 2\Theta$인 주면체에 의해서 잘린 부분의 표면의 넓이를 구하여라.

풀이 문제의 표면은 2개의 부분으로 이루어져 있다. 한 쪽 부분은 xy-평면의 위쪽에 있고, 다른 쪽 부분은 xy-평면의 아래쪽에 있으면서 서로 대칭이다. 그런데 상반부의 방정식은

$$z=\sqrt{a^2-x^2-y^2}$$

이므로,

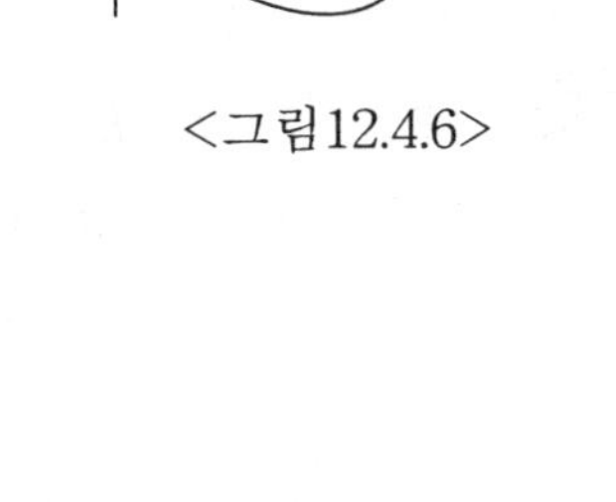

<그림12.4.6>

$$\frac{\partial z}{\partial x}=\frac{-x}{\sqrt{a^2-x^2-y^2}}$$
$$\frac{\partial z}{\partial y}=\frac{-y}{\sqrt{a^2-x^2-y^2}}$$

이다. 한편 $r=a\cos 2\theta$는 4엽장미인데 $-\frac{\pi}{4}\le\theta\le\frac{\pi}{4}$인 부분만 구하면 정

리12.4.3에 의해서

$$s=2\int\int_R \frac{a}{\sqrt{a^2-x^2-y^2}}dx\,dy=2\int_{-\pi/4}^{\pi/4}\int_0^{a\cos2\theta}\frac{ar\,dr}{\sqrt{a^2-r^2}}d\theta$$

$$=4a\int_0^{\pi/4}\left[-\sqrt{a^2-r^2}\right]_0^{a\cos2\theta}d\theta=4a^2\int_0^{\pi/4}(1-\sin2\theta)\,d\theta$$

$$=a^2(\pi-2).$$

따라서 구하는 표면적은 $4a^2(\pi-2)$이다.

정 리 12.4.4 (직교좌표에서의 주면체의 부피)

(1) 직교좌표 위에서 직선 $x=a$, $x=b$와 곡선 $y=\phi_1(x)$, $y=\phi_2(x)$ 로 둘러싸인 부분의 영역을 D라하고, $z=f(x, y)$로 정의된 곡면을 S라 한다. $f(x, y)$가 D에서 정의된 연속함수일 때 D를 밑면, S를 윗면으로 하는 직원기둥의 부피 V는 다음과 같다.

$$V=\int_a^b\int_{\phi_1(x)}^{\phi_2(x)}f(x, y)\,dx\,dy$$

(2) 직선 $y=c$, $y=d$와 곡선 $x=\psi_1(y)$, $x=\psi_2(y)$로 둘러싸인 부분의 영역을 D라하고, $z=f(x, y)$로 정의된 곡면을 S라 한다. $f(x, y)$가 D에서 정의된 연속함수일 때 D를 밑면, S를 윗면으로 하는 주면체의 부피 V는 다음과 같다.

$$V=\int_c^d\int_{\psi_1(y)}^{\psi_2(y)}f(x, y)\,dx\,dy$$

예제 7 곡면 $z=xy$와 기둥면 $y=x^2$, $y^2=x$와 평면 $z=0$로 둘러싸인 입체의 부피를 구하여라.

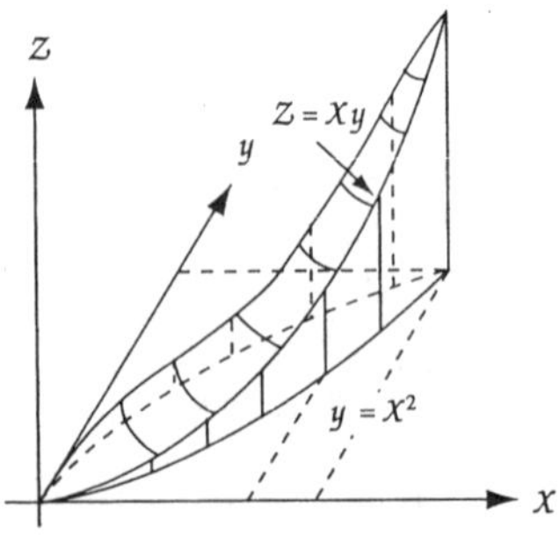

<그림12.4.7>

풀이 주어진 입체의 부피를 V라 하면 적분영역 D는

$$D=\{(x, y)|0\le x\le 1,\ x^2\le y\le \sqrt{x}\}$$

이 된다. 따라서,

$$V=\int\int_D xy\,dx\,dy$$

$$=\int_0^1\int_{x^2}^{\sqrt{x}} xy\,dy\,dx=\int_0^1\left[\frac{xy^2}{2}\right]_{x^2}^{\sqrt{x}}dx=\frac{1}{2}\int_0^1(x^2-x^5)dx=\frac{1}{12}.$$

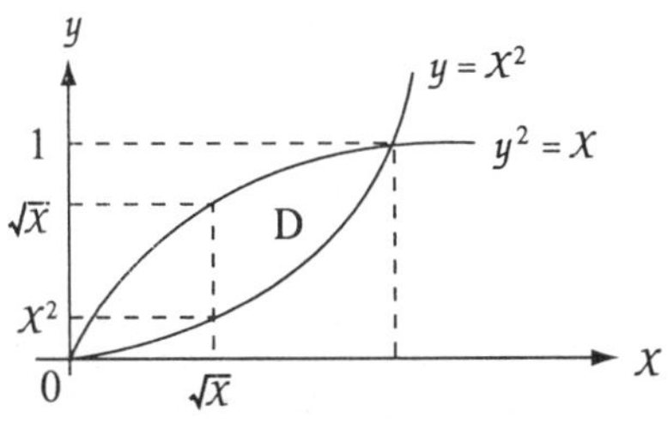

<그림12.4.8>

예제 8 원기둥면 $x^2+y^2-2x=0$과 포물면 $4z=x^2+y^2$와 원뿔면 $z^2=x^2+y^2$으로 둘러 싸인 입체의 부피를 구하여라.

풀이 주어진 입체의 부피를 V, 적분 영역을 D라고 하면 D는 원 $x^2+y^2=2x$로 둘러싸인 원이고 이것을 극좌표로 변환한 영역의 집합을 G라고 하면

$$G=\left\{(r, \Theta)|-\frac{\pi}{2}\le\Theta\le\frac{\pi}{2},\ 0\le r\le 2\cos\Theta\right\}$$

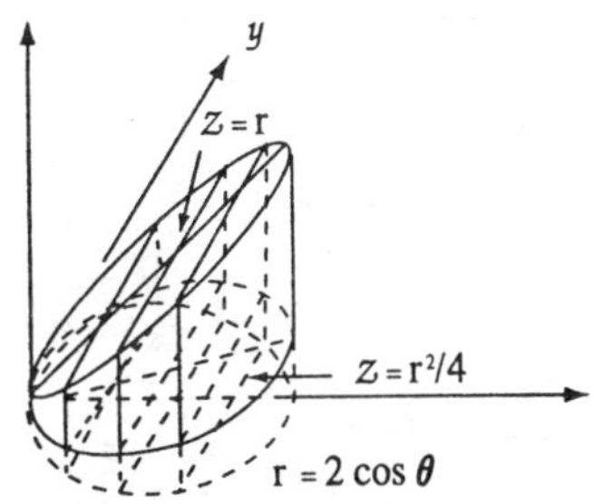

<그림12.4.9>

따라서

$$V=\int\int_D\left[\sqrt{x^2+y^2}-\frac{x^2+y^2}{4}\right]dx\,dy$$

$$=\int\int_G\left[r-\frac{r^2}{4}\right]r\,dr\,d\theta=\int_{-\pi/2}^{\pi/2}\int_0^{2\cos\theta}\left(r^2-\frac{r^3}{4}\right)dr\,d\theta$$

$$=\int_{-\pi/2}^{\pi/2}\left(\frac{8}{3}\cos^3\Theta-\cos^4\Theta\right)d\Theta$$

$$=\frac{32}{9}-\frac{1}{2}\int_0^{\pi/2}\left(1+2\cos 2\Theta+\frac{1+\cos 4\Theta}{2}\right)d\Theta$$
$$=\frac{32}{2}-\frac{3\pi}{8}.$$

정 리　12.4.5 (회전체의 부피)

영역　$D=\{(x,y)\mid a\le x\le b,\ 0\le \phi_1(x)\le y\le \phi_2(x)\}$가　x축의　둘레로 회전하여 만들어지는 회전체의 부피　V는 다음과 같다.

$$V=\pi\int_a^b\{\phi_2(x)^2-\phi_1(x)^2\}dx=2\pi\int_a^b\int_{\phi_1(x)}^{\phi_2(x)}y\,dy\,dx=2\pi\int\int_D y\,dy\,dx$$

예제 9　두 곡선　$y=x^3$, $y=\sqrt{x}$ 로 둘러싸인 부분을　x축의 둘레로 회전하여 만들어진 회전체의 부피를 구하여라.

풀이　두 곡선으로 둘러싸인 부분을　D라하고, 구하는 회전체의 부피를 V라 하면

$$V=2\pi\int\int_D y\,dy\,dx=2\pi\int_a^b\int_{x^3}^{\sqrt{x}}y\,dy\,dx$$
$$=\pi\int_0^1[y^2]_{x^3}^{\sqrt{x}}dx=\pi\int_0^1(x-x^6)\,dx$$
$$=\pi\left[\frac{1}{2}x^2-\frac{1}{7}x^7\right]_0^1=\frac{5}{14}\pi.$$

예제 10　심장형(cardioid)　$r=a(1+\cos\Theta)$　$(a>0)$로 둘러싸인 부분을 x축의 둘레로 회전하여 만들어진 회전체의 부피를 구하여라.

풀이 오른 쪽 그림과 같이 심장형의 상반부를 D라하고 구하는 회전체의 부피를 V라 하면,

$$V = \int\int_D 2\pi y\,dy\,dx$$

$$= 2\pi \int_0^{\pi} \int_0^{a(1+\cos\Theta)} r^2 \sin\Theta\, dr\, d\Theta$$

$$= \frac{2}{3}\pi a^3 \int_0^{\pi} (1+\cos\Theta)^3 \sin\Theta\, d\Theta$$

$$= \frac{\pi a^3}{6}\left[-(1+\cos\Theta)^4\right]_0^{\pi}$$

$$= \frac{8}{3}\pi a^3.$$

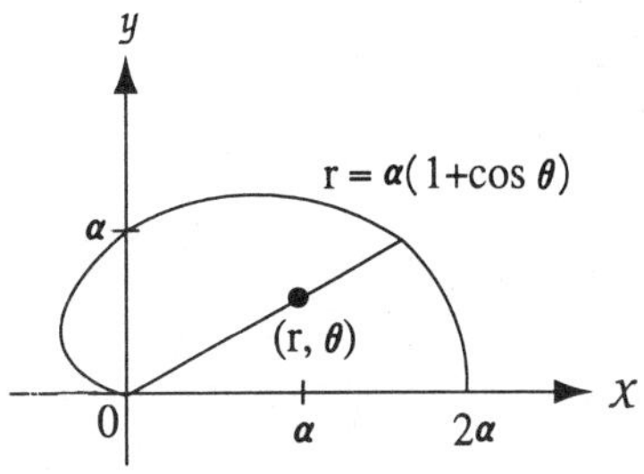

<그림12.4.10>

◈◈◈ 연습문제 12.4 ◈◈◈

1. 다음의 각 넓이를 이중적분으로 구하여라.

(1) x축과 두 곡선 $x^2+y^2=10$, $y^2=9x$로 둘러싸인 부분의 넓이

(2) 곡선 $\sqrt{x}+\sqrt{y}=1$과 좌표축으로 둘러싸인 부분의 넓이

(3) 직선 $\frac{x}{a}+\frac{y}{b}=1$과 좌표축으로 둘러싸인 부분의 넓이

(4) 원 $r=2a\cos\Theta$의 내부와 원 $r=a$의 외부로 만들어진 부분의 넓이

(5) 곡선 $xy=2$, $4y=x^2$과 직선 $y=4$로 둘러싸인 부분의 넓이

2. 다음의 각 부피를 이중적분으로 구하여라.

(1) 평면 $z=0$과 곡면 $2z=x^2+y^2$, $x^2+y^2=4$로 둘러싸인 입체

(2) 포물면 $z=4-x^2-y^2$과 xy-평면으로 둘러싸인 입체의 부피

(3) 구 $x^2+y^2+z^2=a^2$의 내부에 있고, 기둥면 $x^2+y^2=ax$로 둘러싸인 입체의 부피

(4) 평면 $x=0$, $y=0$, $x=y=a$와 곡면 $z=x^{2y^2}$으로 둘러싸인 입체의 부피

(5) 원뿔 $z^2=x^2+y^2$와 포물면 $3z=x^2+y^2$으로 둘러싸인 입체의 부피

(6) 제1 공간 안에서 구면 $x^2+y^2+z^2=a^2$과 기둥면 $x^2+y^2=ay$로 둘러싸인 입체의 부피를 구하여라.

(7) 원기둥면 $x^2+y^2=a^2$이 두 평면 $z=0, z=m(x+a)$로 절단된 입체의 부피를 구하여라.

3. 다음의 곡선으로 둘러싸인 영역의 넓이를 이중적분으로 구하여라.

(1) $y=xe^{-x}$, $y=x$, $x=2$

(2) $3x=4-y^2$, $x=y^2$

(3) $x=2y$, $2y=3x+4$, $(x^2+4)y=8$

(4) $y=x$, $y=3x-x^2$

4. 다음과 같이 $xy-$평면 위에서의 영역 D를 밑면으로 하고, 곡면을 윗면으로 하는 주면체의 부피를 구하여라.

(1) $D=\{(x, y)|0\le x\le 1, 0\le y\le 1-x\}$, $z=\sqrt{x+y}$

(2) $D=\{(x, y)|0\le x\le 1, 0\le y\le 1\}$, $z=\sqrt{x}+\sqrt{y}$

(3) $D=\{(x, y)|0\le x\le 1, 0\le y\le 1\}$, $x+2y+4z=8$

(4) $D=\{(x, y)|0\le x\le 1, 0\le y\le 1-x\}$, $2x+y+3z=6$

12.5 삼중적분과 그 응용

S가 3차원의 공간 R^3의 영역일 때 S에 정의된 3변수함수의 삼중적분을 정의할 수 있다. 이것은 앞에서 배운 이중적분을 정의한 것과 유사한 방법으로 정의된다. 이 절에서는 삼중적분법 및 그의 여러 가지 응용에 대하여 알아보기로 하겠다.

정의 12.5.1 S를 3차원의 공간 R^3에 있는 유계인 폐영역이라고 하자. 그리고 $f(x,y,z)$는 S에 정의된 연속인 함수라고 하자.

이제 S를 각각 x, y, z 축에 수직인 여러 개의 평면으로 자르면 S는 여러 개의 작은 직육면체 $V_1, V_2, V_3, \cdots, V_n$들로 분할된다. 이때 이들 작은 직육면체의 집합을 S의 분할이라 하고 P로 나타내며, P의 원소의 대각선의 길이 중 최대인 것을 P의 norm이라고 하며 $\|P\|$와 같이 나타낸다. 또, 각 V_i의 부피를 ΔV_i로 나타낸다. 여기서 (x_i, y_i, z_i)를 각 V_i의 내부에서 임의로 택한 점이라고 하자. 그러면

$$\sum_{i=1}^{n} f(x_i, y_i, z_i)\Delta V_i$$

을 **f의 분할 P에 대한 리만합(Riemann sum)**이라고 한다. 그리고 극한값

$$\sum_{i=1}^{n} f(x_i, y_i, z_i)\Delta V_i$$

이 존재하면 이 값을 **영역 S에 대한 f의 삼중적분(triple integral)**이라고 한다. 이것을 기호로

$$\int\int\int_S f(x, y, z)\,dx\,dy\,dz = \lim_{\|P\|\to 0}\sum_{i=1}^{n} f(x_i, y_i, z_i)\Delta V_i$$

와 같이 나타낸다.

정 리 12.5.2

> 함수 f가 삼차원의 폐영역 S에서 연속이면, f는 S에서 삼중적분가능하다.

증명 정의 12.1.3과 정리 12.1.4에 의해서 중적분과 같은 방법으로 쉽게 증명된다. ■

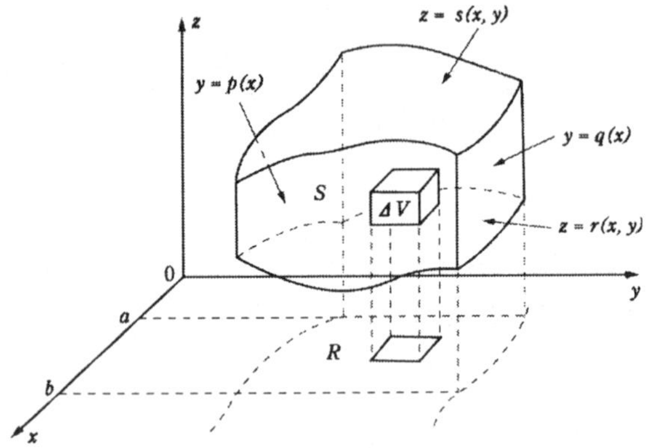

<그림 12.5.1>

3차원 공간의 영역 S가 <그림 12.5.1>과 같이 다음 정리의 조건을 만족하면 삼중적분의 계산도 중적분에서와 같이 반복적분법으로 계산할 수 있다.

정 리 12.5.3

3차원 공간의 폐영역 S가

$$S: a \leq x \leq b,\ p(x) \leq y \leq q(x),\ r(x, y) \leq z \leq s(x, y)$$

와 같고 함수 p, q, r, s가 모두 연속이라고 하자. 또, 함수 f는 영역 S 위에서 연속이라고 하자. 그러면 다음이 성립한다.

$$\int\int\int_S f(x, y, z)\,dx\,dy\,dz = \int_a^b \left\{ \int_{p(x)}^{q(x)} \left[\int_{r(x,y)}^{s(x,y)} f(x, y, z)\,dz \right] dy \right\} dx$$

증명 정리 12.2.1과 같은 방법으로 쉽게 증명된다. ■

예제 1 다음 삼중적분을 계산하여라.

$$\int_0^3 \int_0^{6-2z} \int_0^{4-\frac{2}{3}y-\frac{4}{3}z} yz\,dx\,dy\,dz$$

풀이 $\int_0^3 \int_0^{6-2z} \int_0^{4-\frac{2}{3}y-\frac{4}{3}z} yz\,dx\,dy\,dz$

$$= \int_0^3 \int_0^{6-2z} \left\{ [xyz]_{x=0}^{x=4-\frac{2}{3}y-\frac{4}{3}z} \right\} dy\,dz$$

$$= \int_0^3 \int_0^{6-2z} \left(4yz - \frac{2}{3}y^2z - \frac{4}{3}yz^2\right) dy\,dz$$

$$= \int_0^3 \int_0^{6-2z} \left[\left(2z - \frac{2}{3}z^2\right)(6-2z)^2 - \frac{2}{9}z(6-2z)^3\right] dz$$

$$= \frac{1}{18}\int_0^3 2z \cdot (6-2z)^3\,dz$$

$$= \frac{1}{18}\int_0^3 [6 \cdot (6-2z)^3 - (6-2z)^4]\,dz = \frac{54}{5}.$$

예제 2 아래 그림과 같이 S가 $y=x^2$, $y=x+2$, $4z=x^2+y^2$, $z=x+3$으로 둘러싸인 도형일 때, 다음 적분을 계산하여라.

$$\iiint_S x\,dx\,dy\,dz$$

풀이 xy-평면 위에 내린 S의 정사영은 곡선 $y=x^2$와 직선 $y=x+2$로 둘러싸인 도형이다. xy-평면에서 이들의 교점은 각각 $(-1, 1)$과 $(2, 2)$이고, 구간 $-1<x<2$에서 $x^2<x+2$가 된다. 따라서 S의 영역은 다음과 같이 된다.

$$-1 \le x \le 2,\quad x^2 \le y \le x+2,\quad \frac{x^2+y^2}{4} \le z \le x+3$$

그러므로 구하는 적분은 다음과 같다.

$$\int\int\int_S x\,dV = \int_{-1}^{2}\int_{x^2}^{x+2}\int_{(x^2+y^2)/4}^{x+3} x\,dz\,dy\,dx$$

$$= \int_{-1}^{2}\int_{x^2}^{x+2}\left[x^2+3x-\frac{x^3}{4}-\frac{xy^2}{4}\right]dydx$$

$$= \int_{-1}^{2}\left\{\left(3x+x^2-\frac{x^3}{4}\right)(2+x-x^2)-\frac{x}{12}[(2+x)^3-x^6]\right\}dx$$

$$= \frac{837}{160}.$$

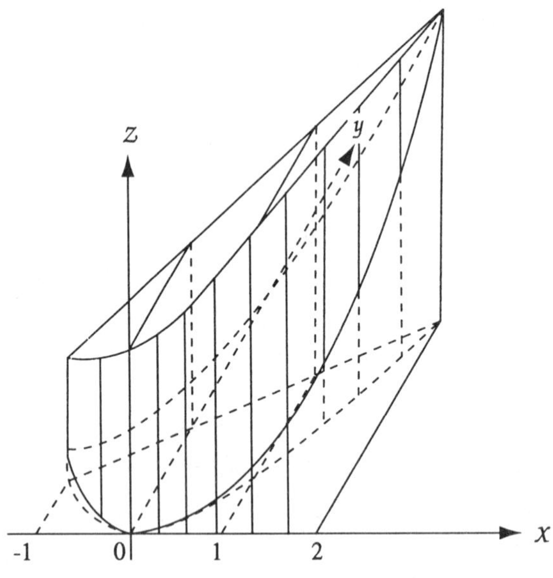

<그림 12.5.2>

예제 3 S가 $z=0$, $z=x$, $y^2=4-2x$로 둘러싸인 도형일 때, 적분

$$\int\int\int_S z\,dxdydz$$

를 6가지 방법의 반복적분으로 나타내어라.

풀이 오른쪽 그림에서 xy-평면에 내린 S의 정사영 F_{xy}는 $x=0$과

$y^2=4-2x$로 둘러싸인 도형이 된다. 마찬가지로 xz-평면에 내린 S의 정사영 F_{xz}는 $z=0$, $z=x$, $x=2$로 둘러싸인 도형이고, yz-평면에 내린 S의 정사영 F_{yz}는 $z=0$과 $z=2-\frac{y^2}{2}$로 둘러싸인 도형이다. 여기서 만일 (y, z)가 F_{yz} 안의 점이면 $z\le 2-\frac{y^2}{2}$이다. 따라서,

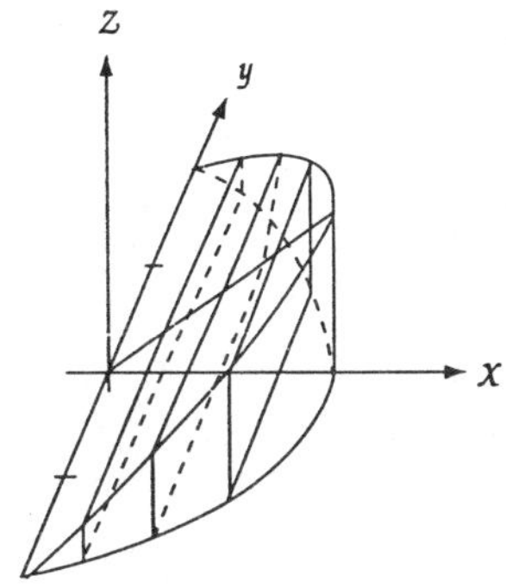

<그림 12.5.3>

$$\iiint_S z\,dx\,dy\,dz$$

$$=\int_0^2\int_{-\sqrt{4-2x}}^{\sqrt{4-2x}}\int_0^x z\,dz\,dy\,dx$$

$$=\int_{-2}^2\int_0^{2-\frac{y^2}{2}}\int_0^x z\,dz\,dx\,dy$$

$$=\int_0^2\int_0^x\int_{-\sqrt{4-2x}}^{\sqrt{4-2x}} z\,dy\,dz\,dx$$

$$=\int_0^2\int_z^2\int_{-\sqrt{4-2x}}^{\sqrt{4-2x}} z\,dy\,dx\,dz$$

$$=\int_{-2}^2\int_0^{2-\frac{y^2}{2}}\int_z^{2-\frac{y^2}{2}} z\,dx\,dz\,dy$$

$$=\int_0^2\int_{-\sqrt{4-2x}}^{\sqrt{4-2x}}\int_z^{2-\frac{y^2}{2}} z\,dx\,dy\,dz$$

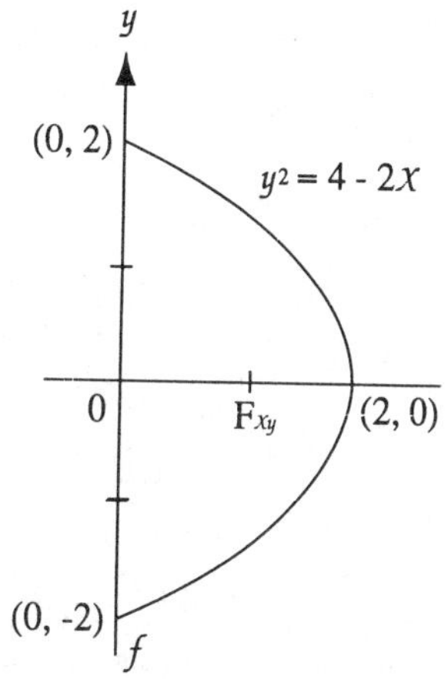

<그림 12.5.4>

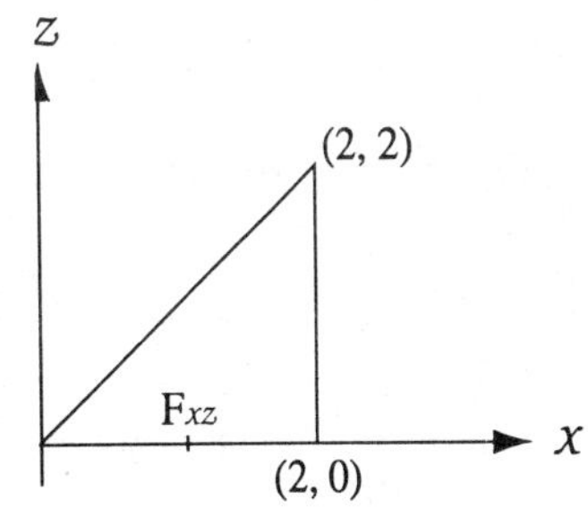

<그림 12.5.5>

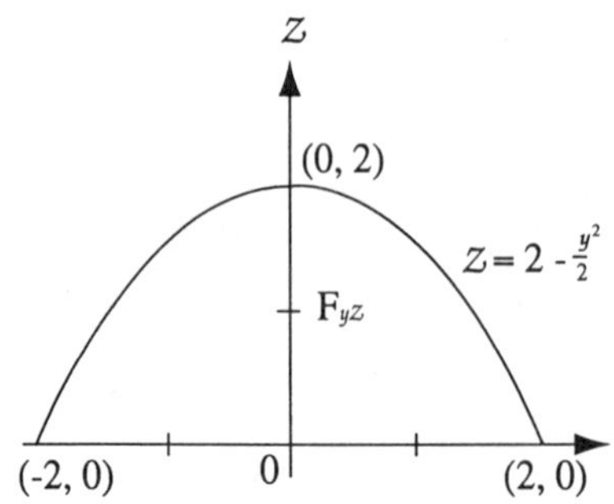

<그림 12.5.6>

정 리 12.5.4

집합 U와 S가 각각 (r, Θ, z)공간 및 (x, y, z)공간 내의 도형이고 다음과 같다고 하자.

$$U=\{(r, \Theta, z) | r \geq 0,\ \Theta_1 \leq \Theta \leq \Theta_2,\ 0 < \Theta_2 - \Theta_1 \leq 2\pi\}$$

$$S=\{(x, y, z) | x = r\cos\Theta,\ y = r\sin\Theta,\ z = z,\ (r, \Theta, z) \in U\}$$

그러면, S와 U사이에는 다음 관계가 성립한다.

$$\int\int\int_S dx\,dy\,dz = \int\int\int_U r\,dr\,d\Theta\,dz$$

증명 만일 U가 $U: r_1 \leq r \leq r_2,\ \Theta_1 \leq \Theta \leq \Theta_2,\ a \leq z \leq b$인 도형이라고 하면 S는 원주형의 집합이다. 그런데 $\int\int\int_S dx\,dy\,dz$은 S의 부피이므로

$$\int\int\int_S dx\,dy\,dz = (b-a) \cdot \frac{(r_2^2 - r_1^2)}{2}(\Theta_2 - \Theta_1)$$

$$= \bar{r}\Delta r \Delta\Theta\, \Delta z \ (\ r_1 \leq \bar{r} \leq r_2)$$

$$= \int_{r_1}^{r_2}\int_{\Theta_1}^{\Theta_2}\int_a^b r\,dz\,d\Theta\,dr$$

$$= \int\int\int_U r\,dr\,d\Theta\,dz \quad ■$$

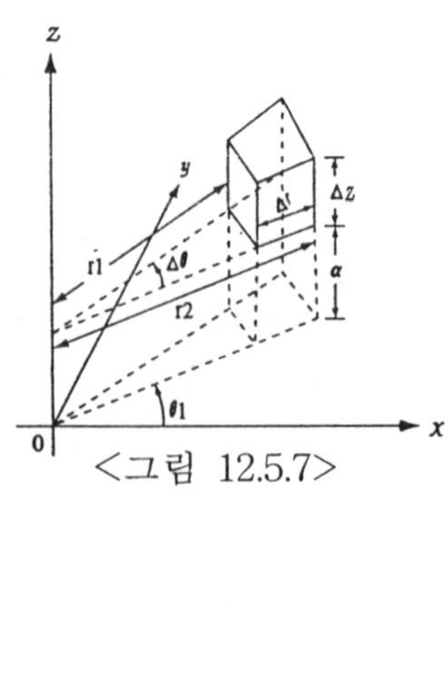

<그림 12.5.7>

다음에 나오는 정리는 주면좌표를 극좌표로 변환하여 삼중적분을 구하는 일반적인 방법을 보여주는 것이다. 이것의 증명은 이중적분의 좌표변환에 관한 정리에서와 같은 방법으로 증명된다.

정 리 12.5.5

R^3의 집합 U와 S가 각각 정리 12.5.4와 같이 주어진 닫힌 도형이고, f는 S 위에서 연속이며, g가

$$g(r, \Theta, z) = f(r\cos\Theta, r\sin\Theta, z)$$

와 같이 정의되어 있으면, g는 U에서 연속이고 다음이 성립한다.

$$\iiint_S f(x, y, z)\, dx\, dy\, dz = \iiint_U g(r, \Theta, z) \cdot r \cdot dr\, d\Theta\, dz$$

예제 4 주면체 $x^2+y^2=ax$와 원뿔 $z^2=x^2+y^2$으로 둘러싸인 입체의 질량을 구하여라. (단, 입체의 비중 δ는 $\delta=kr$이다.)

풀이 오른쪽 그림에서 S는

$$U: \frac{-\pi}{2} \le \Theta \le \frac{\pi}{2},$$

$$0 \le r \le a\cos\Theta,$$

$$-r \le z \le r$$

에 대응하는 주면좌표로 나타내어진다. 따라서, 구하는 질량을 $m(S)$라고 하면,

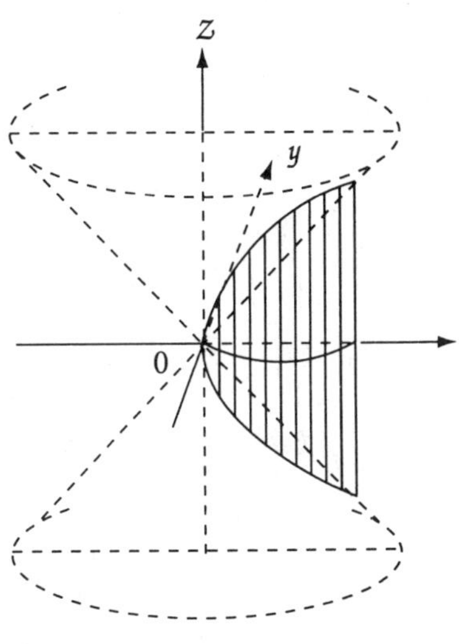

<그림12.5.8>

$$m(S) = \iiint_S kr\, dx\, dy\, dz$$

$$= \iiint_U kr^2\, dr\, d\theta\, dz$$

$$= k\int_{-\pi/2}^{\pi/2}\int_0^{a\cos\theta}\int_{-r}^{r} r^2\, dz\, dr\, d\theta$$

$$= 2k\int_{-\pi/2}^{\pi/2}\int_0^{a\cos\theta} r^3\, dr\, d\theta = \frac{ka^4}{2}\int_{-\pi/2}^{\pi/2} \cos^4\theta\, d\theta$$

$$= \frac{ka^4}{8}\int_{-\pi/2}^{\pi/2}(1+2\cos 2\theta + \frac{1+\cos 4\theta}{2})d\theta = \frac{3k\pi a^4}{16}.$$

삼중적분을 계산하는 방법의 하나로 구면좌표로 변환하여 계산하는 방법이 있다. 다음의 정리는 구면좌표로 변환한 삼중적분의 계산에 관한 정리이다.

정 리 12.5.6

집합 U와 S를 각각

$$U=\{(\rho,\ \Theta,\ \phi)|\rho \geq 0,\ \Theta_1 \leq \Theta \leq \Theta_2,\ 0 \leq \phi \leq \pi,\ 0 < \Theta_2 - \Theta_1 \leq 2\pi\}$$

$$S=\{(x,\ y,\ z)|x=\rho\sin\phi\cos\Theta,\ y=\rho\sin\phi\sin\Theta,\ z=\rho\cos\phi,\}$$

라고 하면, U가 R^3 안의 한 도형일 때 S도 R^3 안의 한 도형이고

$$\int\int\int_S dx\,dy\,dz = \int\int\int_U \rho^2\sin\phi\ d\rho\ d\Theta\ d\phi.$$

증명 U를 다음과 같은 도형이라고 가정하자.

U: $\rho_1 \leq \rho \leq \rho_2,\ \Theta_1 \leq \Theta \leq \Theta_2,\ \phi_1 \leq \phi \leq \phi_2\ (\rho_1 \geq 0)$

그러면 S는 다음 그림 12.5.9와 같이 구 ρ_1과 ρ_2 사이와 수직반평면 $\Theta=\Theta_1$과 Θ_2사이와 원뿔 $\phi=\phi_1$과 ϕ_2사이에 있는 도형

$ABCDA'B'C'D'$

이 된다. 이 S를 xz-평면에 나타내면 그림 12.5.10의 F와 같다. 여기서 $\Delta\Theta=\Theta_2-\Theta_1$라 두면 ρ와 ϕ는 zx평면에 있는 극좌표이므로,

$$\int\int\int_S dx\,dy\,dz = \Delta\Theta\int\int_F x\,dF$$

$$= \Delta\Theta\int_{\phi_1}^{\phi_2}\int_{\rho_1}^{\rho_2}\rho^2\sin\phi\,d\rho\,d\phi$$

$$= \int_{\Theta_1}^{\Theta_2}\int_{\phi_1}^{\phi_2}\int_{\rho_1}^{\rho_2}\rho^2\sin\phi\,d\rho\,d\phi\,d\Theta$$

$$= \int\int\int_U \rho^2\sin\phi\,dV_{\rho\Theta\phi}.\quad \blacksquare$$

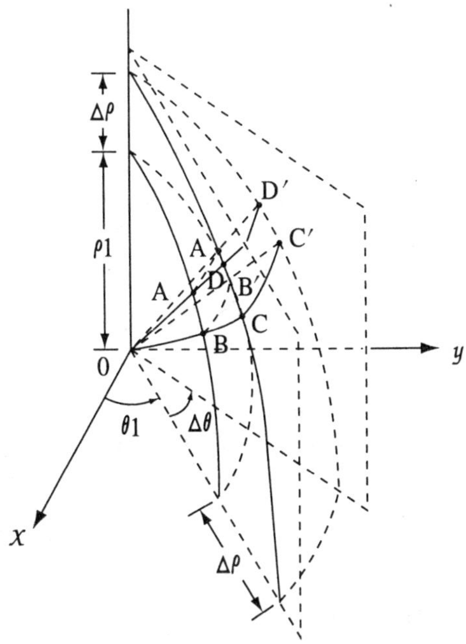

<그림 12.5.9>

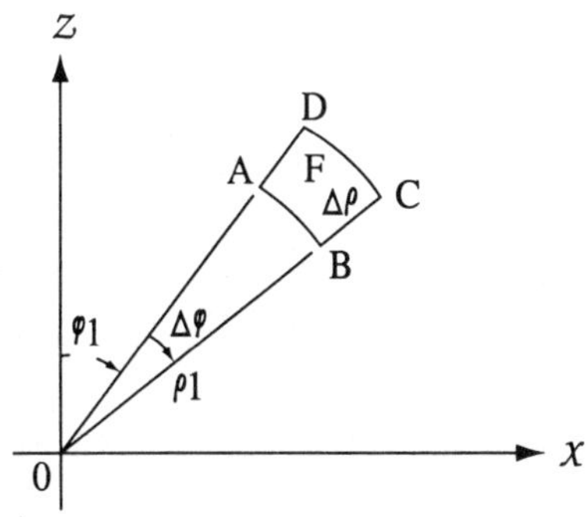

<그림 12.5.10>

다음 정리는 구면좌표로 변환하여 삼중적분을 구하는 일반적인 방법을 보여주는 것이다. 증명은 정리 12.5.5와 같은 방법으로 할 수 있다.

정 리 12.5.7

집합 U와 S를 각각 정리 12.5.6에서와 같은 닫힌 도형이고, f 는 S 위에서 연속이며, g가

$$g(\rho, \Theta, \phi) = f(\rho \sin\phi \cos\Theta, \rho \sin\Theta\ \phi \sin\Theta, \rho \cos\phi)$$

와 같이 정의되어 있으면, g는 U 상에서 연속이고 다음이 성립한다.

$$\int\int\int_S f(x, y, z)\, dx\, dy\, dz = \int\int\int_U g(\rho, \Theta, \phi) \cdot \rho^2 \sin\phi\, d\rho\, d\Theta\, d\phi$$

예제 5 오른쪽과 같이 원뿔 $z^2 = x^2 + y^2$와 구 $x^2 + y^2 + z^2 = 2az$ 으로

둘러싸인 입체의 부피를 구하여라.

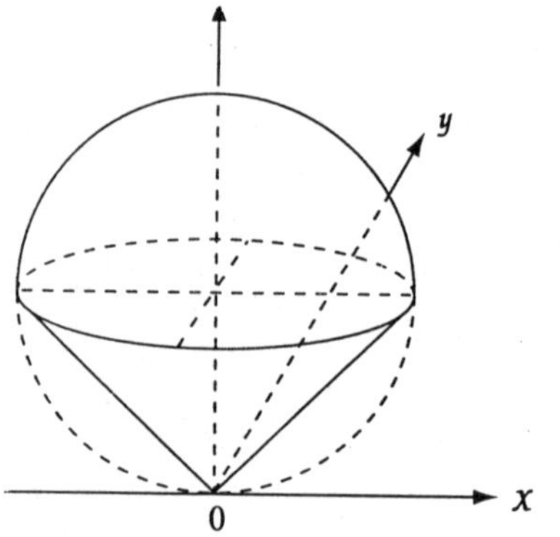

<그림 12.5.11>

풀이 구면좌표에서 원뿔과 구는 각각 방정식

$$\phi = \frac{\pi}{4}, \ \rho = 2a\cos\phi$$

을 가지므로 입체의 부피를 $V(S)$라면,

$$\begin{aligned} V(S) &= \int_0^{\pi/4}\int_0^{2a\cos\phi}\int_0^{2\pi} \rho^2 \sin\phi \, d\theta\, d\rho\, d\phi \\ &= 2\pi \int_0^{\pi/4}\int_0^{2a\cos\phi} \rho^2 \sin\phi\, d\rho\, d\phi \\ &= \frac{16a^3\pi}{3}\int_0^{\pi/4} \cos^3\phi\, d\phi \\ &= \frac{4\pi a^3}{3}[-\cos^4\phi]_0^{\pi/4} = \pi a^3. \end{aligned}$$

◈◈◈ 연 습 문 제 12.5 ◈◈◈

1. 다음 삼중적분의 값을 구하여라.

(1) $\int_0^a\int_0^x\int_0^y x^3y^2z\,dz\,dy\,dx$

(2) $\int\int\int_D (x+y+z)\,dx\,dy\,dz$ (단 D: $x \geq 0$, $y \geq 0$, $z \geq 0$, $x+y+z \leq 1$)

(3) $\int_0^{\pi}\int_0^{\pi/6}\int_0^{\sin\theta} r^2\cos\theta\,dr\,d\theta\,d\phi$

(4) $\int_0^1\int_0^x\int_0^{x-y} x\,dz\,dy\,dx$

(5) $\int_{-1}^{1}\int_{0}^{1-y^2}\int_{-\sqrt{x}}^{\sqrt{x}} 2y^2\sqrt{x}\, dz\,dx\,dy$

(6) $\int_{0}^{1}\int_{y^2}^{\sqrt{y}}\int_{0}^{x+y} xy\,dx\,dz\,dy$

(7) $\int_{0}^{2}\int_{0}^{\sqrt{4-z^2}}\int_{0}^{2-z} z\,dx\,dy\,dz$

2. S와 f가 다음과 같이 주어질 때의 삼중적분

$$\iiint_S f(x, y, z)\,dV$$

을 계산하여라.

(1) $S: z=0,\ y=0,\ y=x,\ x+y,\ x+y+z=3;\ f(x, y, z)=x$

(2) $S: x=0,\ x=\sqrt{a^2-y^2-z^2};\ f(x, y, z)=x$

(3) $S: z=0,\ x^2+z=1,\ y^2+z=1;\ f(x, y, z)=z^2$

(4) $S: x^2+z^2=a^2,\ y^2+z^2=a^2;\ f(x, y, z)=x^2+y^2$

(5) $S: x=0,\ y=0,\ z=0,\ \frac{x}{a}+\frac{y}{b}+\frac{z}{c}=1;\ f(x, y, z)=z$

(단 $a,\ b,\ c>0$ 이다.)

(6) $S: z^2=4ax,\ x^2+y^2=2ax;\ f(x, y, z)=1$

3. 다음 적분을 적당한 집합 S에 관한 삼중적분의 꼴로 고치고, 집합 S가 나타내는 도형을 그려라. (적분계산은 하지 말 것.)

(1) $\int_{0}^{1}\int_{0}^{x}\int_{0}^{x-y} x\,dz\,dy\,dx$

(2) $\int_{-1}^{1}\int_{0}^{1-y^2}\int_{-\sqrt{x}}^{\sqrt{x}} 2y^2\sqrt{x}\, dz\,dx\,dy$

(3) $\int_0^1 \int_{y^2}^{\sqrt{y}} \int_0^{x+y} xy\,dx\,dz\,dy$

(4) $\int_0^2 \int_0^{\sqrt{4-z^2}} \int_0^{2-z} z\,dx\,dy\,dz$

(5) $\int_{-2}^2 \int_0^{4-y^2} \int_0^{y+2} (y^2+z^2)\,dz\,dx\,dy$

(6) $\int_0^1 \int_{x^2}^{\sqrt{x}} \int_0^{y-x^2} f(x, y, z)\,dz\,dy\,dx$

제13장 급 수

13.1 수열

13.2 무한급수

13.3 교대급수와 절대수렴

13.4 멱급수

13.5 함수의 전개

제13장 급 수

13.1 수 열

자연수 n에 대하여 한 수 a_n이 대응될 때, 이들 수

$$a_1, a_2, \cdots, a_n, \cdots$$

를 **수열**(sequence)이라 하고 $\{a_n\}_{n=1}^{\infty}$ 또는 간단히 $\{a_n\}$로 표기한다. 여기에서 a_1을 첫째항, a_2를 둘째항, … a_n을 n번째항이라고 한다.

임의의 양수 ε에 대하여 적당한 자연수 N이 존재하여 $n \geq N$인 모든 자연수에 대하여 $|a_n - L| < \varepsilon$이 성립할 때 수열 $\{a_n\}_{n=1}^{\infty}$은 L에 **수렴한다**(converge)고 한다. 다시 말하면, 임의의 양수 ε에 대하여 자연수 N이 존재해서 $n \geq N$인 모든 a_n은 개구간 $(L-\varepsilon, L+\varepsilon)$에 있다는 것이다. 그리고 L을 수열 $\{a_n\}$의 **극한**(limit)이라 하고

$$\lim_{n\to\infty} a_n = L$$

로 표시한다. 수열 $\{a_n\}$이 수렴하지 않는 경우, 수열 $\{a_n\}$은 **발산한다**(diverge)고 한다고 하고, $\lim_{n\to\infty} a_n = \infty$로 표시한다.

일반적으로 함수의 경우와 마찬가지로 두 수열의 덧셈, 뺄셈, 곱셈, 나눗셈에 대하여 다음과 같은 정리가 성립한다.

정 리 13.1.1

두 수열 $\{a_n\}$, $\{b_n\}$이 각각 수렴하는 수열이고 k가 상수일 때, 다음과 같은 성질들이 성립한다.

(1) $\lim\limits_{n\to\infty} k = k$

(2) $\lim\limits_{n\to\infty} ka_n = k\lim\limits_{n\to\infty} a_n$

(3) $\lim\limits_{n\to\infty}(a_n \pm b_n) = \lim\limits_{n\to\infty} a_n \pm \lim\limits_{n\to\infty} b_n$

(4) $\lim\limits_{n\to\infty}(a_n \cdot b_n) = \lim\limits_{n\to\infty} a_n \cdot \lim\limits_{n\to\infty} b_n$

(5) $\lim\limits_{n\to\infty} \dfrac{a_n}{b_n} = \dfrac{\lim\limits_{n\to\infty} a_n}{\lim\limits_{n\to\infty} b_n}$ (단, $\lim\limits_{n\to\infty} b_n \neq 0$)

예제 1 수열 $\left\{\dfrac{1}{n}\right\}$이 0에 수렴함을 보여라.

풀이 임의의 $\varepsilon > 0$에 대하여 $\dfrac{1}{N} < \varepsilon$이 되는 자연수 N을 선택하면 $n \geq N$인 모든 n에 대하여

$$\left|\frac{1}{n} - 0\right| = \frac{1}{n} \leq \frac{1}{N} < \varepsilon$$

이 성립하므로 주어진 수열 $\left\{\dfrac{1}{n}\right\}$은 0에 수렴한다.

수열 $\{a_n\}$이 $a_n \leq a_{n+1}$이면, **단조증가**(monotone increasing)라 하고 $a_n \geq a_{n+1}$이면, **단조감소**(monotone decreasing)라 한다. 단조증가 또는 단조감소하는 수열을 **단조수열**(monotone sequence)라 한다.

예제 2 수열 $\left\{\frac{n}{n^2+1}\right\}$이 단조감소임을 보여라.

풀이 $n^2+n \geq 1\ (n \geq 1)$ 이므로

$$\begin{aligned} a_n - a_{n+1} &= \frac{n}{n^2+1} - \frac{n+1}{(n+1)^2+1} \\ &= \frac{n\{(n+1)^2+1\} - (n+1)(n^2+1)}{(n^2+1)\{(n+1)^2+1\}} \\ &= \frac{n^2+n-1}{(n^2+1)\{(n+1)^2+1\}} \geq 0 \end{aligned}$$

이다. 즉, $n \geq 1$ 에 대하여 $a_n \geq a_{n+1}$ 이므로 주어진 수열은 단조감소이다.

수열 $\{a_n\}$과 어떤 수 A에 대하여 $a_n \leq A\ (n \geq 1)$ 이면, A를 수열 $\{a_n\}$의 **상계**(upper bound)라 하고, $\{a_n\}$을 **위로 유계**(bounded above)인 수열이라 한다. 마찬가지로, 어떤 수 B에 대하여 $B \leq a_n\ (n \geq 1)$ 이면, B를 수열 $\{a_n\}$의 **하계**(lower bound)라 하고, $\{a_n\}$을 **아래로 유계**(bounded below)인 수열이라 한다. 수열 $\{a_n\}$이 아래로 유계이고 동시에 위로 유계일 때, **유계수열**(bounded sequence)이라고 한다.

예제 3 수열 $\left\{(-1)^n \frac{n}{n+1}\right\}$은 유계임을 보여라.

풀이 $n \geq 0$에 대하여 $\left|(-1)^n \frac{n}{n+1}\right| = \left|\frac{n}{n+1}\right| \leq 1$ 이다. 따라서, 주어진 수열은 상계가 1이고 하계가 -1인 유계수열이다.

정 리 13.1.2

(Sandwich 정리) 모든 n에 대하여 $a_n \leq b_n \leq c_n$이고 $\lim_{n\to\infty} a_n = \lim_{n\to\infty} c_n = L$ 이면 $\lim_{n\to\infty} b_n = L$ 이다.

위의 정리로부터 $|b_n| \le a_n$ 이고 $\lim_{n\to\infty} a_n = 0$ 이면 $\lim_{n\to\infty} b_n = 0$ 임을 쉽게 알 수 있다.

예제 4 $\lim_{n\to\infty} \frac{\cos n}{n} = 0$ 임을 보여라.

풀이 $0 \le \left|\frac{\cos n}{n}\right| = \frac{|\cos n|}{n} \le \frac{1}{n}$ 이고 $\lim_{n\to\infty} \frac{1}{n} = 0$ 이므로 $\lim_{n\to\infty} \frac{\cos n}{n} = 0$ 이다.

다음 정리는 실수의 **완비성 공리**(Completness axiom), 즉 '상계(하계)를 갖는 실수의 집합은 반드시 최소상계(최대하계)를 갖는다.'를 이용하여 증명한다. 자세한 증명은 해석학에서 다룬다.

정 리 13.1.3

모든 유계인 단조수열은 수렴한다.

예제 5 수열 $\left\{\frac{n^2}{3^n}\right\}$ 은 수렴함을 증명하여라.

풀이 $n \ge 2$ 인 모든 n 에 대하여

$$
\begin{aligned}
\frac{n^2}{3^n} - \frac{(n+1)^2}{3^{(n+1)}} &= \frac{3n^2-(n+1)^2}{3^{(n+1)}} \\
&= \frac{2n^2-2n-1}{3^{(n+1)}} \\
&= \frac{2n(n-1)-1}{3^{(n+1)}} > 0
\end{aligned}
$$

이므로 주어진 수열은 단조감소이다. 또, 모든 n 에 대하여

$\frac{n^2}{3^n} \geq 0$ 이므로 주어진 수열은 하계를 갖는다. 따라서, 정리 13.1.3에 의하여 주어진 수열은 수렴한다.

◈◈◈ 연습문제 13.1 ◈◈◈

다음 수열의 수렴성을 판정하여라(1~4).

1. $a_n = \frac{x^n}{n!}$ (단, x는 실수)

2. $a_n = \sin n\pi$

3. $a_n = (-1)^n\left(1 - \frac{1}{n}\right)$

4. $a_n = n\sin\frac{1}{n}$

5. 함수 $y = f(x)$가 구간 $0 \leq x \leq 1$에서 정의되고 $x = 0$에서 미분가능하며, $f(0) = 0$이라 하자. 수열 $\{a_n\}$이 $a_n = nf\left(\frac{1}{n}\right)$로 정의할 때, $\lim_{n\to\infty} a_n = f'(0)$임을 증명하여라.

6. 문제 5를 이용하여 $a_n = n\left(e^{\frac{1}{n}} - 1\right)$의 극한값을 구하여라.

7. 실수 x에 대하여 $\lim_{n\to\infty}\left(1 + \frac{x}{n}\right)^n = e^x$임을 보여라.

13.2 무한급수

주어진 수열 $\{a_n\}$의 각 항의 합 $a_1+a_2+\cdots+a_n+\cdots=\sum_{n=1}^{\infty}a_n$을 **무한급수**라 한다. 수열 $\{a_n\}$의 n항까지의 합 S_n을 무한급수의 **부분합**이라 하고, 수열 $\{S_n\}$을 무한급수의 **부분합의 수열**이라 한다. 수열 $\{S_n\}$이 어떤 일정한 수 S에 수렴할 때, 즉 $\lim_{n\to\infty}S_n=S$일 때, 급수 $\sum_{n=1}^{\infty}a_n$은 **수렴**한다고 하고 $\sum_{n=1}^{\infty}a_n=S$로 표시한다. 이 때 S를 급수 $\sum_{n=1}^{\infty}a_n$의 **합**이라 한다. 부분합의 수열의 극한이 존재하지 않는 급수는 **발산**한다고 한다.

보기 1 등비수열 $\{ar^{n-1}\}\,(a\neq 0)$에서 얻어진 무한급수 $\sum_{n=1}^{\infty}ar^{n-1}$을 무한등비급수라고 한다. 무한등비급수는 $|r|<1$인 경우에만 수렴하고 그 합은 $\dfrac{a}{1-r}$ 이다.

정 리 13.2.1

> 무한급수 $\sum_{n=1}^{\infty}a_n$이 수렴하면 $\lim_{n\to\infty}a_n=0$ 이다.

증명 무한급수 $\sum_{n=1}^{\infty}a_n$이 수렴하면 부분합의 수열 $\{S_n\}$이 극한값 S를 갖는다. 따라서

$$\lim_{n\to\infty}a_n=\lim_{n\to\infty}(S_n-S_{n-1})=\lim_{n\to\infty}S_n-\lim_{n\to\infty}S_{n-1}=S-S=0 \text{ 이다.}$$

■

정리 13.2.1의 대우명제로부터 $\lim_{n\to\infty}a_n\neq 0$ 이면 무한급수 $\sum_{n=1}^{\infty}a_n$은 발산함을 알 수 있다.

정리 13.2.1의 역은 성립하지 않는다. 다음 조화급수의 예는 정리 13.2.1의 역이 성립하지 않음을 보여준다.

예제 1 조화급수 $1+\frac{1}{2}+\frac{1}{3}+\cdots+\frac{1}{n}+\cdots=\sum_{n=1}^{\infty}\frac{1}{n}$ 은 발산함을 보여라.

풀이 S_n을 $\sum_{n=1}^{\infty}\frac{1}{n}$ 의 n번째 부분합이라 하자.

$$S_1=1$$

$$S_2=1+\frac{1}{2}$$

$$S_4=1+\frac{1}{2}+\left(\frac{1}{3}+\frac{1}{4}\right)>1+\frac{1}{2}+\left(\frac{1}{4}+\frac{1}{4}\right)=1+\frac{2}{2}$$

$$\begin{aligned} S_8 &= 1+\frac{1}{2}+\left(\frac{1}{3}+\frac{1}{4}\right)+\left(\frac{1}{5}+\cdots+\frac{1}{8}\right) \\ &> 1+\frac{1}{2}+\left(\frac{1}{4}+\frac{1}{4}\right)+\left(\frac{1}{8}+\cdots+\frac{1}{8}\right)=1+\frac{3}{2} \\ &\vdots \end{aligned}$$

일반적으로 $S_{2^n}>1+\frac{n}{2}$ $(n\geq 1)$ 이다. $\lim_{n\to\infty}S_{2^n}=\infty$ 이므로 부분합의 수열 $\{S_n\}$ 은 발산하고, 따라서 무한급수 $\sum_{n=1}^{\infty}\frac{1}{n}$ 은 발산한다.

무한급수의 수렴을 판정하는 방법에 대하여 알아보기로 한다.

정 리 13.2.2

(비교판정법) 모든 n에 대하여 $0\leq a_n\leq b_n$일 때 다음이 성립한다.

(1) $\sum_{n=1}^{\infty}b_n$이 수렴하면, $\sum_{n=1}^{\infty}a_n$도 수렴한다.

(2) $\sum_{n=1}^{\infty}a_n$이 발산하면, $\sum_{n=1}^{\infty}b_n$도 발산한다.

증명 두 급수의 부분합을 각각

$$A_n = a_1 + a_2 + \cdots + a_n, \quad B_n = b_1 + b_2 + \cdots + b_n$$

이라 하면, $A_n \le B_n$ 이다. 그러므로 $\lim_{n\to\infty} A_n \le \lim_{n\to\infty} B_n$ 이다.

(1) $\sum_{n=1}^{\infty} b_n$ 이 수렴하므로 $n\to\infty$ 일 때 수열 $\{B_n\}$ 의 극한 B 가 존재한다. 즉, $\lim_{n\to\infty} B_n = B$ 이다. $\lim_{n\to\infty} A_n \le \lim_{n\to\infty} B_n = B$ 이므로 $n\to\infty$ 일 때 수열 $\{A_n\}$ 도 수렴하고, 급수 $\sum_{n=1}^{\infty} a_n$ 도 수렴한다.

(2)는 (1)의 대우이므로 참인 명제이다. ■

예제 2 다음 급수의 수렴여부를 판정하여라.

(1) $\sum_{n=1}^{\infty} \frac{n}{2^n(n+1)}$　　(2) $\sum_{n=1}^{\infty} \frac{n+1}{n^2-n}$

풀이 (1) 모든 자연수 n 에 대하여 $\frac{n}{2^n(n+1)} < \frac{1}{2^n}$ 이다. 기하급수 $\sum_{n=1}^{\infty} \frac{1}{2^n}$ 는 수렴하므로 비교판정법에 의하여 주어진 급수 $\sum_{n=1}^{\infty} \frac{n}{2^n(n+1)}$ 는 수렴한다.

(2) 모든 자연수 n 에 대하여 $\frac{n+1}{n^2-n} > \frac{n+1}{n^2} > \frac{1}{n}$ 이다. 조화급수 $\sum_{n=1}^{\infty} \frac{1}{n}$ 는 발산하므로 비교판정법에 의하여 주어진 급수 $\sum_{n=1}^{\infty} \frac{n+1}{n^2-n}$ 는 발산한다.

정 리 13.2.3

(극한비교판정법) 모든 n 에 대하여 $a_n \ge 0$, $b_n \ge 0$ 이고

$$\lim_{n\to\infty} \frac{a_n}{b_n} = L > 0$$

이면, 두 급수 $\sum_{n=1}^{\infty} a_n$ 와 $\sum_{n=1}^{\infty} b_n$ 는 동시에 수렴하거나 또는 동시에 발산한다.

증명 $\lim_{n\to\infty}\dfrac{a_n}{b_n}=L>0$ 이므로, 적당한 양수 N이 존재하여 $n\geq N$인 모든 자연수 n에 대하여 $\left|\dfrac{a_n}{b_n}-L\right|<\dfrac{L}{2}$ 이다. 따라서

$$-\frac{L}{2}<\frac{a_n}{b_n}-L<\frac{L}{2}\ ,\ \ n\geq N$$

이므로

$$\frac{L}{2}b_n<a_n,\ \ \frac{2}{3L}a_n<b_n,\ \ n\geq N$$

이다.

모든 n에 대하여 $a_n\geq 0$, $b_n\geq 0$ 이므로, $\sum_{n=N}^{\infty}a_n$이 수렴하면 비교판정법에 의하여 $\dfrac{L}{2}\sum_{n=1}^{\infty}b_n$이 수렴하고, 따라서 $\sum_{n=N}^{\infty}b_n$이 수렴한다.

또 $\sum_{n=N}^{\infty}a_n$이 발산하면, $\dfrac{2}{3L}\sum_{n=N}^{\infty}a_n$도 발산하고 비교판정법에 의하여 $\sum_{n=N}^{\infty}b_n$도 발산한다. 그러므로 두 급수 $\sum_{n=N}^{\infty}a_n$과 $\sum_{n=N}^{\infty}b_n$은 동시에 수렴, 발산한다. 그런데 $\sum_{n=1}^{\infty}a_n$과 $\sum_{n=N}^{\infty}a_n$, 그리고 $\sum_{n=1}^{\infty}b_n$과 $\sum_{n=N}^{\infty}b_n$은 같은 수렴성을 가지므로, 두 급수 $\sum_{n=1}^{\infty}a_n$과 $\sum_{n=1}^{\infty}b_n$은 동시에 수렴 또는 발산한다. ■

예제 3 다음 급수의 수렴여부를 판정하여라.

(1) $\sum_{n=1}^{\infty}\dfrac{2n+1}{(n+1)^2}$ (2) $\sum_{n=1}^{\infty}\dfrac{2}{2^n-1}$

풀이 (1) $a_n=\dfrac{2n+1}{n^2+2n+1}$, $b_n=\dfrac{1}{n}$ 이라 하자. $\sum_{n=1}^{\infty}b_n$은 발산하고

$$\lim_{n\to\infty}\frac{a_n}{b_n}=\lim_{n\to\infty}\frac{2n^2+n}{n^2+2n+1}=2$$

이므로 극한비교판정법에 의하여 주어진 급수는 발산한다.

(2) $a_n = \dfrac{1}{2^n - 1}$, $b_n = \dfrac{1}{2^n}$ 이라 하자.

$$\lim_{n\to\infty} \frac{a_n}{b_n} = \lim_{n\to\infty} \frac{2^n}{2^n - 1} = 1$$

이며 $\sum_{n=1}^{\infty} b_n$이 수렴하므로 극한비교판정법에 의하여 주어진 급수도 수렴한다.

정 리 13.2.4

> (적분판정법) 함수 f가 구간 $1 \le x$에서 양의 감소함수라 하자. $a_n = f(n)$이라 하면 무한급수 $\sum_{n=1}^{\infty} a_n$이 수렴하기 위한 필요충분조건은 특이적분 $\int_1^{\infty} f(x)dx$가 수렴하는 것이다.

위의 정리 13.2.4의 증명은 독자에게 연습문제로 남긴다.

예제 4 **(p - 급수)**

급수 $\sum_{n=1}^{\infty} \dfrac{1}{n^p}$는 p가 $p > 1$이면 수렴하고 $p \le 1$이면 발산함을 증명하여라.

풀이 $f(x) = \dfrac{1}{x^p}$이라고 하면 $a_n = f(n) = \dfrac{1}{n^p}$이므로, 적분값 $\int_1^{\infty} f(x)dx$로 주어진 급수의 수렴성을 판정할 수 있다.

$p = 1$이면 주어진 급수는 조화급수이므로 발산한다. $p \ne 1$이면

$$\begin{aligned}\int_1^{\infty} f(x)dx &= \lim_{n\to\infty} \int_1^{n} \frac{1}{x^p}\,dx = \lim_{n\to\infty}\left[\frac{1}{1-p}x^{1-p}\right]_1^n \\ &= \lim_{n\to\infty}\left[\frac{n^{1-p}}{1-p} - \frac{1}{1-p}\right] = \frac{1}{1-p}\left[\lim_{n\to\infty} n^{1-p} - 1\right]\end{aligned}$$

이다. $0 < p < 1$ 이면 $\lim_{n\to\infty} n^{1-p} = \infty$ 이므로, 주어진 급수는 발산한다. $p > 1$ 이면 $\lim_{n\to\infty} n^{1-p} = 0$ 이므로, 주어진 급수는 수렴한다.

다음의 판정법은 항 사이의 비 $\dfrac{a_{n+1}}{a_n}$ 를 검토하여 급수의 수렴성을 판정한다.

정 리 13.2.5

(비판정법, ratio test) 모든 n 에 대하여 $a_n \geq 0$ 이고 $\lim_{n\to\infty} \dfrac{a_{n+1}}{a_n} = \rho$ 라 하자. 그러면

(1) $\rho < 1$ 이면 $\sum_{n=1}^{\infty} a_n$ 은 수렴한다.

(2) $\rho > 1$ 이면 $\sum_{n=1}^{\infty} a_n$ 은 발산한다.

(3) $\rho = 1$ 이면 $\sum_{n=1}^{\infty} a_n$ 은 수렴할 수도 있고, 발산할 수도 있다.

증명 (1) $\rho < r < 1$ 인 r 을 선택하여 $\varepsilon = r - \rho$ 라 놓자. 그러면 $\varepsilon > 0$ 이고 $\lim_{n\to\infty} \dfrac{a_{n+1}}{a_n} = \rho$ 이므로, 적당한 N 이 존재하여, $n \geq N$ 인 모든 n 에 대하여 $\left| \dfrac{a_{n+1}}{a_n} - \rho \right| < \varepsilon$ 이다. 따라서,

$$\frac{a_{n+1}}{a_n} < \rho + \varepsilon = r, \quad n \geq N$$

즉,

$$a_{N+1} < ra_N$$

$$a_{N+2} < ra_{N+1} < r^2 a_N$$

$$\vdots$$

$$a_{N+m} < ra_{N+m-1} < r^m a_N$$

따라서, 모든 자연수 k에 대하여

$$a_{N+k} < r^k a_N$$

이다. $r < 1$ 이므로, $\sum_{k=1}^{\infty} r^k a_N$은 수렴하므로 비교판정법에 의하여 $\sum_{n=N+1}^{\infty} a_n$은 수렴한다. 따라서, $\sum_{n=1}^{\infty} a_n$도 수렴한다.

(2) $1 < r < \rho$ 인 r을 선택하여 $\varepsilon = \rho - r$이라 하자. 그러면 $\varepsilon > 0$ 이고 $\lim_{n\to\infty} \frac{a_{n+1}}{a_n} = \rho$ 이므로, 적당한 M이 존재하여, $n \geq M$인 모든 n에 대하여 $\left| \frac{a_{n+1}}{a_n} - \rho \right| < \varepsilon$ 이다. 따라서,

$$r = -\varepsilon + \rho < \frac{a_{n+1}}{a_n}, \quad n \geq M$$

즉, $a_n < a_{n+1} < a_{n+2} < \cdots$, 그러므로 $\lim_{n\to\infty} a_n \neq 0$ 이다. 따라서, $\sum_{n=1}^{\infty} a_n$은 발산한다.

(3) $\rho = 1$ 인 경우 $\sum_{n=1}^{\infty} a_n$은 수렴할 수도 있고, 발산할 수도 있다. 예를 들면, 급수 $\sum_{n=1}^{\infty} \frac{1}{n}$ 는 $\lim_{n\to\infty} \frac{a_{n+1}}{a_n} = \lim_{n\to\infty} \frac{n}{n+1} = 1$ 이지만 발산하고 급수 $\sum_{n=1}^{\infty} \frac{1}{n^2}$ 는 $\lim_{n\to\infty} \frac{a_{n+1}}{a_n} = \lim_{n\to\infty} \left(\frac{n}{n+1} \right)^2 = 1$ 이지만 수렴한다. ■

예제 5 다음 급수의 수렴여부를 판정하여라.

(1) $\sum_{n=1}^{\infty} \frac{2^n + 5}{3^n}$ (2) $\sum_{n=1}^{\infty} \frac{n!}{10^n}$

풀이 (1) $a_n = \dfrac{2^n+5}{3^n}$ 이라 하면

$$\lim_{n\to\infty}\frac{a_{n+1}}{a_n} = \lim_{n\to\infty}\frac{\dfrac{2^{n+1}+5}{3^{n+1}}}{\dfrac{2^n+5}{3^n}} = \lim_{n\to\infty}\frac{2^{n+1}+5}{3(2^n+5)}$$

$$= \lim_{n\to\infty}\frac{1}{3}\cdot\frac{2+5\cdot 2^{-n}}{1+5\cdot 2^{-n}} = \frac{2}{3} < 1$$

이므로 비판정법에 의하여 주어진 급수는 수렴한다.

(2) $a_n = \dfrac{n!}{10^n}$ 이라 하자.

$$\lim_{n\to\infty}\frac{a_{n+1}}{a_n} = \lim_{n\to\infty}\frac{\dfrac{(n+1)!}{10^{n+1}}}{\dfrac{n!}{10^n}} = \lim_{n\to\infty}\frac{(n+1)!\cdot 10^n}{n!\cdot 10^{n+1}}$$

$$= \lim_{n\to\infty}\frac{n+1}{10} = \infty > 1$$

이므로 비판정법에 의하여 주어진 급수는 발산한다.

◈◈◈ 연습문제 13.2 ◈◈◈

다음 급수의 수렴성을 판정하여라(1∼4).

1. $\displaystyle\sum_{n=1}^{\infty}\frac{1}{n\sqrt{n}}$

2. $\displaystyle\sum_{n=1}^{\infty}\frac{1}{2^n-n^2}$

3. $\displaystyle\sum_{n=1}^{\infty}\frac{1}{n\cdot 2^n}$

4. $\displaystyle\sum_{n=1}^{\infty}\frac{(2n)!}{(n!)^2}$

5. $P=\{x \mid x$는 양의 홀수$\}$ 일 때 $\sum_{x \in P} \frac{1}{x}$ 의 수렴, 발산을 판정하여라.

6. 다음을 증명하여라.

(a) $\sum_{n=1}^{\infty} \frac{n}{n!}$ 은 수렴한다. (b) $\lim_{n \to \infty} \frac{n}{n!} = 0$.

7. $\sum_{n=1}^{\infty} a_n$이 수렴하면 $\lim_{n \to \infty} n a_n = 0$ 임을 증명하여라.

8. $\lim_{n \to \infty} \frac{a_n}{b_n} = 0$ 이고 $\sum_{n=1}^{\infty} b_n$이 수렴하면 $\sum_{n=1}^{\infty} a_n$도 수렴함을 증명하여라.

13.3 교대급수와 절대수렴

모든 자연수 k에 대하여 $a_k \geq 0$ 일 때,

$$\sum_{k=1}^{\infty} (-1)^{k+1} a_k = a_1 - a_2 + a_3 - a_4 + \cdots + (-1)^{n+1} a_n + \cdots$$

과 같은 무한급수를 **교대급수**라 한다. 즉, 교대급수는 양수의 항과 음수의 항이 교대로 나타나는 급수이다.

정 리 13.3.1

(교대급수판정법) 모든 n에 대하여 $a_n \geq 0$ 이고 $a_n \geq a_{n+1}$ 이며 $\lim_{n \to \infty} a_n = 0$ 이면 교대급수 $\sum_{n=1}^{\infty} (-1)^{n+1} a_n$은 수렴한다.

증명 항의 개수가 짝수인 부분합 S_{2m} 은

$$S_{2m} = (a_1 - a_2) + (a_3 - a_4) + \cdots + (a_{2m-1} - a_{2m})$$
$$= a_1 - (a_2 - a_3) - (a_4 - a_5) - \cdots - (a_{2m-2} - a_{2m-1}) - a_{2m}$$

이다. 위의 식에서 괄호 안의 수는 모두 양수이므로, 모든 m 에 대하여

$$S_{2m} \leq S_{2m+2}$$
$$0 \leq S_{2m} \leq a_1$$

이다. 따라서 $\{S_{2m}\}$ 은 유계인 증가수열이고 정리 13.1.3에 의하여 $\{S_{2m}\}$ 은 수렴한다. $\{S_{2m}\}$ 의 극한을 L 이라 하면 즉, $\lim_{m\to\infty} S_{2m} = L$ 이라 하면

$$\begin{aligned}\lim_{m\to\infty} S_{2m+1} &= \lim_{m\to\infty} S_{2m} + a_{2m+1} \\ &= \lim_{m\to\infty} S_{2m} + \lim_{m\to\infty} a_{2m+1} \\ &= L + 0 = L\end{aligned}$$

이다, 따라서 $\{S_{2m}\}$ 과 $\{S_{2m+1}\}$ 은 모두 L 에 수렴한다. 그러므로 $\{S_n\}$ 는 수렴한다. 따라서 $\sum_{n=1}^{\infty}(-1)^{n+1}a_n$ 은 수렴한다. ■

예제 1 교대조화급수 $\sum_{n=1}^{\infty}\frac{(-1)^{n+1}}{n}$ 의 수렴성을 결정하여라.

풀이 $a_n = \frac{1}{n} > 0$ 이고 $a_n = \frac{1}{n} > \frac{1}{n+1} = a_{n+1}$ 이다.

$$\lim_{n\to\infty} a_n = \lim_{n\to\infty}\frac{1}{n} = 0$$

이므로 교대급수판정법에 의하여 주어진 급수는 수렴한다.

이제부터 일반적인 급수 즉, 양의 항과 음의 항이 불규칙적으로 나타나

는 급수의 수렴성을 생각하여 보자.

급수 $\sum_{n=1}^{\infty} a_n$의 각 항의 절대값을 취하여 만들어진 급수 $\sum_{n=1}^{\infty} |a_n|$를 **절대급수**라고 한다. 급수 $\sum_{n=1}^{\infty} |a_n|$이 수렴하면 급수 $\sum_{n=1}^{\infty} a_n$은 **절대수렴**한다고 하고, 급수 $\sum_{n=1}^{\infty} a_n$은 수렴하지만 급수 $\sum_{n=1}^{\infty} |a_n|$이 발산하면 급수 $\sum_{n=1}^{\infty} a_n$은 **조건수렴**한다고 한다. 예를 들면 $\sum_{n=1}^{\infty} \frac{1}{n^2}$과 $\sum_{n=1}^{\infty} \frac{(-1)^{n+1}}{n^2}$은 모두 수렴하므로 $\sum_{n=1}^{\infty} \frac{(-1)^{n+1}}{n^2}$는 절대수렴한다. 또한, 교대조화급수 $\sum_{n=1}^{\infty} \frac{(-1)^{n+1}}{n}$는 수렴하지만 조화급수 $\sum_{n=1}^{\infty} \frac{1}{n}$는 발산하므로 $\sum_{n=1}^{\infty} \frac{(-1)^{n+1}}{n}$는 조건수렴한다.

정 리 13.3.2

절대수렴하는 급수는 수렴한다.

·**증명** 급수 $\sum_{n=1}^{\infty} a_n$을 절대수렴하는 무한급수라 하자. 임의의 n에 대하여

$$a_n \le |a_n| \text{ 이므로 } 0 \le a_n + |a_n| \le 2|a_n|$$

이다. 급수 $2\sum_{n=1}^{\infty} |a_n| = \sum_{n=1}^{\infty} 2|a_n|$이 수렴하므로 비교판정법에 의하여 급수 $\sum_{n=1}^{\infty} (a_n + |a_n|)$은 수렴한다. 수렴하는 두 급수의 차도 수렴하므로 급수

$$\sum_{n=1}^{\infty} a_n = \sum_{n=1}^{\infty} [(a_n + |a_n|) - |a_n|]$$

은 수렴한다. ■

예제 2 급수 $\sum_{n=1}^{\infty} \frac{(-1)^{n+1} \cdot n}{2^n}$ 은 절대수렴함을 보여라.

풀이 $a_n = \frac{n}{2^n}$ 이라 하면

$$\lim_{n \to \infty} \frac{a_{n+1}}{a_n} = \lim_{n \to \infty} \frac{\frac{n+1}{2^{n+1}}}{\frac{n}{2^n}} = \lim_{n \to \infty} \frac{1}{2}\left(1 + \frac{1}{n}\right) = \frac{1}{2} < 1$$

이므로 비판정법에 의하여 급수 $\sum_{n=1}^{\infty} \left| \frac{(-1)^{n+1} \cdot n}{2^n} \right|$ 은 수렴한다. 즉, 급수 $\sum_{n=1}^{\infty} \frac{(-1)^{n+1} \cdot n}{2^n}$ 은 절대수렴한다.

◆◆◆ 연습문제 13.3 ◆◆◆

다음 급수의 수렴성을 판정하고 수렴급수에 대하여 절대수렴과 조건수렴을 구분하여라. (1～4).

1. $\sum_{n=1}^{\infty} (-1)^{n+1} \frac{(2n-1)}{2^n}$

2. $\sum_{n=1}^{\infty} (-1)^{n+1} \frac{n+1}{2n+1}$

3. $\sum_{n=1}^{\infty} (-1)^{n+1} \frac{1}{\sqrt{2n-1}}$

4. $\sum_{n=1}^{\infty} (-1)^{n+1} \frac{n+2}{n \cdot (n+1)}$

5. 급수 $\sum_{n=1}^{\infty} a_n$ 이 절대수렴할 때 다음 부등식이 성립함을 증명하시오.

$$\left| \sum_{n=1}^{\infty} a_n \right| \leq \sum_{n=1}^{\infty} |a_n|$$

13.4 멱급수

수열 $\{a_n\}$과 상수 c에 대하여 변수 x를 포함하는 급수

$$\sum_{n=0}^{\infty} a_n(x-c)^n = a_0 + a_1(x-c) + a_2(x-c)^2 + \cdots$$

을 $x-c$에 관한 **멱급수**라고 한다. 멱급수 $\sum_{n=0}^{\infty} a_n(x-c)^n$에서 $x-c$를 y로 치환하면 $\sum_{n=0}^{\infty} a_n y^n$와 같은 모양이 되므로, 앞으로는 $\sum_{n=0}^{\infty} a_n x^n$ 꼴의 멱급수만을 생각하기로 한다.

임의로 주어진 멱급수 $\sum_{n=0}^{\infty} a_n x^n$에 대하여 적당한 음이 아닌 실수 r이 존재하여, $|x| < r$일 때는 수렴하고 $|x| > r$일 때는 발산한다. 이 때 실수 r를 주어진 멱급수의 **수렴반경**이라 하고 멱급수가 수렴하는 모든 x로 이루어진 집합을 **수렴구간**이라 한다.

정 리 13.4.1

멱급수 $\sum_{n=0}^{\infty} a_n x^n \ (a_n \neq 0)$에 대하여

$$\lim_{n\to\infty}\left|\frac{a_{n+1}}{a_n}\right| = \rho$$

라 하자. 이 때 주어진 멱급수의 수렴반경 r은

(1) $\rho \neq 0$이면 $r = \dfrac{1}{\rho}$이고

(2) $\rho = 0$이면 모든 x에 대하여 수렴하며

(3) $\rho = \infty$이면 $x = 0$일 때만 수렴한다.

(2)의 경우 수렴반경은 편의상 ∞로 표시하고 (3)의 경우 수렴반경은 0이다.

증명 급수 $\sum_{n=0}^{\infty} a_n x^n$ 에서

$$\lim_{n\to\infty}\left|\frac{a_{n+1}x^{n+1}}{a_n x^n}\right| = |x| \lim_{n\to\infty}\left|\frac{a_{n+1}}{a_n}\right| = |x|\rho$$

이므로, 비판정법에 의하여 $|x|\rho < 1$ 이면 주어진 멱급수는 수렴하고 $|x|\rho > 1$ 이면 발산한다. 그러므로 $\rho \neq 0$ 이면 $\frac{1}{\rho}$ 이 수렴반경이다.
(2), (3)의 결과도 마찬가지 방법으로 얻는다. ■

예제 1 멱급수 $\sum_{n=0}^{\infty} \frac{x^n}{n+1}$ 의 수렴반경과 수렴구간을 구하여라.

풀이 $a_n = \frac{1}{n+1}$ 라 하면

$$\lim_{n\to\infty}\left|\frac{a_{n+1}}{a_n}\right| = \lim_{n\to\infty}\left|\frac{n+2}{n+1}\right| = 1$$

이므로 수렴반경은 1 이다. $x=1$ 또는 $x=-1$ 일 때는 비판정법으로 수렴여부를 판정할 수 없으므로 이에 대응하는 급수를 생각한다. $x=1$ 일 때 주어진 멱급수는 $\sum_{n=0}^{\infty} \frac{1}{n+1}$ 로 조화급수이므로 발산하고 $x=-1$ 일 때는 $\sum_{n=0}^{\infty} \frac{(-1)^n}{n+1}$ 로 교대조화급수이므로 수렴한다. 따라서 수렴구간은 $-1 \leq x < 1$ 이다.

예제 2 멱급수 $\sum_{n=0}^{\infty} \frac{x^n}{2^n}$ 의 수렴반경과 수렴구간을 구하여라.

풀이 $a_n = \frac{1}{2^n}$ 라 하면

$$\lim_{n\to\infty}\left|\frac{a_{n+1}}{a_n}\right| = \lim_{n\to\infty}\frac{2^n}{2^{n+1}} = \frac{1}{2}$$

이므로 수렴반경은 2 이다. $x=2$ 일 때 주어진 멱급수는 $\sum_{n=0}^{\infty}\frac{2^n}{2^n}$ 이므로 발산하고 $x=-2$ 일 때는 $\sum_{n=0}^{\infty}(-1)^n\frac{2^n}{2^n}$ 이므로 발산한다. 따라서 수렴구간은 $-2<x<2$ 이다.

예제 3 멱급수 $\sum_{n=0}^{\infty}\frac{x^n}{n!}$ 의 수렴반경과 수렴구간을 구하여라.

풀이 $a_n=\frac{1}{n!}$ 라 하면

$$\lim_{n\to\infty}\left|\frac{a_{n+1}}{a_n}\right| = \lim_{n\to\infty}\frac{n!}{(n+1)!} = \lim_{n\to\infty}\frac{1}{(n+1)} = 0$$

이므로 수렴반경은 ∞ 이다. 수렴구간은 실수 전체이다.

◈◈◈ 연습문제 13.4 ◈◈◈

다음 급수의 수렴반경과 수렴구간을 구하여라 (1~4).

1. $\sum_{n=0}^{\infty}\frac{x^n}{n+2}$

2. $\sum_{n=0}^{\infty}\frac{(3x)^n}{(n+1)^2}$

3. $\sum_{n=0}^{\infty}\frac{(2x-1)^n}{(n+1)^3}$

4. $\sum_{n=0}^{\infty}(-1)^{n+1}\frac{x^{2n+1}}{(2n+1)}$

13.5 함수의 전개

이 절에서는 주어진 함수를 멱급수로 표시하는 방법을 생각한다.

정 리 13.5.1

(Taylor의 정리) 함수 $f(x)$, $f'(x)$, $f''(x)$, $\cdots$, $f^{(n-1)}(x)$가 폐구간 $[a,b]$에서 연속이고 개구간 (a,b)에서 미분가능하다고 하자. 그러면 모든 $x\in[a,b]$에 대하여 적당한 $\xi\in(a,x)$가 존재하여 다음 식이 성립한다.

$$f(x) = f(a)+f'(a)(x-a)+\frac{f''(a)}{2!}(x-a)^2+\cdots+\frac{f^{(n-1)}(a)}{(n-1)!}(x-a)^{n-1}+\frac{f^{(n)}(\xi)}{n!}(x-a)^n$$

증명 주어진 함수 $f(x)$에 대하여

$$f(x) = f(a)+f'(a)(x-a)+\frac{f''(a)}{2!}(x-a)^2+\cdots+\frac{f^{(n-1)}(a)}{(n-1)!}(x-a)^{n-1}+k(x-a)^n$$

인 유일한 k를 구하자. 구간 $[a,x]$에서 함수 F를 다음과 같이 정의하자.

$$F(t) = f(x)-\left\{f(t)+f'(t)(x-t)+\frac{f''(t)}{2!}(x-t)^2+\cdots+\frac{f^{(n-1)}(t)}{(n-1)!}(x-t)^{n-1}+k(x-t)^n\right\}$$

가정에 의하여 $F(t)$는 폐구간 $[a,x]$에서 연속이고 개구간 (a,x)에서 미분가능하다. 또한 F의 정의에 의하여 $F(a)=F(x)=0$이다. 따라서, Rolle의 정리에 의하여 적당한 $\xi\in(a,x)$가 존재하여

$F'(\xi)=0$ 이다. 그런데,

$$F'(t)=-\frac{f^{(n)}(t)}{(n-1)!}(x-t)^{n-1}+kn(x-t)^{n-1}$$

이므로 $F'(\xi)=0$ 로부터 $k=\dfrac{f^{(n)}(\xi)}{n!}$ 이다. ■

Taylor의 정리에서 $n=1$ 인 경우는 평균값 정리가 된다. 즉, Taylor의 정리는 확장된 평균값 정리이다.

함수 f에 대응하는 $(n-1)$ 차 다항식

$$P(x)=f(a)+f'(a)(x-a)+\frac{f''(a)}{2!}(x-a)^2+\cdots$$
$$+\frac{f^{(n-1)}(a)}{(n-1)!}(x-a)^{n-1}$$

을 점 $x=a$ 에서의 f의 $(n-1)$ 차 Taylor 다항식이라 한다. 함수 f를 다항함수 P로 근사 시킬 때, f와 P의 차

$$R_{n-1}(x)=f(x)-P(x)$$

를 점 $x=a$ 에서의 나머지라고 한다. 나머지의 형식은 여러 가지가 있다.

(1) Lagrange의 나머지 형식

$$R_{n-1}(x)=\frac{f^{(n)}(\xi)}{n!}(x-a)^n$$

단, ξ는 a와 x사이의 적당한 수

(2) Cauchy의 나머지 형식

$$R_{n-1}(x)=\frac{f^{(n)}(\zeta)}{(n-1)!}(x-a)(x-\zeta)^{n-1}$$

단, ζ는 a와 x사이의 적당한 수

(3) 적분형태의 나머지 형식

$$R_{n-1}(x) = \frac{1}{(n-1)!} \int_a^x f^{(n)}(t)(x-t)^{n-1} dt$$

함수 f가 무한번 미분가능하고 $\lim_{n\to\infty} R_n(x) = 0$ 이면 함수 f는

$$f(x) = \sum_{n=0}^{\infty} \frac{f^{(n)}(a)}{n!}(x-a)^n$$

과 같이 표현된다. 이와 같은 멱급수를 점 $x=a$ 에서 함수 f의 **Taylor 급수**라고 한다. 특히 $a=0$ 인 경우 즉, 점 $x=0$ 에서의 Taylor 급수

$$f(x) = \sum_{n=0}^{\infty} \frac{f^{(n)}(0)}{n!} x^n$$

를 함수 f의 **Maclaurin 급수**라고 한다.

예제 1 함수 $f(x)=e^x$ 의 Maclaurin 급수를 구하고, 이 급수의 수렴 구간을 구하여라.

풀이 모든 자연수 n 에 대하여 $f^{(n)}(x)=e^x$ 이고 $f^{(n)}(0)=e^0=1$ 이므로

$$\begin{aligned} e^x &= \sum_{n=0}^{m} \frac{f^{(n)}(0)}{n!} x^n + R_m(x) \\ &= \sum_{n=0}^{m} \frac{x^n}{n!} + R_m(x) \end{aligned}$$

Lagrange의 나머지 형식을 이용하면 0 과 x 사이의 적당한 ξ 에 대하여

$$R_m(x) = \frac{f^{(m+1)}(\xi)\, x^{m+1}}{(m+1)!} = \frac{e^{\xi} x^{m+1}}{(m+1)!}$$

모든 실수 x 에 대하여 $\lim_{n\to\infty} \frac{x^n}{n!} = 0$ 이므로 $\lim_{m\to\infty} R_m(x) = 0$ 이다. 그러므로 모든 실수 x 에 대하여

$$e^x = 1 + \frac{x^2}{2!} + \cdots + \frac{x^n}{n!} + \cdots = \sum_{n=0}^{\infty} \frac{x^n}{n!}$$

이다.

기본적인 삼각함수와 자연로그함수의 Maclaurin 급수 전개식은 다음과 같다.

$$\cos x = 1 - \frac{x^2}{2!} + \frac{x^4}{4!} - \frac{x^6}{6!} + \cdots = \sum_{n=0}^{\infty} (-1)^n \frac{x^{2n}}{(2n)!}, \quad -\infty < x < \infty$$

$$\sin x = x - \frac{x^3}{3!} + \frac{x^5}{5!} - \frac{x^7}{7!} + \cdots = \sum_{n=0}^{\infty} (-1)^n \frac{x^{2n+1}}{(2n+1)!}, \quad -\infty < x < \infty$$

$$\ln(1+x) = x - \frac{x^2}{2} + \frac{x^3}{3} - \frac{x^4}{4} + \cdots = \sum_{n=0}^{\infty} (-1)^n \frac{x^{n+1}}{(n+1)}, \quad -1 < x \le 1$$

◈◈◈ 연습문제 13.5 ◈◈◈

1. $\frac{1}{1+x^2}$ 의 Maclaurin 급수를 이용하여 $\tan^{-1}x$ 의 Maclaurin 급수를 구하여라. 또, 이 급수를 이용하여 π 값을 구하여 보아라.

2. 모든 실수 x 에 대하여 $\lim_{n \to \infty} \frac{x^n}{n!} = 0$ 임을 증명하여라.

3. Cauchy의 나머지 형식을 증명하여라.

4. 적분형태의 나머지 형식을 증명하여라.

제14장 미분방정식

제14장 미분방정식

14.1 미분방정식

오늘날 자연과학의 연구에 중요한 도구가 되고 있는 미분방정식은 미분적분과 함께 연구되기 시작하였다. 그러나 미분방정식의 해법은 매우 복잡하여, 현재까지 그 중의 일부분만이 연구되었을 뿐이다. 이 장에서는 비교적 간단한 미분방정식만을 다루기로 한다.

방정식에 도함수나 미분을 포함하는 방정식을 **미분방정식**(differential equation)이라 한다.

$$x^2\frac{dy}{dx} + (\frac{dy}{dx})^2 = 0 \tag{14.1.1}$$

$$\frac{d^2y}{dx^2} = (1+\frac{dy}{dx})^2 \tag{14.1.2}$$

$$\frac{\partial z}{\partial y} - x\frac{\partial z}{\partial x} = y \tag{14.1.3}$$

$$(\frac{dy}{dx})^4 + \sqrt{3-(\frac{d^3y}{dx^3})^2} = 0 \tag{14.1.4}$$

$$D_t x + x = \sin^2 t \tag{14.1.5}$$

$$(x^2+1)\frac{d^2y}{dx^2} + x\frac{dy}{dx} + xy = 0 \tag{14.1.6}$$

독립변수가 하나뿐인 미분방정식을 **상미분방정식**(ordinary differential equation)이라 하고, 편도함수를 포함하고 있는 미분방정식을 **편미분방정식**(partial differential equation)이라 한다. 따라서 (14.1.3)은 편미분방정식이고 나머지는 모두 상미분방정식이다. **미분방정식**의 **계수**(order of differential equation)란 그 미분방정식에 포함된 최고계도함수의 계수를 뜻한다. 식 (14.1.4)는 3계, (14.1.2), (14.1.6)은 2계인 미분방정식이다. 한편,

식 (14.1.1), (14.1.5)는 1계 미분방정식이다. 또, **미분방정식**의 **차수**(degree of differential equation)란 그 미분방정식에 포함된 도함수를 정수 멱으로 유리화하였을 때 그 방정식에 포함된 최고계도함수의 지수를 뜻한다. 위의 예에서, 식 (14.1.1)은 1계 2차 미분방정식이고 식 (14.1.2)는 2계 1차 미분방정식이며, 식 (14.1.4)는 근호를 제거하여 미분방정식

$$(\frac{d^3y}{dx^3})^2 = 3 - (\frac{dy}{dx})^8$$

을 얻으므로 3계 2차 미분방정식이다. 주어진 미분방정식을 만족시키는 $y = f(x)$를 이 **미분방정식**의 **해**(solution)라 하고, 그 해를 구하는 것을 미분방정식을 푼다고 한다.

예제 1 $\frac{d^2y}{dx^2} - 3\frac{dy}{dx} + 2y = 0$의 해를 구하여라.

풀이 $y = c_1e^x + c_2e^{2x}$ (c_1, c_2는 상수)라 하자.

$$\frac{dy}{dx} = c_1e^x + 2c_2e^{2x}, \qquad \frac{d^2y}{dx^2} = c_1e^x + 4c_2e^{2x}$$

이므로 다음 등식이 성립한다.

$$\frac{d^2y}{dx^2} - 3\frac{dy}{dx} + 2y = c_1e^x + 4c_2e^{2x}$$

$$- 3(c_1e^x + 2c_2e^{2x}) + 2(c_1e^x + c_2e^{2x}) = 0.$$

위의 예제 1은 무수히 많은 해를 가짐을 알 수 있다. n계 미분방정식의 해 중에서 n개의 서로 독립인 상수를 포함하는 것을 그 미분방정식의 **일반해**(general solution)라 한다. 일반해의 상수에 특정한 값을 대입하여 얻어지는 해를 그 미분방정식의 **특수해**(particular solution)라 한다.

◈◈◈ 연습문제 14.1 ◈◈◈

1. 다음 방정식들을 상미분방정식과 편미분방정식으로 구분하고, 그 계수와 차수를 구하여라.

(1) $x^2\dfrac{dy}{dx}+(\dfrac{dy}{dx})^2=0$ (2) $y+x\dfrac{dy}{dx}+\dfrac{dx}{dy}=0$

(3) $\dfrac{d^2y}{dx^2}=2x$ (4) $(\dfrac{d^2y}{dx^2})^2=\sqrt{(1+\dfrac{dy}{dx})^2}$

(5) $(x-3y)dx+xdy=0$ (6) $x\dfrac{\partial^2 z}{\partial x^2}+z\dfrac{\partial^2 z}{\partial x\,\partial y}+\dfrac{\partial z}{\partial y}=xyz$

2. 다음 식 중 왼편 미분방정식의 해가 되는 것을 골라라.

(1) $y=x+3x^2$ $\dfrac{dy}{dx}(3x^2+x)-y(1+6x)=0$

(2) $x^2+y^2=5$ $y\dfrac{dy}{dx}+x=0$

(3) $z=ax^2+by$ $2z-x^2z_{zz}=2yz_y$

(4) $y=a\sin 2x+b\cos 2x$

$$\frac{d^2y}{dx^2}(x^2-2x)+\frac{dy}{dx}(2-x^2)+2y(x-1)=0$$

(5) $y=cx+\sqrt{1-c^2}$ $x\dfrac{dy}{dx}+\sqrt{1-(\dfrac{dy}{dx})^2}=y$

(6) $y=ax+\dfrac{b}{x}+c$ $\dfrac{d^3y}{dx^3}=\dfrac{-3}{x}\dfrac{d^2y}{dx^2}$

14.2 1계 1차 미분방정식

x, y에 관한 1계 1차 미분방정식 $f(x, y, y')=0$은 미분형으로 표시하면 다음과 같다.

$$M(x, y)dx + N(x, y)dy = 0 \tag{14.2.1}$$

특히, $M(x, y)$가 x만의 함수이고, $N(x, y)$가 y의 함수인 경우 식 (14.2.1)은

$$F(x)dx + G(y)dy = 0 \tag{14.2.2}$$

의 꼴로 된다. 이 미분방정식 (14.2.2)을 **변수분리형**(variable separable)이라 한다. 이 미분방정식의 일반해는

$$\int F(x)\,dx + \int G(y)\,dy = c \tag{14.2.3}$$

이다.

주어진 미분방정식 $f(x, y, y')=0$이 다음과 같은 모양을 하고 있을 때 대개 변수분리형이 된다.

(a) x가 없는 경우 : $f(y, y')=0$

(b) y가 없는 경우 : $f(x, y')=0$

(c) $y' = f(ax+by+c)$인 경우, $ax+by+c=z$ 이라 놓으면 $F(x, y')=0$ 이 되어 (b)의 경우와 같이 된다.

(d) $y' = f(\frac{y}{x})$또는 $y' = g(\frac{x}{y})$인 경우 : $\frac{y}{x}=u$, $\frac{x}{y}=w$ 로 치환하여 푼다.

예제 1 $\frac{dy}{dx} + \cos x\ e^{y} = 0$을 풀어라.

풀이 주어진 식을 변수분리하면

$$e^{-y}dy + \cos x\ dx = 0.$$

이 식을 항 별로 적분하면

$$\int e^{-y}dy + \int \cos x\ dx = c\ .$$

즉,

$$-e^{-y} + \sin x = c.$$

이것을 x에 관하여 정리하여, 일반해

$$y = \ln\frac{1}{\sin x - c}.$$

예제 2 $\frac{dy}{dx} + ay = 0$의 일반해를 구하여라. 그리고 $x = 0$일 때, $y = 10$을 만족하는 특수해를 구하여라.

풀이 일반해는 $y = Ae^{-at}$ (A는 임의의 상수)이다. 그리고 특수해는

$$y = 10e^{-a}.$$

예제 3 $\frac{dy}{dx} = \sqrt{\frac{1-y^2}{1-x^2}}$을 풀어라.

풀이 주어진 식을 변수분리형으로 고치면

$$\frac{dy}{\sqrt{1-y^2}} = \frac{dx}{\sqrt{1-x^2}}$$

이다. 양 변을 항별로 적분하면

$$\int\frac{1}{\sqrt{1-y^2}}\,dy = \int\frac{1}{\sqrt{1-x^2}}\,dx + c$$

$$\arcsin y = \arcsin x + c.$$

예제 4 물체가 지상의 높은 곳에서 떨어질 때 그것에 작용하는 힘은 중력과 공기저항 뿐(단 공기저항은 속도에 비례한다)이라고 하자. 이 사실을 미분방정식으로 나타내고 그것을 풀어 낙체의 운동방정식을 구하여라.

풀이 물체의 질량을 m, t초 동안 떨어진 거리를 s, t초일 때의 속도를 v/sec, 그리고 중력가속도를 $g(\fallingdotseq 32)$라고 하자. 그러면, 힘 $=$질량 $\times$ 가속도 이므로 물체에 작용하는 힘은 mg이고 공기저항은 $-kv(k>0$인 상수$)$이다. 그러므로 물체에 작용하는 힘은 $mg - kv$ 이고

또 가속도는 $a = \frac{dv}{dt}$이기 때문에

$$ma = m\frac{dv}{dt} = mg - kv$$

을 얻는다. 위의 식은 변수분리형이므로, 그 해는

$$v = \frac{mg}{k} + Ce^{-kt/m}$$

여기서 물체가 정지 상태에서 떨어졌다고 가정하면 $t=0$, $v=0$, $C = -mg/k$를 얻게 되어

$$v = \frac{mg}{k}(1-e^{-kt/m})$$

따라서

$$\frac{ds}{dt} = \frac{mg}{k}(1-e^{-kt/m})$$

와 같은 미분방정식으로 표시 된다. 이 식은

$$ds = \frac{mg}{k}dt - \frac{mg}{k}e^{-kt/m}dt$$

로 되어 변수분리형이고 그 일반해는

$$s = \frac{mg}{k}t + \frac{m^2g}{k^2}e^{-kt/m} + C$$

C을 결정하기 위하여 $t=0$, $s=0$을 대입하여 $C = -m^2g/k^2$을 얻고

$$s = \frac{mg}{k}t + \frac{m^2g}{k^2}e^{-kt/m} - \frac{m^2g}{k^2}.$$

◈◈◈ 연습문제 14.2 ◈◈◈

1. 다음 미분방정식을 풀어라.

(1) $\frac{dy}{dx} = \frac{2y}{x}(x>0,\ y>0)$ (2) $xdy + ydx = 0$

(3) $y\ln x\frac{dx}{dy} = (\frac{y+1}{x})^2$ (4) $\frac{dy}{dx} = (x+y+1)^2$

(5) $\frac{dy}{dx} = \frac{1+y^2}{1+x^2}$ (6) $ye^{2x}dx = (4+e^{2x})dy$

(7) $\frac{dy}{dx} = \sqrt{\frac{1-y^2}{1-x^2}}$ (8) $\sec x dy + \sec y dx = 0$

(9) $\frac{dy}{dx} = \tan^2(x+y)$ (10) $x^2dx + y(x-1)dy = 0$

2. 다음 미분방정식의 일반해를 구하고 초기조건을 만족하는 특수해를 구하여라.

(1) $\frac{dx}{dy} = 4(x^2+1)$, $(\frac{\pi}{4}, 1)$ (2) $\frac{dt}{dx} = xe^{y-x^2}$, $(0, 0)$

(3) $a(x\frac{dy}{dx}+2y) = xy\frac{dy}{dx}$, $(2a, a)$

14.3 동차 미분방정식

f의 정의역에 있는 모든 x, y와 임의의 $t(\neq 0)$에 대하여

$$f(tx, ty) = t^n f(x, y)$$

를 만족할 때, $f(x,y)$를 **n차의 동차함수**(homogeneous function of degree n)라 한다. 예를 들어, $x^3 + x^2y + xy^2$, $(2x-3y)^3$, $y^3\tan\frac{x}{y}$는 모두 3차 동차함수이며 $ax^2 + bxy + cy^2 + dx + ey + f$는 동차가 아니다.

$$M(x, y)dx + N(x, y)dy = 0 \tag{14.3.1}$$

에서 M, N이 같은 차수의 동차함수이면 식 (14.3.1)를 **동차 미분방정식**(homogeneous differential equation)이라 한다. 동차 미분방정식은 간단한 대수적 치환에 의하여 반드시 변수분리형의 방정식으로 변형될 수 있다. 동차방정식 (14.3.1)는

$$y = vx(\text{또는 } v = \frac{y}{x}) \tag{14.3.2}$$

라 놓고 x에 관하여 미분하면

$$\frac{dy}{dx} = v + x\frac{dv}{dx} \tag{14.3.3}$$

가 된다. 식 (14.3.2)와 식 (14.3.3)을 식 (14.3.1)에 대입하면

$$v + x\frac{dv}{dx} = \phi(v), \quad \phi(\frac{y}{x}) = \frac{dy}{dx} \tag{14.3.4}$$

가 된다. 식 (14.3.4)은 v와 x에 관한 변수분리형으로, 이것을 적분하여 해를 얻는다.

예제 1 $(xy - y^2)dx - x^2dy = 0$을 풀어라.

풀이 주어진 식은 2차 동차미분방정식이다. $y = vx$를 대입하면

$$(x \cdot vx - v^2x^2)dx - x^2(vdx + xdv) = 0$$

양변을 x^2으로 나누면

$$(v - v^2)dx - (vdx + xdv) = 0$$

즉,

$$\frac{dv}{v^2} + \frac{dx}{x} = 0$$

이 되어 변수분리형이다. 양변을 적분하면

$$-\frac{1}{v} + \ln x = c$$

이고, 이것을 정리하면

$$y = \frac{x}{\ln(c'x)}.$$

예제 2 $2x^3ydx + (x^4 + y^4)dy = 0$을 풀어라.

풀이 각 계수는 4차 동차함수이다. dx의 계수 M이 dy의 계수 N보다 다소

간단하므로 $x = vy$로 치환한다. 이것을 대입하여 간단히 하면

$$2v^3y^4(vdy + ydv) + (v^4y^4 + y^4)dy = 0.$$

즉, $\dfrac{2v^3dv}{3v^4+1} + \dfrac{dy}{y} = 0$이므로 적분하면

$$\frac{1}{6}\ln(3v^4+1) + \ln|y| = \ln c.$$

따라서 일반해는

$$3x^4y^2 + y^6 = c\ .$$

◈◈◈ 연습문제 14.3 ◈◈◈

1. 다음 미분방정식의 해를 구하여라.

(1) $ydx + xdy = 0$　　(2) $(2x+y)dy = (x-2y)dx$

(3) $(xy-y^2)dx - (xy+x^2)dy = 0$　　(4) $\dfrac{dy}{dx} = \dfrac{x+y-3}{-x+y+1}$

(5) $xydx - (x^2+3y^2)dy = 0$　　(6) $2(2x^2+y^2)dx - xydy = 0$

(7) $(x^2-y^2)dx - \dfrac{2y^3}{x}dy = 0$

(8) $(2x+y+7)dx + (x-3y)dy = 0$

(9) $(x + x\sin\dfrac{y}{x} - y\cos\dfrac{y}{x})dx + x\cos\dfrac{y}{x}dy = 0$

(10) $(8x+25y-62)dx + (-11x-4y+11)dy = 0$

2. 미분방정식 $\dfrac{dy}{dx} = f(\dfrac{ax+by}{cx+dy})$는 동차방정식임을 보여라.

3. 미분방정식 $\phi(y) + x^n\phi(\dfrac{x}{y})(xdy - ydx) = 0$은 $x = vy$로 치환하면 변수분리형이 됨을 보여라.

14.4 완전 미분방정식

함수 $z = f(x, y)$의 전미분을 구하면 다음과 같다.

$$dz = \frac{\partial f}{\partial x}dx + \frac{\partial f}{\partial y}dy \tag{14.4.1}$$

$f(x, y) = c$이면 식 (14.4.1)에서

$$\frac{\partial f}{\partial x}dx + \frac{\partial f}{\partial y}dy = 0$$

이고, $f(x, y) = c$은 전미분을 계산하여 1계 미분방정식이 됨을 알 수 있다. 만약,

$$M(x,y)dx + N(x,y)dy$$

가 어떤 함수 $f(x, y)$의 전미분에 대응하면, 이 식을 **완전미분**(exact differential)이라 한다.

$$M(x, y)dx + N(x, y)dy = 0$$

의 좌변이 완전미분이면 이 방정식을 **완전미분방정식**(exact differential equation)이라 한다.

정 리 14.4.1

$M(x, y)dx + N(x, y)dy$가 완전미분이기 위한 필요충분조건은

$$\frac{\partial M}{\partial y} = \frac{\partial N}{\partial x} \tag{14.4.2}$$

이다.

예제 1 $(6xy^2 - 3x^2)dx + (6x^2y + 3y^2 - 7)dy = 0$을 풀어라.

풀이 $M = \frac{\partial f}{\partial x} = 6xy^2 - 3x^2$, $N = \frac{\partial f}{\partial y} = 6x^2y + 3y^2 - 7$라면,

$$\frac{\partial M}{\partial y} = 12xy = \frac{\partial N}{\partial x}$$

으로 완전미분이므로

$$f(x,y) = \int (6xy^2 - 3x^2)dx = 3x^2y^2 - x^3 + h(y)$$

$$\frac{\partial f}{\partial y} = 6x^2y + h'(y) = 6x^2y + 3y^2 - 7$$

따라서

$$h'(y) = 3y^2 - 7.$$

그러므로

$$h(y) = y^3 - 7y.$$

따라서 일반해는

$$3x^2y^2 - x^3 + y^3 - 7y = c\,.$$

예제 2 $(e^{2y} - y\cos xy)dx + (2xe^{2y} - x\cos xy + 2y)dy = 0$을 풀어라.

풀이 이 방정식은

$$\frac{\partial M}{\partial y} = 2e^{2y} + xy\sin xy - \cos xy = \frac{\partial N}{\partial x}$$

이므로 완전미분방정식이다. 따라서

$$M(x, y) = \frac{\partial f}{\partial x},\ N(x, y) = \frac{\partial f}{\partial y}$$

를 만족하는 함수 $f(x, y)$가 존재한다.

$$f(x, y) = 2x\int e^{2y}dy - x\int \cos xy dy + 2\int y dy$$

$$f(x, y) = xe^{2y} - \sin xy + y^2 + h(x)$$

$$\frac{\partial f}{\partial x} = e^{2y} - y\cos xy + h'(x) = e^{2y} - y\cos xy$$

이므로 $h'(x) = 0$이고 $h(x) = c$ 이다. 따라서 일반해는

$$xe^{2y} - \sin xy + y^2 + c = 0\,.$$

◈◈◈ 연습문제 14.4 ◈◈◈

1. 다음 미분방정식을 풀어라.

(1) $(x+2y)dx + (2x+y)dy = 0$

(2) $(y+3x)dx + xdy = 0$

(3) $(2x+y)dx + (x-2y)dy = 0$

(4) $(y^2-2xy+6x)\,dx - (x^2-2xy+2)dy = 0$

(5) $(x^3+5xy^2)dx + (5x^2y+2y^3)dy = 0$

(6) $(-\frac{1}{x})dx + (\frac{1}{y} + \cos y)dy = 0$

(7) $(\cos 2y - 3x^2y^2)dx + (\cos 2y - 2x\sin 2y - 2x^3y)dy = 0$

(8) $\sec^2 x\ \tan y\,dx + \sec^2 y\ \tan x\,dy = 0$

(9) $(\tan x - \sin x\ \sin y)dx + \cos x\ \cos y\,dy = 0$

(10) $ye^x dx + e^x dy = 0$

(11) $e^{2x}(dy + 2y\,dx) = x^2 dx$

(12) $(2x\ln y + \frac{1}{xy})dx + (\frac{x^2}{y} - \frac{\ln x}{y^2})dy = 0$

14.5 적분인자

미분방정식

$$M(x, y)dx + N(x, y)dy = 0 \qquad (14.5.1)$$

에서

$$\frac{\partial M}{\partial y} \neq \frac{\partial N}{\partial x}$$

이면 완전미분방정식이 아니다. 그러나 식 (14.5.1)이 해

$$f(x, y) = c$$

를 갖는다고 하자. 이것을 x, y에 관하여 미분하면

$$\frac{\partial f}{\partial x}dx + \frac{\partial f}{\partial y}dy = 0 \tag{14.5.2}$$

을 얻는다. 식 (14.5.2)과 식 (14.5.1)을 비교하여

$$\frac{\partial f}{\partial x} / M(x, y) = \frac{\partial f}{\partial y} / N(x, y) = \mu(x, y)$$

라고 하자. 이제 $\mu(x, y)$를 주어진 방정식 (14.5.1)에 곱하면

$$\mu(x, y)M(x, y)dx + \mu(x, y)N(x, y)dy = 0$$

은 완전미분방정식이 된다. 이 때 $\mu(x, y)$를 **적분인자**(integrating factor)라 한다.

예제 1　$xdy - \cdot ydx = 0$을 풀어라.

풀이　$\frac{1}{x^2}$을 양변에 곱하면

$$\frac{dy}{x} - \frac{y}{x^2}dx = 0$$

이 되고 $N = \frac{1}{x}$, $M = -\frac{y}{x^2}$라 할 때

$$\frac{\partial M}{\partial y} = \frac{\partial N}{\partial x}$$

이므로 완전미분방정식이다. 일반해를 구하면

$$\frac{y}{x} = c'$$

그런데 주어진 미분방정식의 적분인자는 $\frac{1}{x^2}$만이 아니고 $\frac{1}{y^2}$, $\frac{1}{xy}$, $\frac{1}{x^2+y^2}$도 적분인자가 됨을 쉽게 알 수 있다. 이들에 대응하는 해를 구해보면 다음과 같다.

$$\frac{y}{x} = c,\ \frac{x}{y} = c,\ \ln\frac{y}{x} = c,\ \tan^{-1}\frac{y}{x} = c,\ \frac{1}{2}\ln\frac{y+x}{y-x} = c$$

하나의 미분방정식의 해가 5개라는 사실에 의문을 가질지 모르지만 이 5개의 식은 모두 원점을 지나는 직선들이므로 한 미분방정식의 해로서는

같은 것이다.

예제 2 $xdy - ydx = x^6y^5dy$를 풀어라.

풀이 양변을 x^2으로 나누면

$$\frac{xdy - ydx}{x^2} = x^4y^5dy$$

양변에 $(\frac{y}{x})^4$을 곱하면

$$(\frac{y}{x})^4 d(\frac{y}{x}) = y^9\,dy$$

적분하면

$$\frac{1}{5}(\frac{y}{x})^5 = \frac{1}{10}y^{10} + c.$$

◆◆◆ 연습문제 12.5 ◆◆◆

1. 다음 미분방정식을 풀어라.

(1) $2ydx + (3y - x)dy = 0$ (2) $(y - 2x)dx + xdy = 0$

(3) $y(2y^2 + 3x)dx + x(3y^2 + x)dy = 0$ (4) $\frac{1}{x}(2x - y^3)dx + x^2dy = 0$

(5) $(x^2 + y^2)dx = x(xdy - ydx)$ (6) $\frac{dy}{dx} + y\tan x = \sec x$

(7) $\frac{dy}{dx} + \frac{2}{x+1}y = (x+1)^3$ (8) $ye^{x/y}dx + (y - xe^{x/y})dy = 0$

(9) $\frac{dy}{dx} = \frac{xy^2 - y}{x}$ (10) $\sqrt{x^2+y^2} - x + (\sqrt{x^2+y^2} - y)\frac{dy}{dx} = 0$

2. $xM(x, y) - yN(x, y)$가 항등적으로 0이 아니면 $\frac{1}{xM - yN}$은 미분방정식 $Mdx + Ndy = yf_1(xy)dx + xf_2(xy)dy = 0$의 적분인자가 됨을 증명하여라.

14.6 선형 미분방정식

한 미분방정식이 종속변수와 그 도함수의 차수가 1차일 때 **선형미분방정식**(linear differential equation)이라 한다. P(x), Q(x)가 x만의 함수일 때,

$$\frac{dy}{dx} + P(x)y = Q(x) \tag{14.6.1}$$

은 1계 1차 선형 미분방정식이다. 식 (14.6.1)의 해를 구하기 위해서 우변을 0으로 놓은 미분방정식

$$\frac{dy}{dx} + P(x)y = 0$$

의 해를 구한다. 이것은 변수분리형이므로 그 해

$$ye^{\int P(x)\,dx} = c \tag{14.6.2}$$

을 구할 수 있다. 그리고 식 (14.6.2)의 전미분을 구하면

$$d\left(ye^{\int P(x)\,dx}\right) = e^{\int P(x)\,dx}dy + e^{\int P(x)\,dx}yP(x)dx = 0$$

$$\frac{d\left(ye^{\int P(x)\,dx}\right)}{dx} = e^{\int P(x)\,dx}\left(\frac{dy}{dx} + P(x)y\right) = 0$$

이 되어

$$e^{\int P(x)\,dx}$$

는 식 (14.6.1)의 적분인자가 된다. 그러므로 식 (14.6.1)의 양변에 $e^{\int P(x)dx}$를 곱하면

$$e^{\int P(x)\,dx}\left(\frac{dy}{dx} + P(x)y\right) = e^{\int P(x)\,dx}Q(x)$$

즉,

$$d(y \cdot e^{\int P(x)\,dx}) = e^{\int P(x)\,dx} Q(x)dx \tag{14.6.3}$$

식 (14.6.3)을 풀면,

$$ye^{\int P(x)\,dx} = \int Q(x)e^{\int P(x)\,dx}dx + c$$

가 식 (14.6.1)의 일반해이다.

정 리 14.6.1

1계 선형미분방정식

$$\frac{dy}{dx} + P(x)y = Q(x)$$

에 적분인자 $e^{\int P(x)\,dx}$를 곱하면

$$d(y \cdot e^{\int P(x)\,dx}) = e^{\int P(x)\,dx} Q(x)dx$$

를 얻고, 일반해는

$$ye^{\int P(x)\,dx} = \int Q(x)e^{\int P(x)\,dx}dx + c$$ 이다.

예제 1 $(x^2+9)\dfrac{dy}{dx} + xy = 0$을 풀어라.

풀이 준 식을 $\dfrac{dy}{dx} + \dfrac{x}{x^2+9}y = 0$으로 고칠 수 있다. 이 방정식의 적분인수는

$$e^{\int \frac{xdx}{(x^2+9)}} = e^{\frac{1}{2}\int \frac{2xdx}{(x^2+9)}} = e^{\frac{1}{2}\ln(x^2+9)} = \sqrt{(x^2+9)}$$

이므로

$$\sqrt{x^2+9}\frac{dy}{dx} + \frac{x}{\sqrt{x^2+9}}y = 0$$

$$\frac{d}{dx}\sqrt{x^2+9} = 0$$

$$\sqrt{x^2+9} = c$$

일반해는

$$y = \frac{c}{\sqrt{x^2+9}} \qquad \blacksquare$$

◈◈◈ 연습문제 14.6 ◈◈◈

다음 미분방정식을 풀어라.

(1) $3xy\,dx = \sin 2x\,dx - dy$

(2) $\dfrac{dy}{dx} + e^x y = e^x$

(3) $(x^4+2y)dx - xdy = 0$

(4) $\dfrac{dy}{dx}\sec^2 y + \dfrac{x\tan y}{x^2+1} = x$

(5) $\dfrac{dy}{dx} + \dfrac{1}{x\ln x}y = \dfrac{1}{x}$

(6) $2xy\dfrac{dy}{dx} + x - y^2 = 0$

(7) $\dfrac{dy}{dx} = \dfrac{y}{x+2y^2}$

(8) $\dfrac{dy}{dx} + \dfrac{x^2+y^2+x}{y} = 0$

(9) $\sqrt{1-y^2}\,dx + y(x^2+1)dy = 0$

(10) $(\dfrac{dy}{dx} + y)\dfrac{dy}{dx} = x(x+y)$

14.7 고계 미분방정식

(1). 종속변수가 없는 경우

다음과 같이 종속변수 y의 도함수는 포함하고 있으나 y는 포함하고 있지 않은 미분방정식의 해법에 대해서 알아보자.

$$f(\frac{d^n y}{dx^n}, \frac{d^{n-1}y}{dx^{n-1}}, \cdots, \frac{dy}{dx}, x) = 0 \tag{14.7.1}$$

여기서,

$$p = \frac{dy}{dx},\ \frac{dp}{dx} = \frac{d^2y}{dx^2},\ \cdots,\ \frac{d^{n-1}y}{dx^{n-1}} = \frac{d^n y}{dx^n} \tag{14.7.2}$$

와 같이 치환하면 방정식의 계수를 한 단계 낮출 수 있다. 그러므로

$$p = \frac{dy}{dx} = f(x)$$

를 얻을 수 있으면, 적분하여 일반해를 얻게 된다. 만약 미분방정식에 포함되어 있는 최저계수의 도함수가 $\frac{d^k y}{dx^k}$이고 y를 포함하고 있지 않으면 치환

$$p = \frac{d^k y}{dx^n}, \frac{dp}{dx} = \frac{d^{k-1}y}{dx^{k-1}}, \cdots, \frac{d^{n-k}y}{dx^{n-k}} = \frac{d^n y}{dx^n}$$

에 의하여 방정식의 계수를 k만큼 낮출 수 있다. 결과로 얻은 미분방정식에서 p를 포함한 식으로 풀 수 있으면

$$p = \frac{d^k y}{dx^k} = g(x)$$

이므로 이것을 k번 적분하여 일반해를 구할 수 있다.

예제 1 $\frac{d^2y}{dx^2} - 2\frac{dy}{dx} = e^{2x}$를 풀어라.

풀이 주어진 식에 $p = \frac{dy}{dx}$, $\frac{dp}{dx} = \frac{d^2y}{dx^2}$를 대입하여

$$\frac{dp}{dx} - 2p = e^{2x}$$

를 얻게 된다. 이 식은

$$-2pdx + dp = e^{2x}dx \tag{14.7.3}$$

인 선형미분방정식으로 고칠 수 있다. 적분인자

$$e^{-2\int dx} = e^{-2x}$$

를 구하여 식 (14.7.3)의 양변에 곱하면 완전형

$$-2pe^{-2x}dx + e^{-2x}dp = dx$$

를 얻는다. 구하는 일반해는

$$pe^{-2x} = \int e^{-2x}e^{2x}dx + c_1$$

이다. 즉,

$$p = e^{2x}(x + c_1).$$

따라서

$$dy = xe^{2x}dx + c_1e^{2x}dx$$

를 얻게 되고, 한 번 더 적분하여

$$y = \int xe^{2x}dx + c_1\int e^{2x}dx + c_2$$

을 얻고, 일반해는 다음과 같다.

$$y = \frac{e^{2x}(2x - 1 + 2c_1)}{4} + c_2 \quad (\, c_1, c_2\text{는 상수})$$

(2) 독립변수가 없는 경우

방정식에 종속변수와 도함수로 된 다음 형태의 미분방정식의 해법에 대

하여 알아보자.

$$f\left(\frac{d^n y}{dx^n}, \cdots, \frac{dy}{dx}, y\right) = 0 \tag{14.7.4}$$

이 때 치환

$$\frac{dy}{dx} = p,\ \frac{d^2y}{dx^2} = \frac{dp}{dx},\ \cdots,\ \frac{d^n y}{dx^n} = p\frac{d^{n-1}y}{dx^{n-1}}$$

에 의하여 원방정식보다 계수가 하나 낮은 p와 y에 관한 새로운 미분방정식을 얻게 된다. 이 새로운 방정식을 풀어서 p를 y로 나타낼 수 있으면

$$p = \frac{dy}{dx} = f(y)$$

로 된다. 따라서

$$x = \int \frac{dy}{f(y)} + c.$$

예제 2 $y\frac{d^2y}{dx^2} + 2\left(\frac{dy}{dx}\right)^2 = 0$을 풀어라.

풀이 $\frac{dy}{dx} = p,\ \frac{d^2y}{dx^2} = p\frac{dp}{dy}$를 주어진 식에 대입하여

$$p(y dp + 2p dy) = 0$$

을 얻는다. 따라서

$$p = 0 \text{또는} \quad y dp + 2p dy = 0$$

은

$$\frac{dp}{p} + 2\frac{dy}{y} = 0 \tag{14.7.5}$$

이 되어 변수분리형이 된다.

$$\ln p + \ln y^2 = \ln c_1$$

즉,

$$py^2 = c_1$$

그러므로 $y^2 dy = c_1 dx$이고, 일반해는

$$y^3 - 3c_1 x - 3c_2 = 0. \tag{14.7.6}$$

한편, $p=0$인 경우에는 $y=c$가 일반해이지만 식 (14.3.4)에서 $c_1=c_2=0$을 대입하여 구할 수 있다. 따라서 일반해는

$$y^3 - 3c_1x - 3c_2 = 0.$$

(3) 선형미분방정식

$$\frac{d^ny}{dx^n} + a_1\frac{d^{n-1}y}{dx^{n-1}} + \cdots + a_{n-1}\frac{dy}{dx} + a_ny = f(x), (a_i\text{는 } x\text{의 함수}) \tag{14.7.7}$$

와 같이 종속변수와 그 도함수들에 관하여 1차인 형태의 미분방정식을 선형이라 한다. 예를 들어,

$$x^3\frac{d^3y}{dx^3} + 3x^2\frac{d^2y}{dx^2} + x\frac{dy}{dx} = x^3$$

은 선형이고

$$\frac{d^2y}{dx^2} + x^3y\frac{dy}{dx} + 7y = 0$$

은 $x^3y\frac{dy}{dx}$가 y와 $\frac{dy}{dx}$에 대하여 2차이므로 선형이 아니다. 식 (14.7.7)에서 a_i가 상수인 경우에 상수계수 선형방정식이라 하고, $f(x)=0$인 경우에 **동차선형미분방정식**(homogeneous linear differential equation)이라 하며, 동차가 아닌 경우에 **비동차선형미분방정식**(nonhomogeneous linear differential equation)이라 한다.

(A) 상수계수 선형미분방정식

$$\frac{d^ny}{dx^n} + a_1\frac{d^{n-1}y}{dx^{n-1}} + \cdots + a_{n-1}\frac{dy}{dx} + a_ny = f(x),\ (a_i\text{는 상수}) \tag{14.7.8}$$

의 해를 구하는데 미분연산자 D를 이용하면 편리하다.

$$Dy = \frac{dy}{dx},\ D^2y = D(Dy) = \frac{d^2y}{dx^2},\ \cdots,\ D^ny = \frac{d^ny}{dx^n}$$

로 치환하면, 식 (14.7.8)은 다음과 같이 나타낼 수 있다.

$$\frac{d^ny}{dx^n} + a_1\frac{d^{n-1}y}{dx^{n-1}} + \cdots + a_{n-1}\frac{dy}{dx} + a_ny$$

$$= (D^n + a_1 D^{n-1} + \cdots + a_{n-1}D + a_n)y$$

한편, 두 미분연산자

$$A = D^n + a_1 D^{n-1} + \cdots + a_n,$$

$$B = D^m + b_1 D^{m-1} + \cdots + b_m$$

에 대하여 A와 B의 합과 곱을 다음과 같이 정의 한다.

$$(A+B)y = Ay + By, \quad (AB)y = A(By)$$

예제 3 $(D^2 - 5D + 6)y = 6$을 풀어라.

풀이 주어진 미분방정식은

$$(D-2)(D-3)y = 6$$

로 쓸 수 있다. $(D-2)z = 6$라 놓고 z를 구하면, $z = -3 + ce^{2x}$이 된다. 한편, $(D-3)y = z$ 라 놓으면, $(D-3)y = -3 + ce^{2x}$이 된다. 따라서 일반해는

$$y = 1 + c_1 e^{2x} + c_2 e^{3x}.$$

(B) 상수계수 동차 선형미분방정식

미분방정식

$$(D^2 + a_1 D + a_2)y = 0 \tag{14.7.9}$$

의 해법을 생각하자. 식 (14.7.9)에 $y = e^{rx}$를 대입하면

$$(D^2 + a_1 D + a_2)e^{rx} = r^2 e^{rx} + a_1 r e^{rx} + a_2 e^{rx} = 0.$$

따라서,

$$e^{rx}(r^2 + a_1 r + a_2) = 0$$

이고

$$r^2 + a_1 r + a_2 = 0 \tag{14.7.10}$$

을 얻게 된다.

방정식 (14.7.10)을 식 (14.7.9)의 **보조방정식**(auxiliary equation)이라 부른다. $y=e^{r_1x}$가 선형미분방정식 (14.3.9)의 해가 되기 위해서는 r_1이 보조방정식의 해가 되는 것이다. 식 (14.7.10)이 서로 다른 근 r_1, r_2를 갖는다면 일반해는

$$y = c_1e^{r_1x} + c_2e^{r_2x} \quad (c_1, c_2\text{는 상수}).$$

예제 4 $(D^2-3D+2)y = 0$을 풀어라.

풀이 보조방정식

$$r^2-3r+2 = 0$$

의 근은 1, 2이다. 그러므로 주어진 미분방정식의 일반해는

$$y = c_1e^x + c_2e^{2x}.$$

◈◈◈ 연습문제 14.7 ◈◈◈

1. 다음 미분방정식을 풀어라.

(1) $\dfrac{d^2y}{dx^2} + \dfrac{dy}{dx} = 0$ (2) $\dfrac{d^2y}{dx^2} + 3\dfrac{dy}{dx} = e^x$

(3) $\dfrac{d^2x}{dx^2} + 3\dfrac{dy}{dx} = 0$ (4) $\dfrac{d^2y}{dx^2} + \dfrac{1}{x}\dfrac{dy}{dx} = \dfrac{1}{x}$

(5) $\dfrac{d^2y}{dx^2} + \dfrac{1}{x}\dfrac{dy}{dx} = e^x$

2. 다음 미분방정식을 풀어라.

(1) $yy'' + (y')^2 = 0$ (2) $yy'' + (1+y)(y')^2 = 0$

(3) $\dfrac{d^2s}{dt^2} = 64 - (\dfrac{ds}{dt})^2$ (4) $\dfrac{d^2y}{dx_2} - y = 0$

(5) $y'' + yy'' = 0$

3. 다음 미분방정식을 풀어라.

(1) $\dfrac{d^2y}{dx^2} - 3\dfrac{dy}{dx} + 2y = 0$

(2) $\dfrac{d^2y}{dx^2} - 6\dfrac{dy}{dx} + 9y = 0$

(3) $\dfrac{d^2y}{dx^2} + 2\dfrac{dy}{dx} + 2y = 0$

(4) $\dfrac{d^2y}{dx^2} - 3\dfrac{dy}{dx} + 2y = 5x+2$

(5) $\dfrac{d^2y}{dx^2} + 4\dfrac{dy}{dx} + 4y = e^x$

(6) $\dfrac{d^2y}{dx^2} + y = \cos x$

(7) $(D-2)Dy = 0$

(8) $(D-2)(D+2)y = 0$

(9) $D(D-2)y = 6x$

(10) $D^2(D+3)y = e^{-x}$

(11) $(D-1)(D-2)(D-3)y = 0$

(12) $(D^2+4D-5)y = 0$

(13) $D^2y = k^2y$

(14) $(D^3 - D^2 - D + 1)y = 0$

(15) $(D^4 - 8D^2 + 16D^2)y = 0$

제15장 행 렬

제15장 행 렬

15.1 행렬과 행렬의 연산

우리는 일상생활에서 수많은 자료를 정리할 필요를 느끼게 된다. 예를 들어 전자회사 A공장에서 T.V, 세탁기, 에어콘을 각각 a, b, c단위 생산하였고, B공장에서 d, e, f 단위 생산하였다고 하자. 이 자료들을 다음과 같이 정리할 수 있다.

	생산량	생산량	생산량
A공장	a	b	c
B공장	d	e	f

또, 다음과 같이 n개의 미지수 $x_1, x_2, \cdots, x_n$에 관한 m개의 일차방정식으로 이루어진 연립방정식이 있을 때, 방정식의 해는 완전히 계수에 의하여 결정된다.

$$\begin{cases} a_{11}x_1 + a_{12}x_2 + \cdots + a_{1n}x_n = b_1 \\ a_{21}x_1 + a_{22}x_2 + \cdots + a_{2n}x_n = b_2 \\ \cdots\cdots\cdots\cdots\cdots\cdots\cdots\cdots \\ a_{m1}x_1 + a_{m2}x_2 + \cdots + a_{mn}x_b = b_n \end{cases}$$

이 연립방정식의 자료 또한

$$\begin{pmatrix} a_{11}\, a_{12} \cdots a_{1n}\, b_1 \\ a_{21}\, a_{22} \cdots a_{2n} b_2 \\ \cdots\cdots\cdots\cdots\cdots \\ a_{m1}\, a_{m2} \cdots a_{mn}\, b_n \end{pmatrix}$$

과 같이 정리할 수 있다.

정의 15.1.1 실수 위의 mn개의 수 $a_{ij}(i=1,2,\cdots,m,\ j=1,2,\cdots n)$를 직사각형의 모양으로 배열한 것

$$A = \begin{pmatrix} a_{11}\, a_{12} \cdots a_{1n}\, b_1 \\ a_{21}\, a_{22} \cdots a_{2n} b_2 \\ \cdots\cdots\cdots\cdots\cdots \\ a_{m1}\, a_{m2} \cdots a_{mn}\, b_n \end{pmatrix} \tag{15.1.1}$$

을 $m \times n$행렬 (m *by* n matrix)또는 크기(size)가 $m \times n$인 행렬이라 한다. 그리고 a_{ij}를 행렬의 (i, j)**성분**(component) 또는 **원소**(element)이라고 한다. 여기서 가로줄을 **행**(raw)이라 하고, 세로줄을 **열**(column)이라 한다. 따라서 $a_{i1}, a_{i2}, \cdots, a_{i \cdot n}$은 A의 제 i행이고 $a_{1j}, a_{2j}, \cdots, a_{mj}$ 는 A의 제 j 열이다. 행렬 A를 간단히,

$$A = (a_{ij}) \text{ 또는 } (a_{ij})_{m \times n}$$

으로 나타내기도 한다. $n \times n$행렬을 n차의 정방행렬이라고 부른다. 또, $1 \times n$행렬을 n차원 행벡터, $m \times 1$ 행렬을 m차원 **열벡터**라고도 한다. 그리고 실수의 집합에서 정의된 $m \times n$행렬 전체의 집합을 $Mat_{m \times n}(R)$과 같이 표시하기로 한다.

정의 15.1.2 $A, B \in Mat_{m \times n}(R)$, $\lambda \in R$ 일 때 두 행렬의 **상등, 합, 차**를 다음과 같이 정의한다. $A = (a_{ij})$, $B = (b_{ij})$라 하면,

(1) $A = B \Leftrightarrow a_{ij} = b_{ij}$

(2) $A + B = (a_{ij} + b_{ij})$

(3) $\lambda A = (\lambda a_{ij})$

예제 1 $A = \begin{pmatrix} 1 & 3 & -2 \\ -1 & 4 & 5 \end{pmatrix}$ $B = \begin{pmatrix} x & 3 & -2 \\ -1 & 4 & y \end{pmatrix}$ 일 때 $A = B$ 이면 x, y 는 얼마인가?

풀이 $x = 1$, $y = 5$.

예제 2 $A = \begin{pmatrix} 4 & 1 & 2 \\ 0 & -1 & 3 \end{pmatrix}$ $B = \begin{pmatrix} 1 & -2 & 4 \\ 2 & -1 & 6 \end{pmatrix}$ 일 때 $A + B$, $A - B$, $3A + 2B$을 구하여라.

풀이 $A+B=\begin{pmatrix} 4+1 & 1+(-2) & 2+4 \\ 0+2 & -1+(-1) & 3+6 \end{pmatrix}=\begin{pmatrix} 5 & -1 & 6 \\ 2 & -2 & 9 \end{pmatrix}$

$$A-B=\begin{pmatrix} 4-1 & 1-(-2) & 2-4 \\ 0-2 & -1-(-1) & 3-6 \end{pmatrix}=\begin{pmatrix} 3 & 3 & -2 \\ -2 & 0 & -3 \end{pmatrix}$$

$$\begin{aligned} 3A+2B &= \begin{pmatrix} 3\times4 & 3\times1 & 3\times2 \\ 3\times0 & 3\times(-1) & 3\times3 \end{pmatrix}+\begin{pmatrix} 2\times1 & 2\times(-2) & 2\times4 \\ 2\times2 & 2\times(-1) & 2\times6 \end{pmatrix} \\ &= \begin{pmatrix} 12 & 3 & 6 \\ 0 & -3 & 9 \end{pmatrix}+\begin{pmatrix} 2 & -4 & 8 \\ 4 & -2 & 12 \end{pmatrix} \\ &= \begin{pmatrix} 14 & -1 & 14 \\ 4 & -5 & 21 \end{pmatrix}. \end{aligned}$$

주 (1) 행렬의 합, 차는 행렬의 크기가 같아야만 정의된다.

(2) 원소가 모두 0인 행렬을 **영행렬**이라 하고, 행렬의 크기에 관계없이 0으로 표시한다.

정 리 15.1.3

$A, B, C \in Mat_{m\times n}(R)$와 $a, b \in R$에 대하여 다음이 성립한다.

(1) $A+B=B+A$: 교환법칙

(2) $A+(B+C)=(A+B)+C$: 결합법칙

(3) $A+0=0+A=A$: 항등원이 존재

(4) $A+(-A)=0$: 역원이 존재

(5) $(a+b)A=aA+bA$

(6) $(ab)A=a(bA)$

(7) $a(A+B)=aA+aB$

(8) $1A=A$

정 리 15.1.4

실수 R위의 행렬 $A = (a_{ij}) \in Mat_{m\times n}(R)$, $B = (b_{ij}) \in Mat_{n\times r}(R)$ 에 대하여

A, B 의 **곱** AB를 다음과 같이 정의 한다.

$$AB = (c_{ij}) \in Mat_{m\times r}(R)$$

$$c_{ij} = \sum_{k=1}^{n} a_{ik}b_{kj} = a_{i1}b_{1j} + a_{i2}b_{2j} + \cdots + a_{in}b_{nj}$$

주 두 행렬 A와 B의 곱은 A의 열의 개수와 B의 개수가 같을 때에만 정의되고 그 이외의 경우는 AB가 정의되지 않는다.

예제 3 (1) $(a\ b\ c)\begin{pmatrix} x \\ y \\ z \end{pmatrix} = (ax+by+cz)$

(2) $\begin{pmatrix} 0 & 1 \\ 1 & 0 \end{pmatrix}\begin{pmatrix} 1 & 3 & 5 \\ 2 & 4 & 6 \end{pmatrix} = \begin{pmatrix} 2 & 4 & 6 \\ 1 & 3 & 5 \end{pmatrix}$

(3) $\begin{pmatrix} a & b \\ c & d \end{pmatrix}\begin{pmatrix} 0 & 1 \\ 0 & 0 \end{pmatrix} = \begin{pmatrix} 0 & a \\ 0 & c \end{pmatrix}$

n차의 정방행렬 중에서 주대각선위의 모든 원소가 1이고 나머지 원소가 모두 0인 행렬을 **단위행렬**이라 하고 I(또는 I_n)으로 나타낸다.

$$I_2 = \begin{pmatrix} 1 & 0 \\ 0 & 1 \end{pmatrix},\quad I_3 = \begin{pmatrix} 1 & 0 & 0 \\ 0 & 1 & 0 \\ 0 & 0 & 1 \end{pmatrix},\quad I_5 = \begin{pmatrix} 1 & 0 & 0 & 0 & 0 \\ 0 & 1 & 0 & 0 & 0 \\ 0 & 0 & 1 & 0 & 0 \\ 0 & 0 & 0 & 1 & 0 \\ 0 & 0 & 0 & 0 & 1 \end{pmatrix}$$

예제 4 A가 3차의 정방행렬일 때 $A = AI_3 = I_3A$임을 보여라.

풀이 $A = \begin{pmatrix} a_{11} & a_{12} & a_{13} \\ a_{21} & a_{22} & a_{23} \\ a_{31} & a_{32} & a_{33} \end{pmatrix}$ 이라 하면

$$AI_3 = \begin{pmatrix} a_{11} & a_{12} & a_{13} \\ a_{21} & a_{22} & a_{23} \\ a_{31} & a_{32} & a_{33} \end{pmatrix} \begin{pmatrix} 1 & 0 & 0 \\ 0 & 1 & 0 \\ 0 & 0 & 1 \end{pmatrix} = \begin{pmatrix} a_{11} & a_{12} & a_{13} \\ a_{21} & a_{22} & a_{23} \\ a_{31} & a_{32} & a_{33} \end{pmatrix}$$

$$I_3A = \begin{pmatrix} 1 & 0 & 0 \\ 0 & 1 & 0 \\ 0 & 0 & 1 \end{pmatrix} \begin{pmatrix} a_{11} & a_{12} & a_{13} \\ a_{21} & a_{22} & a_{23} \\ a_{31} & a_{32} & a_{33} \end{pmatrix} = \begin{pmatrix} a_{11} & a_{12} & a_{13} \\ a_{21} & a_{22} & a_{23} \\ a_{31} & a_{32} & a_{33} \end{pmatrix}$$

따라서 $A = AI_3 = I_3A$.

정 리 15.1.3

행렬 A, B, C, D에 대하여 연산이 정의될 때 다음이 성립한다.

(1) $(AB)C = A(BC)$, $I_nA = A$, $AI_n = A$: **결합법칙**

(2) $A(B + C) = AB + AC$, $(B + C) = BD + CD$: **분배법칙**

(3) $a(AB) = (aA)B = A(aB)$, $(a \in R)$

증명 증명은 연습문제로 돌린다.

예제 5 $A = \begin{pmatrix} 1 & 1 \\ 0 & 0 \end{pmatrix}$, $B = \begin{pmatrix} 1 & 0 \\ 1 & 0 \end{pmatrix}$라 하자. 그러면

$$AB = \begin{pmatrix} 2 & 0 \\ 0 & 0 \end{pmatrix} \neq \begin{pmatrix} 1 & 1 \\ 1 & 1 \end{pmatrix} = BA$$

일반적으로 행렬의 곱셈에서는 교환법칙이 성립하지 않는다.

$A = (a_{ij})$에서 행과 열을 바꾸어 만든 행렬(제 i행을 제 j열로, 제 j열을 제 i행으로 바꾼 행렬)을 A의 **전치행렬**(transposed matrix)이라 하고 로 A^t 나타낸다. 즉,

$$A^t = \begin{pmatrix} a_{11} & a_{21} & \cdots & a_{m1} \\ a_{12} & a_{22} & \cdots & a_{m2} \\ & & \cdots & \\ a_{1n} & a_{2n} & \cdots & a_{mn} \end{pmatrix}.$$

정 리 15.1.4

두 행렬 A, B에 재하여 연산이 정의 될 때 다음이 성립한다.

(1) $(A+B)^t = A^t + B^t$

(2) $(aA)^T = aA^t$, $(a \in R)$

(3) $(A^t)^t = A$

(4) $(AB)^t = B^t A^t$

증명 4)번만을 증명하기로 한다.

$A = (a_{ij})_{m\times n}$, $B = (b_{ij})_{n\times l}$에 이라 하자. 그러면 A^t는 $n\times m$행렬이고, B^t 는 $l\times n$행렬이다. 따라서 , B^tA^t는 $l\times m$행렬이다.

$$(AB)^t \text{의 } (i,\ j)\text{원소} = AB\text{의 } (j,\ i)\text{원소} = \sum_{k=1}^{n} a_{jk}b_{ki}$$

$$B^tA^t\text{의 } (i,\ j)\text{원소} = (b_{1i}\, b_{2i} \cdots b_{ni})\begin{pmatrix} a_{ji} \\ a_{j2} \\ \vdots \\ a_{jn} \end{pmatrix} = \sum_{k=1}^{n} a_{jk}b_{ki}$$

따라서 $(AB)^t = B^tA^t$. ■

◈◈◈ 연습문제 15.1 ◈◈◈

1. 다음을 계산하여라.

(1) $\begin{pmatrix} 1 & 2 & -3 & 4 \\ 0 & -5 & 1 & -1 \end{pmatrix} + \begin{pmatrix} 3 & -5 & 6 & -1 \\ 2 & 0 & -2 & -3 \end{pmatrix}$

(2) $\begin{pmatrix} 3 & 5 & 7 \\ 1 & -2 & 3 \end{pmatrix} + \begin{pmatrix} 1 & 2 & -3 \\ 0 & -4 & 1 \end{pmatrix}$

(3) $-3\begin{pmatrix} 1 & 2 & 3 \\ 4 & -5 & 6 \end{pmatrix}$

2. $A=\begin{pmatrix}2 & -5 & 1\\3 & 0 & -4\end{pmatrix}$, $B=\begin{pmatrix}1 & -2 & -3\\0 & -1 & 5\end{pmatrix}$, $C=\begin{pmatrix}0 & 1 & -2\\1 & -1 & -1\end{pmatrix}$일 때,
$3A-4B-2C$ 을 구하여라.

3. 다음 행렬의 전치행렬을 구하여라.

(1) $\begin{pmatrix}0 & 8 & 6\\3 & 4 & 7\end{pmatrix}$

(2) $\begin{pmatrix}1 & -4 & 0\\2 & -1 & 3\\4 & 0 & -2\end{pmatrix}$

(3) $\begin{pmatrix}a_{11} & a_{12} & a_{13} & a_{14} & a_{15}\\a_{21} & a_{22} & a_{23} & a_{24} & a_{25}\\a_{31} & a_{32} & a_{33} & a_{34} & a_{35}\end{pmatrix}$

4. $A, B, \in Mat_{m\times n}(R)$와 $a, b \in R$에 대하여 $(aA+bB)^t = aA^t + bB^t$ 임을 증명하여라.

5. 다음을 구하여라.

(1) $\begin{pmatrix}1 & 6\\-3 & 5\end{pmatrix}\begin{pmatrix}4 & 0\\2 & -1\end{pmatrix}$

(2) $\begin{pmatrix}0 & 0\\0 & 1\\1 & 0\end{pmatrix}\begin{pmatrix}1 & 2\\3 & 4\end{pmatrix}$

(3) $\begin{pmatrix}a_{11} & a_{12} & a_{13}\\a_{21} & a_{22} & a_{23}\\a_{31} & a_{32} & a_{33}\end{pmatrix}\begin{pmatrix}x_{11} & x_{12} & x_{13}\\x_{21} & x_{22} & x_{23}\\x_{31} & x_{32} & x_{33}\end{pmatrix}$

6. 정리 15,1.3을 증명 하여라

7. 4차의 정방행렬 A에 대하여

$$B=\frac{A+A^t}{2},\quad C=\frac{A-A^t}{2}$$

이라고 할 때 $A=B+C, B^t=B, C^t=-C$임을 증명하여라.

15.2 연립 1차방정식

실수 a_1, a_2, $\cdots$ a_n, b와 n개의 x_1, x_2, $\cdots$, x_n에 대하여

$$a_1x_1 + a_2x_2 + \cdots + a_nx_n = b$$

(a_i 중 적어도 하나는 0이 아니다.)

형태의 방정식을 x_1, x_2, $\cdots$, x_n에 관한 **1차방정식**(linear equation)이라 한다. n개의 미지수 x_1, x_2, $\cdots$, x_n에 관한 m개의 1차방정식으로 이루어진 연립방정식을

$$(*)\quad \begin{cases} a_{11}x_1 + a_{12}x_2 + \cdots + a_{1n}x_n = b_1 \\ a_{21}x_1 + a_{22}x_2 + \cdots + a_{2n}x_n = b_2 \\ \cdots\cdots\cdots\cdots\cdots\cdots\cdots\cdots \\ a_{m1}x_1 + a_{m2}x_2 + \cdots + a_{mn}x_n = b_n \end{cases}$$

실수에서의 **연립 1차방정식**(system of linear equation)이라 한다.
여기서

$$A = \begin{pmatrix} a_{11}\, a_{12} \cdots a_{1n} \\ a_{21}\, a_{22} \cdots a_{2n} \\ \cdots\cdots\cdots\cdots \\ a_{m1}\, a_{m2} \cdots a_{mn} \end{pmatrix}, \quad X = \begin{pmatrix} x_1 \\ x_2 \\ \vdots \\ x_n \end{pmatrix}, \quad B = \begin{pmatrix} b_1 \\ b_2 \\ \vdots \\ b_n \end{pmatrix}$$

라고 하면 연립방정식 (*)는

$$AX = B$$

와 같이 표현된다. 행렬 A를 (*)의 **계수행렬**(coefficient matrix)이라 부른다. A에 B를 첨가하여 만들어진 행렬을 (*)의 **첨가행렬**(augumented matrix) 또는 **확대행렬**이라고 부른다.

$$x_1 = c_1,\ x_2 = c_2,\ \cdots,\ x_n = c_n$$

이 (*)의 모든 일차방정식을 만족시킬 때 $(c_1, c_2, \cdots , c_n)$를 (*)의 해(solution)라 한다. 그리고 연립방정식의 해 전체의 집합을 이 연립방정식의 **해집합**(solution set)이라 한다.

두 연립방정식의 해집합이 일치할 때, 두 연립방정식은 서로 동치라 한다.

일반적으로 한 연립방정식에 다음과 같은 변형을 유한 번 시행하여 얻은 연립방정식은 원래의 연립방정식과 동치이다.

(1) 서로 다른 두 방정식을 바꾼다.
(**) (2) 한 방정식을 $a(\neq 0)$배 한다.
(3) 한 방정식에 다른 방정식의 $b(\neq 0)$배를 더한다.

연립방정식을 풀 때는 주어진 연립방정식에 위의 변형을 유한 번 시행하여 간단한 꼴의 연립방정식으로 고쳐서 푼다.

다음은 연립방정식을 푸는 과정을 보여주고 있다.

1차연립방정식 $\begin{cases} 2x_1 + x_2 = 8 \\ x_1 + 3x_2 = 9 \end{cases}$ 의 해를 구하여 보자.

연립방정식	행렬
$\begin{cases} 2x_1 + x_2 = 8 & \cdots ① \\ x_1 + 3x_2 = 9 & \cdots ② \end{cases}$	$\begin{pmatrix} 2 & 1 & 8 \\ 1 & 3 & 9 \end{pmatrix}$
①,②를 서로 바꾼다.	제 1행과 제 2행을 바꾼다.
$\begin{cases} x_1 + 3x_2 = 9 & \cdots ③ \\ 2x_1 + x_2 = 8 & \cdots ④ \end{cases}$	$\begin{pmatrix} 1 & 3 & 9 \\ 2 & 1 & 8 \end{pmatrix}$
④ + ③ × (−2)	제 2행에 제 1행의 (-2)배를 더한다.
$\begin{cases} x_1 + 3x_2 = 9 & \cdots ⑤ \\ \quad -5x_2 = -10 & \cdots ⑥ \end{cases}$	$\begin{pmatrix} 1 & 3 & 9 \\ 0 & -5 & -10 \end{pmatrix}$
⑥ ×$(-\frac{1}{5})$	제 2행에 $-\frac{1}{5}$배 한다.
$\begin{cases} x_1 + 3x_2 = 9 & \cdots ⑦ \\ \quad x_2 = 2 & \cdots ⑧ \end{cases}$	$\begin{pmatrix} 1 & 3 & 9 \\ 0 & 1 & 2 \end{pmatrix}$

⑦ + ⑧ ×(−3) 제 1행에 제 2행의 (-3)배를 더한다.

$$\begin{cases} x_1 \qquad = 3 \\ \qquad x_2 = 2 \end{cases} \qquad \begin{pmatrix} 1 & 0 & 3 \\ 0 & 1 & 2 \end{pmatrix}$$

따라서, $\begin{cases} x_1 = 3 \\ x_2 = 2 \end{cases}$.

(**)의 (1)~(3)을 연립방정식의 기본연산이라 한다. 연립방정식의 기본변형은

(E_1) 두 행을 바꾼다.
(E_2) 한 행을 $a(\neq 0)$배 한다.
(E_3) 한 행에 $b(\neq 0)$배하여 다른 행에 더한다.

이다. 행렬에 (E_1)~(E_3)의 연산을 하는 것을 **기본행연산**(elementary row operation)이라 한다.

연립 1차방정식을 풀 때, 먼저 주어진 연립방정식의 확대행렬에 기본행연산을 유한 번 시행하여 기약행제형 행렬로 고친 다음에 이 행렬에 대응하는 연립방정식을 이용하여 주어진 연립방장식을 풀면 편리하다, 이와 같은 방법으로 연립방정식을 푸는 방법을 **가우스-조르단**(Gauss-Jordan) **소거법** 이라고 한다.

예제 1 다음 연립방정식을 가우스-조르단 소거법으로 풀어라.

$$\begin{cases} x + 2y + 3z = 14 \\ 2x - 3y + 2z = 2 \\ 3x + y - z = 2 \end{cases}$$

풀이 $\begin{pmatrix} 1 & 2 & 3 & 14 \\ 2 & -3 & 2 & 2 \\ 3 & 1 & -1 & 2 \end{pmatrix} \xrightarrow[R_3+(-3)R_1]{R_2+(-2)R_1} \begin{pmatrix} 1 & 2 & 3 & 14 \\ 0 & -7 & -4 & -26 \\ 0 & -5 & -10 & -40 \end{pmatrix} \xrightarrow{-\frac{1}{5}R_3}$

$$\begin{pmatrix} 1 & 2 & 3 & 14 \\ 0 & -7 & -4 & -26 \\ 0 & 1 & 2 & 8 \end{pmatrix} \xrightarrow{R_2 + 7R_3} \begin{pmatrix} 1 & 2 & 3 & 14 \\ 0 & 0 & 10 & 30 \\ 0 & 1 & 2 & 8 \end{pmatrix} \xrightarrow{R_2 \leftrightarrow R_3}$$

$$\begin{pmatrix} 1 & 2 & 3 & 14 \\ 0 & 1 & 2 & 8 \\ 0 & 0 & 10 & 30 \end{pmatrix} \xrightarrow{\frac{1}{10}R_3} \begin{pmatrix} 1 & 2 & 3 & 14 \\ 0 & 1 & 2 & 8 \\ 0 & 0 & 1 & 3 \end{pmatrix}$$

주 위의 계산에서 $\dfrac{R_2+(-2)R_1}{R_3+(-3)R_1}$은 제 1행에 -2를 곱하여 제 2행에 더한 것을, $\overline{-\frac{1}{5}R_3}$ 은 제 3행에 $\dfrac{-1}{5}$을 곱한 것을 의미한다.

이 행렬에 대응하는 연립방정식은

$$\begin{cases} x + 2y + 3z = 14 \\ \quad\;\; y + 2z = 8 \\ \qquad\quad\; z = 3 \end{cases}.$$

과 같다. 따라서 $\begin{cases} x = 1 \\ y = 2 \\ z = 3 \end{cases}.$

예제 2 다음 연립방정식을 풀어라.

$$\begin{cases} x_1 + 2x_2 - 2x_3 = 1 \\ 2x + 5x_2 + x_3 = 4 \end{cases}$$

풀이 $\begin{pmatrix} 1 & 2 & -2 & 1 \\ 2 & 5 & 1 & 4 \end{pmatrix} \xrightarrow[R_2 - 2R_1]{} \begin{pmatrix} 1 & 2 & -2 & 1 \\ 0 & 1 & 5 & 2 \end{pmatrix} \xrightarrow[R_1 - 2R_2]{} \begin{pmatrix} 1 & 0 & -12 & -3 \\ 0 & 1 & 5 & 2 \end{pmatrix}$

이 행렬에 대응하는 연립방정식은 다음과 같다.

$$\begin{cases} x_1 = -3 + 12x_3 \\ x_2 = 2 - 5x_3 \end{cases}$$

매개변수 t를 도입하여 $x_3 = t$로 놓으면, 일반해는 다음과 같다.

$$\begin{pmatrix} x_1 \\ x_2 \\ x_3 \end{pmatrix} = \begin{pmatrix} -3 \\ 2 \\ 0 \end{pmatrix} + t\begin{pmatrix} 12 \\ -5 \\ 1 \end{pmatrix}, \ (t \in R).$$

◈◈◈ 연습문제 15.2 ◈◈◈

1 다음 연립방정식을 풀어라.

(1) $\begin{cases} x_1 + 2x_2 + x_3 = 7 \\ x_1 - x_2 - x_3 = -4 \end{cases}$ (2) $\begin{cases} x_1 + 2x_2 + x_3 = 0 \\ x_1 - x_2 - x_3 = 0 \end{cases}$

2. 다음 연립방정식을 풀어라.

(1) $\begin{cases} x_1 + x_2 + x_3 = 6 \\ x_1 - 2x_2 - 2x_3 = -2 \\ 3x_1 + 2x_2 - 4x_3 = 8 \end{cases}$ (2) $\begin{cases} x_1 + x_2 + x_3 = 0 \\ x_1 - 2x_2 + 2x_3 = 0 \\ 3x_1 + 2x_2 - 4x_3 = 8 \end{cases}$

(3) $\begin{cases} x_1 + x_2 = 2 \\ 3x_1 - x_2 = 2 \end{cases}$ (4) $\begin{cases} x_1 + x_2 = 2 \\ 3x_1 - x_2 = 2 \\ x_1 - x_2 = 0 \end{cases}$

3. 다음 연립방정식을 풀어라.

(1) $\begin{cases} x_1 + x_2 - x_3 + 2x_4 = 2 \\ x_1 + x_2 + 2x_3 = 1 \\ 3x_1 + 2x_2 + x_3 + 2x_4 = 4 \end{cases}$

(2) $\begin{cases} x_1 + x_2 + 3x_3 - x_4 = 0 \\ x_1 + x_2 + x_3 + x_4 = 1 \\ x_1 - 2x_2 + x_3 - x_4 = 1 \\ 4x_1 + x_2 + 8x_3 - x_4 = 0 \end{cases}$

4. 다음 연립방정식이 해를 갖도록 상수 k의 값을 구하여라.

$$\begin{cases} 2x + 3(k+1)y = 8 \\ (k+2)x + 7y = 3(k+1) \\ x + 4ky = 7 \end{cases}$$

15.3 행렬식

정의 15.3.1 n차의 정사각행렬 $A=(a_{ij})$ 에서 제 i행과 제 j열을 제거하여 얻은 $n-1$차 정사각행렬을 A의 (i, j)원의 **소행렬**이라 하고 $M_{ij}(A)$로 나타낸다.

예제 1 다음 행렬 A의 소행렬 $M_{12}(A)$, $M_{23}(A)$, $M_{33}(A)$을 구하여라.

$$A=\begin{pmatrix}1 & 0 & 1\\ 2 & 1 & 2\\ 0 & 4 & 6\end{pmatrix}$$

풀이 $M_{12}(A)=\begin{pmatrix}2 & 2\\ 0 & 6\end{pmatrix}$, $M_{23}(A)=\begin{pmatrix}1 & 0\\ 0 & 4\end{pmatrix}$, $M_{33}(A)=\begin{pmatrix}1 & 0\\ 2 & 1\end{pmatrix}$.

정의 15.3.2 n차의 정사각행렬 A에 대하여 연역적으로

$$det((a))=a$$

$$\begin{aligned} det(A) &= a_{11}det\,M_{11(A)}-a_{12}det\,M_{12}(A)+\cdots+(-1)^{n+1}a_{1n}det\,M_{1n}(A) \\ &= \sum_{j=1}^{n}(-1)^{1+j}a_{ij}\,det\,M_{1j}(A) \end{aligned}$$

로 정의 된 함수를 행렬식이라 부르고, $det(A)$ 또는 $|A|$로 나타낸다. 또, $det\,M_{ij}(A)$ 에 $(-1)^{i+j}$ 를 곱하여 얻은 값을 (i, j)원에 대한 **여인수**(cofactor)라 하고 A_{ij}로 나타낸다.

예제 2 다음 행렬식의 값을 구하여라.

$$A=\begin{pmatrix}1 & 4\\ 3 & 4\end{pmatrix}$$

풀이 $M_{11}(A)=(4)$, $M_{12}(A)=(3)$이므로

$$|A| = 1\times|(4)|-4\times|(3)| = 1\times4-4\times3 = -8$$

예제 3 다음 행렬식의 값을 구하여라.

$$A = \begin{pmatrix} 1 & 0 & 1 \\ 2 & 1 & 2 \\ 0 & 4 & 6 \end{pmatrix}$$

풀이 $M_{11}(A) = \begin{pmatrix} 1 & 2 \\ 4 & 6 \end{pmatrix}$, $Ma_{12}(A) = \begin{pmatrix} 2 & 2 \\ 0 & 6 \end{pmatrix}$, $M_{13}(A) = \begin{pmatrix} 2 & 1 \\ 0 & 4 \end{pmatrix}$이므로

$$\begin{aligned} det(A) &= 1\times\begin{vmatrix} 1 & 2 \\ 4 & 6 \end{vmatrix} - 0\times\begin{vmatrix} 2 & 2 \\ 0 & 6 \end{vmatrix} + 1\times\begin{vmatrix} 2 & 1 \\ 0 & 4 \end{vmatrix} \\ &= 6-8+8-0 \\ &= 6 \end{aligned}$$

정 리 15.3.3

(1) $A = \begin{pmatrix} a_{11} & a_{12} \\ a_{21} & a_{22} \end{pmatrix} \Rightarrow |A| = a_{11}a_{22} - a_{21}a_{12}$

(2) $A = \begin{pmatrix} a_{11} & a_{12} & a_{13} \\ a_{21} & a_{22} & a_{23} \\ a_{31} & a_{32} & a_{33} \end{pmatrix}$

$|A| = a_{11}a_{22}a_{33} + a_{12}a_{23}a_{31} + a_{13}a_{32}a_{21} - a_{11}a_{32}a_{23} - a_{12}a_{21}a_{33} - a_{13}a_{22}a_{31}$

위와 같은 방법을 Sarrus 방법이라 한다. 그러나 이 방법은 4차 이상의 행렬식의 값을 구하는 데는 적용될 수 없다.

정 리 15.3.4

행렬 $A = (a_{ij})_{n\times n} \in Mat_n(R)$에 대하여 다음이 성립함이 알려져 있다.

(1) i행에 관한 Laplace 전개식

$$det(A) = a_{i1}A_{i1} + a_{i2}A_{i2} + \cdots + a_{in}A_{in} = \sum_{k=1}^{n} a_{ik}A_{ik} \ (1 \le k \le n)$$

(2) j열에 관한 Laplace 전개식

$$det(A) = a_{1j}A_{1j} + a_{2j}A_{2j} + \cdots + a_{nj}A_{nj} = \sum_{k=1}^{n} a_{kj}A_{kj} \ (1 \le k \le n)$$

위 정리는 행렬의 행렬식의 값을 구할 때, 어느 행이나 어느 열을 사용하여도 무방하다. 실제로, 행렬식의 값을 구하기 위해서는 0의 수가 많은 행 또는 열을 택하여 그 행 또는 열에 관한 Laplace 전개식을 구하는 것이 편리하다. 이 정리의 증명은 생략하기로 한다.

예제 4 다음 행렬의 행렬식의 값을 제 1행, 제 2행, 제 3열에 관한 전개로 구하고 그 결과를 비교하여라.

$$A = \begin{pmatrix} 2 & 4 & 7 \\ 5 & 15 & 3 \\ 3 & 10 & 6 \end{pmatrix}$$

풀이 (1) 1 행에 관한 전개:

$$\begin{aligned} |A| &= 2(-1)^2\begin{vmatrix} 15 & 3 \\ 10 & 6 \end{vmatrix} + 4(-1)^3\begin{vmatrix} 5 & 3 \\ 3 & 6 \end{vmatrix} + 7(-1)^4\begin{vmatrix} 5 & 15 \\ 3 & 10 \end{vmatrix} \\ &= 2\cdot 60 - 4\cdot 21 + 7\cdot 5 \\ &= 71 \end{aligned}$$

(2) 2 행에 관한 전개:

$$\begin{aligned} |A| &= 5(-1)^3\begin{vmatrix} 4 & 7 \\ 10 & 6 \end{vmatrix} + 15(-1)^4\begin{vmatrix} 2 & 7 \\ 3 & 6 \end{vmatrix} + 3(-1)^5\begin{vmatrix} 2 & 4 \\ 3 & 10 \end{vmatrix} \\ &= (-5)\cdot(-46) + 15\cdot(-9) + (-3)\cdot 8 \\ &= 71 \end{aligned}$$

(3) 3 열에 관한 전개:

$$\begin{aligned} |A| &= 7(-1)^4\begin{vmatrix} 5 & 15 \\ 3 & 10 \end{vmatrix} + 3(-1)^5\begin{vmatrix} 2 & 4 \\ 3 & 10 \end{vmatrix} + 6(-1)^6\begin{vmatrix} 2 & 4 \\ 5 & 15 \end{vmatrix} \\ &= 7\cdot 5 + 3\cdot(-8) + 6\cdot 10 \\ &= 71 \end{aligned}$$

예제 5 다음 행렬식의 값을 구하여라.

$$A = \begin{pmatrix} 2 & 1 & 5 & 7 \\ 3 & 0 & 1 & -1 \\ 2 & 0 & 0 & 0 \\ 1 & 0 & 3 & 2 \end{pmatrix}$$

풀이 다음은 각각 제 3행과 제 2열에 관한 전개식으로 $det(A)$을 구한 것이다.

$$det(A) = 2(-1)^{3+1}\begin{vmatrix} 1 & 5 & 7 \\ 0 & 1 & -1 \\ 0 & 3 & 2 \end{vmatrix} = 2(-1)^{1+1}\begin{vmatrix} 1 & -1 \\ 3 & 2 \end{vmatrix} = 10$$

$$det(A) = (-1)^{1+2}\begin{vmatrix} 3 & 1 & -1 \\ 2 & 0 & 0 \\ 1 & 3 & 2 \end{vmatrix} = -2(-1)^{2+1}\begin{vmatrix} 1 & -1 \\ 3 & 2 \end{vmatrix} = 10$$

◈◈◈ 연습문제 15.3 ◈◈◈

1. 다음 행렬의 행렬식의 값을 구하여라.

(1) $\begin{pmatrix} 3 & -1 \\ 2 & 4 \end{pmatrix}$ (2) $\begin{pmatrix} \cos\Theta & \sin\Theta \\ -\sin\Theta & \cos\Theta \end{pmatrix}$ (3) $\begin{pmatrix} 3 & 5 \\ 2 & 3 \end{pmatrix}$

(4) $\begin{pmatrix} 4 & 5 & 0 \\ 3 & 3 & 1 \\ 3 & -1 & 2 \end{pmatrix}$ (5) $\begin{pmatrix} 2 & 1 & 5 \\ 3 & -1 & 2 \\ 4 & 2 & 7 \end{pmatrix}$ (6) $\begin{pmatrix} a & b & c \\ d & e & f \\ g & h & i \end{pmatrix}$

(7) $\begin{pmatrix} 1 & 1 & 0 & 0 \\ 1 & 1 & 0 & 1 \\ 0 & 1 & 1 & 0 \\ 0 & 0 & 1 & 1 \end{pmatrix}$ (8) $\begin{pmatrix} 2 & 4 & -6 & 4 \\ 2 & 6 & -1 & 7 \\ 5 & 0 & 3 & 6 \\ 1 & 2 & 0 & 2 \end{pmatrix}$ (9) $\begin{pmatrix} 1 & 3 & 1 & 2 \\ 2 & 0 & -2 & -4 \\ -1 & 1 & 0 & 1 \\ 2 & 5 & 3 & 6 \end{pmatrix}$

2. $n \times n$행렬 $A = [a_{ij}]_{n \times n} \in Mat_n(F)$와 실수 k에 대하여

$$\det(kA) = k^n \det(A)$$

임을 증명하여라.

3. 두 점 $P_1(x_1, y_1)$, $P_2(x_2, y_2)$을 지나는 직선은 다음과 같은 행렬로 표현됨을 증명하여라.

$$\begin{vmatrix} x & y & 1 \\ x_1 & y_1 & 1 \\ x_2 & y_2 & 1 \end{vmatrix} = 0$$

15.4 행렬의 성질

행렬식의 값을 구하는 과정은 매우 복잡한 경우가 많은데 행렬의 성질을 이용함으로써 계산과정을 간략히 할 수 있는 방법이 있다. 다음 정리는 이에 관련된 유용한 성질들이다.

정 리 15.4.1

주어진 행렬식에 대해서 다음이 성립한다.

(1) 행과 열을 바꾸어도 이 행렬식의 값은 변하지 않는다. 즉, a_{ij}와 a_{ji} $(i = 1, 2, \cdots, n;\ j = 1, 2, \cdots, n)$를 바꾸어도 이 행렬식의 값은 변하지 않는다.

(2) 두 행(또는 열)을 서로 바꾼 행렬식의 값과 원래 행렬식의 값은 부호가 반대이다.

(3) 어떤 행(또는 열)의 원소가 모두 0이면 이 행렬식의 값은 0이다.

(4) 두 행(또는 열)의 대응하는 원소가 비례하면 이 행렬식의 값은 0이다. 특히 두행(또는 열)의 대응하는 원소가 같으면 이 행렬식의 값은 0이다.

(5) 어떤 행(또는 열)의 모든 원소에 k를 곱하여 얻은 행렬식의 값은 원래의 행렬식의 값의 k배이다.

(6) 한 행(또는 열)의 모든 원소에 k를 곱하여 다른 행(또는 열)에 더하여도 행렬식의 값은 변하지 않는다.

예제 1 $\begin{vmatrix} a & b \\ c & d \end{vmatrix} = \begin{vmatrix} a & c \\ b & d \end{vmatrix} = -\begin{vmatrix} b & d \\ a & c \end{vmatrix}$

예제 2

$$\begin{vmatrix} -1 & 2 & 3 & -4 \\ 4 & 2 & 0 & 1 \\ -1 & 1 & 2 & -2 \\ -5 & 1 & 6 & -2 \end{vmatrix} \xrightarrow{C_2 + 2C_1} \begin{vmatrix} -1 & 0 & 0 & 0 \\ 4 & 10 & 12 & -15 \\ -1 & -1 & -1 & 2 \\ -5 & -9 & -9 & 18 \end{vmatrix}$$

$$= (-1)\begin{vmatrix} 10 & 12 & -15 \\ -1 & -1 & 2 \\ -9 & -9 & 18 \end{vmatrix} = 0$$

◆◆◆ 연습문제 15.4 ◆◆◆

1. 행렬의 기본변형을 이용하여 다음 행렬의 행렬식을 구하여라.

(1) $\begin{pmatrix} 2 & 8 & 7 \\ 1 & 1 & 2 \\ -3 & 5 & 1 \end{pmatrix}$ (2) $\begin{pmatrix} 2 & 1 & 5 & 7 \\ 3 & 0 & 1 & -1 \\ 2 & 0 & 0 & 0 \\ 1 & 0 & 3 & 2 \end{pmatrix}$

2. 다음 등식이 성립함을 증명하여라.

$$\begin{vmatrix} a+b+c & -c & -b \\ -c & a+b+c & -a \\ -b & -a & a+b+c \end{vmatrix} = 2(b+c)(c+a)(a+b)$$

15.5 역행렬

1 절에서 행렬의 곱과 단위행렬에 대하여 공부하였다. 이들을 이용하여 역행렬을 정의하고 1차 연립방정식의 해를 구하는 다른 방법에 대하여 연구하기로 한다.

정의 15.5.1 실수 위의 행렬 $A \in Mat_n(R)$ 에 대하여 $AB = BA = I$ 인 행렬 $B \in Mat_n(R)$가 존재할 때, A를 **정칙행렬**(nonsingular matrix)이라고 하며 B를 A의 **역행렬**이라 하고 A^{-1}로 나타낸다.

$$AA^{-1} = A^{-1}A = I$$

예제 1 2차의 정방행렬의 $A = \begin{pmatrix} a & b \\ c & d \end{pmatrix} \in Mat_2(R), (ad - bc \neq 0)$의 역행렬을 구하여라.

풀이 $\begin{pmatrix} a & b \\ c & d \end{pmatrix} \times \dfrac{1}{ad-bc}\begin{pmatrix} d & -b \\ -c & a \end{pmatrix} = \begin{pmatrix} 1 & 0 \\ 0 & 1 \end{pmatrix} = I,$

$$\frac{1}{ad-bc}\begin{pmatrix} d & -b \\ -c & a \end{pmatrix} \times \begin{pmatrix} a & b \\ c & d \end{pmatrix} = \begin{pmatrix} 1 & 0 \\ 0 & 1 \end{pmatrix} = I$$

이므로

$$A^{-1} = \frac{1}{ad-bc}\begin{pmatrix} d & -b \\ -c & a \end{pmatrix}.$$

정 리 15.5.2

행렬 $A = (a_{ij})_{n \times n} \in Mat_n(R)$에 대하여 다음이 성립한다.

(1) $a_{j1}A_{i1} + a_{j2}A_{i2} + \cdots + a_{jn}A_{\in} = \delta_{ij}\det(A)$

(2) $a_{1i}A_{1j} + a_{2i}A_{2j} + \cdots + a_{\ni}A_{nj} = \delta_{ij}\det(A)$

증명 (1) $i = j$이면, 행렬식의 정의에 의하여 det(A) 이다.

$i \neq j$이면, 주어진 식의 좌변은 행렬 A에서 i 행을 j 행으로 대치한 행

렬 B에 대한 j행에 관한 전개이다. 두 행이 일치하므로 그 행렬식의 값은 0이다.

(2) 같은 방법으로 증명된다. ■

정 리 15.5.3

정사각형행렬 $A=(a_{ij})_n$ 가 정칙일 필요충분조건은 $|A|\neq 0$이다. A가 정칙일 때 A^{-1}은 다음과 같다.

$$A^{-1}=\frac{1}{|A|}\begin{pmatrix} A_{11} & A_{21}\cdots A_{n1} \\ A_{12} & A_{22}\cdots A_{n2} \\ \cdots\cdot & \\ A_{1n} & A_{2n}\cdots A_{nn} \end{pmatrix} \qquad (*)$$

증명 A가 정칙이면 A^{-1}가 존재하고 $AA^{-1}=A^{-1}A=I$ 이다.

$$|A|\,|A^{-1}| = |AA^{-1}| = |I| = 1$$

따라서 $|A|\neq 0$. 역으로 $|A|\neq 0$이면, 정리 15.4.2에 의하여

$$\sum_{k=1}^{n} a_{ik}\frac{A_{jk}}{|A|} = \frac{\delta_{ij}|A|}{|A|} = \delta_{ij}$$

으므로 A는 정칙이며, A^{-1}는 (*)와 같다. ■

예제 2 다음 행렬의 역행렬을 구하여라.

$$A=\begin{pmatrix} -1 & 0 & 3 \\ 7 & 1 & -1 \\ 2 & 3 & 0 \end{pmatrix}$$

풀이 $|A|=\begin{vmatrix} -1 & 0 & 3 \\ 7 & 1 & -1 \\ 2 & 3 & 0 \end{vmatrix}=\begin{vmatrix} -1 & 0 & 3 \\ 0 & 1 & 20 \\ 0 & 3 & 6 \end{vmatrix}=-1\begin{vmatrix} 1 & 20 \\ 3 & 6 \end{vmatrix}=54\neq 0$

이므로 행렬 A는 역행렬을 갖는다.

$A_{11}=(-1)^{1+1}\begin{vmatrix} 1 & -1 \\ 3 & 0 \end{vmatrix}=3,\ A_{12}=(-1)^{1+2}\begin{vmatrix} 7 & -1 \\ 2 & 0 \end{vmatrix}=-2,\ A_{13}=19,$

$A_{21} = 9$, $A_{22} = -6$, $A_{23} = 3$, $A_{31} = -3$, $A_{32} = 20$, $A_{33} = -1$.

따라서 $A^{-1} = \frac{1}{54}\begin{pmatrix} 3 & 9 & -3 \\ -2 & -6 & 20 \\ 19 & 3 & -1 \end{pmatrix}$

예제 3 x가 실수일 때 다음 행렬의 역행렬을 구하여라.

$$A = \begin{pmatrix} 1 & x & 0 \\ -x & 1 & x \\ 0 & -x & 1 \end{pmatrix}$$

풀이

$$|A| = \begin{vmatrix} 1 & x & 0 \\ -x & 1 & x \\ 0 & -x & 1 \end{vmatrix} = \begin{vmatrix} 1 & x & 0 \\ 0 & 1+x^2 & x \\ 0 & -x & 1 \end{vmatrix} \quad : R_2 + x \times R_1$$

$$= \begin{vmatrix} 1+x^2 & x \\ -x & 1 \end{vmatrix}$$

$$= 1 + 2x^2 \neq 0$$

이므로 역행렬을 갖는다.

$$A_{11} = 1+x^2,\ A_{12} = x,\ A_{13} = x^2,\ A_{21} = -x,\ A_{22} = 1,$$
$$A_{23} = x,\ A_{31} = x^2,\ A_{32} = -x,\ A_{33} = 1+x^2$$

이므로

$$A^{-1} = \frac{1}{1+2x^2}\begin{pmatrix} 1+x^2 & -x & x^2 \\ x & 1 & -x \\ x^2 & x & 1+x^2 \end{pmatrix}.$$

정 리 15.5.6

(Cramer의 법칙) n개의 미지수 $x_1, x_2, \cdots, x_n$에 관한 n개의 일차 방정식으로 이루어진 연립일차방정식

$$\begin{cases} a_{11}x_1 + a_{12}x_2 + \cdots + a_{1n}x_n = b_1 \\ a_{21}x_1 + a_{22}x_2 + \cdots + a_{2n}x_n = b_2 \\ \cdots\cdots\cdots\cdots\cdots\cdots\cdots\cdots \\ a_{n1}x_1 + a_{n2}x_2 + \cdots + a_{nn}x_b = b_n \end{cases}$$

에서 계수행렬 $A = (a_{ij})$가 정칙일 때, 이 연립방정식은 해를 가지며 다음과 같다.

$$x_i = \frac{\begin{vmatrix} a_{11}\ a_{12} \cdots\ b_1 \cdots\ a_{1n} \\ a_{21}\ a_{22} \cdots\ b_2 \cdots\ a_{2n} \\ \cdots\cdots\cdots\cdots \\ a_{n1}\ a_{n2} \cdots\ b_n \cdots\ a_{nn} \end{vmatrix}}{\begin{vmatrix} a_{11}\ a_{12} \cdots\ a_{1i} \cdots\ a_{1n} \\ a_{21}\ a_{22} \cdots\ a_{2i} \cdots\ a_{2n} \\ \cdots\cdots\cdots\cdots \\ a_{n1}\ a_{n2} \cdots\ a_{\ni} \cdots\ a_{nn} \end{vmatrix}} \quad (1 \le i \le n)$$

풀이 연립방정식의 계수행렬을

$$A = \begin{pmatrix} a_{11}\ a_{12} \cdots\ a_{1n} \\ a_{21}\ a_{22} \cdots\ a_{2n} \\ \cdots\cdots\cdots \\ a_{n1}\ a_{n2} \cdots\ a_{nn} \end{pmatrix},$$

라 하고

$$X = \begin{pmatrix} x_1 \\ x_2 \\ \vdots \\ x_n \end{pmatrix}, \quad B = \begin{pmatrix} b_1 \\ b_2 \\ \vdots \\ b_n \end{pmatrix}$$

라 하면 연립방정식은 $AX = B$로 나타낼 수 있다.

$$X = A^{-1}B = \frac{1}{|A|} adj(A)\, B$$

$$= \frac{1}{|A|} \begin{pmatrix} M_{11} & M_{21} \cdots M_{n1} \\ M_{12} & M_{22} \cdots M_{n2} \\ \cdots\cdots & M_{1n} \\ M_{2n} \cdots M_{nn} & \begin{pmatrix} b_1 \\ b_2 \\ \vdots \\ b_n \end{pmatrix} \end{pmatrix}$$

$$= \frac{1}{|A|}\begin{pmatrix} b_1M_{11} + b_2M_{21} + \cdots + b_nM_{n1} \\ b_1M_{12} + b_2M_{22} + \cdots + b_nM_{n2} \\ \cdots\cdots \\ b_1M_{1n} + b_2M_{2n} + \cdots + b_nM_{nn} \end{pmatrix}$$

따라서, $$x_i = \frac{\begin{vmatrix} a_{11} & a_{12} \cdots & b_1 & \cdots & a_{1n} \\ a_{21} & a_{22} \cdots & b_2 & \cdots & a_{2n} \\ & \cdots\cdots\cdots & & & \\ a_{n1} & a_{n2} \cdots & b_n & \cdots & a_{nn} \end{vmatrix}}{\begin{vmatrix} a_{11} & a_{12} \cdots & a_{1i} & \cdots & a_{1n} \\ a_{21} & a_{22} \cdots & a_{2i} & \cdots & a_{2n} \\ & \cdots\cdots\cdots & & & \\ a_{n1} & a_{n2} \cdots & a_{\ni} & \cdots & a_{nn} \end{vmatrix}} \quad (1 \le i \le n)$$

예제 4 Cramer의 법칙을 이용하여 다음 연립방정식의 해를 구하여라.

$$\begin{cases} x_1 + 2x_3 = 6 \\ -3x_1 + 4x_2 + 6x_3 = 30 \\ -x_1 - 2x_2 + 3x_3 = 8 \end{cases}$$

풀이 $x_1 = -\frac{10}{11}$, $x_2 = \frac{18}{11}$, $x_3 = \frac{38}{11}$.

◆◆◆ 연습문제 15.5 ◆◆◆

1. 다음 각 행렬의 행렬식의 값을 구하고 정칙인 행렬을 찾아라.

(1) $\begin{pmatrix} 2 & 3 & 4 \\ 0 & 0 & -3 \\ -1 & 2 & 7 \end{pmatrix}$ (2) $\begin{pmatrix} -1 & 2 & 1 & 2 \\ 1 & 2 & 4 & 1 \\ 2 & 0 & -1 & 3 \\ 3 & 2 & -1 & 0 \end{pmatrix}$ (3) $\begin{pmatrix} 4 & 6 & 8 & -6 \\ 0 & -3 & 0 & -1 \\ 3 & 3 & -4 & -2 \\ -2 & 3 & 4 & 2 \end{pmatrix}$

2. 다음 행렬의 역행렬을 구하여라.

(1) $\begin{pmatrix} 1 & 0 & 1 \\ 1 & 1 & 3 \\ 2 & 5 & 13 \end{pmatrix}$ (2) $\begin{pmatrix} 3 & 1 & 4 \\ 1 & 0 & 2 \\ 2 & 5 & 0 \end{pmatrix}$ (3) $\begin{pmatrix} 0 & 1 & 0 & 4 \\ 5 & 0 & 8 & 1 \\ 2 & 3 & 4 & 4 \\ 3 & 0 & 6 & 0 \end{pmatrix}$

3. 행렬식의 계산을 하지 않고 다음을 계산 하여라,

(1) $det\begin{pmatrix} x^2 & x & 2 \\ 2 & 1 & 1 \\ 0 & 0 & -5 \end{pmatrix} = 0$의 해는 $x=0$과 $x=2$이다.

(2) $det\begin{pmatrix} b+c & c+a & b+a \\ a & b & c \\ 1 & 1 & 1 \end{pmatrix} = 0$

4. $A = \begin{pmatrix} 2 & 1 & 0 \\ 3 & 4 & 0 \\ 0 & 0 & 2 \end{pmatrix}$ 와 $B = \begin{pmatrix} 1 & -1 & 3 \\ 7 & 1 & 2 \\ 5 & 0 & 1 \end{pmatrix}$ 에 대하여

$$\det(A) = \det(A^t), \quad \det(AB) = \det(A)\det(B)$$

임을 확인하여라.

5. Cramer의 법칙을 써서 다음 방정식을 풀어라.

(1) $\begin{cases} 3x_1 - 5x_2 = -5 \\ 2x_1 + 3x_2 = 4 \end{cases}$ (2) $\begin{cases} 4x + 5y = 2 \\ 11x + y + 2z = 3 \\ x + 5y + 2z = 1 \end{cases}$

(3) $\begin{cases} 4x + y + z + w = 6 \\ 3x + 7y - z + w = 1 \\ 7x + 3y - 5z + 8w = -3 \\ x + y + z + 2w = 3 \end{cases}$

6. 다음 행렬 A에 대하여 $A - \lambda I$가 정칙행렬이 되지 않는 λ의 값을 구하여라.

(1) $\begin{pmatrix} -2 & 0 & 1 \\ -6 & -2 & 0 \\ 19 & 5 & -4 \end{pmatrix}$ (2) $\begin{pmatrix} 3 & -2 & 0 \\ -2 & 3 & 0 \\ 0 & 0 & 5 \end{pmatrix}$

◀◀ 찾아보기 ▶▶

(ㅂ)

(ㅅ)

(ㅇ)

(ㅈ)

(ㅊ)

(ㅌ)

(ㅍ)

(ㅎ)

(2)

제5판
미 분 적 분 학

(정가 23,000원)

2002년 2월 21일 제4판 인쇄
2002년 2월 28일 제4판 발행
2009년 2월 19일 제5판 인쇄
2009년 2월 27일 제5판 발행

저　자 : 金永國 · 朴奇陽 · 朴圭弘
朴惠淑 · 朴允範
발행인 : 신 동 수
발행처 : 도서출판 신 성

주　소 : 서울시 동작구 흑석1동 223-66
전　화 : 814-7655. FAX : 812-7109
등록일자 : 1989년 10월 27일 등록번호 : 14-85호